高等学校通用教材

飞机金属结构
疲劳寿命分析导论

鲍　蕊　刘斌超　贺小帆　编著

北京航空航天大学出版社

内容简介

疲劳是决定金属结构寿命的主要失效模式，飞机金属结构的疲劳寿命分析评定是保障飞机服役安全的重要工作。本书以飞机金属结构抗疲劳保安全策略的发展历程为牵引，系统阐述飞机金属结构疲劳寿命分析的基本概念、基本思路和基本流程。全书分三篇：上篇主要介绍飞机金属结构保安全策略的发展，中篇概述现阶段飞机金属结构疲劳寿命分析的主要方法，下篇主要讨论飞机金属结构服役安全与寿命所面临的机遇和挑战。本书的特点是围绕飞机金属结构寿命，剖析分析评定方法的来龙去脉与未来发展，以期为读者建立起层次性、框架性、前瞻性的认识，并为发展建立非金属结构的保安全策略提供参考。

本书是高等航空航天院校研究生教材，亦可供从事结构强度研究的科研人员参考。

图书在版编目(CIP)数据

飞机金属结构疲劳寿命分析导论 / 鲍蕊，刘斌超，贺小帆编著. -- 北京 ：北京航空航天大学出版社，2025.5. -- ISBN 978-7-5124-4595-6

Ⅰ. V215.5

中国国家版本馆 CIP 数据核字第 20257BP472 号

飞机金属结构疲劳寿命分析导论

鲍　蕊　刘斌超　贺小帆　编著

策划编辑　赵延永　蔡　喆　　责任编辑　赵延永

*

北京航空航天大学出版社出版发行

北京市海淀区学院路 37 号(邮编 100191)　http://www.buaapress.com.cn

发行部电话：(010)82317024　传真：(010)82328026

读者信箱：goodtextbook@126.com　邮购电话：(010)82316936

北京九州迅驰传媒文化有限公司印装　各地书店经销

*

开本：787×1 092　1/16　印张：18　字数：461 千字

2025 年 5 月第 1 版　2025 年 5 月第 1 次印刷　印数：500 册

ISBN 978-7-5124-4595-6　定价：69.00 元

序

结构的疲劳可以在没有任何先兆的情况下，使飞机在空中断裂解体，造成机毁人亡的重大事故。因此，疲劳失效是飞机结构安全性的“天敌”。

1958年，我在北京航空学院(1988年改为北京航空航天大学，简称北航)材料力学实验室组织研究人员设计飞机压力舱模拟件，在水槽内开展机身疲劳试验研究，这是国内最早的机身疲劳试验，但由于缺乏相关的经验和技术，这次的试验可以说是以失败告终的。1959年，由于受到一些条件的干扰，没能继续开展类似的试验研究。20世纪60年代初，西北工业大学的黄玉珊教授率领一批技术骨干开展结构疲劳研究，指导完成了我国第一个大型全尺寸飞机结构水槽疲劳试验。后来，黄玉珊教授的研究转向了断裂力学，并向航空部建议由北航成立疲劳研究小组，西北工业大学成立断裂研究小组。1964年，北航疲劳研究小组成立，我担任组长，从此开始对飞机结构的疲劳强度进行系统研究。

1970年，一架“直5”直升机由于旋翼桨毂1号支臂轴颈疲劳断裂发生重大事故，造成7名战士牺牲，飞机定寿、延寿工作已刻不容缓。对此，我将疲劳和断裂这两个学科融合于可靠性工程中，率先提出了符合中国国情的飞机结构寿命可靠性定延寿理论，形成了一套完整的理论体系，为我国飞机大幅度延寿开辟了成功之路。

多年来，北航疲劳研究小组在不断深化研究，并将成果不断应用于型号工程的过程中，走出了一大批从事结构疲劳相关工作的学者，例如，提出我国飞机结构日历寿命体系的张福泽院士，为我国22种飞机型号进行了飞行载荷谱测定的闫楚良院士，发展了小样本理论的傅惠民教授，为航空主机厂所培养了多位疲劳室主任的刘文珽教授，担任北航副校长、北航无人机型号总指挥的费斌军教授，投身大飞机“四性”事业、获得全国“五一劳动奖章”的王敏芹等，而鲍蕊、贺小帆等青年一代也正在接过北航飞机结构疲劳研究的大旗。在学校培养人才的同时，研究小组也在多个飞机设计制造厂所开设疲劳专题讲习班，培养了大批从事飞机结构寿命分析、评定、试验的技术骨干。

开设与飞机结构疲劳相关的特色课程是支撑人才培养的基础，而教材则是支撑课程建设的关键。疲劳研究涉及的专题较广，材料的疲劳和结构的疲劳有很大差别，影响各种类型结构寿命的因素也多种多样，所以结构寿命评价方法也是随着理论研究的进步和工程需求的提升而不断完善的。结构疲劳寿命评定的复杂性，对结构设计和强度分析人员提出了很高的要求：不但要掌握疲劳相关的理论，还要具有丰富的经验；不但要会正确运用相关方法，还要在各种方法的使用过程中能够对各种因素进行权衡。这就对学习结构疲劳相关专业的学生和从事结构寿命工作的工程技术人员提出了很高的要求：不仅要熟悉自身工作中所用到的理论和方法，还要掌握飞机结构疲劳研究的发展历程和规律；不仅要站在工程实践的角度看待学术研究的成果和方向，还要站在学术研究的角度看待工程方法的适用性和局限性。我认为，这本教材从写作的出发点到内容的选择，再到篇章的安排，无不反映出作者对上述问题进行了全面的、深入的、持续的思考，能够为高校师生和工程人员提供一个很好的参考。

我曾就飞机结构疲劳研究写过一首《防微杜渐 防患未然》的诗：

结构疲劳酿祸殃，
祸兮福倚岂非祥。
防微杜渐少灾难，
防患未然事业昌。

谨以此鼓舞所有从事飞机结构安全研究的同仁砥砺前行！

高镇同

写于北航建校70周年之际

前　　言

飞机结构的安全性是实现飞机其他一切功能的基础，因此，飞机中的关键承力和传力结构能够安全可靠使用的时长，一直是研究人员所关注的焦点。对于飞机金属结构来说，疲劳是最主要的一种失效模式，是决定飞机结构寿命的关键。

为了更好地保障飞机金属结构在使用期内的安全，学术研究人员和工程技术人员不断揭示新机理、发展新理论、建立新准则、提出新方法，并在此基础上持续深化拓展飞机金属结构保安全策略的内涵。然而，这项工作在当前阶段仍然极具挑战性：一方面，金属材料和结构的疲劳失效过程非常复杂，对许多因素影响规律的认识还不太清晰，甚至在不少具体问题上还存在很大的争议；另一方面，仅从学术研究的角度出发不足以完全解决飞机金属结构使用安全和使用寿命的相关问题，工程实践的经验积累和约束条件同样重要，有时甚至更为重要。与此同时，航空领域对结构轻量化的追求永无止境，飞机的使用条件和使用方法越来越严苛，工艺、材料、结构等技术的发展应用日新月异，更是对飞机结构寿命的分析评价工作提出了新的挑战。

在这种大背景下，尽管作者面向来自高校和企业的研究生开设了十余年的相关课程，也多次应邀到各厂所讲授交流飞机金属结构疲劳寿命分析的相关内容，却一直在思考：对于航空航天类研究型大学中飞行器设计专业和固体力学专业的研究生来说，“飞行器结构寿命分析”这种非常有特色的专业课程应该帮助他们对该领域建立怎样的认识？对于工业部门中结构和强度专业的工程师来说，应该怎样帮助他们从更高的站位来看待手册和软件中的模型和方法？作为具有一定的学术研究经验和工程实践经验的高校教师，自己又应该怎样把错综复杂的基本概念和知识框架清晰明了地展现给研究生和工程师？近年来，作者应邀撰写了几篇与飞机金属结构疲劳寿命分析和结构完整性相关的综述文章，对上述几个问题作出了进一步的思考，并萌发了撰写一本新教材的想法。

截至目前，金属疲劳领域已经是决定飞机金属结构寿命的主要失效模式，而金属疲劳领域已经出版了许多优秀的教材，例如，美国麻省理工学院 Subra Suresh 教授所著的 *Fatigue of Materials*（由王中光研究员等人翻译成了中文版著作《材料的疲劳》），荷兰代尔夫特理工大学 Jaap Schijve 教授所著的 *Fatigue of Structures and Materials*（后由吴学仁研究员翻译成了中文版著作《结构与材料的疲劳》），西北工业大学傅祥炯教授所著的《结构疲劳与断裂》，南京航空航天大学姚卫星教授所著的《结构疲劳寿命分析》等。除此之外，还有一些相关手册、著作，也可作为研究生和工程师在学习过程中的重要参考。

然而，飞机金属结构寿命分析所涉及的内容非常庞杂，不同研究者的关注点必然有所区别，所形成的专著和教材往往侧重其中的某一个或几个方面。在多年的教学过程中，作者始终是将这些参考文献混合使用，并在介绍不同专题的时候让学生们参考不同的教材、著作和手册中的相关内容。对此，刘斌超博士笑称，他是吃“百家饭”长大的。显然，这种教材使用方式会带来两个问题。

第一，这些散落于各著作中的零碎知识点，是否有助于学生厘清发展历程、理解基本概念、建立知识框架？

第二，这些已经使用二三十年的经典教材，是否有助于学生掌握金属疲劳学科的发展现状和发展方向？

在提出问题的那一刻，答案也就呼之欲出了——作为高校教师，我们的职责不是培养能吃“百家饭”的学生，而是培养能懂“百家饭”甚至能做“百家饭”的科学家和工程师。

在这种想法的指导下，作者决定从一个新的角度来撰写这本书：有如此多经典著作的珠玉在前，本书没有必要对各部分详细知识再做重复，而是以飞机金属结构保安全策略的发展历程为牵引，阐述飞机金属结构疲劳寿命分析的基本概念、基本思路和基本流程，从而帮助学生建立起一种层次性、框架性的认识，为他们今后的研究和工作打下坚实的基础。

出于这样的考虑，本书将内容分成了上、中、下三篇：上篇主要介绍飞机金属结构保安全策略的发展历程，中篇概述现阶段飞机金属结构疲劳寿命分析评定的主要方法，而下篇则主要讨论飞机金属结构寿命评定与管理所面临的机遇和挑战。对于一些稍显复杂晦涩的关键概念，作者以脚注的形式作出了额外的解释说明，并通过一系列思考题来与读者进行讨论交流。如果读者需要了解某一部分的详细知识，本书在参考文献部分也给出了推荐参考的教材、专著和手册。使用本书的读者应当已完成飞行器结构设计、材料力学、结构力学、疲劳强度等先修课程，并对金属材料与结构的疲劳失效问题具有一定的初步认识。

在此，感谢多年来选择相关课程的学生们，你们的反馈是作者不断修订讲课内容并撰写这本书的动力。感谢和作者一起完成这些课程以及本书的贺小帆老师，课程的进步和教材的完成，都是我们一起努力的结果。特别感谢刘斌超博士，他既是本书的作者，同时也是“第一位读者”，为本书进行了大量的写作和修订工作。

最后，希望这本书能够为飞行器设计和结构强度专业的研究生、飞机结构强度工程师们提供有益的参考。由于作者水平有限，书中不妥之处在所难免，敬请读者朋友们批评指正并提出宝贵意见。

2025 年 4 月于北京航空航天大学

目　录

中篇　现阶段飞机结构疲劳寿命分析评定的主要方法

下篇　未来飞机结构保安全策略的探索

绪 论

0.1 引 言

飞机的寿命主要是由飞机结构的寿命决定的。总的来说，飞机结构寿命取决于设计/制造、服役/使用、定寿/延寿三个方面的因素。其中，设计/制造因素是影响飞机结构寿命品质的先天因素，决定了飞机结构寿命的潜力上限；服役/使用因素是影响结构寿命品质的后天因素，决定了飞机结构寿命品质的下降速度；定寿/延寿因素主要体现对飞机结构寿命品质的认知水平，决定了结构寿命品质潜力的发挥程度。

疲劳失效是飞机结构主要的一种失效模式，见表 0-1。在力学的专业术语中，“疲劳”(Fatigue)用于描述材料在峰值应力远小于静强度的多次循环载荷作用下所发生的断裂失效。结构的疲劳失效则是指，结构因为材料的疲劳而丧失了原有的承力或传力功能，这种结构抵抗疲劳失效的能力通常用疲劳寿命或疲劳强度来衡量。其中，结构的疲劳寿命是指结构在破坏或失效前所经历的交变载荷循环周次，而结构的疲劳强度则是指对应于某特定交变载荷循环周次的载荷水平。

表 0-1 飞机结构的失效模式及统计①

失效模式	疲 劳	腐 蚀	超 载	应力腐蚀	磨 损	高温腐蚀
失效数量百分比	55%	16%	14%	7%	6%	2%

在空间维度上，飞机金属结构疲劳失效问题是一个跨层级的问题。当提到疲劳性能时，所指的对象往往是材料；当提到疲劳失效时，所指的对象往往是结构；当提到疲劳寿命时，所指的对象既可能是材料，也可能是结构细节或不同复杂程度的结构，甚至还可能指一架飞机、一个机群或一种机型。相应地，疲劳研究是一种跨尺度跨学科的研究，如图 0-1 所示。材料科学工作者主要关注材料在循环载荷下的变形机理和损伤演化机理，宏观力学工作者主要关注材料和结构在循环载荷作用下的力学行为，从而为结构设计和强度分析人员进行结构疲劳寿命评估和抗疲劳设计提供依据。

① 数据来源：FINDLAY S J，HARRISON N D. Why Aircraft Fail[J]. Materials Today，2002，5(11)：18-25.

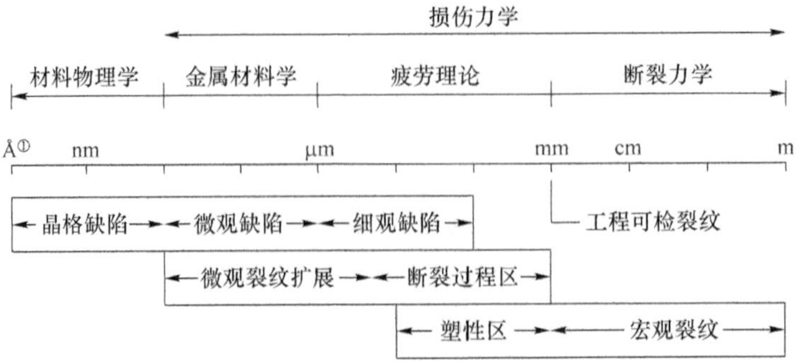

图 0-1　疲劳研究的尺度和相应的学科

在时间维度上，飞机金属结构抗疲劳保安全工作是一项贯穿于全寿命周期的工作。在设计阶段，需要对结构进行抗疲劳设计，并对所设计的结构进行疲劳分析评定；在制造阶段，需要对工艺和装配进行严格控制，并对不同复杂程度的结构开展试验验证；在使用阶段，需要记录实际服役数据，并对飞机结构进行检查、维修、更换等一系列管理行动。相应地，疲劳研究不仅需要建立各个阶段内所需要采用的理论、模型、方法，还需要发展各个阶段之间协调统一的抗疲劳保安全策略。从这个角度来说，相关疲劳研究需要从学术研究发展和工程实践需求两个方面同时考虑。

时至今日，对金属疲劳的研究已经发展了近 200 年，但疲劳断裂仍是固体力学领域的一个难题，由疲劳断裂引起的航空事故仍时有发生。为了让读者能够对金属疲劳研究现状有基本的了解，本章将疲劳研究划分为疲劳机理、疲劳性能模型、疲劳寿命评定方法、抗疲劳策略等几个层次，对其中最基本的、获得广泛认可的观点进行简单介绍，并在此基础上对现阶段疲劳研究思路的特点及其面临的挑战进行简单评述。

0.2　疲劳研究的不同层次

0.2.1　疲劳机理

根据对裂纹行为的观察和研究，目前一般将最终断裂前的整个疲劳过程大致分为疲劳裂纹萌生和疲劳裂纹扩展两个阶段，这种阶段的划分是讨论疲劳机理、疲劳性能模型、疲劳寿命评定方法和抗疲劳策略的重要基础。需要强调的是，裂纹萌生和裂纹扩展是交变载荷作用下材料疲劳失效过程的不同阶段，二者都是疲劳机理反映到裂纹行为上的表现。之所以要将疲劳失效全过程划分为不同的阶段，主要是为了更方便直观地认识和处理疲劳问题，使研究者能够针对不同阶段的主要问题发展相应的理论、模型与评定方法。随着研究的逐步细化，也有研

① 1Å=0.1 nm。

究者倾向于将疲劳裂纹萌生和扩展划分为多个阶段，并采用更多样的理论进行描述。疲劳失效过程的若干阶段划分方法如图 0-2 所示。

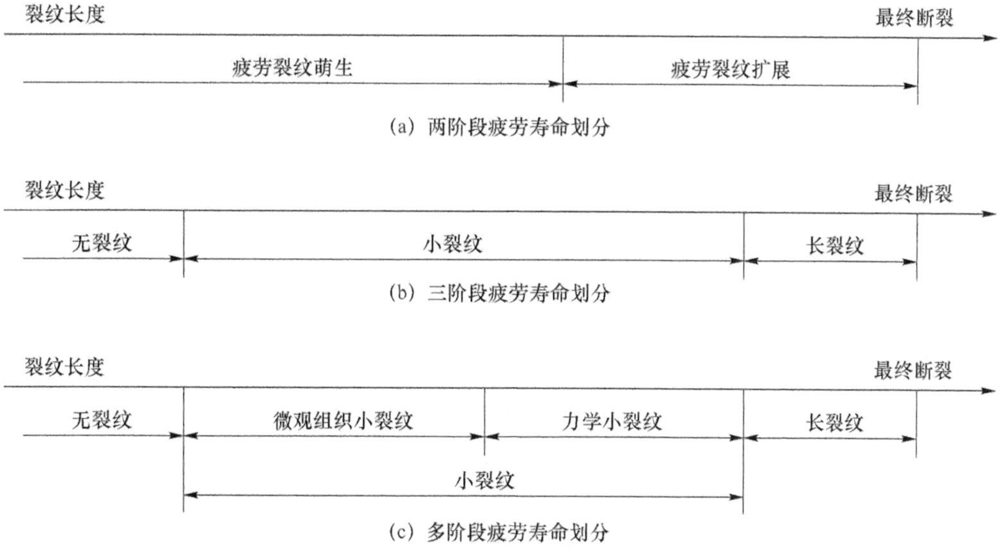

图 0-2　疲劳失效全过程的若干阶段划分方法

1. 疲劳裂纹萌生机理

目前普遍认为，金属疲劳是循环滑移的结果。所谓滑移，指的是晶粒中的某些晶面沿一定晶向发生的晶面间的相对平移，主要由切应力控制。根据位错理论，晶面滑移是通过位错的移动来实现的。循环滑移意味着循环塑性变形。在低于屈服应力的应力幅值作用下，材料在宏观尺度上并不明显地表现出塑性行为，但少量晶粒中则会发生循环滑移或循环塑性变形。由于材料表面上的晶粒所受到相邻晶粒的约束更少，且表面容易受到加工等因素的影响形成缺陷并导致应力集中，因此这种微观塑性变形往往会优先在一些表面晶粒中出现。

当前接受最为广泛的一种疲劳裂纹萌生机理是材料的"挤入/挤出"机制，即在加载过程中，材料表面晶粒中的滑移将导致材料表面产生滑移台阶。如图 0-3(a)所示，滑移台阶创造出了新鲜的材料表面，而暴露在环境中的新鲜材料表面往往会立即被氧化，从而牢牢地覆盖上一层氧化物。同时，滑移台阶也往往导致滑移带中发生一定程度的应变硬化。在反向加载过程中，氧化层和应变硬化将导致同一滑移带内产生更大的切应力(沿着与加载过程滑移相反的方向)，因此反向滑移将优先出现在同一滑移带中。

然而，氧化和应变硬化是不可完全恢复的，因此反向滑移往往也会出现在相邻的平行滑移面上，若反向滑移出现在图 0-3(b)所示的滑移带上侧，就会导致"挤入"；若反向滑移出现在图 0-3(c)所示的滑移带下侧，就会导致"挤出"。单纯从应变势能的观点考虑，"挤入"应是更为可能的结果，但"挤入"和"挤出"在实际试验研究中都观察到过。研究表明，单个循环就足以产生材料的"挤入/挤出"，而这种"挤入/挤出"实际上就形成了微裂纹。此外，该"挤入/挤出"机制能够在后续的循环中不断重复，并在每个循环中都引起微裂纹扩展，图 0-3(d)和图 0-3(e)所示即为按"挤入"机制绘制的第二个循环中滑移带的示意图。

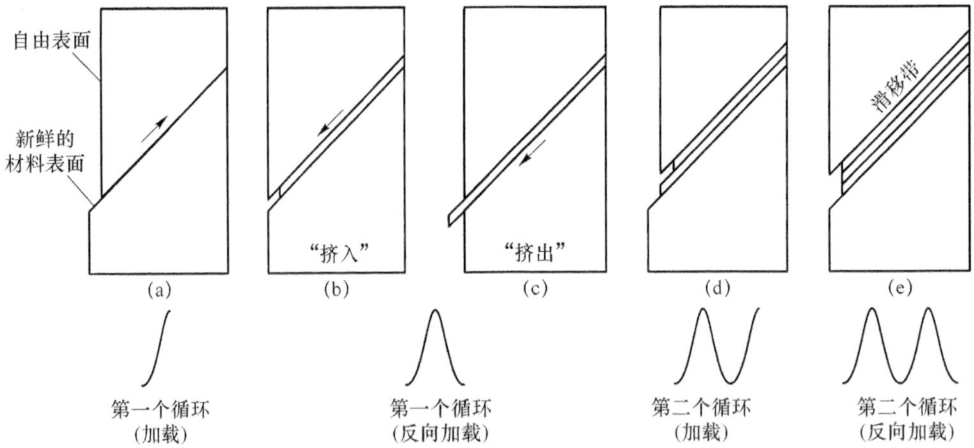

图 0-3 金属疲劳的循环滑移“挤入/挤出”机制

疲劳裂纹萌生的机制很大程度上取决于材料微观组织对交变应力的响应，而这种响应同时受应力水平、应力状态、材料组织形态等因素的影响，因此，实际疲劳裂纹萌生的机制十分复杂，想要深入了解的读者可阅读参考文献[7]和[8]。

2. 疲劳裂纹扩展机理

当材料中萌生了微裂纹后，微裂纹尖端的应力集中将激活多个滑移系，导致多个滑移面出现滑移，于是微裂纹扩展的方向将偏离裂纹萌生时的滑移带取向。正是由于多个滑移面的启动，疲劳裂纹路径在微观尺度上是曲折的，但从宏观尺度来看，各向同性材料中的Ⅰ型疲劳裂纹一般趋于垂直于主应力方向扩展，如图 0-4 所示。需要指出的是，当材料组织呈现出显著方向性且相关性能呈现出明显各向异性时，其宏观尺度疲劳裂纹路径也将出现明显的偏折甚至分叉现象，如图 0-5 所示。

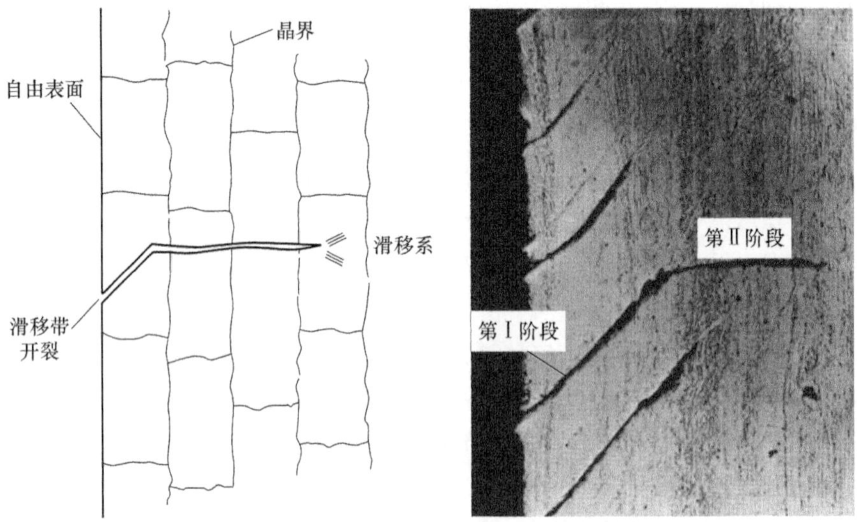

图 0-4 微裂纹萌生与扩展的示意图与试验观察

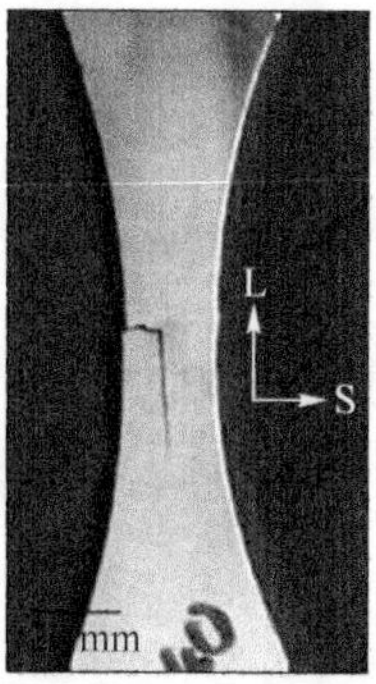

(a) 恒幅载荷下L-T平面2297-T8铝合金光滑疲劳试样中的裂纹分叉[①]

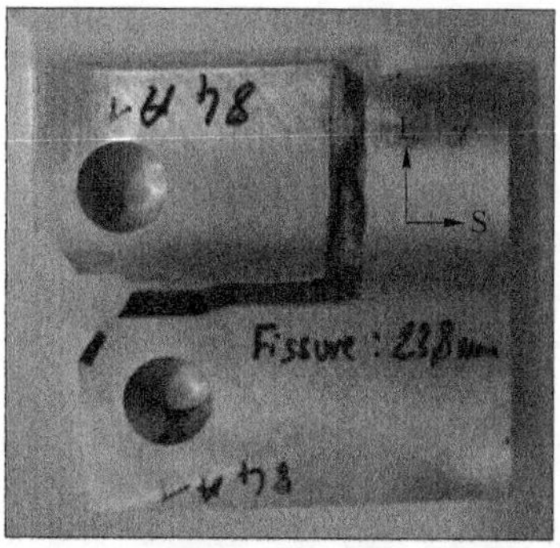

(b) 静力加载下L-S平面7050-T7451铝合金M(T)试样中的裂纹偏折

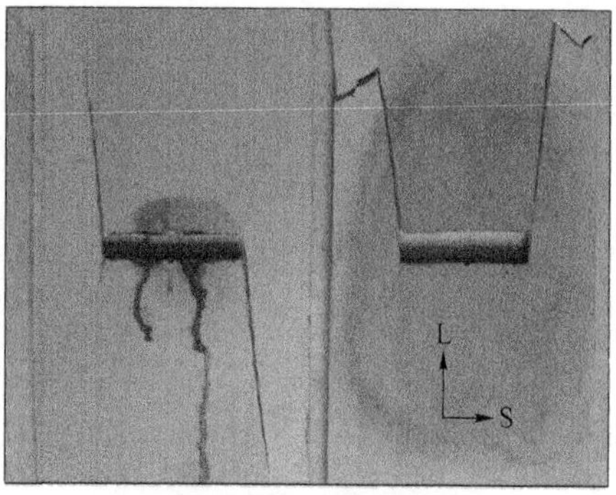

(c) 恒幅载荷下L-S平面2050-T8铝合金C(T)试样中的裂纹偏折[②]

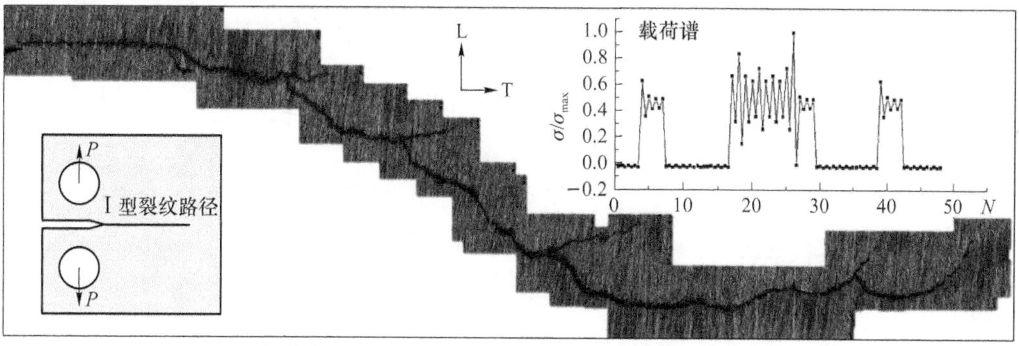

(d) 谱载荷下L-T平面2324-T39铝合金C(T)试样中的裂纹分叉

图 0-5　一些铝合金的裂纹偏折/分叉现象

借助显微工具和技术的发展，研究人员对疲劳裂纹扩展过程中的材料微观行为作出了细致的观察和分析，并提出了若干概念模型，其中较为知名的有主裂纹间断性向前扩展的Forstyh-Ryder模型、主裂纹连续性向前扩展的McMillan-Pelloux模型和Laird-Smith模型，如图0-6所示。其中，Forstyh-Ryder模型更适用于描述强度较高的脆性材料或解理型裂纹扩展模式，McMillan-Pelloux模型更适用于描述铝合金的疲劳裂纹扩展，Laird-Smith模型更适用于描述纯金属材料的疲劳裂纹扩展。在成分复杂、微观组织特征多样的工程结构合金材料中，上述几种模式往往是共存的。

由于微裂纹扩展依赖于循环塑性/循环滑移，因此，对滑移的阻滞作用（如晶界）将造成疲劳裂纹扩展速率出现“门槛”。如图0-7所示，当裂纹尖端接近第一个晶界时，疲劳裂纹扩展速率显著降低；微裂纹穿过晶界之后，疲劳裂纹扩展速率在第二个晶粒中增加，但在接近第二个晶界时又显著降低。特别地，当晶界对滑移的阻滞作用足够强时，微裂纹甚至会停止扩展。当裂纹较长时，裂纹扩展的动力相对更大，晶界对滑移的阻滞作用以及进一步对裂纹扩展速率的影响就不如之前那样明显了，此时裂纹具有足够的驱动力以稳定的速率连续扩展。

① 图片来源：JOYCE M R, STARINK M J, SINCLAIR I. Assessment of Mixed Mode Loading on Macroscopic Fatigue Crack Paths in Thick Section Al-Cu-Li Alloy Plate [J]. Materials & design, 2016, 93(5): 379-387.

② 图片来源：NIZERY E, EHRSTRM J C, DELGRANGE G, et al. A Specimen to Evaluate Susceptibility of Aluminium Alloys to L-S Crack Deviation [C]// ICAF: Structural Integrity in the Age of Additive Manufacturing, 2019.

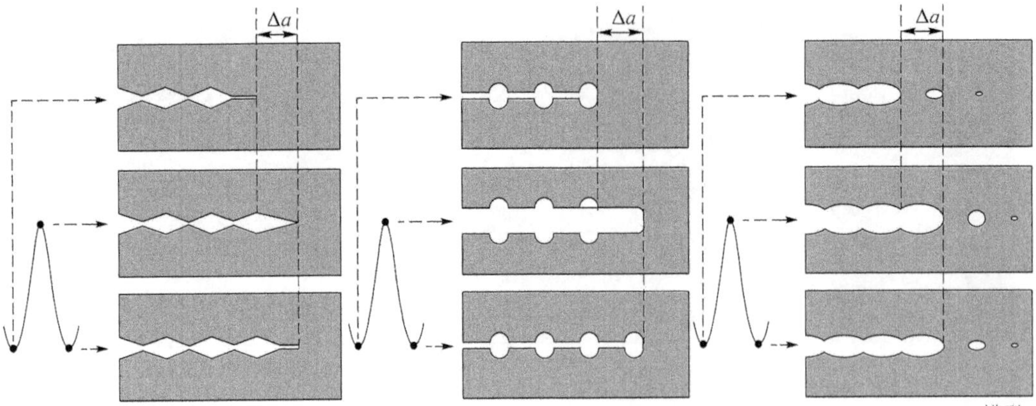

(a) McMillan-Pelloux模型　　(b) Laird-Smith模型　　(c) Forstyh-Ryder模型

图 0-6　疲劳裂纹扩展过程微观机制的三种典型概念模型

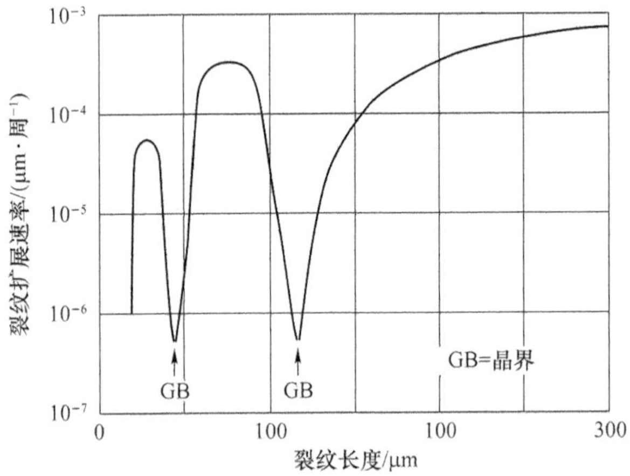

图 0-7　裂纹扩展速率晶界效应示意①

不同于疲劳裂纹萌生,疲劳裂纹扩展行为主要取决于外载荷对裂纹扩展的驱动力和材料组织对裂纹扩展的阻力,几乎不会受到材料表面状态的影响。

3. 裂纹萌生阶段与裂纹扩展阶段的界定

若将疲劳失效过程分为疲劳裂纹萌生和疲劳裂纹扩展两个阶段,那么一个很重要的问题就是如何对这两个阶段进行界定。从不同的角度出发,该问题可能会得到不同的结论,这里仅给出一个简单的定性讨论。

图 0-8 示意性地描述了裂纹扩展长度与寿命消耗百分比的函数曲线,其中,n 为达到不同裂纹长度所经历的载荷循环数,N 为断裂时的疲劳寿命(载荷循环数)。三条实线表示三种不同裂纹起源的疲劳裂纹扩展,它们一致表明疲劳裂纹在疲劳寿命刚开始时就已经萌生了,但初始裂纹长度的值有所不同。曲线①对应微裂纹在材料完好表面处萌生,此时图 0-3 和图 0-4所示的机制一般是适用的;曲线②对应微裂纹在材料夹杂(或微细观缺陷)处萌生;曲

① 图片来源:BLOM A E, HEDLUND A, ZHAO W, et al. Short Fatigue Crack Growth in Al 2024 and Al 7475 [C]. Behaviour of Short Fatigue Cracks, Symp., Sheffield, 1985, 37-66.

线③对应微裂纹在冶金缺陷处萌生，这里的冶金缺陷与曲线②所说的夹杂和微细观缺陷有所区别，指的是本不应该存在于材料/结构中的质量缺陷（如焊接接头中的缺陷等）。三条点横线则表示并不是所有的微裂纹都会扩展至断裂（与载荷水平有关），也就是说，材料中会存在使微裂纹停止扩展的阻碍（如图 0－7 所示的晶界效应），对应裂纹扩展的门槛问题。

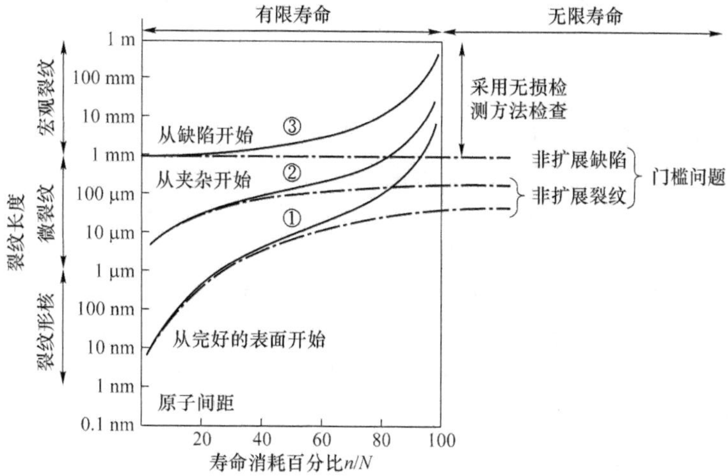

图 0－8　疲劳裂纹扩展的广义描述[①]

从图 0－8 可以看出，微裂纹的扩展占据了总寿命中相当长的阶段，且裂纹萌生寿命占总寿命的百分比与萌生/扩展阶段的划分有直接关系。而将微裂纹的扩展阶段并入萌生阶段还是扩展阶段，长期以来有不同的观点。

（1）从疲劳机理的角度来看，疲劳裂纹萌生是由切应力控制的、受到材料表面状态影响的过程，而疲劳裂纹扩展则几乎不受材料表面状态的影响，因此在定性上可以认为，当微裂纹扩展不再依赖于材料表面状态时，就可以认为由裂纹萌生阶段转入了裂纹扩展阶段。按照这种界定方法，裂纹萌生阶段转入了裂纹扩展阶段所对应的裂纹长度大致处于晶粒尺度量级（大约在微米或亚微米，具体取决于材料组织和性能），此时疲劳总寿命中的大部分都消耗在了疲劳裂纹扩展阶段。

（2）从断裂力学的观点来看，金属材料中总是会存在这样或那样的缺陷：对于材料内部来说，可以将夹杂、孔洞甚至晶界等认为是缺陷；对于材料表面来说，可以将粗糙度认为是缺陷。因此，可以将此类缺陷的影响等效为一条微裂纹，然后就可以采用基于断裂力学的方法来处理疲劳问题。一般地，等效微裂纹的尺度大约在微米量级。若按此观点进行界定，那么疲劳总寿命中的大部分也将消耗在疲劳裂纹扩展阶段。

（3）从实用性的角度来看，在工程实际中检测微米或亚微米量级的裂纹和缺陷是非常困难的。因此，工程实际中往往以无损检测（Non-Destructive Inspection，NDI）方法的检测能力来界定两个阶段，这种界定所对应的裂纹长度称为“工程可检裂纹长度”，一般在 1 mm 左右。从图 0－8 可以看出，对于从完好表面处萌生的疲劳裂纹①，其疲劳总寿命有 90%以上都消耗在小于 1 mm 的裂纹尺寸范围；而对于从夹杂处萌生的疲劳裂纹②，其疲劳总寿命有 80%以上都消耗在小于 1 mm 的裂纹尺寸范围。因此，若按照工程可检裂纹长度来界定，那么疲劳总寿

① 图片来源：SCHIJVE J. Fatigue of structures and materials[M]. Berlin：Springer Netherlands，2009.

命中的绝大部分都消耗在了疲劳裂纹萌生阶段。

现阶段，结构疲劳分析评定一般根据无损检测能力，将微裂纹扩展阶段并入裂纹萌生阶段，在宏观可检裂纹出现之前采用疲劳唯象模型进行分析，在裂纹达到可检裂纹尺寸之后采用断裂力学方法进行分析，这就是很多文献书籍中提到裂纹萌生寿命占总寿命至少80%以上的缘由。在本书的语境中，如未特殊说明，则采用工程可检裂纹长度作为裂纹萌生阶段和裂纹扩展阶段的划分标准。

4. 疲劳断裂的特征

疲劳裂纹扩展往往会在断口上留下相应的特征。其中，微观特征主要包括裂纹扩展模式、疲劳条纹(striation)等，而宏观特征则包括裂纹源区、稳定扩展区和瞬态断裂区。

从微观尺度来说，疲劳是局部滑移的结果。在绝大部分金属材料中，疲劳裂纹总体上倾向于呈现穿晶扩展模式，而当微裂纹尖端扩展到晶界处时，会受到晶界的影响而可能呈现出一定的沿晶特征。由于滑移变形不可完全恢复，因此在采用电子显微镜观察疲劳断口时能够在裂纹面上遗留的滑移特征，往往被称为“疲劳条纹”。如图0-9所示，对一块铝合金薄板重复施加10个小幅值循环载荷和1个较大幅值的循环载荷，可以观察到断口疲劳条纹与载荷历程之间具有十分明显的对应关系，利用这些断口上所记录的疲劳条纹间距，就能够测量出疲劳裂纹扩展速率(即每个载荷循环中的裂纹长度增量)。需要指出的是：

(1) 通常，断口上存在疲劳条纹是判断构件发生疲劳失效的直接依据，但并不是所有材料的疲劳条纹都清晰可见；

(2) 疲劳条纹除了可作为疲劳失效的依据，还能够提供关于裂纹扩展方向和速率等信息；

(3) 在某些情况下，裂纹扩展是交变载荷与静态载荷综合作用的结果，因此断口上可能表现出疲劳条纹与静态断裂并存的特征。

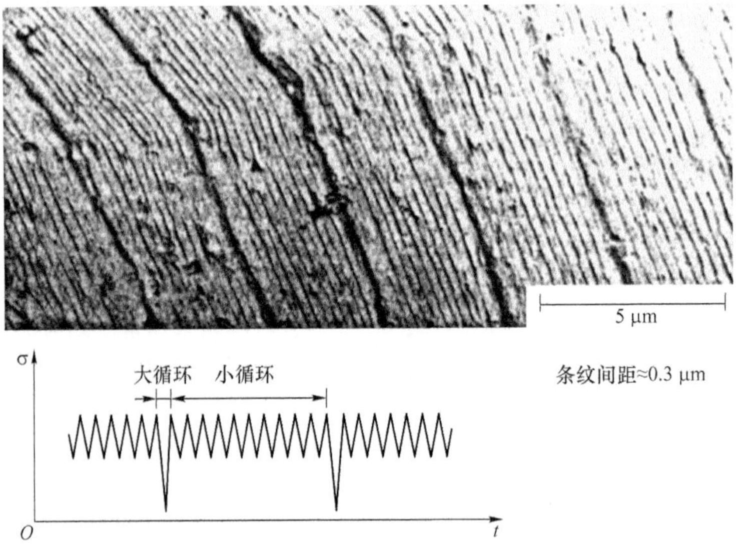

图0-9 铝合金薄板宏观疲劳裂纹扩展的疲劳条纹与载荷循环历程之间的对应关系①

① 图片来源：SCHIJVE J. Fatigue of Structures and Materials[M]. Berlin：Springer Netherlands，2009.

从宏观尺度来说，疲劳断口一般可分为形核区（疲劳源区）、扩展区、瞬断区三个区域，如图 0-10所示。疲劳源区一般呈现出放射性，收敛处即为疲劳裂纹形核处。扩展区往往平坦且有光泽，如果疲劳载荷谱中存在有幅值不同的载荷循环，则在扩展区可能显示出疲劳裂纹扩展条带[①]（Band），有时也形象地称为“海滩条带[②]（Beach Mark）”，如图 0-11 所示；其中，条带的颜色深浅与循环载荷的应力水平变化有关，深色的条带一般是由较高循环峰值应力的循环载荷造成的。瞬断区是试样无法承受循环载荷中的最大载荷而发生瞬间断裂所造成的，实际上是一个准静态断裂过程，因此呈现出延性断裂的特征。需要说明的是：

（1）疲劳断口的具体样貌也与试样形式、载荷水平、载荷形式等有关，如图 0-12 所示；

（2）疲劳断裂的宏观特征一般用肉眼就能观察到，也可根据不同的需求，采用不同倍数的放大工具进行断口判读[③]。

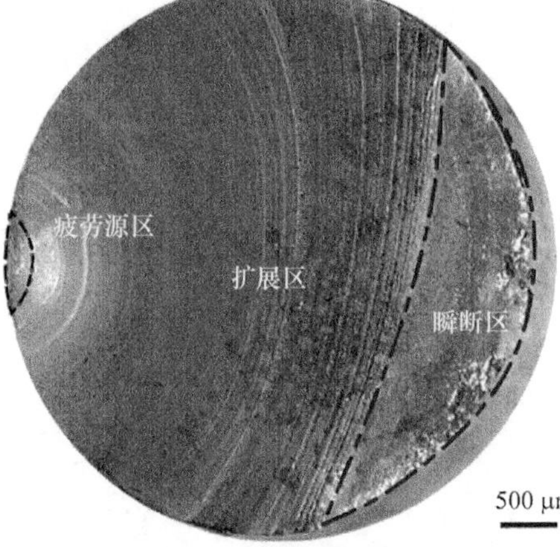

(a) 高周疲劳

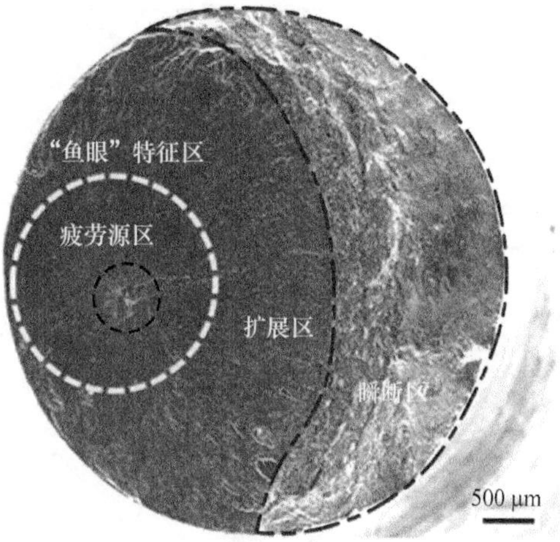

(b) 超高周疲劳[④]

图 0-10 棒状试样典型疲劳断口图片

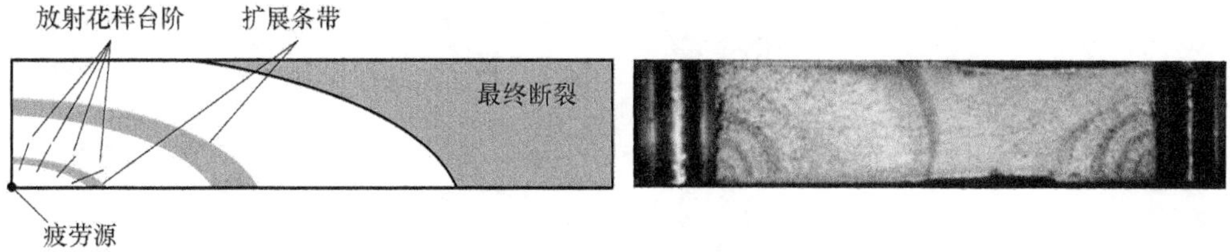

图 0-11 板状试样疲劳断口特征的示意及试验观察

① 正是因为有这种条带的存在，对于疲劳实验中一些不易直接观察到的裂纹，可以人为地在载荷谱中引入一些特定的载荷循环，从而在断口上留下条带，并通过这些条带来了解裂纹扩展的过程，这种方法通常被称为勾线法。

② 由于英译中的问题，有时也可看到“海滩条纹”的说法。实际上，许多英译中文献常常混用了“条带”和“条纹”，容易造成误解。本书遵从一般的术语规范：断口微观滑移特征称为“条纹”，断口宏观扩展特征称为“条带”。

③ 放大镜并不是放大倍数越大越好。在高放大倍数下，由于显微镜视场范围等一些限制，某些特征有时反而会被忽略。

④ 图片来源：QIAN G，LI Y，PAOLINO DS，et al. Very-high-cycle Fatigue Behavior of Ti-6Al-4V Manufactured by Selective Laser Melting：Effect of Build Orientation[J]. International Journal of Fatigue，2020，136：105628.

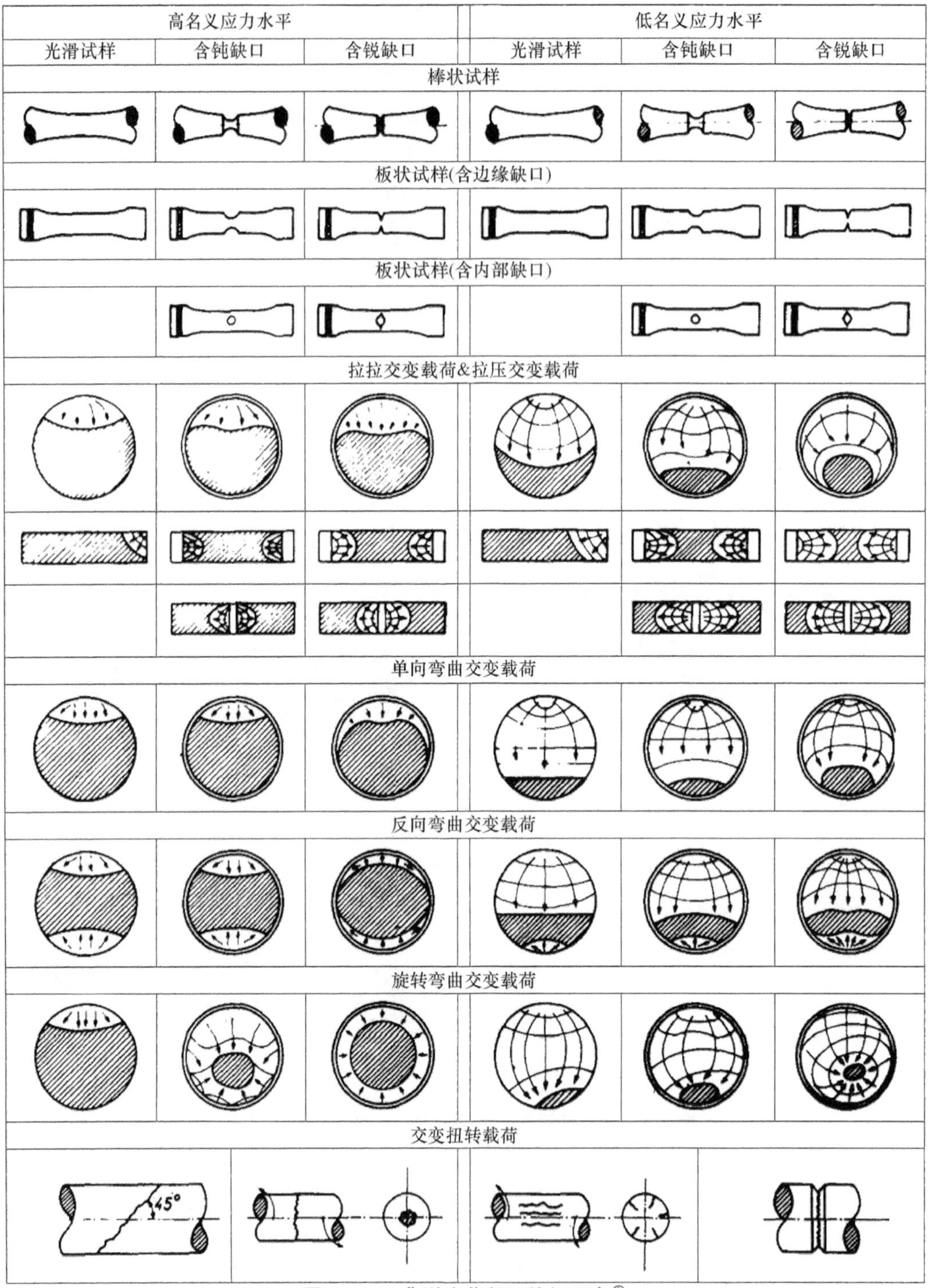

图 0-12　典型疲劳断口特征示意[①]

① 图片来源:JACOBY G. Fractographic Methods in Fatigue Research[J]. Experimental Mechanics, 1965, 5(3): 65-82.

在失效分析中，断口特征对于鉴别断裂模式具有重要作用。如果断口表面显示出疲劳特征，那么往往还能够提供关于服役疲劳载荷历程的更多细节。即便是在实验室研究中，疲劳断裂试样的断口检查也能够为建立疲劳性能模型提供宝贵信息，或作为验证疲劳性能模型的依据。从这个角度来说，有关疲劳试验的论文和报告均应当包括对断口表面的描述。

0.2.2 疲劳性能模型

要对疲劳过程和疲劳性能进行力学描述，需要回答以下几个问题。

(1) 如何描述交变载荷的特征？

(2) 如何描述材料对交变载荷的响应(这里主要指宏观力学尺度的响应)？

(3) 如何描述材料/结构的疲劳性能？

(4) 材料/结构的疲劳性能与交变载荷特征参量之间存在怎样的关系？

1. 交变载荷的特征参量

实际结构承受的交变载荷(工程实践中也称重复载荷)往往复杂且具有随机性，不适合基本规律的研究和疲劳性能的表征。因此，疲劳研究往往选取最简单且能够反映交变特点的载荷形式，即交变载荷的最大值、最小值、波形(最大值与最小值之间的变化过程)、周期均保持恒定的恒幅载荷。此外，研究表明在常规环境中，只要恒幅载荷的频率不太高，其周期和波形对疲劳寿命没有显著影响，进而一般采用如图 0－13 所示的正弦波变化的恒幅载荷进行金属疲劳研究。

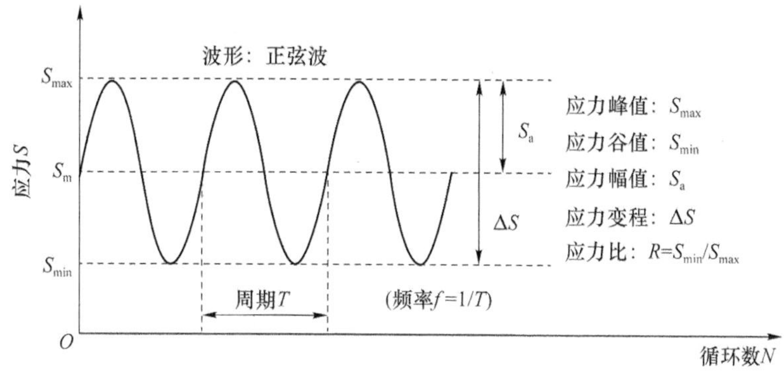

图 0－13 正弦恒幅交变循环的表征

进一步地，正因为通常可以忽略波形和周期/频率的影响，所以一般以循环为基本单位来描述交变载荷历程(学术研究中多称为循环载荷)。一个载荷循环仅需要两个参量来进行描述，常用的参量组合包括“应力幅值＋平均应力”“应力峰值＋应力谷值”“应力峰值＋应力比”等。应当说明的是：

(1) 这种描述交变载荷的方法忽略了疲劳在一个载荷循环内的过程效应，将疲劳问题视为准静态问题，用状态量代替了过程量，这是目前疲劳研究中普遍接受的合理简化，也是后续疲劳性能模型和评定方法的基础，同时也是很多研究者在改进疲劳性能模型时的一个关注点；

(2) 在高温、腐蚀等环境与载荷联合作用的情况下，载荷的波形和频率对于材料的力学响应和疲劳性能具有显著影响，所以在相应的研究中，波形和频率的影响是重要的研究对象，用于描述交变载荷的特征参量可能远多于两个；

(3) 随机载荷往往不能直接构成循环，在做分析时，需要按照某种方法处理成循环(如采用雨流法进行计数)，然后对不同载荷循环的顺序进行一定的组合，形成可以反映真实载荷历程及其影响的载荷谱，并用于后续的分析或试验。

2. 恒幅载荷作用下材料的宏观力学响应:循环应力-应变关系

金属材料在恒幅载荷作用下的宏观力学响应通常用循环应力-应变曲线来描述。当材料变形处于线弹性范围内时，由于材料在宏观上未发生塑性变形，其循环应力-应变曲线与单调加载下的线弹性应力-应变曲线相似，如图 0-14(a)所示；而当材料发生宏观塑性变形时，循环应力-应变曲线将形成迟滞回线(迟滞环)，如图 0-14(b)所示。不同工程材料的循环应力-应变曲线的形状一般不同。

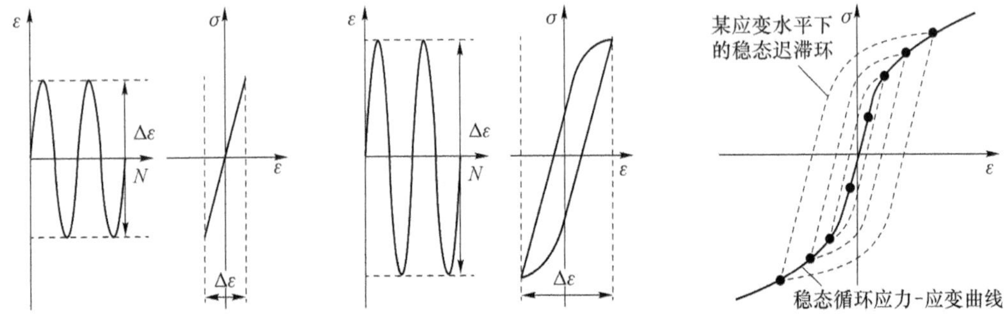

(a) 线弹性范围的迟滞回线　(b) 弹塑性范围的迟滞回线　(c) 稳态循环应力-应变曲线

图 0-14　循环应力-应变曲线

在循环载荷作用下，材料响应可能表现出循环硬化/循环软化现象、循环蠕变/循环松弛现象、Bauschinger 效应等，这些也都会表现在循环迟滞回线的形状变化上。严格来说，应当采用瞬态循环应力-应变曲线来描述材料的响应。然而，材料瞬态循环应力-应变曲线的数学描述非常复杂，且多数工程结构合金材料的循环硬化/循环软化会较快趋于相对稳定，因此一般采用材料的稳态循环应力-应变曲线①来描述材料响应。

稳态循环应力-应变曲线通常被认为是材料疲劳性能的一项基本数据，由应变比 $R_\varepsilon = \varepsilon_{min}/\varepsilon_{max} = -1$ 下的一系列应变控制疲劳实验确定。将不同应变水平下的稳态滞回环的尖点连接起来之后即得到稳态循环应力-应变曲线，如图 0-14(c)所示。对于循环硬化材料来说，稳态循环应力-应变曲线高于单调应力-应变曲线；对于循环软化材料来说，稳态循环应力-应变曲线低于单调应力-应变曲线。在数学形式上，一般采用 Ramberg-Osgood 关系式来描述稳态循环应力-应变曲线

$$\varepsilon_a = \varepsilon_{ae} + \varepsilon_{ap} = \frac{\sigma_a}{E} + \left(\frac{\sigma_a}{K'}\right)^{\frac{1}{n'}} \tag{0-1}$$

式中，σ_a 为循环应力幅值；ε_{ae} 为循环弹性应变幅值；ε_{ap} 为循环塑性应变幅值；K' 为循环强度系数；n' 为循环应变硬化指数。

① 稳态循环应力-应变曲线指材料在循环载荷下的变形行为达到相对稳定状态后的循环应力-应变关系。

3. 材料疲劳性能的描述

材料的疲劳性能是指材料抵抗疲劳断裂这种失效模式的能力。这种能力既可以用给定应力/应变循环下的循环次数来表征，通常称为疲劳寿命，又可以用给定循环次数下的循环特征参量（应力幅值、应力最大值、应变幅值等）来表征，通常称为疲劳强度。

无论是采用疲劳寿命来描述疲劳性能，还是采用疲劳强度来描述疲劳性能，最关键的是建立寿命循环数与应力/应变特征参量之间的关系。对于中高周疲劳寿命区，试验表明，应力幅值与寿命之间在双对数坐标系下近似呈线性关系（即 $S-N$ 曲线，也称 Wöhler 曲线），如图 0－15(a) 所示。对于低周疲劳，通常用应变幅值与寿命之间的关系（即 $\varepsilon-N$ 曲线）来表征材料疲劳性能，如图 0－15(b) 所示，此时，材料表现出图 0－14(b) 所示的循环弹塑性响应特征，因此往往还需要给出材料在交变载荷作用下的循环应力-应变关系。

$S-N$ 曲线一般采用 Basquin 关系式来描述

$$\lg N = a + b\lg S_a \tag{0-2}$$

式中，a 和 b 是 $S-N$ 曲线的拟合参数，无力学意义。有时候也将 a 和 b 称为材料常数，但应当强调的是，a 和 b 受材料状态、应力比、环境条件等许多其他因素的影响较为明显，因此并不是真正的材料性能常数。

$\varepsilon-N$ 曲线一般采用 Coffin-Manson 关系式来描述

$$\varepsilon_a = \varepsilon_{ae} + \varepsilon_{ap} = \frac{\sigma_f'}{E}(2N)^b + \varepsilon_f'(2N)^c \tag{0-3}$$

式中，σ_f'，ε_f'，b，c 分别为疲劳强度系数、疲劳延性系数、疲劳强度指数、疲劳延性指数，也是拟合参数而无力学意义，但对其他因素的敏感性相对较低，因此一般将其近似地认为是材料的疲劳性能常数。

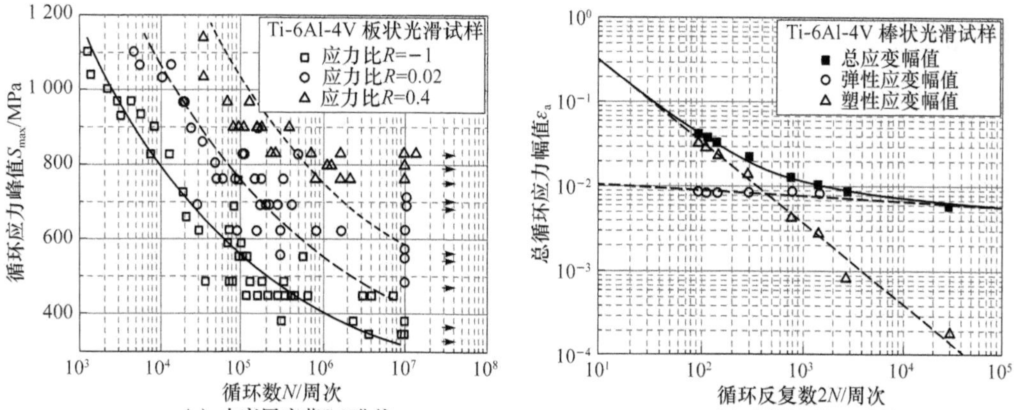

(a) 中高周疲劳S-N曲线　　(b) 低周疲劳ε-N曲线

图 0－15　Ti－6Al－4V 钛合金的疲劳寿命数据[①]

平均应力或应力比对疲劳性能的影响可以通过等寿命线来描述，如图 0－16 所示。目前已发展出两类等寿命线的数学描述模型，一类是通过观察试验数据提出拟合曲线，如 Goodman 模型

① 数据来源：吴学仁. 飞机结构金属材料力学性能手册[M]. 北京：航空工业出版社，1996.

$$\frac{\sigma_a}{\sigma_{-1}}+\frac{\sigma_m}{\sigma_b}=1 \tag{0-4}$$

和 Gerber 模型

$$\frac{\sigma_a}{\sigma_{-1}}+\left(\frac{\sigma_m}{\sigma_b}\right)^2=1 \tag{0-5}$$

式中，σ_b 为材料抗拉强度；σ_{-1} 为等寿命情况下对称循环应力比 $R=-1$ 时的应力幅值。试验数据表明，Gerber 模型比 Goodman 模型更贴合试验数据，但 Goodman 模型更保守且数学形式更简单，因此工程方法以使用 Goodman 模型居多。也有采用 Goodman 模型的形式，但将其中的抗拉强度 σ_b 换成屈服强度(或者抗拉强度与屈服强度之间的其他参数)的修正模型。

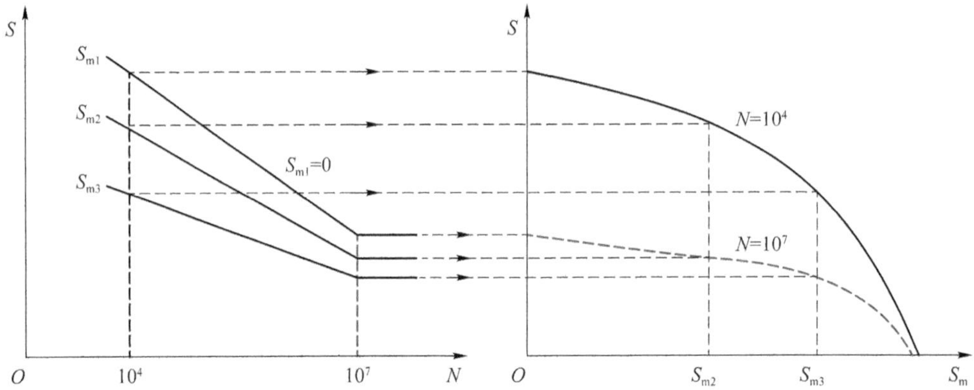

图 0-16　等寿命线示意

另一类等寿命线模型是提出等效力学参量来关联疲劳寿命，如 Walker 模型

$$\sigma_{eq}=\sigma_{max}^{1-\gamma}\sigma_a^{\gamma} \tag{0-6}$$

和 Smith-Watson-Topper 模型(简称 SWT 模型)

$$\sigma_{eq}=\sqrt{\sigma_{max}\sigma_a} \tag{0-7}$$

式中，等效应力 σ_{eq}是作为交变应力的特征参量；γ 为幅值敏感系数，通常被认为是一个材料性能参数。可以看出，SWT 模型是 Walker 模型在 $\gamma=0.5$ 时的特例。在美国和德国的材料疲劳性能手册中，目前已广泛采用 Walker 模型来描述平均应力对疲劳寿命的影响。

除了平均应力外，还有许多其他因素对于疲劳寿命数据或 $S-N$ 曲线都有显著影响，包括但不限于取样方式(例如，是从薄板中取试样还是从厚板中取试样)、试样形式(例如，是板材还是棒材)、加载方式(例如，是拉压加载还是旋转弯曲加载)、表面状态、温度条件、环境条件等。因此，一张完整的 $S-N$ 图不仅应当包括疲劳寿命数据点及 $S-N$ 曲线，还应当标明上述信息。另外，中高周疲劳寿命区往往数据分散性较大，通常材料性能手册给出的是 50%存活率的 $S-N$ 曲线，而工程实践中还可能会用到对应某可靠度的 $S-N$ 曲线，即 $p-S-N$ 曲线。

4. 工程长裂纹阶段材料疲劳裂纹扩展性能的描述

随着断裂力学理论在金属疲劳分析中的应用，宏观疲劳裂纹扩展阶段的材料性能得到了更精细化的描述，其决定性的贡献在于引入应力强度因子变程 ΔK 作为描述疲劳裂纹扩展速率 da/dN 的驱动力参量。

大量试验研究表明，恒幅载荷下，$da/dN-\Delta K$ 曲线在双对数坐标系下呈现如图 0-17 所示的规律，且大致可分为三个阶段/区域：第Ⅰ阶段对应门槛值区，此时疲劳裂纹的扩展速率很小、宏观上往往近似认为不扩展，且受材料组织的影响较大，导致疲劳裂纹扩展速率 da/dN 和门槛值 ΔK_{th} 都呈现出较大的分散性；第Ⅱ阶段对应稳定扩展区，此时疲劳裂纹以较为稳定的速率扩展、数据分散性相对较小，是疲劳裂纹扩展分析工作主要关注的阶段；第Ⅲ阶段是快速扩展区，是疲劳裂纹在失稳断裂前的一段快速扩展区域，表现为疲劳裂纹扩展速率 da/dN 很高、对应的循环数周次很少。

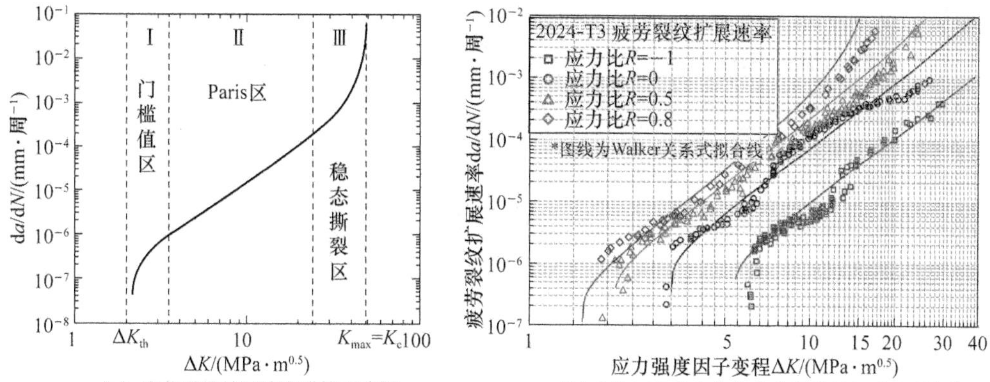

(a) 疲劳裂纹扩展速率曲线示意图　　(b) 2024-T3铝合金的疲劳裂纹扩展速率数据[①]

图 0-17　$da/dN-\Delta K$ 曲线[①]

为描述 $da/dN-\Delta K$ 的关系，研究者建立了不同的模型，其中最典型、最基础的是式(0-8)给出的 Paris 关系式。此后的研究者在 Paris 关系式的基础上进行了各种修正，例如，式(0-9)的 Walker 关系式考虑了应力比的影响，式(0-10)的 Hartman 关系式考虑了门槛值区域，式(0-11)的 Forman 关系式考虑了快速扩展区，式(0-12)的 NASGRO 关系式最全面地考虑了应力比 R、门槛值 ΔK_{th}、断裂韧性 K_C、裂纹闭合等各种因素。

$$\frac{da}{dN}=C\,(\Delta K)^n \tag{0-8}$$

$$\frac{da}{dN}=C\,\left[(1-R)^{m-1}\Delta K\right]^n \tag{0-9}$$

$$\frac{da}{dN}=C\,(\Delta K-\Delta K_{th})^n \tag{0-10}$$

$$\frac{da}{dN}=\frac{C\,(\Delta K)^n}{K_C(1-R)-\Delta K} \tag{0-11}$$

$$\frac{da}{dN}=C\left[\left(\frac{1-f}{1-R}\right)\Delta K\right]^n\frac{\left(1-\frac{\Delta K_{th}}{\Delta K}\right)^p}{\left(1-\frac{K_{max}}{K_C}\right)^q} \tag{0-12}$$

式中，C,n,m,p,q 为疲劳裂纹扩展速率试验数据的拟合参数；NASGRO 关系式中的 f 为裂纹张开程度函数。对于上述关系式来说，应注意它们之中的任何一个方程形式都没有物理背景，仅是为了描述试验结果趋势所提出的数学关系式；此外，各个关系式中的拟合参数是不能通用

① 数据来源：Military Handbook：Metallic Materials and Elements for Aerospace Vehicle Structures[R]. MIL-HDBK-5J，Washington：Department of Defense，1994.

的，材料手册中通常也规定了方程式或相应试验数据的适用范围。

与疲劳寿命数据或 $S-N$ 曲线相似，除了平均应力外，还有许多其他因素对于疲劳裂纹扩展速率数据或 $da/dN-\Delta K$ 曲线都有显著影响，包括但不限于取样方式（例如，是从薄板中取试样还是从厚板中取试样）、试样形式（例如，是中心裂纹拉伸试样还是紧凑拉伸试样）、试样厚度、温度条件、环境条件等，完整的 $da/dN-\Delta K$ 图应对上述信息予以标注。

5. 疲劳小裂纹扩展的描述

疲劳小裂纹扩展行为与疲劳长裂纹扩展行为之间存在以下明显差别：

(1) 小裂纹的应力强度因子门槛值通常低于长裂纹扩展门槛值，且在相同应力强度因子变程 ΔK 下，小裂纹的疲劳裂纹扩展速率高于长裂纹，如图 0－18(a)所示；

(2) 在交变载荷的作用下，一些小裂纹可能停止扩展，而另一些小裂纹则可能继续扩展并连通，最终形成一条长裂纹，如图 0－18(b)所示；

(3) 材料的微观结构、晶界取向、裂尖塑性区等对小裂纹扩展行为具有显著影响；

(4) 小裂纹往往不是只有一条主裂纹，而是多条小裂纹共存。

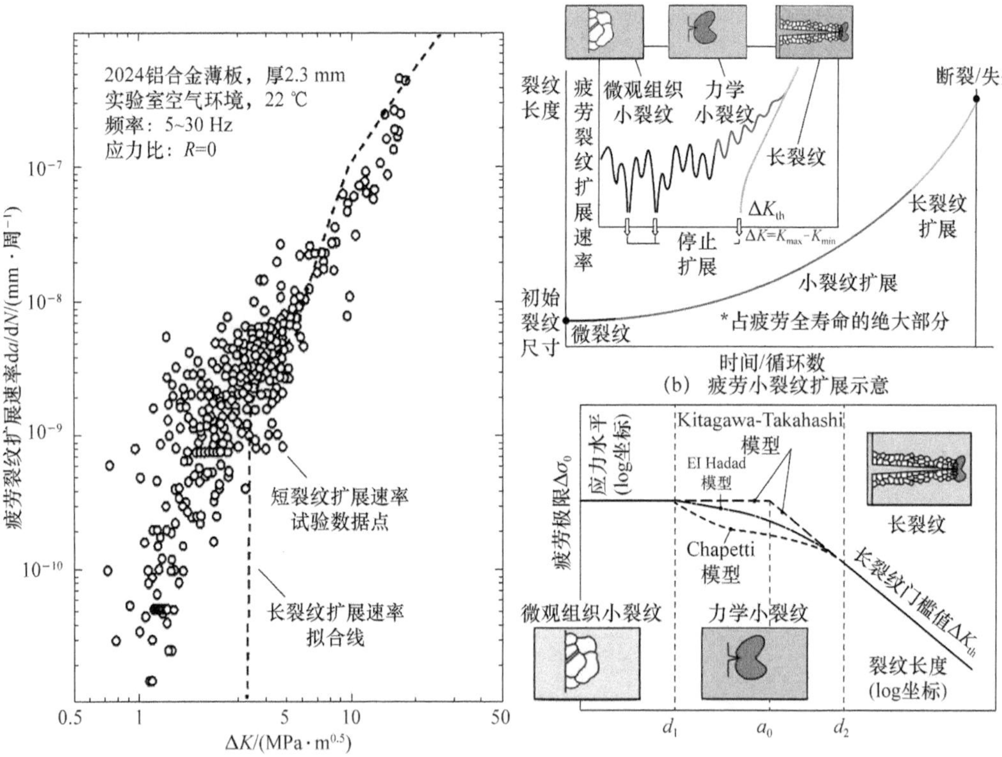

(a) 2024铝合金薄板试样的疲劳小裂纹扩展速率[①]　　(c) 含裂纹材料的疲劳行为随裂纹尺度的变化规律

图 0－18　疲劳小裂纹扩展

由于上述差异，基于传统线弹性断裂力学所建立的疲劳长裂纹扩展分析方法无法直接外推到小裂纹行为的分析，其原因包括但不限于：微观组织小裂纹的裂尖应力应变场受到材料微

① 数据来源：WANHILL RJH. Some Practical Considerations for Fatigue and Corrosion Damage Assessment of Ageing Aircraft[R]. TP 96253 L, NLR Technical Publication, 1996.

观组织的显著影响，突破了传统线弹性断裂力学的均匀各向同性材料假设；力学小裂纹的裂尖塑性区尺寸与裂纹尺寸相当，突破了传统线弹性断裂力学的小范围屈服假设。对此，可通过Kitagawa-Takahashi 模型来描述含裂纹材料的疲劳行为随裂纹尺度的变化规律，如图 0－18(c)所示，其中的拐点 a_0 可由下式估计

$$a_0=\frac{1}{\pi}\left(\frac{\Delta K_{th}}{\Delta\sigma_0}\right)^2 \qquad (0-13)$$

式中，ΔK_{th}为疲劳长裂纹扩展门槛值；$\Delta\sigma_0$ 为疲劳极限；a_0 一般称为临界裂纹尺寸或过渡裂纹尺寸。该模型表明：当裂纹长度减小时，断裂准则逐渐从线弹性断裂力学参量控制过渡到应力控制。一般认为，临界裂纹尺寸 a_0 给出了线弹性断裂力学能够用于疲劳裂纹分析的下限。在Kitagawa-Takahashi 模型的基础上，El Haddad 和 Chapetti 进行了更为细致的修正，两模型给出的曲线亦在图 0－18(c)中予以示意。

经过多年的发展，疲劳小裂纹扩展的力学描述模型得到了长足的进步，但模型的精度和适用性还无法满足结构疲劳寿命分析的工程要求，因而对于疲劳小裂纹扩展还没有形成广泛认同的模型，基于疲劳小裂纹扩展的损伤容限分析方法也尚未得到广泛的工程应用。

0.2.3 疲劳寿命评定方法

材料的疲劳性能模型描述的是简单标准试样在恒幅载荷下的试验数据，而疲劳寿命评定的对象却是实际服役条件下的飞机结构。因此，要想将由实验室试验得到的数据应用到实际服役结构上，就需要建立相应的评定方法和准则。概括来说，实验室试验条件与实际服役情况之间的差异可分为结构疲劳品质和载荷环境特征两个方面。

1. 结构疲劳品质

飞机结构是由成千上万个零构件连接而成的，是复杂而昂贵的，在实验室中直接对大量复杂结构进行疲劳试验是不现实也不经济的，因此必须进行简化。而要想采用简单试样或结构模拟件来进行试验，并采用试验数据来评定实际服役的飞机结构，就必须保证实验室试样与飞机实际服役结构具有相同或相似的疲劳品质，这就是所谓的相似性准则。总的来说，结构疲劳品质大致可分为材料特征、几何特征和工艺特征三部分，其中，材料的疲劳性能在上一节已经阐述，几何特征主要考虑应力集中效应和尺寸效应，工艺特征则包括表面状态、残余应力、装配情况等。

飞机金属结构中含有大量紧固孔、缺口、转角、台阶等应力集中部位，很大程度上决定了结构的疲劳寿命，这是因为这些部位的应力水平较高且应力应变场存在梯度，如图 0－19(a)所示。在静力学中，一般采用应力集中系数 K_t 来描述应力集中的严重程度，但 K_t 反映的是几何特征对线弹性应力场的影响，没有考虑应力场不均匀程度对疲劳失效过程的影响(即“梯度效应”)，也无法考虑材料塑性的影响，所以采用 K_t 描述几何特征对结构疲劳寿命的影响是不充分的。对此，研究者沿类似 K_t 的思路提出了疲劳缺口系数 K_f；此外，还提出了名义应力法、局部应力应变法、应力场强法、临界距离理论(Theory of Critical Distance，TCD)等用于分析应力集中部位疲劳寿命的方法，这些方法的思路都是首先提出力学参量来描述应力应变场，然后将此参量与疲劳寿命之间建立联系。

当几何形式、表面状态、材料性能等因素保持相同时，尺寸越大的试样其疲劳寿命往往就越低，这就是所谓的尺寸效应。对处于相同均匀应力应变场的试样来说，可借用最弱链条失效

模型[①]来解释尺寸效应：大尺寸试样比小尺寸试样的表面积和体积更大，从统计意义上来说，相同受力程度的区域内就可能含有更多的疲劳源（即薄弱环节），因此疲劳寿命（或疲劳强度）相对更低一些。对处于非均匀应力应变场的试样来说，尺寸效应主要是由应力梯度造成的。图 0－19(b) 中给出了两根旋转弯曲试样的截面受力图，在最大弯曲正应力相同的条件下，大试样的高应力区比小试样的高应力区更厚，因而处于高应力状态的晶粒更多，疲劳裂纹更容易萌生并扩展，疲劳寿命或疲劳强度相对更低一些。工程方法中，往往采用疲劳尺寸系数（有的手册或文献中又称“尺寸系数”“尺寸因数”等）来考虑尺寸效应。

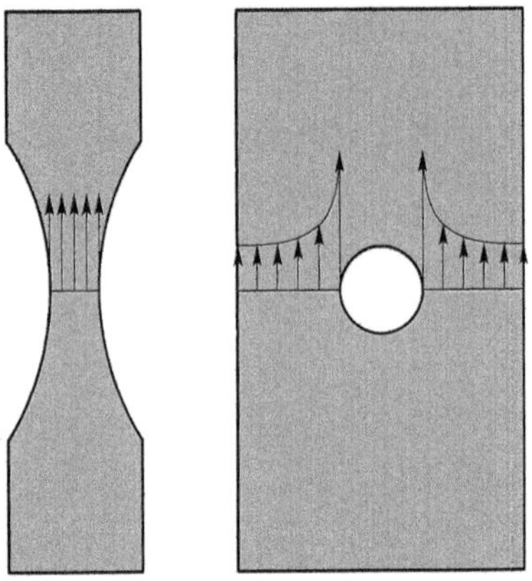

(a) 拉伸载荷作用下光滑板状试样和孔板试样的应力分布

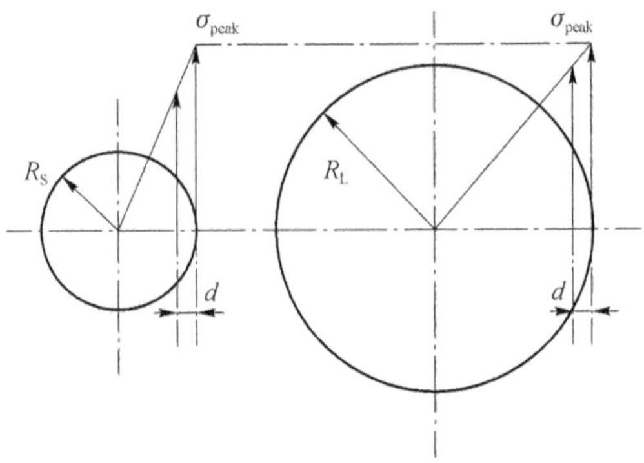

(b) 旋转弯曲载荷下光滑试样的尺寸效应

图 0－19　飞机金属结构几何特性

由于疲劳裂纹一般在材料表面处萌生，因此表面状态对于结构疲劳寿命产生重要影响，对于应力水平较低的高周疲劳寿命区来说尤为如此。对此，工程方法中往往通过表面状态系数（有的手册或文献中又称“表面加工系数”“表面质量因数”等）来考虑。表面状态的影响大致可分为表面粗糙度、表面材料组织与表面应力状态等三个方面。表面越粗糙，疲劳裂纹就越容易萌生，因此对疲劳寿命产生不利影响。除了保证结构表面粗糙度满足一定要求之外，还可以通过改变表面材料组织来提高疲劳寿命，相关方法包括表面渗碳、表面渗氮、表面氰化、表面淬火、表面激光处理等。此外，工程上往往还通过在表面层引入残余压应力来降低结构疲劳危险部位实际服役的局部应力水平，相关方法包括喷丸、滚压、冷挤压、激光强化等。

显然，与几何特征的影响相比，工艺特征及其影响更难通过数学和力学的方式进行定量描述，尤其是考虑到工艺特征还会受到一些偶然因素或人为因素的影响（例如，装配人员可能不小心将工具掉落在结构上，或者使用工具时在结构表面造成划痕），结构的疲劳品质和疲劳寿命必然呈现出一定的分散性。因此，工程中需要严格控制加工、制造、装配等环节的质量，并按照相同的质量要求来制造实验室结构模拟试验件和飞机实际服役结构，这样才能使得结构模拟件对实际服役结构具有足够的代表性，即满足“相似性准则”。

相较于疲劳寿命，影响疲劳裂纹扩展速率的工艺特征较少，影响程度也较低，再加之裂纹端部场的应力应变水平较高，因此疲劳裂纹扩展速率的分散性较小。但相同的是，将实验室简

① 最弱链条失效模型是可靠性工程中常用的一种模型，其基本思想是将一个系统分解为若干个子系统，每个子系统都是由多个基础元件（如零部件）构成的链条，当链条上的任何一个基础元件失效时，整个子系统就失效。而整个系统失效则要求所有子系统都失效。

单试样或结构模拟试验件所得到的疲劳裂纹扩展速率数据应用到飞机实际服役结构,同样需要满足"相似性准则",也就是需要保证材料性能特征(如材料组织和热处理工艺等)、裂纹尖端应力场特征(如裂纹形式和结构厚度等)、使用条件特征(如温度环境和腐蚀环境等)是相似的。

2. 载荷环境特征

飞机结构实际服役情况千变万化,实验室试验时不可能对试样施加与实际服役情况完全相同的复杂载荷/环境历程。对于这个问题,目前主要有两方面的处理方法。一方面是根据飞机结构的实际服役特点,按照一定原则和方法对实际服役载荷/环境历程作出适当简化,从而编制出既能够反映典型实际服役情况,又能够在实验室试验中实现的载荷/环境谱①;飞机结构的载荷/环境谱是进行飞机结构疲劳寿命评定的基础和输入,对本部分内容感兴趣的读者可参考"拓展阅读 3 飞机结构载荷谱"和相关著作。另一方面是对变幅载荷下的疲劳寿命和疲劳裂纹扩展速率建立分析评定方法,从而实现以恒幅载荷下疲劳寿命/疲劳裂纹扩展速率数据对变幅载荷下疲劳寿命/疲劳裂纹扩展速率的评定。

以恒幅载荷的疲劳寿命数据预测变幅载荷下的疲劳寿命,需要采用疲劳累积损伤模型(又称"疲劳累积损伤准则"或"疲劳累积损伤理论")。任何一个疲劳累积损伤模型都必须定量地回答三个问题。

(1) 每个载荷循环造成的疲劳损伤 D 是多少? 即:疲劳损伤如何定义或者表征?

(2) 多个载荷循环造成的疲劳损伤是如何累加的? 即:疲劳损伤如何演化?

(3) 失效时的临界疲劳损伤 D_{cr} 是多少?

Palmgren-Miner 线性累积损伤模型(通常简称 Miner 模型)理解直观、形式简单、计算方便、精度尚可,是目前工程实际中最常用的疲劳累积损伤模型。Miner 模型对上述三个问题的回答如下:

(1) 每个载荷循环造成的疲劳损伤定义为 $D_i=1/N_i$,其中,N_i 为对应于当前循环载荷水平 S_i 的疲劳寿命,可由 $S-N$ 曲线得到;

(2) 多个载荷循环造成的损伤以线性进行累加,即 $D=\sum\limits_{i=1}^{n}D_i=\sum\limits_{i=1}^{n}1/N_i$;

(3) 材料或结构在损伤达 $D_{cr}=1$ 时发生失效。

尽管 Miner 模型在工程实际中得到了广泛应用和认可,其建立思路和预测精度上仍有不足之处。对此,研究人员长期以来提出了各种各样的修正方法,也基于其他思路建立了许多新的疲劳累积损伤模型,这些修正或改进主要包括但不限于:认为本次载荷循环所产生的损伤量与当前的损伤状态有关;采用非线性的累加方法;以疲劳损伤的不可逆性和随机性为基础,提出概率性的疲劳累积损伤准则,从而适应疲劳可靠性设计的要求。

以恒幅载荷的疲劳裂纹扩展速率数据预测变幅载荷下的疲劳裂纹扩展速率,需要通过变幅载荷模型考虑载荷顺序效应(又称"载荷交互作用"或"变幅载荷影响"等)。特别是当载荷谱中各个载荷的峰谷值相差较大时,这种效应对疲劳裂纹扩展速率影响显著,如图 0-20 所示。目前,变幅载荷疲劳裂纹扩展速率预测模型大致可分为屈服区模型、裂纹闭合模型、条带屈服模型三类:屈服区模型通过塑性区尺寸来考虑载荷交互作用,具有代表性的模型包括 Wheeler 模型和 Willenborg 模型;裂纹闭合模型通过裂纹闭合效应来考虑载荷交互作用,最具有代表

① 所谓"谱"指的就是"变化历程",而"飞机结构载荷/环境谱"则是指作用在飞机结构上的各种载荷和各种使用环境(尤其是腐蚀环境)所形成的谱的总称。

性的模型是 Elber 模型和 NASGRO 模型;条带屈服模型通过 Dugdale 所提出的条带屈服假设来考虑载荷交互作用,是最复杂的一类模型。本书第 6 章将对这三类模型的具体内容进行详细介绍。

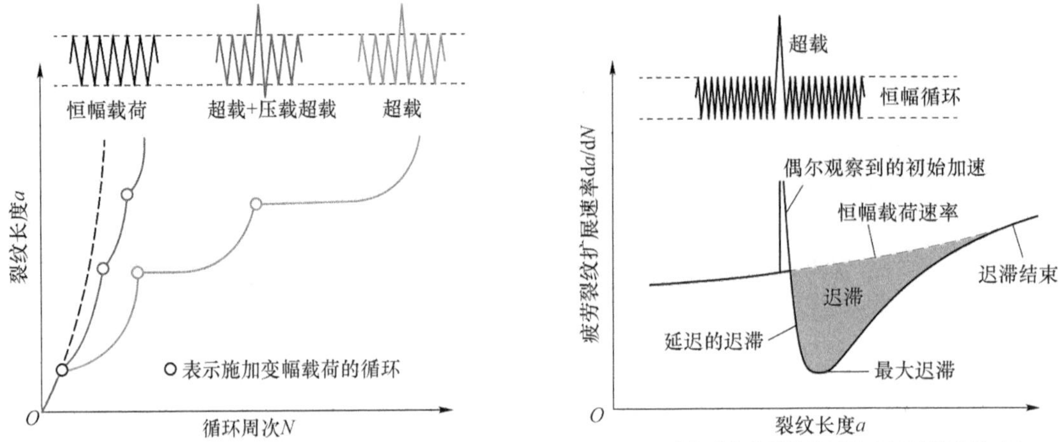

(a) 过载对2024-T3铝合金薄板试样疲劳裂纹扩展的影响　　(b) 过载对疲劳裂纹扩展速率迟滞影响的示意

图 0-20　变幅载荷下疲劳裂纹扩展速率的迟滞现象

3. 分散性与不确定性

所谓分散性,指的是某事物本身的客观性质呈现出一定的分布特征。分散性是材料和结构的力学性能的固有特性,而影响疲劳寿命的因素很多,影响规律也很复杂,因此疲劳性能的分散性尤为显著。分散性的主要来源见表 0-2。可以看出,材料疲劳性能与结构疲劳质量的分散性来源是不同的:材料疲劳性能的分散性主要是由微细观尺度上的组织和缺陷等导致的,而结构疲劳寿命的分散性不仅来源于材料疲劳性能的分散性,也来源于制造、加工、装配、载荷、环境、人员等多个方面。从这个角度来看,仅从材料疲劳性能出发来预测结构疲劳寿命是不充分的,同时也导致很难依据实验室研究中观察到的分散性对实际服役情况中的分散性进行分析预测。

表 0-2　分散性的主要来源①

类　别	可能的分散性来源	
	实验室试验的结构或结构模拟件	实际服役结构
材料	材料组织	材料来源于不同的批次和生产商
制造	试样加工 试样表面质量	结构的制造需要数年完成 结构细节的表面质量
载荷	交变载荷类型(恒幅/变幅) 试验频率 试验设备的精度	实际服役载荷谱 不同用户 疲劳寿命长达多年
环境	实验室环境(温度、湿度、腐蚀等)	服役环境(多变且一般都是腐蚀的)
人员	实验室技术人员的技能	不同的用户

① 表格来源:SCHIJVE J. Fatigue of Structures and Materials[M]. Berlin: Springer Netherlands, 2009.

所谓不确定性，可进一步分为客观不确定性与主观不确定性。其中，客观不确定性指的是事物随机变化的不确定性，起源于客观世界；主观不确定性指的是由于受认识手段、信息资源、知识水平、自然与社会环境等条件制约而产生的对事物认识上的不确定性，起源于主观世界。特别地，结构疲劳寿命的不确定性，除了由于疲劳性能的分散性所导致的结构疲劳品质未确知性外，还包括载荷谱的未确知性以及分析预测模型中所简化忽略的各种未确知因素或各种因素的未确知影响。

正是因为疲劳性能与寿命存在分散性和不确定性，研究人员必须通过大量系统的疲劳试验来研究疲劳行为的统计特性，才能够保证分析结果具有一定的可靠性。然而，疲劳试验时间长、费用高，实际工作中往往只能通过小样本试验结果来推断母体的疲劳性能/品质/寿命。从这个角度来说，尽管当前对于金属材料和结构的疲劳行为在定性意义上已经有了一定认识，但在定量意义上的了解还相对有限。飞机结构疲劳分析评定往往从统计意义上给出保守的估计，从而做到相对意义上的准确。

分散性和未确知性的问题一般通过概率统计、模糊数学等方法来处理。需要强调的是，这些方法仅是用来描述分散性和未确知性的数学工具，这些方法可以给出具有更高可靠度、置信度的疲劳寿命评估结果，但不能从本质上提高结构的疲劳寿命。疲劳寿命是由结构本身及其使用的载荷/环境条件确定的。

0.2.4 飞机结构抗疲劳保安全策略

一般认为，飞机金属结构抗疲劳保安全策略主要依赖安全寿命、破损安全、损伤容限等三种策略。其中，由于破损安全策略可看作是一种补充性的、过渡性的抗疲劳保安全策略，因此也有文献认为主要依赖安全寿命和损伤容限两种策略。

所谓安全寿命，指的是假设一架新飞机的结构上不存在缺陷和裂纹，经过一段时间的使用后出现宏观可检裂纹时的寿命。相应地，安全寿命策略要求结构在整个使用寿命期内不出现裂纹，且结构在服役时间达到安全寿命后立即退役，因此又称“用退役来保证安全”(Safety By Retirement，SBR)的策略。安全寿命策略的重点在于防止裂纹萌生，其实现方式是将结构设计得相对笨重，从而将结构应力控制在一个较低的水平，同时，结构选材偏向于疲劳极限较高的高强低韧金属材料。然而，疲劳寿命试验数据在低水平长寿命区域的分散性比较大，高强低韧材料疲劳寿命数据的分散性本身也比较大，为此需要取一个较大的分散系数(一般至少为4)以保证安全。同时，一系列空难事故也表明，安全寿命策略不足以保障飞机不因结构疲劳而发生破坏。

在急需一种新的结构抗疲劳策略予以补救的情况下，破损安全策略诞生了。破损安全策略允许飞机一部分结构在使用过程中失效，但要求在这些失效结构被检出并得到修理之前，剩余的结构必须能够保证整体结构的安全。具体来说，这就是要将结构设计为含冗余设计的多传力路径破损安全结构，或不允许缺陷/裂纹达到不稳定快速扩展/临界尺寸的缓慢裂纹扩展结构，或能够使裂纹不稳定快速扩展停止在结构的某一连接区域内的破损安全止裂结构。因此，破损安全策略又称“用设计来保证安全”(Safety By Design，SBD)的策略。破损安全策略并不是替代安全寿命策略，而是对安全寿命策略的补充，二者是共存的。然而，由于破损安全策略的重点在于设计补救，并非避免或者合理评价缺陷的影响，因此安全寿命策略和破损安全策略二者一起也不足以保障飞机安全。

随着工程实践经验的进一步积累，研究人员认识到，制造、加工、装配等环节导致结构不可避免地存在一定的初始缺陷(初始损伤)，且高强低韧金属材料对初始缺陷(初始损伤)比较敏感。因此，把飞机结构设计成能承受定量损伤，并开展定期的检查维修以保障飞机结构始终具有承受定量损伤的能力，是飞机结构抗疲劳保安全的有效途径，这种策略就是损伤容限策略，又称“用检查来保证安全”(Safety By Inspection, SBI)的策略。可以看出，损伤容限策略吸收了一部分破损安全策略的内涵，特别是破损安全策略中的缓慢裂纹扩展概念。损伤容限策略对于飞机结构抗疲劳保安全工作的影响非常显著，例如，当前对于大型运输类飞机，大部分影响飞机安全的结构都需要按照损伤容限策略进行设计，仅起落架及其连接结构仍按照安全寿命思想来设计；飞机结构选材标准从静强度策略要求的高静力强度，发展到安全寿命策略要求的高疲劳强度，最终发展到损伤容限策略要求的高裂纹阻抗；飞机结构抗疲劳保安全工作的内涵从仅停留于设计阶段，拓展到了包括设计、检查、维修、管理等各阶段的全寿命周期。总的来说，损伤容限策略在大幅降低结构冗余的同时，极大地提升了飞机结构安全性。

需要指出的是，安全寿命、破损安全、损伤容限三种设计思想各自都无法单独支撑起飞机的安全性。实际上，飞机结构设计和寿命分析评定工作需要按照安全寿命策略评估寿命，也需要按照破损安全策略进行结构冗余设计，更需要损伤容限策略确定检查周期，三种策略缺一不可。

在“安全寿命-破损安全-损伤容限”的基本策略形成之后，相关研究和工作针对飞机结构在全寿命周期的使用方法，进一步拓展了“寿命”的内涵。例如，针对经济性和更多的失效模式，发展出了以经济寿命为目标的耐久性分析方法；针对广布疲劳损伤(Widespread Fatigue Damage, WFD)这种典型的疲劳失效模式，发展出了以有效性限制①(Limit of Validity, LOV)为目标的 WFD 评定方法；针对我国军用飞机的使用特点，发展出了日历寿命评定方法。目前，飞机结构抗疲劳保安全的策略正在融入飞机结构完整性的体系框架之中。

0.3 现阶段疲劳研究思路的特点

无论是从学术研究还是从工程实践来说，金属结构的疲劳问题至今仍未得到有效解决。这一困境的根源在于疲劳损伤演化机理复杂、影响因素众多，从而导致当前的模型和方法必须作出相当严重的简化与假设，且严重依赖于试验手段。毫无疑问，这种严重的简化与假设将大大限制当前模型和方法的准确性和适用性，未来先进材料、新型结构、任务需求、抗疲劳策略等方面的发展或应用将面临巨大挑战。

0.3.1 对金属疲劳的认识与定义

1948 年，一位飞机工程师在一篇预言小说中写了以下一段话，反映了当时对于疲劳的认

① 英文全称为 Limit of Validity of the engineering bata that supports the structural maintenance program，简称 Limit Of Validity.

识:“疲劳可说是金属的一种‘疾病’。在承受很多周次的交变载荷后,金属的整个性能将会发生突然变化。一种铝合金在几千小时飞行中一直经得起考验,却可能突然变成结晶状而在很小的力作用下就断裂,从而导致机毁人亡。”很显然,此时对于疲劳机理的认识还比较粗浅,甚至存在错误。

1964 年,国际标准化组织 ISO 对疲劳所做的定义①为“疲劳是指金属材料在应力或应变的反复作用下所发生的性能变化,尽管在一般情况下,该术语特指那些导致开裂或破坏的性能变化。”

2015 年,美国材料与试验协会(American Society for Testing and Materials,ASTM)对疲劳的定义②为“疲劳是指材料在交变载荷作用下产生渐进性、局部性、永久性变化的过程,该过程在裂纹行为上表现为裂纹的萌生、扩展直至完全断裂。”

可以看出,ASTM 定义与 ISO 定义都认为金属疲劳是某种性能的变化过程,许多词句也都精准地体现了疲劳问题的特点,且最新的 ASTM 定义在文字描述上比 ISO 定义更为丰满,但在定量意义的关键问题上仍较为模糊。

(1) 所谓“性能”具体是指什么性能?

(2) 这种“性能”在疲劳失效全过程中是如何变化的?

(3) 这种“性能”及其变化如何在力学上进行表征?

研究者一直以来都喜欢用“疲劳损伤”一词来表述这种性能变化,但又难以解释“疲劳损伤”与位错、滑移等微观尺度材料疲劳机理之间有何关系,对于“疲劳损伤”的定义及其演化规律也还很不清楚。实际上,这种矛盾已经在很大程度上反映了现阶段疲劳研究思路的特点——唯象。

0.3.2 现阶段疲劳研究思路的唯象特点

所谓“唯象”,指的是并非从内在原因来揭示物理现象,而是通过试验和经验来概括和提炼物理规律。因此,唯象模型或唯象方法对物理现象有描述功能,以及适用范围内的预测功能,但没有解释功能,例如,$S-N$ 曲线能够描述典型条件(如交变载荷、温度/环境、表面粗糙度等)与疲劳寿命之间的关联关系,但并不能解释这些典型条件与疲劳寿命之间为什么是这样的关联关系,因此也难以将这些条件下的关联关系作为已知量准确可靠地预测其他条件下的关联关系。

对于现阶段的疲劳性能模型和疲劳寿命评定方法来说,这种唯象特点具体体现在以下几个方面。

(1) 对材料疲劳机理的考虑不足。例如,$S-N$ 曲线和 $\mathrm{d}a/\mathrm{d}N-\Delta K$ 曲线不能体现出疲劳寿命和疲劳裂纹扩展速率与“挤入/挤出”机制之间的关系,也不能体现出疲劳寿命和疲劳裂纹

---

① 英文原文为 Fatigue applies to changes in properties which can occur in a metallic material due to the repeated application of stresses or strains, although usually this term applies specially to those changes which lead to cracking or failure。

② 英文原文为 Fatigue is the process of progressive localized permanent structural change occurring in a material subjected to conditions that produce fluctuating stresses and strains at some point or points and that may cumulate in cracks or complete fracture after a sufficient number of fluctuations。

扩展速率与材料塑性之间的关系。

(2) 对疲劳失效全过程的考虑不足。例如，$S-N$ 曲线不能体现出疲劳失效分为裂纹萌生和裂纹扩展两个不同阶段，$da/dN-\Delta K$ 曲线只能考虑裂纹扩展阶段而不能考虑裂纹萌生阶段。

(3) 对“次要因素”作用的考虑不足。疲劳是“载荷-环境-材料”等多方面因素共同作用的过程，而 $S-N$ 曲线和 $da/dN-\Delta K$ 曲线主要是考虑载荷条件(尤其是载荷幅值)与疲劳寿命和疲劳裂纹扩展速率之间的关系。

现阶段的疲劳性能模型和疲劳寿命评定方法之所以具有唯象特点，是因为疲劳机理复杂、影响因素众多，从而导致当前的认识和分析不够深入全面，认识和分析的手段和水平也有所欠缺，因此不足以支持直接从材料疲劳性能(甚至疲劳机理)到结构服役寿命的分析预测；从另一个角度来说，倘若能够在实验室中完整地复现飞机实际服役结构的实际服役条件，那么基于唯象关联的模型与方法应当也能取得很好的效果，但无论是从可行性还是从经济性来看，这种做法显然是不现实的。

因此，在客观条件的限制下，研究人员不得不对复杂的结构疲劳失效过程进行一系列的简化与假设，依据实验室中针对典型且简单情况的实验结果，对实际服役条件下结构的疲劳寿命进行评定。一般地，这些简化与假设主要有以下几点。

(1) 飞机传统金属材料呈现出宏观连续均匀各向同性，使得结构疲劳失效行为模式主要由载荷因素决定，因此可采用“以载荷因素定失效模式，以材料因素定拟合参数”的思路，也就是力学参量(应力、应变、应力强度因子等)的幅值(或变程)作为描述疲劳寿命与疲劳裂纹扩展速率的控制参量，而其他因素及其影响都通过经验关系式中的拟合参数进行考虑。

(2) 飞机传统金属结构疲劳失效的行为模式比较简单且固定，因此将复杂的飞机实际服役结构简化为关键特征和失效模式相同的简单试样或结构模拟件，然后在实验室中对简单试样或结构模拟件开展疲劳试验，并将试验数据取一个相对保守的安全系数后应用到飞机实际服役结构的疲劳寿命分析预测中。

(3) 飞机传统金属结构的疲劳寿命大部分都消耗在工程可检裂纹尺寸以下的疲劳裂纹萌生阶段，因此将对结构疲劳失效全过程的评定简化为对结构初始状态的评定，即以结构初始状态为研究对象来计算相关力学参量和疲劳损伤，而不考虑结构疲劳失效全过程中损伤演化和裂纹扩展对于结构状态的改变。

从飞机传统金属结构在材料性能、结构形式、疲劳失效行为等方面的主要特点来看，上述简化与假设在很大程度上是合理的。然而，只要作出了简化与假设，就需要考虑简化与假设的准确性和适用范围，但上述简化与假设的准确性和适用范围很难通过理论分析给出定量结论。在这种情况下，试验验证就显得尤为重要。实际上，当前适航规章要求所有的分析必须经过试验验证，但疲劳试验成本高、周期长，且材料与结构的疲劳寿命表现出很大的分散性，给结构疲劳寿命分析评定工作带来了很大限制。

总的来说，金属材料和结构的疲劳失效问题在客观上是复杂的，对其的认知水平和认知手段在主观上是有限的。对此，研究人员针对飞机传统金属结构的主要特点，发展出了当前唯象疲劳性能模型和唯象疲劳分析方法，有力地支撑了飞机传统金属结构的疲劳寿命评定。另一方面，这种唯象思路也带来了准确性和适用性等方面的问题，使得飞机金属结构的疲劳寿命评定工作严重依赖于试验手段。深入认识现阶段疲劳研究思路的唯象特点，不仅有助于理解当前疲劳寿命评定方法，也有助于理解未来疲劳研究的发展方向以及所面临的挑战。

0.3.3 疲劳研究的挑战与发展趋势

材料、工艺、结构的发展日新月异，飞机结构安全性和经济性的需求不断提升，现阶段分析评定方法对于材料性能、结构形式、疲劳失效行为等方面的简化和假设势必要被突破，传统上“以载荷因素定失效模式，以材料因素定拟合参数”的思路势必会面临瓶颈，金属材料与结构的疲劳研究必将迎来新的机遇和挑战。总的来说，未来疲劳学科的发展呈现出机理化、精细化、数字化的趋势。

(1) 疲劳研究的机理化，即充分尊重材料与结构疲劳失效问题的本质特点，建立相应的力学模型和分析方法。机理化是疲劳学科长期以来的研究方向之一，是研究人员在疲劳失效问题上“精耕细作”的本质追求。对于飞机金属结构疲劳寿命评定来说，更为机理化的模型和分析方法将起到提高准确性、拓宽适用性的作用。

(2) 疲劳研究的精细化，即充分考虑各种因素及其交互作用对疲劳失效过程的影响规律。精细化是疲劳领域的一个长期研究方向，是深入认识复杂结构因素对疲劳寿命影响的必然要求。对于飞机金属结构疲劳寿命评定来说，更为精细化的模型和分析方法有助于保障结构疲劳寿命评定的可靠性，从而有效降低结构冗余。

(3) 疲劳研究的数字化，即充分借助计算机、计算力学、人工智能的迅猛发展，建立疲劳失效过程的数值分析评定方法。数字化既是降低对试验手段依赖性的必然趋势，也是对试验研究手段的有力补充。数字化的手段和方法将为飞机结构疲劳寿命分析评定提供新的途径，在降低成本、缩短周期、全寿命周期管理等方面具有重要意义。

显然，机理化、精细化、数字化这三个趋势相辅相成：在机理化趋势中，对微细观尺度疲劳机理的研究需要精细化地考虑“载荷-环境-材料”等因素的共同作用，而数字化方法则是实现这种多尺度多层级多场耦合研究的重要手段；在精细化趋势中，厘清各种因素的复杂交互作用既需要力学思想和力学方法的指导，也需要发展相应的数值模拟仿真手段予以支持；在数字化趋势中，基于力学规律的模型是构建数字空间的底层逻辑基础，而模型的精细化程度则决定了数值分析评定的准确性、有效性和可靠性。在这三种趋势的推动下，飞机金属结构的抗疲劳保安全策略也极有可能发生变革，从而进一步将相关研究、方法、工作推向新的高度。

总的来说，在规律研究与工程需求的双重驱动下，疲劳研究必须也必将逐步突破现阶段的唯象特点，以更机理化、精细化、数字化的姿态，支撑未来飞机在更严苛条件下的长寿命、高可靠服役。毫无疑问，这既需要疲劳研究者和结构强度工程师的共同努力，也需要多个学科领域研究人员的通力合作。

0.4 本书主要内容及结构安排

本书重在向读者介绍飞机金属结构疲劳寿命分析评定方法的背景、现状和未来，全书除本绪论外分为 3 篇，共 10 章。

上篇主要介绍飞机金属结构保安全策略的发展历程，共 3 章。第 1 章主要介绍“安全寿命-破损安全-损伤容限”抗疲劳保安全策略的形成，以及三种抗疲劳保安全策略的内涵；第 2 章主要介绍在三种抗疲劳保安全策略的基础上，根据飞机结构的具体使用方法进一步拓展了“寿命”的内涵；第 3 章主要介绍飞机结构完整性大纲（Aircraft Structural Integrity Program, ASIP）的发展，以及飞机结构疲劳寿命分析评定工作与飞机结构完整性大纲之间的关系。

中篇主要介绍现阶段飞机结构疲劳寿命分析评定的主要方法，共 4 章。第 4 章主要介绍结构疲劳寿命分析与抗疲劳设计；第 5 章主要介绍耐久性分析与经济寿命评定；第 6 章主要介绍损伤容限设计与评定；第 7 章主要介绍有效性限制的制定与 WFD 评定。

下篇主要介绍未来飞机结构抗疲劳策略的研究与探索，共 3 章。第 8 章主要以增材制造技术为例介绍新材料、新工艺、新结构对当前针对传统结构形式建立的疲劳分析方法所提出的挑战；第 9 章主要介绍单机寿命监控和结构健康管理对当前基于机群寿命理念而建立的飞机寿命使用管理技术所提出的挑战；第 10 章主要介绍飞机结构数字化分析与数字孪生对当前基于大量试验数据而建立的结构寿命分析评定所提出的挑战。

飞机结构疲劳寿命分析评定的内涵非常丰富，不可能在一本研究生教材中予以详尽介绍。对此，本书设置了若干拓展阅读篇章，还在相应文字章节设置了一些思考题，以期帮助读者深入理解和全面认识飞机结构疲劳寿命分析评定的相关内容。如果读者希望了解更多更详尽的内容，可参考在本书最后列出的相关著作和文献。

思考题

1. 疲劳强度与疲劳极限有何联系与区别？一般如何定义疲劳极限？

2. 如何采用勾线法来了解裂纹扩展过程？设置勾线载荷时应遵守怎样的原则？

3. 循环硬化/循环软化、循环蠕变/循环松弛、Bauschinger 效应等如何影响材料的循环应力-应变曲线形状？循环弹塑性本构对此是如何描述的？

4. 与材料疲劳性能手册相比，本章的 $S-N$ 曲线、$\varepsilon-N$ 曲线、$\mathrm{d}a/\mathrm{d}N-\Delta K$ 曲线省略了哪些信息？曲线的拟合参数受哪些因素的影响？

5. 从疲劳机理角度来看，疲劳和疲劳裂纹扩展是与塑性相关的过程；但在疲劳性能模型中，应力强度因子是线弹性断裂力学参量。那么，采用应力强度因子（变程）描述疲劳裂纹扩展性能是否合适？可能存在哪些问题？

6. 引入残余压应力为何能够提高结构的疲劳寿命？

7. 对孔进行冷挤压时，为什么要适度？

8. Miner 模型有哪些不足？

9. 本章甚至全书的核心之一就在于“抗疲劳”，那么，结构疲劳能“抗”吗？怎样理解“抗疲劳”中的这个“抗”字？

上　篇

飞机金属结构保安全策略的发展历程

第 1 章　飞机金属结构保安全策略的发展Ⅰ：以抗疲劳为目标

在 20 世纪 40 年代以前，飞机结构疲劳失效问题还不太突出，这是因为以下几点：

(1) 飞机构型的更新速度很快，或在一战时期用于军事用途，大多数飞机还来不及发生疲劳破坏就已经被新飞机所替换淘汰；

(2) 虽然当时的飞机结构主要基于静强度和刚度的要求进行设计，但此时的结构设计方法往往比较保守，安全裕度较大；

(3) 因疲劳而失效的多为非结构性构件或机械构件，这些构件的故障失效所导致的意外事故通常不会对乘客的生命安全构成威胁；

(4) 定期运送旅客的商业航空公司还未出现，即便发生了机毁人亡的事故，其社会影响也仅限于小范围，很难引起广泛重视。

从 20 世纪 40 年代开始，飞机的使用目的、使用方法、材料类型、服役条件都发生了很大变化，特别是对飞机性能的追求使得飞机结构疲劳失效问题变得愈发严峻，金属结构的疲劳失效成为保障飞机结构安全性所必须解决的重要问题。伴随着学术研究的深入、工程实践的积累以及血的代价，飞机金属结构抗疲劳策略历经了安全寿命、破损安全和损伤容限三个阶段。民机设计思想及相关条例的更新发展历程如图 1-1 所示。毫无疑问，这一时期发展飞机金属结构抗疲劳策略的核心目的就是“保安全”。

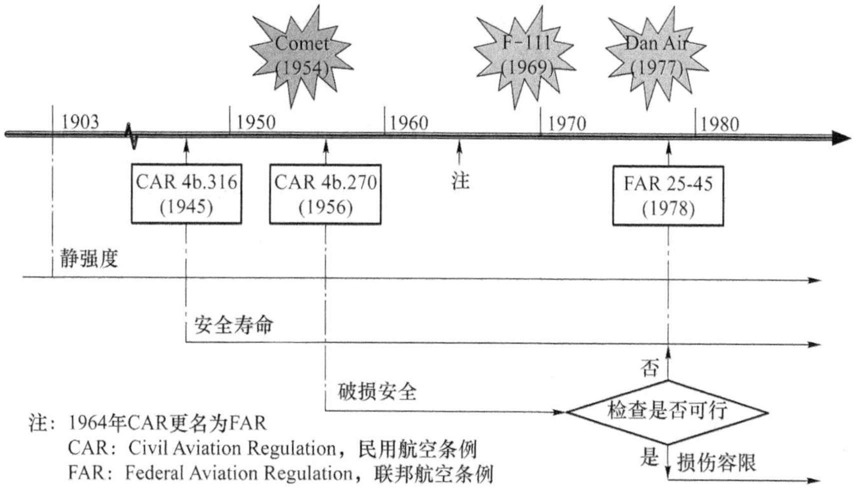

图 1-1　民机设计思想及相关条例的更新发展历程

1.1 安全寿命策略

1.1.1 安全寿命策略的提出

1927 年 9 月，汉莎航空公司的一架上单翼飞机因结构疲劳失效在德国东部坠毁，造成 6 人死亡。1929 年 6 月，英国一架飞机因发动机结构疲劳失效在英吉利海峡迫降，造成 7 人死亡。1934 年 7 月，瑞士一架双翼机因机翼结构疲劳失效在德国坠毁，造成 11 人死亡……越来越多的事故正在昭告世人，飞机结构疲劳失效问题越来越严重，静强度设计思想已不足以保证飞机结构安全。

1945 年①，安全寿命策略被写入美国民用航空条例 CAR 4b. 316，成为飞机结构抗疲劳保安全的主要对策。所谓安全寿命策略，指的是假设一架新飞机的结构上不存在初始的缺陷和裂纹，而在经过一段时间的安全使用后，结构将出现宏观可检裂纹，此时就应将飞机退役。因此，安全寿命策略又称“用退役来保证安全”的策略。

然而，惨痛的经验教训表明，当时的安全寿命策略（至少是 CAR 4b. 316 中所体现的安全寿命策略）并不能完全保证飞机的安全。在这些经验教训中，英国“彗星号”事故对飞机设计思想甚至整个世界航空史进程的影响最为深远。

1.1.2 “彗星号”事故

“彗星号”飞机是由英国 de Havilland 公司制造的历史上第一款喷气式商用飞机，于 1946 年开始设计，1949 年 7 月 27 日进行原型机的验证飞行，1952 年取得适航许可并进入服役。“彗星号”的巡航高度约为 12 000 m，该海拔云层稀薄，飞机巡航受气象条件影响较小。然而，更高的巡航高度和更快的巡航速度则造成了更大的机舱内外压差，使得“彗星号”的机舱内外压差达到同时期其他飞机的近两倍。

1953 年 3 月 2 日，一架“彗星号”飞机在从印度加尔各答起飞后约 6 min 便空中解体，官方调查显示该事故的原因是某种形式的结构失效。由于当时恰逢热带风暴天气，调查认为可能是飞行员在暴雨中操控过度从而导致超出了飞机结构的承受能力，因此忽略了飞机结构设计方面的因素。

1954 年 1 月 10 日，编号为 G-ALYP 的“彗星号”飞机从罗马起飞后约 20 min，在气象条件良好的情况下于地中海厄尔巴岛附近约 8 230 m 的高空中解体，飞机在坠毁时累计 3 680 飞行

① 此后 CAR 4b. 316 发布了多个修订版本，因此也有文献写 CAR 4b. 316 是 1949 年或 1953 年发布的。考虑到“彗星号”飞机是 1946 年开始设计的，这里认为 CAR 4b. 316 是 1945 年发布的。

小时和 1 286 次飞行起落，机上 35 名乘客和机组成员全部丧生。这次事故发生后，de Havilland 公司考虑了操纵面的颤振、由阵风引起的主要结构失效、飞行控制、爆炸减压、发动机起火、涡轮叶片失效、机翼疲劳失效等多种事故原因，但是并没有考虑到机身发生疲劳破坏的可能性。在没有完全明确事故发生原因的状态下，“彗星号”于 1954 年 3 月 23 日便恢复了航线。

1954 年 4 月 8 日（仅仅在恢复航线的 16 天后），编号为 G-ALYY 的“彗星号”飞机从罗马起飞约 40 min 后在约 10 000 m 的高空中解体，机体残骸落入那不勒斯附近的深海之中，飞机在坠毁时累计 2 703 飞行小时和 903 次起落，21 名乘客和机组成员全部丧生。这次事故终于引起了英国皇家飞机研究院的重视，立刻停飞了整个“彗星号”机队，吊销了其适航证书，并开展了大量的调查和研究。

在众多调查研究中，最重要的一项工作是采用一架编号为 G-ALYU 的已退役“彗星号”飞机做全尺寸重复加压测试，其在服役期间已经历过 1 231 次加压循环。根据当时的试验条件和试验技术，研究人员将整个机身放进水槽中，通过水压来模拟飞机在起落过程中的机舱内外压差，同时在机翼上用液压千斤顶模拟机翼在飞行过程中承受的载荷，如图 1-2 所示。在进行 1 825 个试验加压循环、总共约 3 000 个加载循环后，G-ALYU 机身左侧一扇窗户的角落蒙皮出现了穿透金属蒙皮的疲劳裂纹，随后裂纹瞬间扩展出去并使整个机身发生断裂。

图 1-2　彗星号 G-ALYU 的水槽加压试验

G-ALYP 残骸被打捞重组后，调查人员在机身上方窗户蒙皮开口约 5 cm 处的一个直径约 1 cm 的螺栓孔边发现了疑似初始疲劳裂纹位置，并推测出这个疲劳裂纹在实际服役中扩展到约 2.5 cm 长度，从而导致了飞机的空中解体。G-ALYP 残骸的调查结论与水槽测试所显示的现象吻合，两架“彗星号”的局部结构形式和疲劳裂纹源及应力分布情况如图 1-3 所示。结果表明，金属结构疲劳是整个结构发生最终破坏的原因。具体来说，飞机在一次次的起落过程中反复承受机舱内外压差，导致了裂纹的萌生、扩展直至最终的断裂解体。

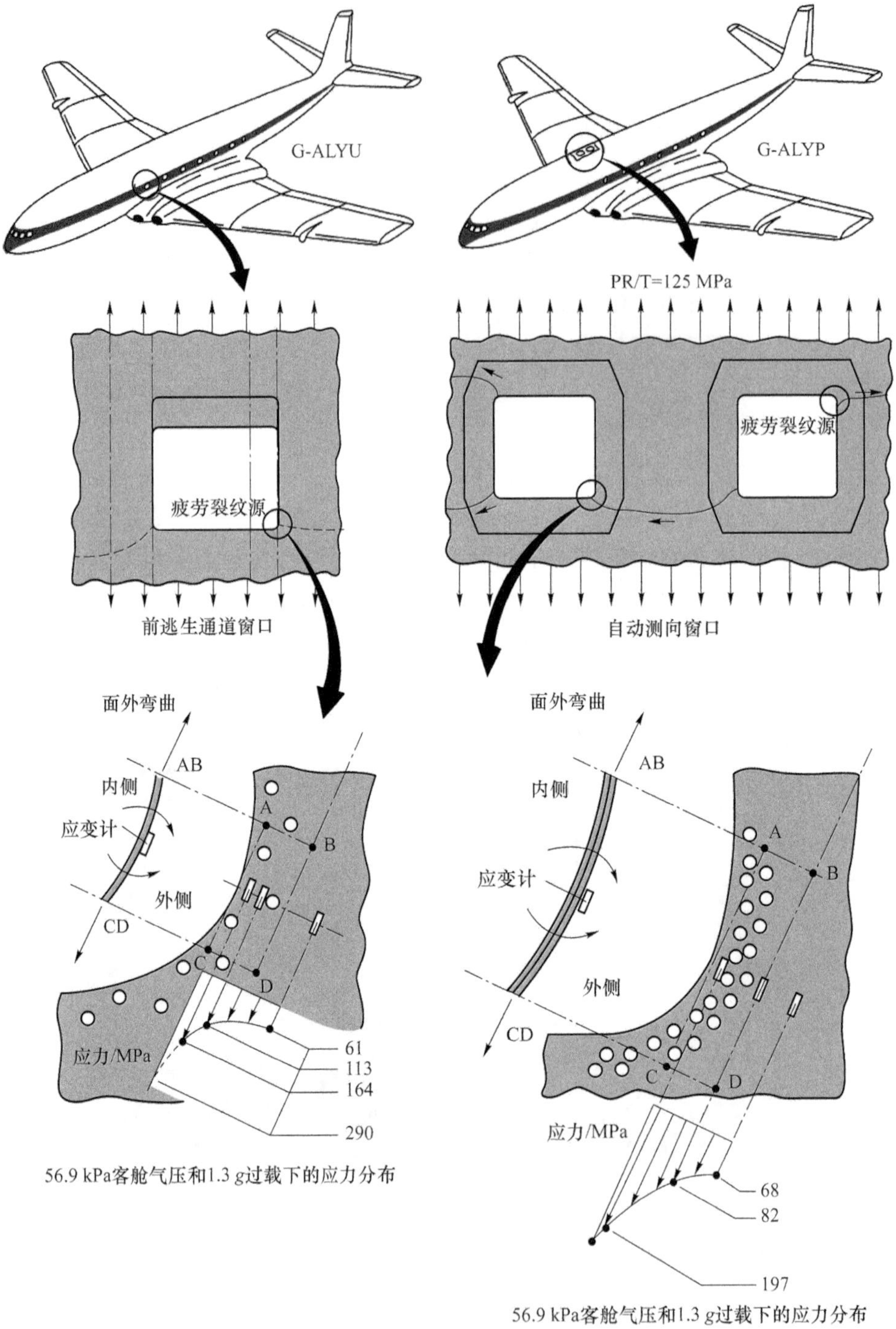

图 1-3 G-ALYP 和 G-ALYU"彗星号"飞机的局部结构形式和疲劳裂纹源及应力分布情况[①]

① 图片信息部分来源：WANHILL R J H. Milestone Case Histories in Aircraft Structural Integrity[R]. NLR-TP-2002-521, National Aerospace Laboratory NLR, 2002. 本书作者对原图进行了少许改动。

1.1.3　“彗星号”事故的教训

“彗星号”悲剧反映出,无论是民用航空条例还是飞机设计人员,当时对于结构疲劳失效问题的认识还不够深入准确,仍倾向于沿用静强度的思路来考虑疲劳问题。具体可概括为以下三个方面。

(1) 民用航空条例 CAR 4b. 216 对于结构疲劳失效问题和缺口效应的具体要求还很粗糙。例如,1953 年 12 月 31 日(仅在“彗星号”G-ALYP 失事前 10 天)修订的民用航空条例 CAR 4b. 216 c (3)中,对机舱内外压差载荷的疲劳分析评定要求为“为了考虑疲劳和应力集中的影响,飞机结构静强度校核时应额外考虑一个 1.33 的安全系数”①。从今天的眼光来看,条例选取 1.33 额外安全系数的具体要求,实际上就是从静强度分析的角度出发取了一个更大的分散系数,从而达到降低结构应力水平的目的。

(2) 飞机设计人员对于结构疲劳失效问题的认识和处理方法也很粗糙。一方面,飞机设计人员以机舱压差设计值的 2.5 倍为校核标准来进行设计,实际上已经高于当时民用航空条例 CAR 4b. 216 中所要求的 2 倍②;另一方面,飞机设计人员对“彗星号”飞机开展了全尺寸静力试验和全尺寸疲劳试验,而且试验结果表明飞机结构具有足够的强度和使用寿命。这使得 de Havilland 公司的设计人员在事故后的庭审上坚持认为,机身结构能够承受 2 倍工作载荷而不破坏,足以表明在实际服役中发生疲劳失效的风险极低。

(3) 全尺寸静力试验和全尺寸疲劳试验的试验方法存在重大问题。试验人员先是用试验机机体执行了 2 倍设计舱压载荷的静力试验,随后又用这架试验机机体执行了疲劳试验,这就使得试验机机体承受了一次实际服役历程中不可能出现的过载,进而导致试验寿命和实际使用寿命之间存在显著差异。由此得到教训:必须安排独立的结构试样来进行全尺寸疲劳试验,同时必须避免试样承受高于正常疲劳试验载荷谱的循环载荷,以及任何超过疲劳试验载荷谱当中最大载荷的静力载荷。

“彗星号”事故让 de Havilland 公司损失惨重,更让英国航空业备受打击,世界航空业的话语权由此逐渐被美国所掌握。同时,“彗星号”事故也让飞机金属结构疲劳失效问题得到了空前的重视,其经验教训也推动了飞机结构抗疲劳保安全策略的变革。从某种意义上来说,如今天空上的每一架飞机都承载着“彗星号”的教训。

1.1.4　对安全寿命策略的讨论

安全寿命策略以飞机结构不包含初始损伤的假设为基础,在飞机结构出现损伤(可检裂纹)之前认为结构是安全的,当飞机结构中出现损伤(可检裂纹)时则认为结构到寿;在此期间,飞机结构的使用应当是安全的,这段安全使用的周期就称为“安全寿命”。在我国最新的军用

① 英文原文为 The airplane structure shall have sufficient strength to withstand the pressure differential loads corresponding with maximum relief valve setting multiplied by a factor of 1.33 to provide for such effects as fatigue and stress concentration.

② $2=1.33\times1.5$。其中,1.33 为 CAR 4b. 216 针对疲劳和应力集中所额外提出的分散系数;1.5 为静强度分散系数。

飞机结构完整性大纲 GJB 775A—2012 中，“安全寿命”的定义[①]为：用飞行小时、起落次数等表示的使用周期，在该周期内飞机结构由于疲劳开裂而发生破坏的概率极低。

简单来说，安全寿命按照以下方式确定：

(1) 确定服役结构的典型载荷谱；

(2) 对结构开展典型载荷谱下的模拟疲劳试验，得到试验疲劳寿命；

(3) 将试验疲劳寿命除以分散系数，得到该结构的安全寿命。

安全寿命策略认识并强调了疲劳是决定飞机金属结构使用安全和使用寿命的关键失效模式，这对于飞机结构设计理念来说是一个巨大变革。由于是通过模拟疲劳试验和分散系数的方式来获得安全寿命，安全寿命策略自然地考虑了载荷、工艺、材料、结构、人员、试验等诸多因素所导致的分散性和不确定性。尽管取一个较大的安全系数会导致性能受限和成本上升，但却能够更加可靠地保障结构在寿命期内的安全性。在安全寿命策略的指导下，设计人员将会有意识地把结构局部应力控制在一个比较低的水平，并严格控制结构的初始质量。

然而，安全寿命策略也存在一定的局限性，仅依赖安全寿命策略不足以完全保障飞机结构的安全。首先，安全寿命策略假设飞机结构不包含初始损伤，但即便是在严格的质量控制下，结构中也不可避免地存在一定的初始损伤或初始微裂纹，因此该假设实际上偏于危险；其次，安全寿命策略依赖于检查来确定结构中是否存在裂纹，但没有也无法对检查周期和检查方法作出指导，且在“彗星号”的那个时代，设计人员的工艺水平、检查手段、认知水平等都还比较有限，因此难以执行到位；最后，安全寿命策略的重点显然在于防止疲劳裂纹萌生，但是疲劳裂纹萌生阶段的机理复杂、影响因素众多，通过分析手段(或基于试验的分析手段)可靠地得到安全寿命相对来说比较困难，导致分散系数往往取得比较大，从而与飞行性能和经济性的进一步发展形成了矛盾。

无论如何，以“彗星号”事故为代表的空难事件使得人们意识到：“安全寿命”不安全！

1.2 破损安全策略

1.2.1 破损安全策略的提出

“彗星号”失事之后，飞机结构急需一种新的策略来抗疲劳保安全，但新学术成果的吸收和转化却很难在短期内完成。在这种情况下，一种偏向于依靠工程设计的抗疲劳保安全策略诞生了。1956 年，民用航空条例 CAR 4b. 270 中提出了破损安全策略。破损安全策略允许一部分结构在使用过程中失效，但在这些失效结构被检出并得到修理或更换之前，剩余的结构必须能够保证飞机的整体安全。

---

① 美国军用飞机结构完整性大纲 MIL-STD-1530D 中的英文定义为 Safe-life of a structure is that number of events such as flights, landings, or flight hours, during which there is a low probability that the strength will degrade below its design ultimate value due to fatigue cracking.

可以看出,破损安全策略实际上是从工程设计角度出发对安全寿命策略的补充和补救,其思路非常简单直接:既然无法可靠地防止飞机结构萌生疲劳裂纹,那么就在安全寿命策略的基础上,进一步保障含裂纹构件不影响飞机的飞行安全。破损安全策略是通过结构设计(尤其是结构冗余设计)来达到这一目的的,因此又称“用设计来保证安全”的策略。

具体来说,破损安全策略要求将飞机结构设计为多传力路径结构、缓慢裂纹扩展结构或破损安全止裂结构。

(1) 多传力路径结构指的是结构具有多个余度,即使单个元件损坏,载荷也能够分配到其他承载元件上,且剩余未损伤结构的强度仍能达到规定的水平,从而保证结构整体的安全。这种设计一般在飞机主结构设计中采用,典型的多传力路径设计包括机翼和尾翼中的多梁、多腹板、多桁条等。

(2) 缓慢裂纹扩展结构指的是不允许裂纹或缺陷达到不稳定快速裂纹扩展所对应的临界尺寸的结构。结构在规定使用期内的安全性由缓慢裂纹扩展特性来保证,而使用期则根据可检查度而确定。在规定的不修理使用期内,带有亚临界损伤的缓慢裂纹扩展结构的强度不应降低到规定的水平以下。

(3) 破损安全止裂结构指的是能够将裂纹的不稳定快速扩展停止在结构的某个连续区域内的结构。结构的安全性依靠剩余结构的缓慢裂纹扩展和后续的各次损伤检查来保证。在规定的不修理使用期内,剩余未损伤结构的强度不应降低到规定的水平以下。加筋板是这种结构的典型代表,而安置止裂带则是典型的止裂手段。

民用航空条例 CAR 4b. 270 中提出破损安全策略之后,绝大多数民用客机的主结构都采用了这种设计方式,并取得了一定成功。例如,1973 年 11 月 3 日,美国航空公司一架 DC-10 飞机的发动机发生故障,导致机身、机翼、安定面等多个部位遭受严重损伤,但机身的止裂设计限制了损伤的扩展,最终使这架飞机免遭坠毁。然而,这一时期还是发生了一系列事故,表明了安全寿命策略和破损安全策略的并行也不能完全保证飞机的安全。

1.2.2　F-111 事故

1960 年,美国国防部试图将空军和海军两个军种的需求结合起来,研发一款航母战斗机。通用动力公司于 1962 年赢得研制合约,为美国空军和海军分别设计出了 F-111A 及F-111B两种型号,其中,F-111A 于 1967 年 10 月进入美国空军服役;F-111B 则因机体太重,无法满足航母上的操作需求,被美国海军取消后续发展。

F-111 最特殊的设计是可变后掠机翼设计,机翼后掠角度由 16°～72.5°间 4 段可调,如图 1-4 所示,其中,最重要的零组件是中央翼盒和翼身接头,两零组件皆使用特别开发的 D6ac 高强度合金钢。为证明飞机结构的安全性符合当时美国空军的要求,F-111 计划开展 16 000飞行小时(目标安全寿命 4 000 飞行小时的 4 倍)的全机疲劳试验。

1968 年 3 月 28 日,一架 F-111 飞机在执行任务时未返航,两天后另一架飞机也失去音讯,4 月 27 日则有第三架飞机失联。由于每一架飞机的飞行计划都是由飞行组员自行拟定,且飞行途中需保持无线电静默,因此没有人确切知道到底发生了什么。

1969 年 12 月 22 日,一架仅经历 105 飞行小时(也有文献说 107 飞行小时)的 F-111 飞机在进行武器抛投训练时,在执行 3.5 g±0.5 g 上拉动作的过程中,由于左翼枢轴接头突然断裂而导致左机翼发生脱落,造成飞机坠毁,两名飞行员当场丧生。值得注意的是,F-111 的静强度设计极限载荷为 7.33 g,也就是说,训练中上拉动作的过载还不到设计许用值的一半。

在此事故发生之后,美国空军立即全面停飞 F-111 并开展了全面的调查研究,发现事故原因是 D6ac 钢制枢轴配件中的一个制造缺陷在服役过程中发生了快速的疲劳裂纹扩展,而疲劳源则是枢轴配件中的一个大小为 23.4 mm×5.9 mm 的初始制造缺陷,如图 1-5 所示,且无损检测没有发现这个缺陷。特别地,在此事故发生之时,针对 F-111 型号研制的全尺寸疲劳试验仍在进行中。当试验进行到约 400 飞行小时的时候,机翼承载箱发生了疲劳破坏,其疲劳源是 D6ac 钢法兰中螺栓孔附近的一个深约 2.5 mm 的初始制造缺陷。

图 1-4 F-111 外形及 4 段可调式变后掠机翼结构

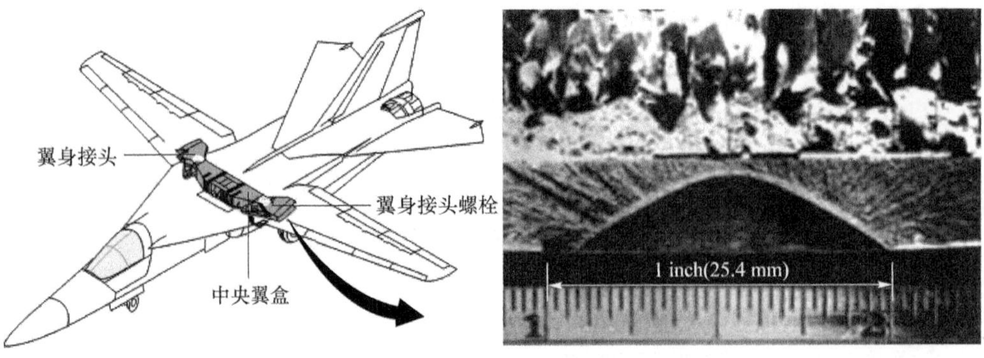

图 1-5 F-111 空中解体战斗机的疲劳源是高强钢中的制造缺陷

调查总结了 F-111 事故的三个主要原因：

（1）D6ac 钢的韧性很差，且其韧性还会随着环境温度的下降而迅速下降，使得裂纹一旦萌生即迅速扩展；

（2）从多传力路径、缓慢裂纹扩展、止裂三个方面来看，飞机机身结构实际上并不具备足够的破损安全特性；

（3）无损检测手段未能及时发现 D6ac 钢制件中的初始制造缺陷。

1.2.3　Dan-Air 707 事故

F-111 事故的调查结果直截了当地冲击了安全寿命策略中“飞机结构中不存在初始损伤”的基本假设，使得美国空军开始重新审视安全寿命策略和破损安全策略的合理性。而在同一时期，民用航空领域也开始质疑安全寿命策略和破损安全策略能否保障飞机结构的长久安全性。正当英美两国准备开展一系列研讨时，一架波音 707 货机在 Lusaka 发生坠机事故。

1977 年 5 月 14 日，一架英国 Dan-Air 航空公司的波音 707-321C 货机由伦敦飞往赞比亚，在天气良好情况下即将降落于 Lusaka 国际机场时，右侧水平尾翼（简称平尾）突然脱落，飞机立即从约 240 m 的高度垂直下坠，以大角度直接撞击地面并起火燃烧，5 名机组成员及 1 名乘客丧生。失事飞机于 1963 年出厂，截至坠毁时共经历 16 723 次飞行起落和 47 621 飞行小时，而波音 707 飞机的设计服役寿命为 60 000 次飞行起落和 20 日历年。

707-300 系列飞机平尾后梁由 707-100 系列飞机平尾后梁改进而来。707-100 系列飞机平尾后梁按照破损安全策略进行设计，由上下缘条①和腹板组成，且在申请适航认证时以全尺寸试验证明了平尾的破损安全特性。在此基础上，707-300 系列飞机平尾进一步增加了一根中缘条，如图 1-6 所示，其设计思想是当上缘条/下缘条损坏时，平尾的负载可改由未损坏的下缘条/上缘条与中缘条共同承担。此外，707-300 系列飞机比 707-100 系列飞机的起飞重量更大，因此设计人员把 707-300 系列飞机的平尾设计得更大，并相应地将平尾根部附近区域的蒙皮材料由 2024-T3 铝合金换成了不锈钢，从而增加扭转刚度。特别地，在申请适航认证时，707-300 系列仅以分析报告论证了平尾的破损安全特性，没有开展全尺寸试验。

事故调查结果显示，由于蒙皮材料由铝合金换成了不锈钢，结构的刚度分配发生改变，导致 707-300 系列飞机平尾根部处结构承担了更高的载荷。经过一定飞行时数后，此区域的紧固孔产生了微小的塑性变形，承载能力降低，使得区域后方的固定件开始承受高于设计预期的载荷，从而导致了疲劳裂纹的萌生和扩展，如图 1-6 所示。据推算，失事飞机在经过大约7 200次飞行起落时，后梁上缘条第 11 颗固定件孔处就萌生了疲劳裂纹；在失事前约 100 次飞行起落时，后梁上缘条就已完全损坏，平尾载荷完全改由中缘条和下缘条承受。然而，由于没有建立适当的检修计划，结构损坏情况一直到坠机时都无人知晓，更没有机会进行修理或更换。

---

① 英文文献中采用 Chord 或 Cap，Chord 直译为“弦”，Cap 直译为“帽”，实际上指的就是“缘条”。为符合航空用语的中文习惯，正文中均采用“缘条”的说法。

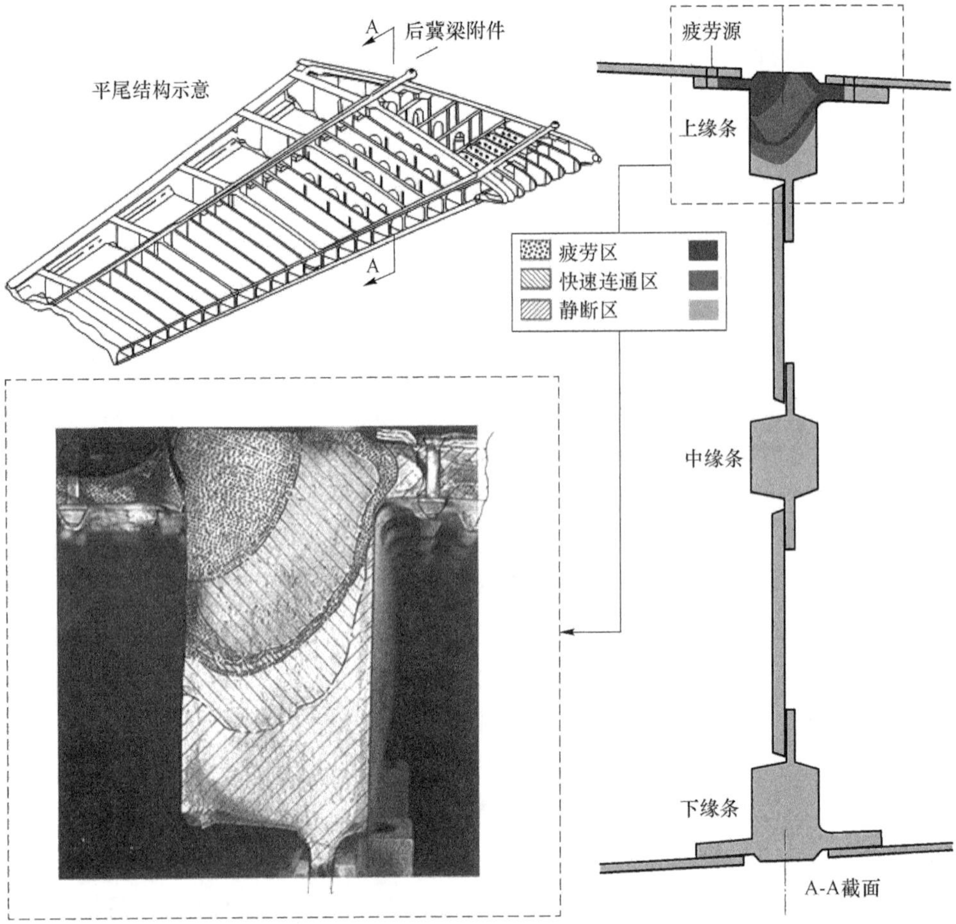

图 1-6　波音 707-300 系列飞机平尾结构及疲劳源示意

这表明，尽管该结构是按照破损安全策略进行设计的，但设计预期使用情况与飞机结构实际服役情况存在明显的不同，飞机实际服役结构其实并不具有破损安全特性。在初步明确了事故原因之后，调查人员对仍在服役中的 521 架波音 707-300 系列飞机进行了全面检查，并在 36 架飞机的相同部位也发现了相似的疲劳裂纹，约占同型号服役飞机总数的 7%。其中，有 3 架飞机的裂纹位置是在与失事飞机相同的第 11 颗固定件，另外 33 架飞机的裂纹位置则分布于第 2～第 21 颗固定件。在这些飞机中，有 4 架飞机的裂纹长度已经扩展到必须立即更换后梁的程度。

对 Dan-Air 707 的事故调查指出：

(1) 仅通过破损安全设计无法有效保证结构具有破损安全特性，应建立有效的检查；

(2) 仅通过分析手段不足以证明结构和结构设计更改的安全性，应开展全尺寸试验。

1.2.4　对破损安全策略的讨论

与安全寿命策略相比，破损安全策略虽然仍坚持假定初始结构不含任何损伤，但已经认识到结构在使用中出现疲劳裂纹或发生疲劳破坏是不可避免的。在我国最新的军用飞机结构强度规范 GJB 67.6A—2008 中，“破损安全”的定义[①]为：当一个结构主元件全部或部分破坏后，在一段不修理使用期内，结构保持其剩余强度要求的能力。

破损安全策略的进步在于以下几个方面：

(1) 为保证剩余的结构必须能够保证结构的整体安全，破损安全策略要求进行结构冗余设计（主要通过多传力路径设计来实现）；

(2) 为保证在检查维修之前剩余的结构必须能够保证结构的整体安全，破损安全策略要求结构中的裂纹扩展得很缓慢，或进行结构止裂设计来阻止裂纹扩展。

(3) 检查和维修开始在飞机结构抗疲劳保安全策略中得到初步考虑。

然而，破损安全策略也存在一定的局限性：

(1) 破损安全策略继承了安全寿命策略对结构无初始缺陷的假设，但即便是在严格的质量控制下，结构中也不可避免地存在一定的初始损伤或初始微裂纹；

(2) 破损安全策略只是从设计方法上对安全寿命策略形成补充和补救，并没有针对结构疲劳失效问题提出新的有效处理方法；

(3) 破损安全设计难以有效保证结构具有破损安全特性，一方面设计上可能考虑不周或设计与制造不匹配，另一方面也没有强制要求全尺寸试验对设计的有效性进行验证；

(4) 破损安全策略尽管考虑了检查和维修，但没有也无法在具体方法或手段上提供相应的指导，因此检查和维修在实际操作中执行得不够细致；

(5) 在安全寿命策略和破损安全策略的指导下，飞机结构设计仍倾向于选择静强度较高的金属材料，这类材料一般韧性较差，裂纹一旦萌生就将快速扩展；

(6) 多传力路径结构的传力效率低、工艺复杂、重量大、成本高，与进一步提升飞机结构的使用性能和安全性形成了矛盾。

因此，以 F-111 事故和 Dan-Air 707 事故为代表的一系列空难事件使人们认识到：在安全寿命策略的基础上补充破损安全策略，仍然不安全！

1.3　损伤容限策略

1.3.1　损伤容限策略的提出

在军用飞机领域，美国空军基于 F-111 事故调查研究，在 1972 年 9 月颁布的飞机结构完整性大纲 MIL-STD-1530 中提出了损伤容限策略[②]，在 1974 年 7 月进一步颁布了军用飞机损伤容限要求 MIL-A-83444，并将损伤容限策略更细致地分为设计思想和可检性两方面的要求。这两个文件是将损伤容限策略作为强制性军用飞机设计指南的标志。在民用飞机领域，

① 美国军用飞机结构完整性大纲 MIL-STD-1530D 中的英文定义为 A fail-safe structure is a structure that remains its repaired residual strength for a period of unrepaired usage after the failure or partial failure of safety-of-flight structure。

② 有关飞机结构完整性大纲的内容，参见本书第 3 章。

美国联邦航空局(Federal Aviation Administration,FAA)①在1977年的Lusaka事故后,于1978年12月1日颁布了FAR 25.571的第45号修正案FAR 25.571-45,将标题由此前的"结构疲劳评估"修改为"结构损伤容限与疲劳评估",内容上则删除了原本有关破损安全方面的条文,并增加了有关损伤容限方面的规定:"新飞机的主结构需采用损伤容限思想进行设计,只有某些主结构以此方式设计不切实际时,才考虑采用安全寿命思想进行设计②。"

与安全寿命策略不同的是,损伤容限策略承认结构中存在一定程度未被发现的初始损伤,这种初始损伤将导致结构疲劳裂纹的萌生和扩展,进而导致结构的承载能力逐步下降。因此,必须在结构承载能力下降到规定水平以前检出损伤或裂纹,并及时采取相应的维修措施恢复其承载能力,才能有效地保障结构的安全,如图1-7所示。显然,损伤容限策略的关键在于可检门槛值和重复检查周期,因此又被称作"用检查来保证安全"的策略。

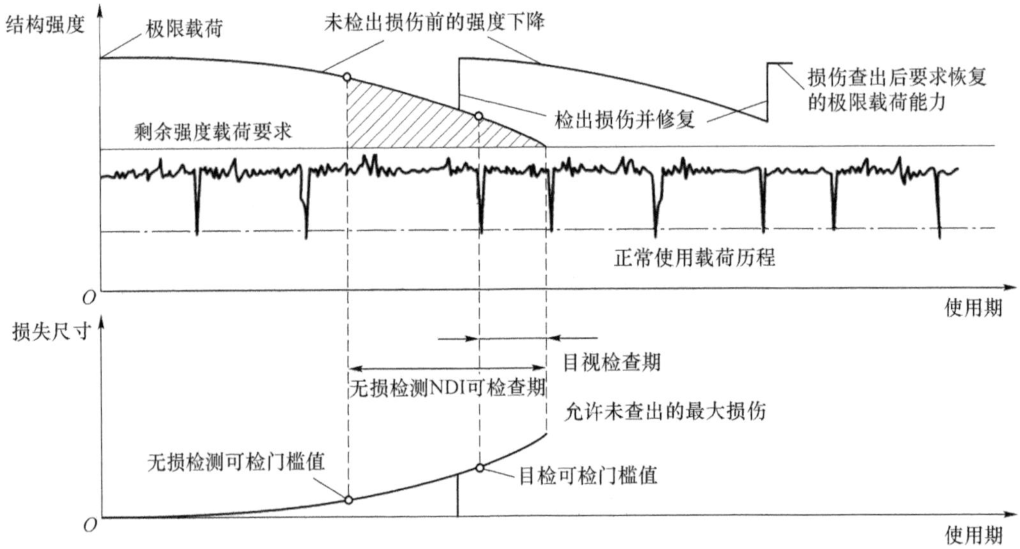

图1-7 损伤容限策略示意

在我国最新的军用飞机结构强度规范GJB 67.6A—2008和军用飞机结构完整性大纲GJB 775A—2012中,"损伤"的定义③为:飞机结构的裂纹、缺陷、腐蚀、脱胶、分层和(或)其他降低(或有可能降低)结构特性的特征。"损伤容限"的定义④为:在规定的不修理使用期内,机体抵抗由于缺陷、裂纹或其他损伤引起破坏的能力;它通常用裂纹容限/剩余强度来表征。

---

① 美国民航局于1958年改名为联邦航空署(Federal Aviation Agency),1967年再度更名为FAA,民用航空条例CAR也改为联邦航空条例(Federal Aviation Regulations,即FAR)。

② 与FAR 25.571-45一同发布的咨询通告AC 25.571-1列举了损伤容限设计可能不可行的两处主结构范例,即起落架结构和发动机吊点。在1986年3月5日发布的修订版AC 25.571-1A中,发动机吊点被删除,仅剩起落架结构可按照安全寿命思想进行设计。

③ 美国军用飞机结构完整性大纲MIL-STD-1530D中的英文定义为Damage to aircraft structure is any crack, flaw, corrosion, disbond, delamination, and/or other feature that degrades, or has the potential to degrade, the performance of the affected component。

④ 美国军用飞机结构完整性大纲MIL-STD-1530D中的英文定义为Damage tolerance is the attribute of a structure that permits it to retain its required residual strength for a period of unrepaired usage after the structure has sustained specific levels of fatigue, corrosion, accidental, and/or discrete source damage。

1.3.2　对损伤容限策略的讨论

与安全寿命策略和破损安全策略相比，损伤容限策略的先进性在于承认初始结构中可能存在损伤。也就是说，安全寿命策略和破损安全策略都是以无损伤结构为研究对象，而损伤容限策略则是以含裂纹结构（或含损伤结构）为研究对象。因此，损伤容限策略实际上是以一个完全不同的视角为出发点来处理结构疲劳问题。

损伤容限策略之所以能够将含裂纹结构作为研究对象，毫无疑问要归功于断裂力学理论的发展及其在结构疲劳研究中的应用。在评定手段方面，基于断裂力学理论的疲劳裂纹扩展分析方法是预测疲劳裂纹扩展寿命的基础，而疲劳裂纹扩展寿命对确定检查间隔形成直接支持；在材料选择方面，断裂力学理论指出，高韧性金属材料的疲劳裂纹扩展速率更慢，临界应力强度因子更高，采用高韧性金属材料将更能满足结构对缓慢裂纹扩展特性和剩余强度特性的要求。这不禁令人惊叹，从 1957 年提出应力强度因子、建立线弹性断裂力学，到 1963 年提出 Paris 关系式，再到 1972 年颁布 MIL-STD-1530，不过短短 15 年时间，断裂力学理论的发展和应用就彻底变革了飞机结构抗疲劳保安全的策略和理念。

当然，除了断裂力学的发展和应用，工程实践对损伤容限策略的推动作用也同样重要。一方面，减重是飞机结构设计的永恒追求，而结构减重和结构安全性之间的矛盾持续推动着抗疲劳保安全策略的发展。另一方面，数十年飞机结构设计的经验和一系列空难事故的教训为抗疲劳保安全策略指出了发展方向，厚积薄发之下终将为抗疲劳保安全策略带来质的变化；例如，实践经验和事故调查充分表明了对飞机结构进行有效检查的重要性，这不仅促进了断裂力学理论的发展和应用，也为落实损伤容限策略提供了具体的指导。

在安全寿命策略和破损安全策略的指导下，尽管要求对工艺、材料、结构进行质量控制，或要求对使用中的飞机结构开展检查、维修，但结构抗疲劳保安全更多的还是一项设计阶段的工作，而损伤容限策略则将这项工作推向了包括选材、设计、制造、装配、使用、检查、维修等在内的整个使用周期。这就要求，不仅需要考虑安全性和使用性能之间的矛盾，还需要在此基础上考虑可行性和经济性。飞机结构抗疲劳保安全也不再只是设计方和适航当局的工作，还需要使用方也参与进来，而三方的权衡博弈也将进一步拓展飞机结构抗疲劳保安全策略的内涵。

当然，从今天的眼光来看，当时的损伤容限策略仍然具有一定的局限性。

(1) 损伤容限策略是用检查来保障安全的策略，因此检查技术、手段、体系等的先进程度将直接影响损伤容限策略的效果。根据美国空军在 2007 年公布的一份报告，美国空军大多数基地内的无损检测能力都没有达到 1978 年 FAR 25.571-45 和 AC 25.571-1 所要求的标准；为了达到相关要求，理应缩短飞机结构的检查周期，但这无疑会降低机队的完好率并增加检查人员的负担。

(2) 损伤容限策略需要预先假设损伤的确切位置和形式，并且要求检查对于这些损伤是有效的。这不仅需要工程单位积累相当的经验，也需要学术界进一步提供行之有效的评估方法。随着飞机使用要求的不断提高，损伤容限策略的这些前提和假设终有被突破的一天，届时必然会暴露新的结构疲劳问题，例如，1988 年 Aloha 事故所暴露出的 WFD 问题就引发了设计方、使用方、适航当局长达 20 年的争论。

(3) 尽管飞机结构抗疲劳保安全策略的发展越来越重视全尺寸疲劳试验，且许多型号飞机的设计研制中也执行了全尺寸疲劳试验，但全尺寸疲劳试验在当时还没有被作为强制性的要求。事实上，直到设计方、使用方、适航当局对 Aloha 事故和 WFD 问题争论了近 10 年之后，1998 年颁布的民用航空条例 FAR 25.571-96 才将全尺寸疲劳试验作为强制性的要求。

1.4 三种抗疲劳保安全策略的关系

本章已经介绍了安全寿命、破损安全、损伤容限三种飞机金属结构抗疲劳保安全策略的发展历程，实际上，即便是三者中最为年轻的损伤容限策略，其诞生至今也已经超过了 40 年。在几十年的发展中，各种策略的具体内涵与各自刚提出时的均有些许差别，例如，虽然损伤容限策略最初是针对疲劳损伤提出的，但当前的损伤容限策略除了主要考虑疲劳损伤外，还会综合考虑环境损伤、意外损伤、离散源损伤等。

在三种抗疲劳保安全策略中，最有争议的是破损安全策略。一些专家认为，飞机结构抗疲劳保安全策略只有安全寿命策略和损伤容限策略两种，将破损安全策略与二者相提并论似乎不太合适。首先，破损安全策略更多是结构设计方面的进步，是通过结构设计来间接地处理结构疲劳问题，甚至可以说是通过结构设计来“回避”结构疲劳问题，因此很难说是一种“抗疲劳”策略；其次，破损安全策略无法单独支持飞机结构的抗疲劳保安全工作，在损伤容限策略提出之前，其作用只是对安全寿命策略形成补充和补救；最后，经过一段时间的发展，破损安全策略的内涵根据可检性的概念几乎完全地融入了损伤容限策略和安全寿命策略中[①]，导致目前大部分场合下提到“破损安全”几乎就是特指多传力路径结构或结构冗余设计。

上述这种观点具有一定的道理，但考虑到破损安全策略对保证飞机结构安全性的积极作用，以及对损伤容限策略的潜在启发支持作用，本书更倾向于将破损安全策略看作一种过渡性的抗疲劳保安全策略。实际上，执着于各策略对飞机结构抗疲劳保安全的单独贡献并没有多大意义，因为任何一种策略都无法单独保障飞机结构的安全性，飞机结构的安全性需要三种策略共同守护。

可以做出这样一个比喻：如果将疲劳损伤看作是对结构安全性的攻击，那么安全寿命策略、破损安全策略、损伤容限策略就是保卫结构安全性的“阵地”。这个阵地构筑了至少三道防线：第一道防线代表裂纹萌生控制，包括控制应力水平、多传力路径、结构关键部位[②]的表面处理等，其目的是尽量延迟疲劳裂纹的萌生；第二道防线代表裂纹扩展控制，包括控制应力水平、选择高裂纹阻抗材料、设置止裂措施等，其目的是降低疲劳裂纹扩展速率；第三道防线代表裂纹检测能力，包括无损检测能力、无损检测方法、检查间隔等，其目的是保障结构的剩余强度不会因疲劳损伤而降低到所要求的水平。当然，实际上还有最后的选择，也就是通过退役来保障

---

① 可参考图 1-1：若可检，则要求按照损伤容限策略设计为缓慢裂纹扩展结构；若不可检或检查不可靠，则要求按照安全寿命策略进行设计，且一般都要采用相应的止裂措施。

② 我国军用飞机结构完整性大纲 GJB 775A—2012 中，“关键部位”被定义为通过分析、试验或使用识别出的飞机结构中对损伤特别敏感的部位。美国军用飞机结构完整性大纲 MIL-STD-1530D 中的英文定义为 A critical location in an aircraft structure is one that has been identified through analysis, test, or service history as a being especially sensitive to the presence of damage。

结构的安全性。

如果只有第一道防线，那么所有的压力都必须由裂纹萌生控制来承担，这就对选材、工艺、表面粗糙度等提出了很高的要求。此外，疲劳寿命数据较大的分散性则要求取一个较大的分散系数，且飞机达到安全寿命就必须退役，因此将造成很高的制造成本和使用成本。如果增加第二和第三道防线，那么裂纹萌生控制的一部分压力就可以由裂纹扩展控制和裂纹检测能力来分担，从而在飞机使用要求不发生改变的情况下可以适当降低对选材、工艺、表面粗糙度等的要求，或者在这些要求不变的情况下适当提高应力水平(通常意味着提高飞机的使用性能)。而疲劳裂纹扩展速率数据的分散性较小，且检出裂纹后可通过修理或更换使得飞机结构恢复损伤容限能力，因此能够显著降低制造成本和使用成本。

因此，只有这三道“防线”协同作用，才能够可靠地保障“阵地”的安全。正如著名飞机结构疲劳学者 T. Swift 所指出的：“我们需要按照安全寿命策略评估寿命，也需要按照破损安全策略进行结构冗余设计，更需要按照损伤容限策略确定检查周期，三种设计思想缺一不可！”

1.5　结　语

在“安全寿命—破损安全—损伤容限”抗疲劳保安全策略的共同巩固下，飞机结构的抗疲劳安全性得到了极大的保障。统计数据表明，20 世纪 80 年代以来，由于结构疲劳问题而导致的飞机事故(尤其是民航事故)频率比此前几十年大幅降低。同时，飞机的使用寿命也得到大幅提升，战斗机的目标设计寿命从早期的 1 000 余小时逐步提升至 3 000 h 以上，而美国 F-16 飞机的目标设计寿命甚至达到 10 000 h。此外，飞机结构的使用性能和经济性也得到了提升，例如，安全寿命策略下的分散系数一般要取到 4 以上，即全尺寸疲劳试验寿命要做到目标设计寿命的 4 倍以上；而损伤容限策略提出之后，全尺寸疲劳试验通常在 2 倍目标设计寿命的疲劳试验后、再进行 1 倍目标设计寿命的损伤容限试验，就能有效保障飞机结构的服役安全。

从发展历程来说，“安全寿命—破损安全—损伤容限”策略的发展主要是以大型运输类飞机为对象，且基本保障了大型运输类飞机的抗疲劳安全性。特别地，军用领域和民用领域的大型运输类飞机结构抗疲劳保安全策略基本一致、互有借鉴：某些方法在军用飞机中应用较早，随后应用于民用飞机；也有一些在民用飞机上率先应用，而后应用于军用飞机。此外，通勤类、旋翼类等其他类型的飞机对“安全寿命—破损安全—损伤容限”抗疲劳保安全策略选择性地加以应用，并根据实际情况做出了适当修改，但基本思想和原理都是一致的。

从飞机研发使用的全周期来说，“安全寿命—破损安全—损伤容限”策略主要是在设计阶段实现结构抗疲劳特性的保障与提升。而当安全性得到保障之后，随着飞机结构对减重和使用性能的进一步追求，结构抗疲劳保安全策略就不可避免地需要考虑飞机结构在整个使用周期内的特性，这就是要考虑新的损伤模式和损伤来源对结构安全性的影响，以及飞机结构在整个使用周期内的经济性。

第2章 飞机金属结构保安全策略的发展Ⅱ：拓展寿命的内涵

很多文献中，安全寿命、破损安全、损伤容限称为飞机结构的“设计思想”或“设计理念”，主要用于保障飞机结构的安全性。这种说法将保障飞机结构的安全性更多地理解为一项设计阶段的工作。然而，所谓保障飞机结构的安全性，指的是保障飞机结构在整个寿命期内的安全性。通俗地说，飞机寿命不单是“设计”出来的，更是“使用”出来的。

要想将保障结构安全性的工作推向飞机结构的整个使用周期，就必须考虑飞机结构在整个使用周期内的经济性，以及对飞机结构在使用周期内的安全性有影响的其他因素和损伤模式。对此，本章主要介绍经济寿命分析评定与LOV分析评定。

2.1 经济寿命与耐久性分析

在使用寿命期间内，结构不可避免地因为疲劳、腐蚀、磨损而产生裂纹或损伤。在理想情况下，只要能够有效地检出裂纹(或损伤)并进行修理，结构就能够继续使用。然而，随着结构的继续使用和修理的多次进行，需要修理的结构部位将越来越多，维护和修理的费用也将越来越高。当结构出现的损伤不修理则影响其使用功能，而修理又不经济时，结构就达到了经济寿命。

在军用飞机结构完整性大纲GJB 775A—2012中，“经济寿命”的定义[①]为：维护及修理飞机比更换飞机有更好的成本效益的寿命周期，可用于一个部件、一架飞机或整个机队。

2.1.1 飞机结构耐久性与经济寿命准则

飞机结构的经济寿命通过耐久性评定得到。“耐久性”一词最先是在土木工程领域中提出的，当前已广泛应用到了各行各业中，泛指产品在自身和环境等内外因素作用下长久保持其原有性质的能力。在本书的语境中，耐久性是在规定的使用和维修条件下对飞机金属结构寿命的一种度量，其中：使用条件是结构承受的载荷和环境；维修条件是可以实现经济维修的时间和方

① 美国军用飞机结构完整性大纲MIL-STD-1530D中的英文定义为The economic life is the period during which it is more cost-effective to maintain and repair an aircraft than to replace it. Economic life can be applied on a component, aircraft, or force basis.

法；寿命则是以经济寿命为表征的使用寿命。在军用飞机结构完整性大纲 GJB 775A—2012 中，“耐久性”的定义①为：飞机结构在规定的时间周期内抵抗开裂、腐蚀、热退化、分层、磨损和外来物损伤的能力。

飞机结构耐久性分析的目标是预测结构的经济寿命，并使之达到规定的设计使用寿命。一般要求飞机金属结构的经济寿命应大于 1 倍设计使用寿命，且在 1 倍设计使用寿命期内，不得出现如失去刚度、失去控制、失去座舱压力、燃油渗漏等结构功能性损伤。由于结构允许经济修理，因此结构经济寿命是修理前与各次修理后经济寿命的总和。由于不同的修理方案对应不同的经济寿命，因此耐久性分析给出的经济寿命必须对应于指定的修理大纲（包含修理方法、修理次数、修理范围、修理量和修理工艺等）。

按照经济寿命的定义，耐久性分析需要分别对维护及修理飞机的成本效益和更换飞机的成本效益作出评估判断，但这种以成本效益为表达形式的评估判断对于结构设计人员来说很不直观。考虑到结构接近或到达其经济寿命的特征是损伤部位数量或修理费用迅速增加，因此经济寿命准则②主要有两种形式。

1. 修理/更换费用比准则

随着使用时间的增加，结构内裂纹也越多，所需要的修理费用越高，当修理费用和更换费用超过一定许用值时，修理在经济上不合算，结构达到经济寿命。该准则是经济寿命准则的直接形式。修理/更换费用比准则的关键是修理/更换费用比的许用值，该许用值可通过对修理后结构的寿命和原结构寿命的比较来予以指定。然而，修理费用除取决于修理部位的多少和修理方法的难易外，还涉及修理体制、经济管理等多方面因素，因而不是一个纯技术问题，在实际分析评定工作中的应用不太方便。

2. 裂纹超越数准则

在给定使用时间内，裂纹尺寸超过极限裂纹尺寸的细节数量称为裂纹超越数。当裂纹超越数达到许用值时，修理在经济上不合算，结构达到经济寿命。该准则通过裂纹长度来定量描述结构的损伤，通过裂纹长度超过经济修理许用值的细节数来定量描述结构的损伤度，是经济寿命准则的常用形式。其中，经济修理许用值又称经济修理极限，其含义是指定细节可以经济地进行修理的最大裂纹尺寸。裂纹超越数准则的关键是确定裂纹超越数的许用值。

2.1.2　飞机金属结构耐久性分析的方法概述

飞机金属结构耐久性分析的主要工作是定量地确定结构损伤程度与结构使用时间的函数关系。现阶段，国内外建立和发展并可付诸工程应用的耐久性分析方法主要有概率断裂力学方法③（Probabilistic Fracture Mechanics Analysis，PFMA）、确定性裂纹扩展方法

① 美国军用飞机结构完整性大纲 MIL-STD-1530D 中的英文定义为 Durability is the ability of the aircraft structure to resist cracking，corrosion，thermal degradation，delamination，wear，and the effects of foreign object damage for a prescribed period of time.

② 这里所说的经济寿命准则既适用于主要结构，也适用于次要结构。其中，尽管次要结构可能并不影响飞机结构的安全性，但却可能通过影响飞机结构的功能性和经济性从而影响经济寿命。

③ 也有文献称为概率裂纹扩展方法，即 Probabilistic Crack Growth Analysis，PCGA。

(Deterministic Crack Growth Analysis, DCGA)、裂纹形成方法[①](Crack Initiation Analysis, CIA)、功能失效概率控制方法等。

无论采用哪种方法,其首要工作都是表征结构的原始疲劳质量(Initial Fatigue Quality, IFQ),然后在此基础上评估结构的损伤度,最后根据指定的损伤度要求预测经济寿命。IFQ描述了包括材料、几何、制造、装配等各方面因素在内的结构细节的原始状态,代表了结构细节的综合疲劳品质。合理地表示或确定 IFQ 是结构耐久性分析、评估损伤度、预测经济寿命的基础和关键。

PFMA 方法是 20 世纪 80 年代以来发展的耐久性分析方法,以结构细节模拟试验件耐久性试验所获得的裂纹形成时间[②](Time To Crack Initiation, TTCI)数据集为基础,应用概率断裂力学方法,建立描述结构 IFQ 的通用当量初始缺陷尺寸(Equivalent Initial Flaw Size, EIFS)分布,进而给出损伤度随时间变化的函数关系,并依据指定的损伤度要求预测结构的经济寿命。PFMA 方法能够应用经济寿命准则进行较准确的耐久性分析,但必须以 3 种或 3 种以上应力水平下结构细节模拟件耐久性试验为应用前提,而且最好在试验中采用真实结构的详细设计载荷谱或实测载荷谱。

DCGA 方法是在疲劳长裂纹扩展寿命计算方法的基础上发展而来的耐久性分析方法。该方法以典型的假设初始缺陷尺寸、相对小裂纹扩展速率和裂纹扩展计算程序为基础,而结构细节的 IFQ 用假设初始缺陷尺寸和相对小裂纹(当量)扩展速率表示。DCGA 方法通过给出最严重应力区典型细节在 2 倍设计使用寿命时的裂纹尺寸,并检验这些裂纹是否超过经济修理极限,即可判断所设计的结构能否达到耐久性的基本要求。然而,该方法不能综合各应力区的损伤而给出结构损伤度随时间变化的函数。

CIA 方法是在传统的疲劳分析方法上加以发展所建立的耐久性分析方法。它以结构细节裂纹萌生并达到经济修理极限所对应的裂纹形成寿命 $p-S-N$ 曲线族和 Miner 模型为基础,而结构细节群的 IFQ 则由结构细节裂纹形成 $p-S-N$ 曲线族表示,并在此基础上建立损伤度随时间变化的函数关系以及进一步预测结构经济寿命。CIA 方法必须以结构材料的常规疲劳试验数据和 1~2 组结构细节模拟件的裂纹形成寿命试验结果为应用前提。由于 Miner 模型不能计及谱载中载荷的顺序效应,因此 CIA 方法主要用于初步设计阶段的耐久性分析。

功能失效概率控制方法主要针对结构的功能失效,通过分析典型结构中必然具有的初始缺陷的扩展,确定其达到损害结构功能的时间,从而制定合理可行的检修方案,使结构满足用户提出的使用寿命要求。该方法将关键件功能失效概率定义为关键件结构细节群的裂纹超越数超过给定的允许裂纹超越数的概率,并认为装备结构所有关键件有一个功能失效则该装备功能失效,一个装备群中出现一个以上功能失效的装备即认为该装备群功能失效,从而以二项分布为基础,建立从结构关键件功能失效概率、单个装备结构功能失效概率到装备群功能失效概率分析的计算模型。

上述方法的具体介绍详见第 5 章。

① 在其他文献中,有时将该方法称为“裂纹萌生方法”。本书为避免与基于疲劳机理或基于工程可检裂纹的裂纹萌生等术语相混淆,将该方法称为“裂纹形成方法”。

② 为避免与基于疲劳机理或基于工程可检裂纹的裂纹萌生定义相混淆,这里的术语采用“裂纹形成时间”而非“裂纹萌生时间”。

2.1.3　疲劳分析、耐久性分析与损伤容限分析的联系与区别

飞机金属结构耐久性分析在飞机金属结构疲劳分析的基础上发展而来，二者的目的都是给出飞机结构能够安全使用的寿命期。它们之间的区别在于，耐久性分析进一步拓展了疲劳分析的内涵，是疲劳分析的发展和完善，因此也具有更强的生命力：

(1) 疲劳分析的主要目的是预测结构的安全寿命，而耐久性分析的主要目的是预测结构的经济寿命，是一种对安全性、经济性、维修性的综合考虑；

(2) 疲劳分析主要考虑结构的疲劳失效，而耐久性分析考虑疲劳、腐蚀、磨损等多种损伤失效模式，其中，疲劳和腐蚀是决定关键结构使用寿命的主要失效模式；

(3) 疲劳分析假设初始结构不存在裂纹(或损伤)，而耐久性分析允许结构中存在裂纹(或损伤)；

(4) 疲劳分析和安全寿命一般不考虑修理，而耐久性分析和经济寿命必须给出指定的修理大纲，是一种对飞机结构使用周期和使用方法的考虑。

因此，同疲劳分析与损伤容限分析之间的关系相似，耐久性分析与损伤容限分析之间也是相互联系、相互补充的。简单来说，疲劳分析的主要目的是确定安全寿命，耐久性分析的主要目的是确定经济寿命，而损伤容限分析的主要目的是确定检查间隔。飞机金属结构疲劳分析、耐久性分析、损伤容限分析三者之间的详细比较见表 2-1。

表 2-1　飞机金属结构的疲劳分析、耐久性分析、损伤容限分析的比较

对比项目	疲劳分析	耐久性分析	损伤容限分析
主要目的	确定安全寿命	确定经济寿命	确定检查间隔
主要考虑	安全性	安全性、经济性	安全性
分析对象	一个零部件或整机	一个或几个构件、组件， 整个部件，整机，或一个机队	一个零部件
裂纹数量	无	一条裂纹，或裂纹群	一条或几条主裂纹
初始缺陷尺寸	无	较短的亚临界裂纹 (一般在 1 mm 以下)	主裂纹 (一般在 1 mm 以上)
最终裂纹尺寸	疲劳破坏	经济修理极限	临界裂纹尺寸
载荷谱	飞-续-飞载荷谱或程序块谱	飞-续-飞载荷谱/环境谱	飞-续-飞载荷谱/环境谱
常用分析方法	① 名义应力法 ② 应力严重系数法 ③ 局部应力应变法 ④ 细节疲劳额定值法	① PFMA 方法 ② DCGA 方法 ③ CIA 方法	(确定性)疲劳裂纹 扩展分析方法
试验件形式	不允许预制裂纹	按批量生产典型工艺要求生产试验件，不预制裂纹	预制相应的裂纹源
全尺寸结构的试验时间	约 4 倍设计使用寿命	约 2 倍设计使用寿命	约 2 倍设计使用寿命
维修周期	定期修理或更换	在经济寿命期内经济修理	确定检查维修周期

在 1972 年提出损伤容限策略之时，美国空军便要求将安全寿命设计思想与损伤容限设计

思想结合起来,并相应地开展疲劳与损伤容限分析。不久后,美国空军转而要求将耐久性设计思想与损伤容限设计思想结合起来,在飞机结构设计时把飞机结构件分为损伤容限关键件和耐久性关键件两大类,并相应地开展耐久性与损伤容限分析。时至今日,耐久性与损伤容限在全世界范围内仍是飞机结构设计的主要思想,全寿命周期内的耐久性与损伤容限设计分析与寿命评定工作分别如图 2-1 和图 2-2 所示。

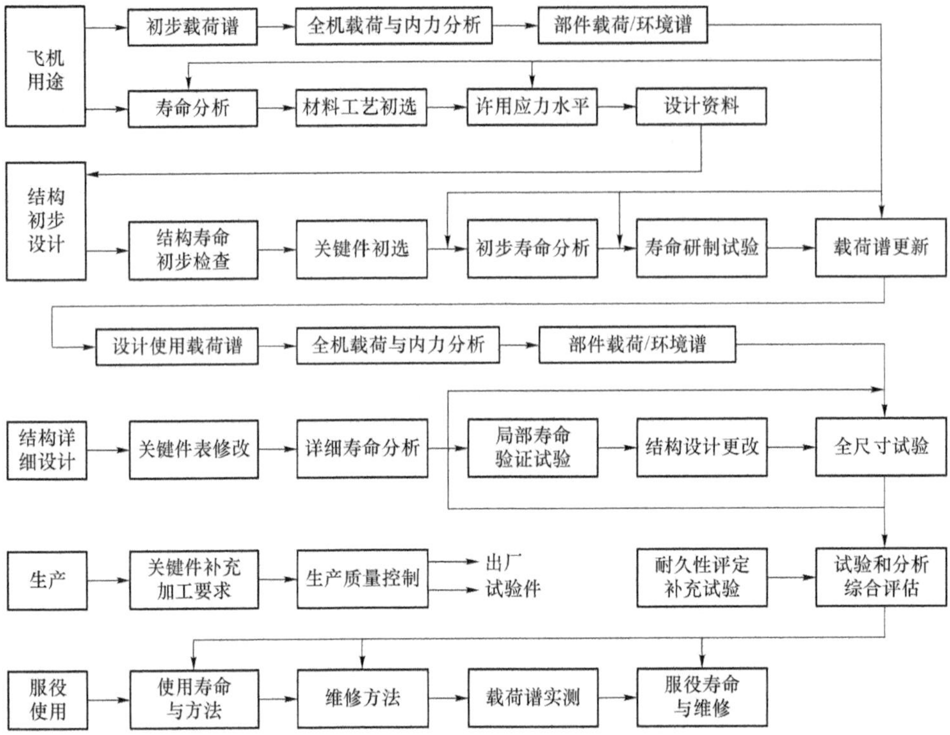

图 2-1 耐久性设计分析与寿命评定

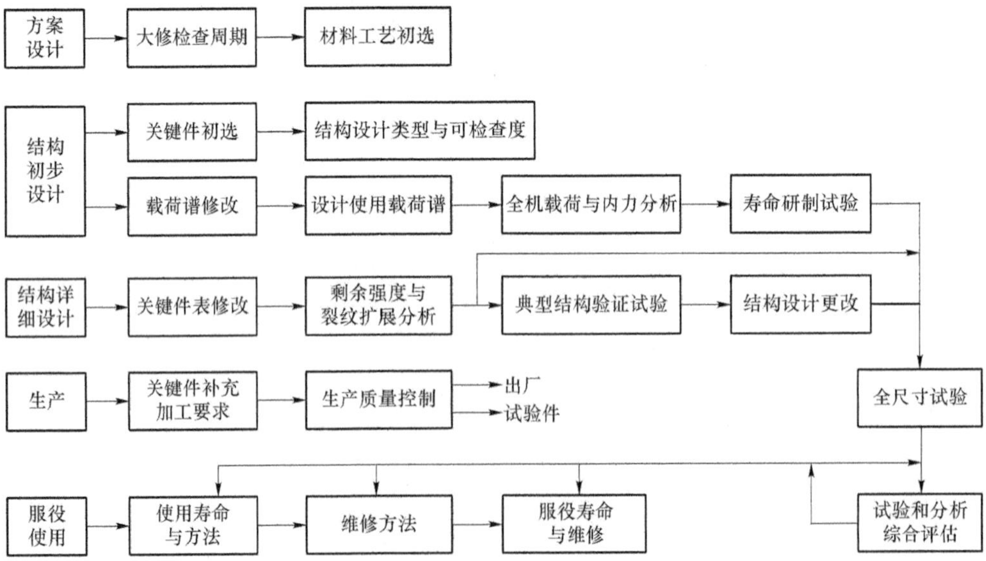

图 2-2 损伤容限设计分析与寿命评定

2.2　有效性限制与广布疲劳损伤

疲劳/耐久性①和损伤容限分析的对象往往是单条裂纹或单个裂纹源，这种疲劳损伤称为局部疲劳损伤。然而，飞机结构中存在大量应力分布比较均匀的相似元件(如桁条)或细节(如铆钉孔)，随着飞机结构的长时间使用，相近的多个结构元件，或同一结构元件中相近的多个细节可能同时存在尺寸较小的裂纹。在某一时刻，这些小尺寸裂纹将突然连通并造成结构承载能力显著下降，使得结构不再满足剩余强度要求，从而造成灾难性事故，这种疲劳损伤称为 WFD。

WFD 多见于接近甚至超过目标使用寿命的老龄飞机，对于老龄飞机的继续使用和延寿具有重要影响。尽管有学者在 1977 年就指出了 WFD 对于老龄飞机结构安全的潜在危害，但真正让 WFD 问题开始引起广泛关注的是 1988 年发生的 Aloha 事故。

2.2.1　Aloha 航空事故

1988 年 4 月 28 日，夏威夷 Aloha 航空公司一架波音 737-200 飞机在攀爬至巡航高度的过程中，机身上半部分一段约 5.5 m 长的壁板突然整体断裂脱落，如图 2－3 所示。这架飞机于 1969 年出厂，在失事时已服役 19 年，累积 35 496 飞行小时和 89 680 次飞行起落②，而波音 737-200 的目标使用寿命为 20 年、51 000 飞行小时和 75 000 次飞行起落。

图 2－3　Aloha 航空事故飞机照片

① 目前，WFD 在民机适航条例 FAR 中属于“疲劳与损伤容限分析”的范畴，在军机标准 GJB 中属于“耐久性与损伤容限分析”的范畴。本书后文对 WFD 的介绍中，以民机适航条例的要求为主，以军机标准的要求为辅。望读者予以辨别。

② 考虑到该飞机主要用于夏威夷的短航线旅游客运，其当量飞行起落其实比 89 680 次要少得多，但海岛气候环境又造成了一定程度的腐蚀损伤。

波音 737 机身蒙皮采用两跨损伤的破损安全设计方式，并在机身蒙皮内沿圆周和机身方向，每间隔 25 cm 安贴一条止裂带，用以把外物损伤产生的裂纹扩展方向导引到与裂纹垂直的方向，并停止于止裂带前。同时，波音 737 在申请适航认证时采用了相应的试验来验证了机身结构的破损安全特性。机身结构的这种破损安全特性很大程度上支持了飞机的成功迫降。

调查表明，事故的主要原因是长桁下蒙皮纵向胶铆搭接连接处一排铆钉孔上产生了多条小的疲劳裂纹并快速连通，最终导致机身壁板的断裂，如图 2－4 所示，而夏威夷温暖潮湿的海洋气候环境带来的腐蚀损伤则进一步加速了这个过程。然而，当时的设计人员根据损伤容限思想，认为一个由蒙皮框距内的多个疲劳裂纹连通形成的裂纹会被隔框和止裂带有效地阻止，且可以在例行检查中被有效地检出，因此没有在补充结构检查大纲中要求有针对性地检查出现于多个结构细节部位的疲劳裂纹。

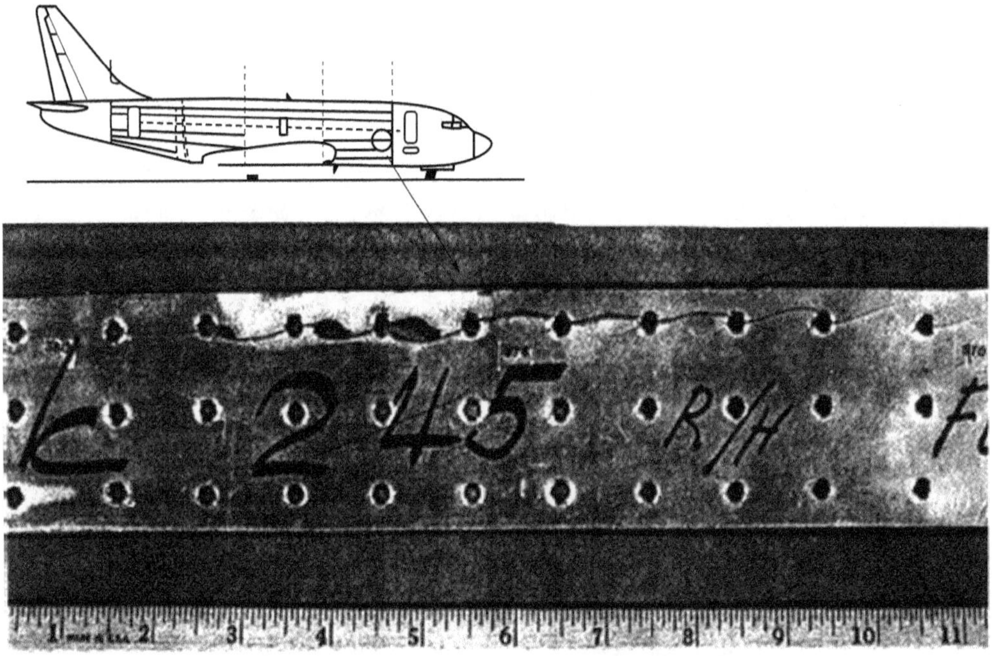

图 2－4　Aloha 事故原因：一排铆钉孔上产生多条小的疲劳裂纹并快速连通

Aloha 事故和一系列普查的结果使得飞机的设计方、使用方、适航当局共同对老龄飞机疲劳问题和 WFD 问题展开调查研究，并在后续二十多年的争论和博弈过程中，对适航条例进行了几次大幅调整，最终提出“有效性限制”的概念，拓展了飞机寿命的内涵。有关 WFD 问题条例的简要发展历程如图 2－5 所示，关于详细历程及具体争议，读者可参考图 2－5 中所标注的相关条例的原文。

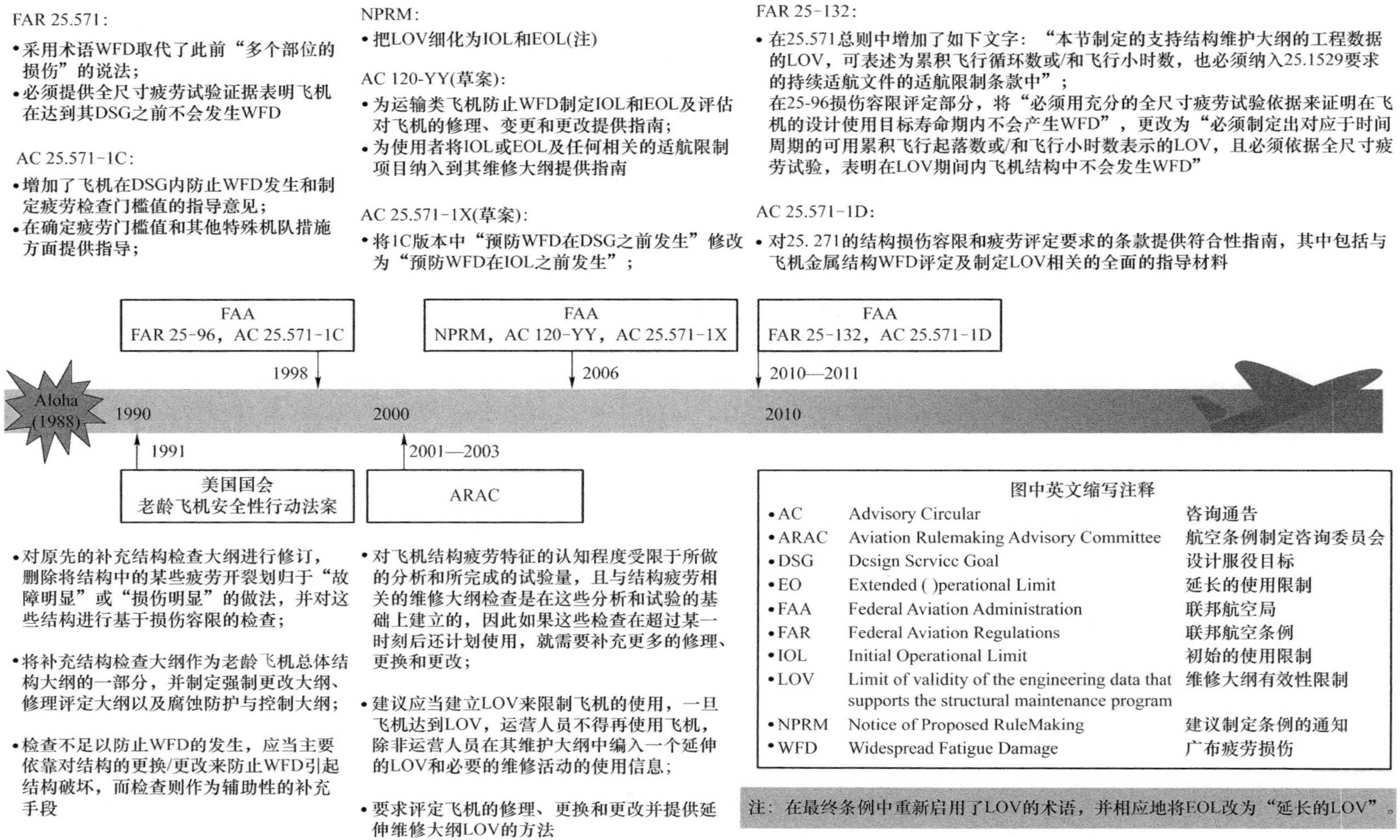

图 2-5　WFD 相关适航条例的发展历程

2.2.2 广布疲劳损伤的定义

对于具有多个相似细节或多个相似元件的结构来说，这些相似细节或相似元件的疲劳品质和应力水平都比较相近，因此可能在经历一段较长的服役载荷历程后，各细节或各元件处先后萌生了较短的疲劳裂纹，而后这些疲劳裂纹以相近的速度扩展并造成结构剩余强度的下降，并在某一时刻相互连通而导致结构剩余强度突然降低到损伤容限策略所要求的水平以下。

图 2-6 中给出了研究人员用 A～E 五个 2024-T3 铝合金铆钉埋头孔试样所开展的疲劳试验。随着循环周次的增加，尽管 A～D 试样的疲劳裂纹图样不太相同，但可以看出疲劳损伤的程度越来越严重，而剩余强度试验结果表明了剩余强度下降得不太明显。E 试样则在接近 500 000 循环次数时由于多个铆钉埋头孔裂纹相互连通而发生断裂（注意图中的剩余强度正是循环载荷的峰值，代表该试样是在疲劳试验中直接断裂的，而不像 A～D 试样是在开展了一段时间的疲劳试验后再进行剩余强度试验拉断的），其剩余强度的下降迅速而显著。

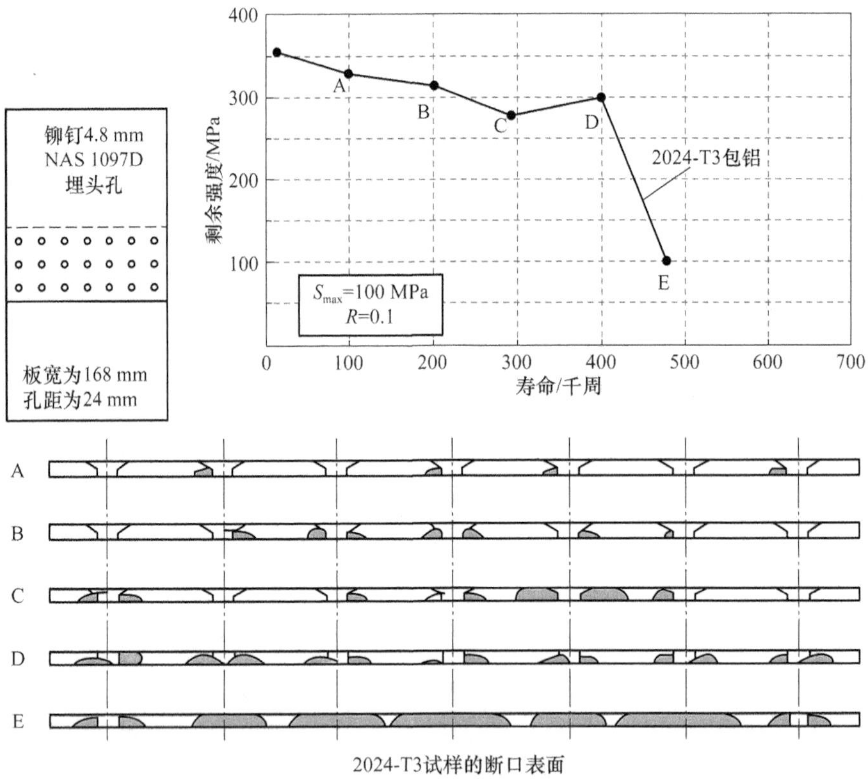

图 2-6　2024-T3 铝合金铆钉埋头孔试样的疲劳试验、疲劳裂纹情况和剩余强度试验结果[①]

对此，民机适航条例与军机标准对 WFD 给出了类似的定义：结构多个细节部位同时出现具有足够尺寸和密度的裂纹，以致结构不再满足其损伤容限要求（即当部分结构破坏后，不能维持其剩余强度要求）[②]。特别地，军机标准将 WFD 发生的时刻定义为 WFD 起始，我国军用

① 图片来源：SCHIJVE J. Fatigue of Structures and Materials[M]. Berlin: Springer Netherlands, 2009.

② 这里给出的表述参考了我国军用飞机结构强度规范 GJB 67.6A—2008 中的定义。

飞机结构完整性大纲 GJB 775A—2012 将 WFD 起始定义为 WFD 发生的时刻，此时结构多个细节部位同时出现具有足够尺寸和密度的裂纹，以致结构不再满足损伤容限要求。

需要说明的是，包括本书作者在内的一些学者认为，上述定义中"同时出现"的表述并不合适。

在 FAA 咨询通告 AC 25.571-1D 和 AC120-104 中，WFD 的定义为 The simultaneous presence of cracks at multiple structural locations that are of sufficient size and density such that the structure will no longer meet the residual-strength requirements of § 25.571(b).

在美国军用飞机结构完整性大纲 MIL-STD-1530D 中，WFD 起始的定义为 Onset of widespread fatigue damage is the point at which there are cracks at multiple structural details, and these are of sufficient size and density, such that the structure will no longer meet its damage tolerance requirement (e.g., maintaining required residual strength after partial structural failure).

可以看出，中文定义中的"同时出现"对应着 FAA 咨询通告定义中的 simultaneous presence。但是，各个细节部位的裂纹不可能在同一时间"出现"在结构中，而只可能是在某一时刻"存在"于结构中。因此，将 simultaneous presence 翻译成"同时存在"将更为恰当一些，也更符合 MIL-STD-1530D 定义中 there are 的含义。建议读者对此予以鉴别。

出于以上原因，本书将 WFD 定义为：结构多个细节部位同时存在具有足够尺寸和密度的裂纹，以致结构不再满足其损伤容限要求。

2.2.3　广布疲劳损伤的特点

从起源类型来看，WFD 包括多部位损伤（Multi-Site Damage，MSD，又称"多位置损伤"）和多元件损伤（Multi-Element Damage，MED）两种起源情况，如图 2-7 所示。其中，MED 是以在相同结构元件中同时存在多条疲劳裂纹为特征的一种 WFD 源，而 MED 是以在相邻结构元件中同时存在多条疲劳裂纹为特征的一种 WFD 源。需要强调的是，结构中存在 MSD/MED时，飞机结构仍然可以满足剩余强度要求；而在 WFD 发生的时刻，飞机结构已不再满足剩余强度要求。因此，"飞机结构中存在 MSD/MED"并不等价于"飞机结构中发生了 WFD"，而是"MSD/MED 的扩展可能导致 WFD 的发生"。

从出现时间来看，局部疲劳损伤可能出现在飞机寿命期内的任何时间，其出现时间的分散性较大；相比之下，WFD 出现的时间较为集中，通常在飞机服役较长时间之后出现。

从结构安全性的角度来看，当飞机结构中存在 MSD/MED 裂纹后，多条裂纹之间具有一定程度的干涉效应，且这种干涉效应在疲劳裂纹扩展的中后期尤为强烈，将导致裂纹快速增长并在某一时刻突然连通。显然，相比于单裂纹问题，MSD/MED 裂纹问题的临界裂纹尺寸要小得多，其疲劳裂纹扩展寿命也要短得多。因此，在利用常规检测方法检出裂纹之前，MSD/MED裂纹就可能快速扩展，从而使得结构剩余强度快速下降，甚至突然下降到规定的水平以下，造成 WFD 的发生。

WFD 的这种失效特点表明，对 WFD 敏感的结构或区域不具有足够的破损安全特性和损伤容限特性。一方面，结构在某时刻存在 MSD/MED 裂纹时，其剩余强度将快速下降，即剩余的结构难以保障结构的整体安全，因此结构的破损安全特性不复存在。另一方面，损伤容限策略的实现基础是必须能够可靠地预计到损伤出现在什么位置，且针对损伤的检查必须是有效的，而 MSD/MED 裂纹却无法按照针对局部疲劳损伤的损伤容限检查方法有效地被检出，即损伤容限策略中所制定的检查和维修已不再可靠，因此损伤容限策略也无法保障结构的安全。

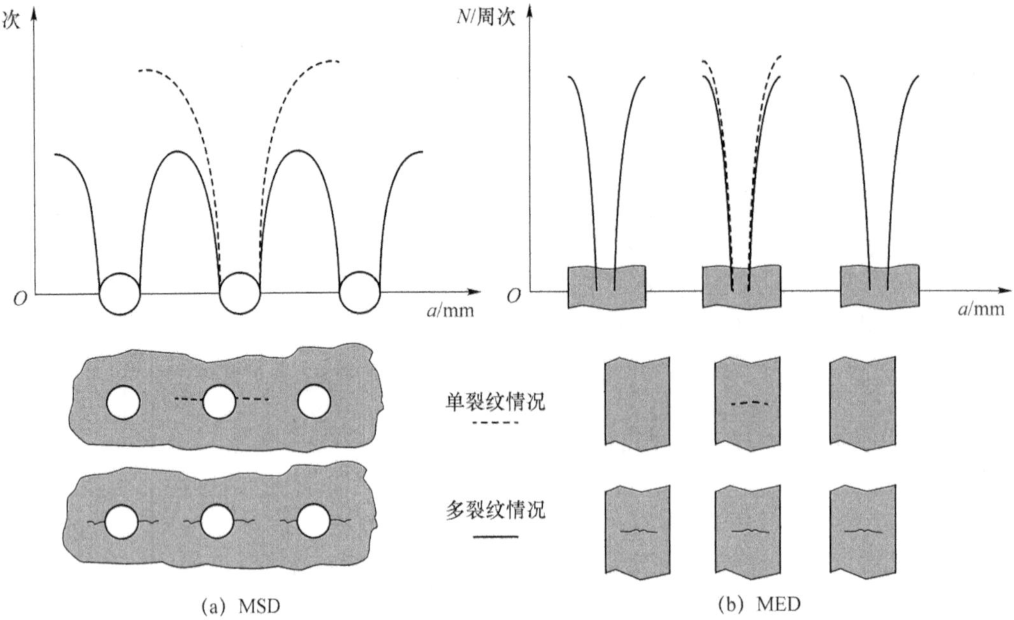

图 2-7　MSD 与 MED 示意

在破损安全策略和损伤容限策略都无法可靠、有效地防止飞机结构发生 WFD 的情况下，为了保障飞机结构的安全，必须在 MSD/MED 裂纹出现之前对相关结构进行更换或改装①。某种意义上，这就是重新引入并进一步拓展了安全寿命策略。

2.2.4　有效性限制与广布疲劳损伤评定

在实际工作中，研究人员往往是通过基于一定试验量的分析来认识飞机结构的疲劳特性，并在此基础上进一步制定维修大纲来指导飞机结构的使用。然而，研究人员对飞机结构疲劳特性的认知程度受限于当时所做的分析和所完成的试验量，如果在某一时刻还计划继续使用维修大纲指导飞机结构的使用，就应当补充开展相应的试验和分析，对原有的维修大纲进行补充，从而保障新的维修大纲在后续使用中的有效性。因此，飞机结构的使用受限于用以支持维修大纲的工程数据的有效性，这就是有效性限制(LOV)的概念。

当前，适航条例规定："必须评定出用累积飞行起落数或/和飞行小时数表示的 LOV，且必须依据全尺寸疲劳试验表明飞机结构在 LOV 期间内不会发生 WFD……一旦飞机达到 LOV，运营商不得再使用飞机，除非运营商在其维修大纲中编入一个延长的 LOV 和必要的维修行动的使用信息。"可以看出，LOV 实际上就是一个与评定结果、使用方法、维修行动等相匹配的飞机使用寿命，其中，一种 LOV 适用于一个机队的同种飞机结构构型，而具体的 LOV 取值和相应的维修行动(更换、改装、检查等)应通过 WFD 评定予以确定，本书将在第 7 章进行介绍。

WFD 评定和传统的疲劳/损伤容限评定既有联系也有区别。二者的联系主要体现在：WFD 评定结构对象是疲劳/损伤容限评定结构对象的子集，WFD 评定是传统疲劳/损伤容限

① 在此对一些易混淆术语的中英文作出说明：维修 Maintenance；修理 Repair；更换 Replacement；改装 Alteration/Modification。

评定的发展和深入,如图 2-8 所示;此外,它们的疲劳试验和剩余强度试验的试验方法也比较相似,不需要为 WFD 评定单独进行全尺寸试验。二者的差别主要体现在开裂模式和检查要求等方面:WFD 评定需要更多考虑 MSD 之间、MED 之间、MSD 与 MED 之间的相互作用,其开裂模式、分析和检查比单裂纹情况更复杂。

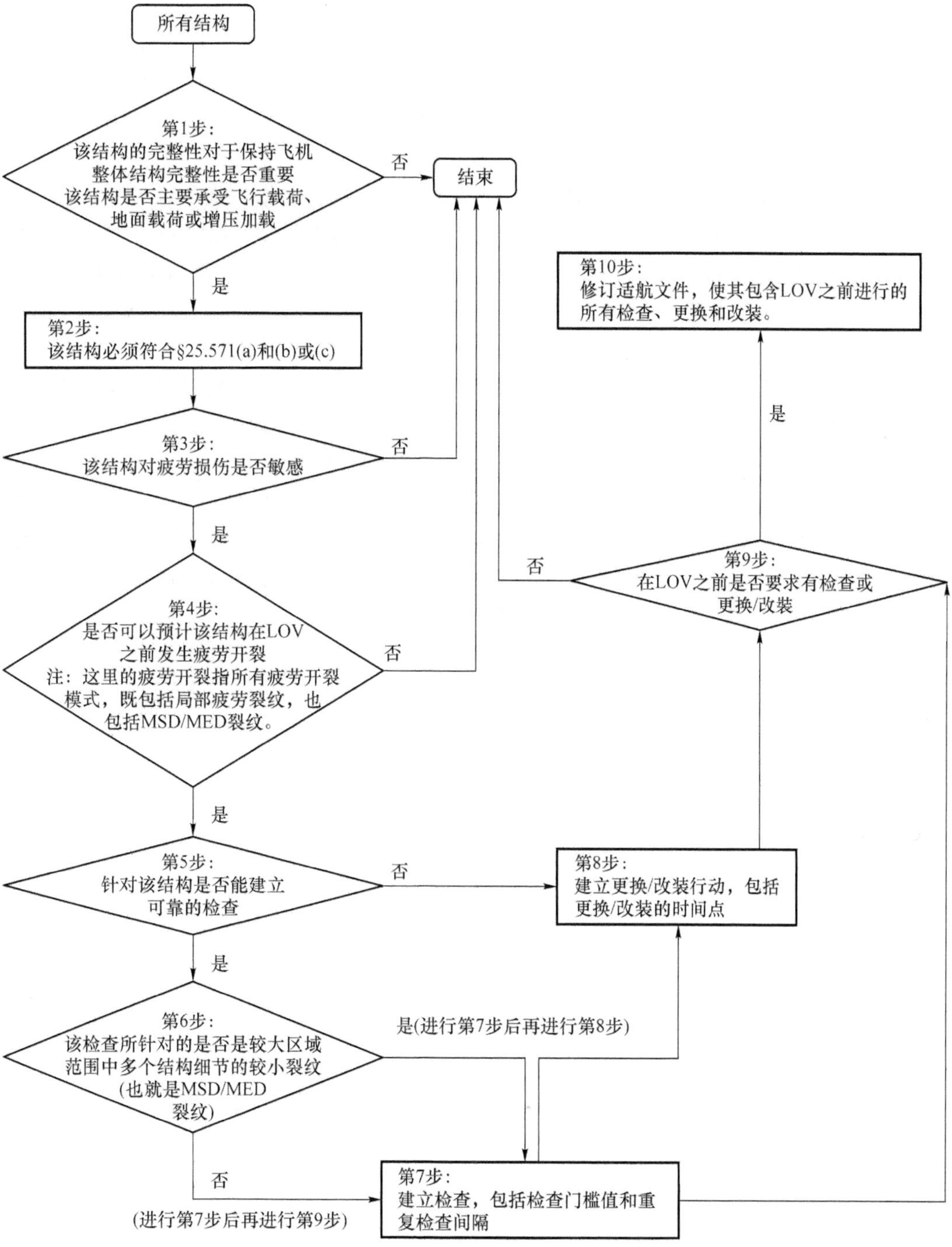

图 2-8　飞机金属结构的疲劳评定流程

2.3 结 语

抗疲劳保安全策略中的“抗疲劳”是为“保安全”服务的，当结构的抗疲劳安全性得到保障之后，抗疲劳保安全策略的重点自然要从“抗疲劳”进一步转至“保安全”上；而“飞机结构寿命”中的“寿命”是“设计＋使用”出来的，随着飞机服役需求的发展，抗疲劳保安全策略的实现途径自然要从“重结构设计”进一步转至“重使用方法”上。

因此，飞机金属结构保安全策略必然要在“安全寿命—破损安全—损伤容限”的基础上，更多地考虑结构使用的经济性与新的疲劳失效模式。针对飞机结构使用的经济性，研究人员提出了经济修理和经济寿命的概念，同时也考虑了腐蚀、热退化、磨蚀以及外来物损伤等其他损伤的影响，形成了综合考虑安全性、经济性、维修性的耐久性分析方法。针对 WFD 这种新的结构疲劳失效模式，研究人员提出了必须通过全尺寸试验、LOV 及相关的维修行动来约束飞机结构的进一步使用，并在疲劳/耐久性和损伤容限评定体系中扩充了对 WFD 的评定。

不妨沿着飞机金属结构保安全策略的上述发展思路继续推理，只要设计得当、使用得当、维修得当，从而保障飞机结构能够持续地满足安全性要求和经济性要求，那么飞机是否就可以一直使用下去？实际上，美国相关学者甚至曾提出 B-52 飞机可以使用 100 年的说法。不知不觉中，“保安全”的内涵又进一步得到了拓展：倘若飞机结构能够“无限期”地使用，继续关注飞机结构的“使用寿命”就没有意义了；真正需要关注的，是飞机结构状态能否满足全寿命周期内的综合性能要求——这实际上就是飞机结构完整性的内涵。

第3章　飞机金属结构保安全策略的发展Ⅲ：飞机结构完整性

不妨做一个有趣的比喻。

古今中外，人们对长命百岁和健康平安的美好愿望未曾改变，但实现这一目标的具体途径和理念却在不断进步。古时候，人们偶尔请算命先生给自己算上一卦以保平安，每过一段时间或身体不舒服了还会看医生——可以理解为，这就是人们对自身健康的“安全寿命”策略和“损伤容限”策略。如今，人们定期去医院体检，体检报告中会给出大量的身体健康状况的指标和数据，而医生则根据这些指标数据建议人们戒掉不良嗜好、养成良好生活习惯、进行必要的治疗等，从而更好地追求自己的人生目标。与古时候相比，人们不再执着于一味追求长命百岁，而是根据自身的实际健康情况来管理生活方式并实现人生价值，让自己在长寿的同时还能过上高质量、有滋味的生活。

飞机结构保安全策略的发展与之类似。在安全寿命策略的时代，研究人员开展飞机结构寿命分析评定实际上就是给飞机结构“算命”；在损伤容限策略的时代，研究人员不仅为飞机结构“算命”，还定期让飞机结构“看医生”；如今，研究人员开始重视飞机结构在整个使用期内的状态，并期望根据飞机结构的状态来管理飞机的后续使用，从而让飞机结构更出色、更经济、更长久地实现预期使用功能。显然，这种策略不仅仅让飞机结构能够使用更长时间，同时也让飞机结构能够更好地实现预期的综合使用性能。飞机结构的这种能够实现预期综合性能的状态，就称为结构完整性。

在我国军用飞机结构完整性大纲 GJB 775A—2012 中，结构完整性被定义[①]为：在要求的结构安全性、结构能力、耐久性和可保障水平下，结构可正常使用以及功能未受削弱时所处的状态，其内容包含影响飞机安全使用和成本费用的机体强度、刚度、耐久性、损伤容限和功能等。

飞机结构完整性是一个包含飞机结构使用性能和安全性能在内的宏大框架，其内涵远超出飞机金属结构抗疲劳保安全的范畴。实际上，结构完整性的概念在 20 世纪中叶就已经提出了，比损伤容限理念的提出更早，而当前各国对于飞机结构完整性仍处于探索、发展和实践的

---

① 美国军用飞机结构完整性大纲 MIL-STD-1530D 中的英文定义为 Structural integrity is the condition which exists when a structure is sound and unimpaired in providing the desired level of structural safety, performance, durability, and supportability。

阶段。考虑到本书的主要目的，本章主要以飞机结构完整性大纲的发展历程为牵引，介绍飞机结构完整性大纲的主要任务和实施途径，并在“拓展阅读1 F-35战斗机的结构完整性设计”篇章中给出一个典型案例。

3.1 飞机结构完整性概念的萌芽

1954年，美国空军颁布的MIL-S-5710(题为《有人驾驶飞机结构试验准则 静力试验》)和MIL-S-5711(题为《有人驾驶飞机结构试验准则 飞行试验》)中提到了“通过静力试验验证飞机的结构完整性”和“飞机结构完整性的飞行验证”，被认为是美国军用标准中首次出现“结构完整性”这一术语。1956年，《美国空军词典》首次给出了结构完整性的定义[①]：飞机结构抵抗设计载荷的属性。

显然，此时的结构完整性主要考虑对静强度和刚度的要求。此外，针对当时技术手段难以有效评估的一些问题所造成的分散性和不确定性，设计研究人员通过全尺寸静力试验和安全系数来予以考虑，这些分散性和不确定性主要有以下5个来源：

(1) 载荷的不确定性；

(2) 结构分析的不准确；

(3) 材料力学性能(此时主要是静强度)的分散性；

(4) 材料/结构性能在服役过程中的退化；

(5) 结构(包括构件、部件等)装配的分散性。

特别地，倘若在全尺寸静力试验中发现了设计不足或设计错误，设计研究人员必须修正设计或重新设计；倘若在飞行服役过程中发现了其他设计问题或操纵问题，设计研究人员就要对飞机的设计条例、载荷预测方法、制造工艺、操纵限制等方面作出相应的修改。

从1903年莱特兄弟试飞“飞行者一号”到20世纪50年代中期，飞机设计研究人员始终秉持着上述思路，并在相当程度上兼顾了“轻质、高效、安全”的飞机结构设计需求和“更大、更快、更高”的飞机使用性能需求。然而，这不意味着该时期飞机结构不出问题，特别是飞机结构的疲劳失效问题。实际上，美国空军有多种机型、多架飞机陆续因结构疲劳问题发生空难事故，但这些问题均通过快速失事调查和返厂结构修改得以迅速解决，因此结构疲劳问题没有引起美国空军的足够重视，这与同时代“彗星号”事故何其相似！

就在美国空军认为静强度设计足以克服结构疲劳问题之时，1957到1958年的多起B-47轰炸机失事一举将飞机结构疲劳问题推到了最高峰。

① 英文为The property of an airframe to withstand the loads for which it is designed。

3.2　B-47 飞机事故及其全尺寸疲劳试验

第二次世界大战后，美国波音（Boeing）公司设计了后掠翼喷气式新型战略轰炸机 B-47。1947 年，B-47 原型机 XB-47A 完成首飞；1950 年，美国空军完成 1.5 倍设计限制载荷（即飞机服役期间预期会承受的最大载荷）的静力试验；1951 年，美国空军根据静力试验结果，批准量产 B-47 并进入美国战略空军司令部服役，全机队共 2 711 架。在静强度设计思想的指导下，波音公司没有对 B-47 给定明确的设计使用寿命，而美国空军则计划在 1965 年退役B-47飞机。

然而，B-47 的飞行安全记录是美国空军有史以来最惨烈的。在 B-47 机队的服役生涯中，共有 203 架飞机坠毁，造成 464 人丧生。特别是在 1958 年的 3 月和 4 月，美国空军共有 5 架 B-47 接连失事，其中有 4 起事故都是由于结构疲劳导致的，这 5 架飞机在失事时已累积的飞行小时数分别为 2 077 h、2 418 h、1 129 h、1 265 h 和 1 419 h。

调查结果显示，B-47 飞机失事有三个关键原因，即全机总重量增加、发动机推力增加、低空飞行任务过多。在设计之初，B-47 飞机主要计划作为一款高空轰炸机使用。然而，在数年的实际服役过程中，B-47 飞机承担了越来越多的低空任务，机内装备越来越多，全机重量越来越大。为了维持它的速度优势，发动机推力相应地越来越大，并加装火箭发动机协助飞机起飞，使得飞机服役结构承受了很大的载荷。简而言之，飞机的实际使用方法与设计使用方法之间已经存在很大差异。

针对 B-47 飞机的结构疲劳问题，美国空军和其他相关单位从结构修理和全尺寸疲劳试验两方面入手开展相关工作。1958 年 5 月 29 日，美国空军颁布技术条例 1B-47-1019，要求对 B-47 结构进行修理。然而，美国和其他相关单位无法保证修理后的飞机结构不会发生疲劳失效。实际上，美国空军和其他相关单位早在 1958 年 4 月初就达成了共识：只有通过疲劳试验，才能够保证经过结构修理的 B-47 飞机具有足够的服役寿命；也只有通过疲劳试验，才能够准确获知裂纹在什么时候出现在结构的什么位置，以及裂纹在谱载荷作用下以多快的速度扩展。

开展疲劳试验的一个重要前提是确定飞机在服役过程中的载荷与环境，这就要求确定起飞/降落、加速爬升/下降、急转弯、低空机动任务、恶劣天气飞行等的次数，而这些与飞机使用方法相关的必要信息在当时是缺乏的。为此，在对 B-47 飞机进行疲劳试验之前，美国空军首先组织开展了一系列项目来补充获取足够的飞行载荷数据，从而为确定疲劳关键部位、评估修理、改进飞机使用、开展疲劳试验、建立设计准则等工作提供依据。

1958 年 5 月中旬，美国空军同时委托波音、道格拉斯（Douglas）、国家航空顾问委员会（NACA）三家单位同步且独立地执行全机疲劳试验。波音公司在 1958 年 7 月早些开始试验，道格拉斯公司在 7 月晚些开始试验，而 NACA 则要在将近一个月后才开始试验。然而，波音公司和道格拉斯公司在开始试验时没有进行结构修理，因此在试验开始后又暂停了试验，在进行结构修理后再继续试验；相对地，NACA 在开始试验之前就进行了结构修理。

在开展试验之前，设计研究人员认为机翼是 B-47 飞机的疲劳关键结构，但在加速疲劳试验开展了仅一个月后，就发现了一个新的疲劳危险部位——位于 508 站位处的机身纵梁。8 月 8 日，在波音公司的试验件经历了 1 275 个试验当量飞行小时(若加上试验前已累积的实际飞行小时数，则共经历了 3 442 个当量飞行小时①)之时，两根 508 纵梁均在 90%限制载荷试验中失效。在获知波音公司试验件失效之后，道格拉斯公司在其试验件的相应位置布置了裂纹检测装置，并于 9 月 13 日在同一位置发现了裂纹。此时，道格拉斯公司试验件共经历了 3 022 飞行小时。

波音公司在更换了试验机身但保留试验机翼之后，于 9 月 8 日继续试验，但 9 月 16 日就在更换后的 508 纵梁上又发现了一条裂纹，此时该机身共经历了 2 156 个飞行小时。同在 9 月 16 日，一架经历了 2 900 个飞行小时的在役飞机也在纵梁上发现了裂纹。对此，波音公司和道格拉斯公司更换了新的加强纵梁，并于 10 月 13 日继续试验。

11 月初，波音公司试验件在经历 5 872 飞行小时后发生失效，并在修理后于 12 月 4 日继续试验。然而 12 月中旬，机身蒙皮上出现了一条 27 in② 长的裂纹，此时波音公司试验件共经历了 6 397 飞行小时。在更换蒙皮之后，波音公司继续试验并于 12 月 21 日终止试验。试验终止原因有两个方面：一是加强后的纵梁已成功经历了 5 151 次当量试验飞行小时；二是机翼在多次修补之后已经与 B-47 实际构型存在显著差异，即便继续试验也无助于得到有用的信息。随后，波音对试验件进行了拆毁检查。

NACA 试验件在经历 4 243 飞行小时之后，在机身蒙皮处发现裂纹，并在修理后继续试验。在经历 5 468 飞行小时和 5 818 飞行小时之后，在技术条例 1B-47-1019 所要求的修理处发现裂纹。同时，在机翼站位 179 处也发现了一条裂纹，该裂纹正是试验前所预计的主要失效模式，于是 NACA 就此终止了试验。此外，NACA 人员报告称试验件上还出现了很多小尺寸的群裂纹。

此时就只剩下道格拉斯公司的试验还在继续。在经历 6 425 飞行小时之后，道格拉斯公司试验件机翼站位 258 处翼肋的腹板上发现了三条裂纹，并通过钻止裂孔的方式进行了修理。在经历了 7 145 飞行小时之后，道格拉斯公司试验件上出现了与 NACA 试验终止时相似的群裂纹，并通过钻止裂孔的方式进行了修理。类似的群裂纹现象和相应的修理还在 7 845 飞行小时和 8 195 飞行小时发生了两次。在进行了这些止裂措施之后，道格拉斯公司试验件的右机翼下蒙皮处在 1959 年 2 月发生失效，试验就此终止。值得注意的是，道格拉斯公司试验件的失效位置在机翼站位 175 处，离 NACA 试验件失效的位置很近。

通过 B-47 飞机的全尺寸疲劳试验，研究人员得到了如下结论：

(1) 技术条例 1B-47-1019 所要求的修理和纵梁加强/修理是有效的；

(2) 1958 年 11 月时基本能够确定 B-47 能够达到 3 000 飞行小时的使用寿命；

(3) 后续分析确认修理后的结构能够达到 5 000 飞行小时的使用寿命。

---

① 后文中的飞行小时均指试验前已累积的实际飞行小时加上试验当量飞行小时的总数。

② 1 in=25.4 mm。

（4）更长的使用寿命也是有可能的，但需要通过揭示新的关键部位并开展相应的修理行动来予以验证，且很可能需要以牺牲飞机使用性能为代价。

3.3　飞机结构完整性概念的提出

尽管 1958 年的主要精力放在了解决 B-47 飞机是否能够持续使用的问题，但是美国空军颇有远见地意识到了 B-47 飞机事故背后蕴含着更深层次的原因，结构疲劳问题不只是B-47飞机所需要解决的问题，还是其他以及后续所有飞机都需要面对的问题。于是，美国空军组织了新一轮的研究来深入理解结构疲劳问题，以期能够预计和预防飞机结构的疲劳失效，而非在飞机结构发生疲劳失效之后再进行昂贵的修理。

1958 年 6 月 12 日，美国空军参谋长李梅将军非正式地批准了飞机结构完整性大纲，其主要目的包括以下几个方面：

（1）控制现役机队的结构疲劳问题；

（2）建立准确的飞机服役寿命预测分析方法；

（3）建立与设计方法和试验技术相关的专门知识和实际经验，从而避免未来武器系统发生结构疲劳失效。

1958 年 6 月 27 日，美国空军颁布了题为《结构疲劳验证项目具体需求》（*Detail Requirements for Structural Fatigue Certification Programs*）的技术备忘录（Technical Memorandum，TM）WCLS-TM-58-4，明确要求建立以飞行小时数和飞行起落数表示的设计寿命，而针对飞行载荷监测、全尺寸疲劳试验、疲劳分析评定等内容的要求也都列入其中。

1959 年 2 月 16 日，美国空军发布了题为《高性能飞机结构完整性大纲要求》（*Requirements for the Structural Integrity Program for High Performance Aircraft*）的报告，这是有关飞机结构完整性大纲的第一份正式报告。

1961 年，美国空军颁布了题为《军用飞机结构完整性大纲详细要求和现状》（*Detail Requirements and Status*, *Air Force Structural Integrity Program*）的技术说明（Technical Note，TN）ASD-TN-61-141，进一步将《高性能飞机结构完整性大纲要求》中所规定的工作按照时间顺序整理出五个阶段的任务，如图 3－1 所示，形成了后来 MIL-STD-1530 系列飞机结构完整性大纲文件的雏形。

1968 年 1 月，美国空军颁布了题为《军用飞机结构完整性大纲要求》（*Air Force Structural Integrity Program Requirements*）的技术报告（Technical Report，TR）ASD-TR-66-57，该报告在两个方面作出了修改：一方面，为了让飞机结构完整性大纲能够广泛流传开来，美国空军决定将技术备忘录或技术说明的形式改为技术报告的形式；另一方面，考虑到与飞行载荷记录的相关技术领域取得了较大发展，美国空军对飞机结构完整性大纲中的相应内容也作出了调整和归纳。与此同时，美国空军和工业界正在对安全寿命、分散系数、破损安全、

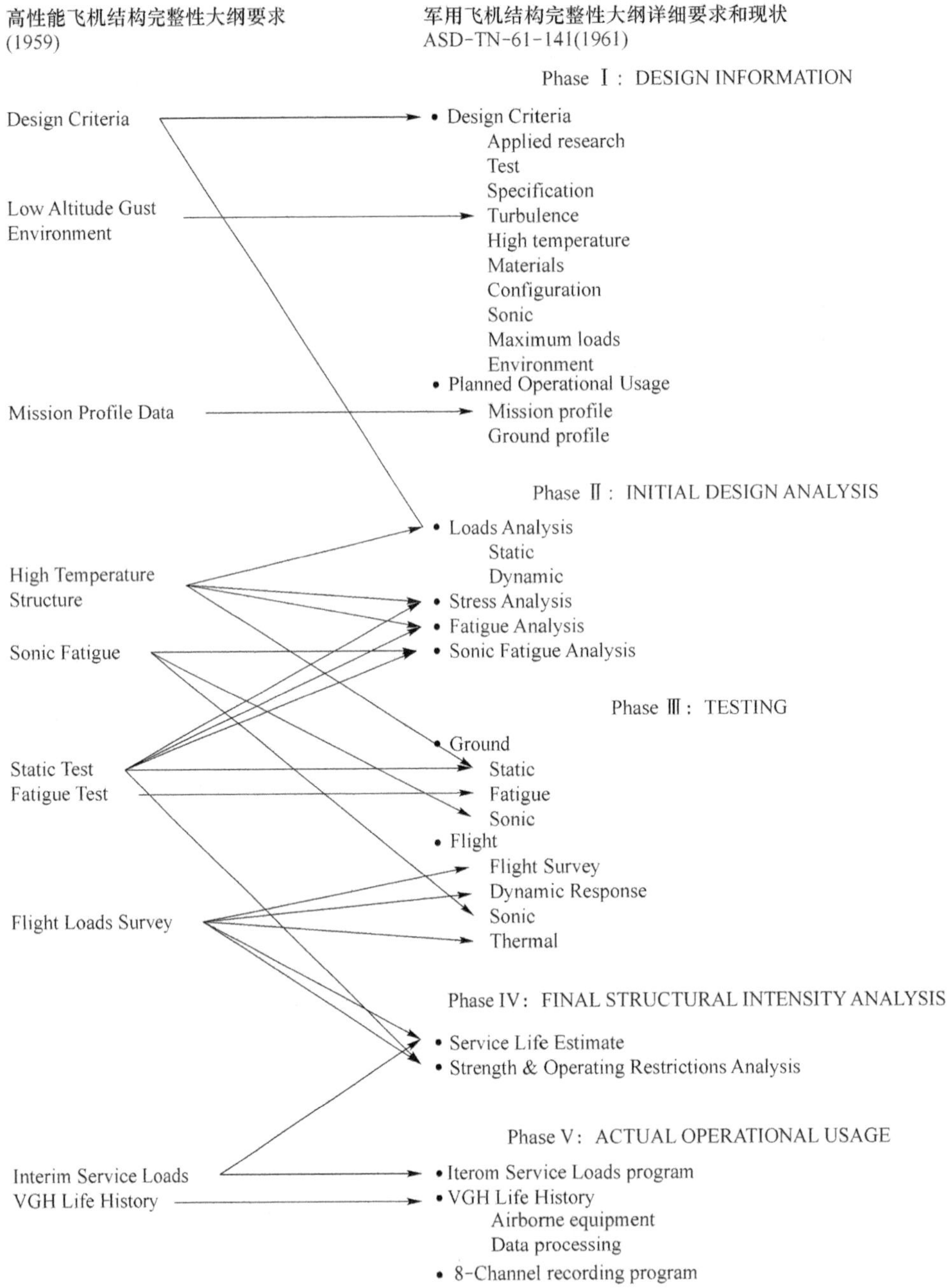

图 3-1 美国空军《高性能飞机结构完整性大纲要求》(1959)与《军用飞机结构完整性大纲详细要求和现状》(1961)中各项工作的对应演变关系

损伤容限等理念及其应用开展大量研究和激烈讨论。ASD-TR-66-57 尽管在正文中暂时还没有体现这些内容,但在附加内容部分表达了对这些内容的关注。

1969 年 6 月 12 日,美国空军颁布空军管理条例 AFR 80-13,不仅将飞机结构完整性大纲确定为针对当时飞机和后续飞机的官方要求,还将各阶段任务分派给指挥部门、后勤部门和使用部门，明确了飞机结构完整性大纲的执行机构和各机构部门的职责。与之前的飞机结构完整性大纲相比，AFR 80-13 主要有两个变化：一是要求在政府采购文件中制定飞机结构完整性大纲主计划，且该计划的实施要贯穿从制定采购合同到使用和退役的全寿命周期；二是在原有五阶段任务的基础上暂时新增了第六阶段的“检查”任务。

3.4　飞机结构完整性大纲的发展

1969 年发生的 F-111 事故促使美国空军提出了损伤容限策略，极大地丰富了结构完整性的内涵。对此，美国科学咨询委员会提出建议：对未来所有武器系统采用损伤容限设计思想，并将损伤容限思想纳入结构完整性大纲的工作任务中。

1972 年 9 月 1 日，美国空军颁布了第一份军用飞机结构完整性大纲 MIL-STD-1530，将飞机结构完整性大纲文件从技术报告转变为了军用标准，其中包含以下五个阶段任务。

(1) 任务Ⅰ：设计资料。

(2) 任务Ⅱ：设计分析和研制试验。

(3) 任务Ⅲ：全尺寸试验。

(4) 任务Ⅳ：合格审定与部队管理对策。

(5) 任务Ⅴ：部队管理实施。

从主要任务来看，MIL-STD-1530 中前三个阶段与之前的飞机结构完整性大纲文件相比并没有发生很大改变，但后两个阶段却显著不同：前三项任务的主要实施者是飞机设计制造商，他们需要通过这三项任务来表明飞机结构在设计使用期内的安全性和耐久性；第四项任务的主要实施者也是飞机设计制造商，他们需要通过这些任务来为机队管理行动(如检查、改装、损伤评估等)提供所需的数据；第五项任务的主要实施者是空军(用户)，他们需要通过这项任务来监控所有飞机在全寿命使用周期内的实际服役情况，并评估实际服役使用情况对于裂纹萌生时间、裂纹扩展速率、检查维修行动等的影响。

从具体内容来看，MIL-STD-1530 中前三个阶段要比之前的飞机结构完整性大纲文件丰富很多，例如，飞机设计制造商需要按照军用标准和规范制定一份《断裂与疲劳控制大纲》(*Fracture and fatigue control plan*)并得到美国空军的认可，并在后续工作中予以实施；为了实现质量轻、成本低的结构设计，要求在早期设计阶段就对“损伤容限理念-材料-重量-成本”进行权衡；新增了对材料选择、加工制造、连接方式等的要求，同时要求提供这些工作的根本依据。

1975 年 12 月 11 日，美国空军颁布了 MIL-STD-1530A 用以取代 MIL-STD-1530。与 MIL-STD-1530 相比，MIL-STD-1530A 在主要任务上的改动并不大，但新增了五个任务之间的流程图，从而帮助理解各任务之间的内在联系，同时还新增了如何通过试验结果和分析揭示潜在问题并进行修正的指导。在具体内容上，将 MIL-STD-1530 中的《断裂与疲劳控制大纲》

替换为了《损伤容限与耐久性控制大纲》(*Damage tolerance and durability control plan*),其中,损伤容限控制大纲要求获取结构断裂的基本数据、确定断裂关键件、建立无损检测要求,而耐久性控制大纲则要求获取结构耐久性的基本数据、确定耐久性关键件等。此外,MIL-STD-1530A 还新增了一部分对化学/热环境谱内容的要求。

1996 年 10 月 31 日,美国空军将飞机结构完整性大纲由"军用标准"变更为"指导手册",颁布了MIL-HDBK-1530 取代 MIL-STD-1530A,但在主要技术内容上没有大的变化。

2002 年 1 月 24 日,美国国防部颁布 MIL-HDBK-1530A 取代由美国空军颁布的 MIL-HDBK-1530,并与国防部于 1998 年颁布的 JSSG-2006《美国国防部联合军兵种规范指南:航空器结构》(*Department of Defense Joint Service Specification Guide: Aircraft Structures*)配套使用。MIL-HDBK-1530A 对 WFD 起始提出要求,并指出相关工作应当基于全尺寸疲劳/耐久性试验、在役飞机检查结果、老龄飞机拆卸检查结果等试验依据。

2002 年 7 月 3 日,美国国防部颁布 MIL-HDBK-1530B 取代 MIL-HDBK-1530A,并增加了对"腐蚀"等的定义。

2004 年 2 月 20 日,美国国防部颁布 MIL-STD-1530B 取代 MIL-HDBK-1530B,将结构完整性大纲由"指导手册"重新变更为"军用标准",在主要技术内容上则没有大的变化。

2005 年 11 月 1 日,美国国防部颁布 MIL-STD-1530C 取代了 MIL-STD-1530B,将术语从 11 个增加到 36 个,同时增加了腐蚀防护和控制大纲、生产过程无损检测要求、风险分析、气动伺服弹性分析和试验等方面的内容,并给出了飞机结构完整性大纲各项具体工作与飞机研制阶段的对应关系。此外,MIL-STD-1530C 对于载荷、动力学、强度、耐久性、损伤容限和质量特性等设计准则进行了大幅度修订,对全尺寸试验(任务Ⅲ)进行了重新整理和编排,并对部队管理(任务Ⅴ)新增了一些要求。

2016 年,美国国防部颁布 MIL-STD-1530D 取代了 MIL-STD-1530C,并在更正了一些文字错误之后进一步更新到了 MIL-STD-1530D w/CHANGE 1。与 MIL-STD-1530C 相比,MIL-STD-1530D 在对耐久性试验要求中,明确提出要通过耐久性试验来获知 WFD 起始,同时对"任务 V:部队管理实施"部分作出了增补,进一步强调了经济寿命分析、单机跟踪(Individual Aircraft Tracking,IAT)、建立部队管理数据库等工作。

为方便读者理解飞机结构完整性大纲的变化与发展,本书在此列出 ASD-TR-66-57 以及 MIL-STD-1530 系列的五阶段任务①(英文原文),见表 3-1～表 3-7 所示。特别地,MIL-STD-1530C 中给出的飞机结构完整性大纲各项具体工作与飞机研制阶段的对应关系见表 3-8。

① 图中各项编号与大纲原文中的章节编号保持相同。

表 3-1　美国飞机结构完整性大纲 ASD-TR-66-57 的五阶段任务(1968)

Phase Ⅰ	Phase Ⅱ	Phase Ⅲ	Phase Ⅳ	Phase Ⅴ
DESIGN INFORMATION	INITIAL DESIGN ANALYSIS	TESTING	FINAL STRUCTURAL INTEGRITY ANALYSIS	ACTUAL OPERATIONAL USAGE
Design Criteria Planned Operational Mission profiles Ground profiles	Loads Analysis Stress Analysis Fatigue Analysis Flutter Analysis Sonic Loads Element Tests	Ground Tests Static tests Fatigue tests Flutter tests Sonic Tests Flight Tests Flight load survey Dynamic Response tests Thermal flight tests Flight flutter tests	Strength Summary & Operating Restrictons Analysis Service Life Analysis Parametric Fatigue Analysis	Life History Program VGH life history recording program Multichannel life history recording program Individual Aircraft Usage Program Exceedance counter program Multichannel Maneuver Loads Recording Program

表 3-2　美国飞机结构完整性大纲 AFR 80-13 的五阶段任务(1969)

Phase Ⅰ	Phase Ⅱ	Phase Ⅲ	Phase Ⅳ	Phase Ⅴ
DESIGN INFORMATION	INITIAL DESIGN ANALYSIS	TESTING	FINAL STRUCTURAL INTEGRITY	ACTUAL OPERATIONAL USAGE
Design Criteria Operational Usage Mission Profile ASIP Master Plan	Loads Analysis Stress Analysis Fatigue Analysis Flutter Analysis Sonic Fatigue Analysis	Ground Tests Flight Tests	Strength & Operating Restrictions Report Service Life Analysis Parametric Fatigue Analysis	Procedure and Install Recorders FWD Recorder Magazines, Supporting Data. etc. Individual Aircraft Usage Program Strength and Operating Restriction Report Service-life Analysis Parametric Fatigue Analysis Exceedence Counter Program (if required)
				Phase Ⅵ
				INSPECTIONS

表 3-3　美国飞机结构完整性大纲 MIL-STD-1530 的五阶段任务(1972)

Task Ⅰ	Task Ⅱ	Task Ⅲ	Task Ⅳ	Task Ⅴ
DESIGN INFORMATION	DESIGN ANALYSIS & DEVELOPMENT TESTS	FULL-SCALETESTING	FORCE MANAGEMENT DATA PACKAGE	FORCE MANAGEMENT
ASIP Master Plan	Materials & joint Allowables	Static Tests	Final Analysis	Loads/Environment Spectra Support
Structural Design Criteria	Loads Analysis	Damage Tolerance Tests	Strength Summary	Service Monitoring Program
Fracture and Fatigue Control Plan	Temperature Analysis	Fatigue Tests	Parametric Analysis	Service Inspection Maintenance & Repair
Selection of Materials Processes, & Joining Methods	Stress Analysis	Sonic Fatigue Tests	Instrumentation and Data Recording Provisions	Structural Performance Records
Planned Operational Usage	Damage Tolerance Analysis	Flight & Ground Loads Survey	Service Inspection & Maintenance Control	
	Fatigue Analysis	Flutter Tests		
	Sonic Fatigue Analysis	Flight Flutter Tests		
	Vibration Analysis	Loads/Environment Spectra Survey		
	Flutter Analysis			
	Nuclear Weapons Effects			
	Non-Nuclear Weapons Effects Analysis			
	Design Development & Preproduction Desian Verification Tests			

表 3－4　美国飞机结构完整性大纲 MIL－STD－1530A 的五阶段任务(1975)

Task Ⅰ	Task Ⅱ	Task Ⅲ	Task Ⅳ	Task Ⅴ
DESIGN INFORMATION	DESIGN ANALYSIS & DEVELOPMENT TESTS	FULL-SCALE TESTING	FORCE MANAGEMENT DATA PACKAGE	FORCE MANAGEMENT
ASIP Master Plan	Materials & joint Allowables	Static Tests	Final Analysis	Loads/Environment Spectra Survey
Structural Design Criteria	Loads Analysis	Durability Tests	Strength Summany	Individual Airplane Tracking Data
Damage Tolerance & Durability Control Plans	Design Semice Loads Spectra	Damage Tolerance Tests	Force Structural Maintenance Plan	Individual Airplane Maintenance Times
Selection of Materials, Processes, & Joining Methods	Design Chemical/Thermal Environment Spectra	Flight & Ground Operations Tests	Loads/Environment Spectra Survey	Structural Maintenance Records
Design Servioe Life & Design Usage	Stress Analysis	Sonic Tests	Individual Airplane Tracking Program	
	Damage Tolerance Analysis	Flight Vibration Tests		
	Durability Analysis	Flutter Tests		
	Sonic Analysis	Interpretation & Evaluation of Test Results		
	Vibration Analysis			
	Flutter Analysis			
	Nuclear Weapons Effects Analysis			
	Non-Nuclear Weapons Effects Analysis			
	Design Development Tests			

表 3-5 美国飞机结构完整性大纲 MIL-STD-1530B 的五阶段任务(2004)

Task Ⅰ	Task Ⅱ	Task Ⅲ	Task Ⅳ	Task Ⅴ
DESIGN INFORMATION	DESIGN ANALYSIS & DEVELOPMENT TESTS	FULL-SCALE TESTING	FORCE MANAGEMENT DATA PACKAGE	FORCE MANAGEMENT
ASIP Master Plan	Materials & joint Allowables	Static Tests	Final Analyses	Loads/Environment Spectra Survey
Structural Design Criteria	Loads Analyses	Durability Tests	Strength Summany	Individual Air Vehicle Tracking Data
Damage Tolerance & Durability Control Process	Design Semice Loads Spectra	Damage Tolerance Tests	Force Structural Maintenance Plan	Individual Air Vehicle Maintenance Times
Selection of Materials, Processes, & joining Methods	Design Chemical/Thermal Environment Spectra	Flight & Ground Operations Tests	Loads/Environment Spectra Sumvey	Structural Maintenance Records
Design Sernvice Goal & Design Usage	Stress Analysis	Aeroacoustic Durability Tests	Individual Air Vehicle Tracking Program	Weight & Balance Records
Mass Properties	Damage Tolerance Analysis	Flight Vibration Tests		
	Durability Analysis	Flutter Tests		
	Aeroacoustics Analysis	Interpretation & Evaluation of Test Results		
	Vibration Analysis	Weight & Balance Testing		
	Flutter Analysis			
	Effects Analysis: Nuclear Weapons			
	Effects Analysis: Non-Nuclear Weapons			
	Weapons Effects Analysis			
	Design Development Tests			
	Mass Properties Analysis			

表 3-6　美国飞机结构完整性大纲 MIL-STD-1530C 的五阶段任务(2005)

Task Ⅰ	Task Ⅱ	Task Ⅲ	Task Ⅳ	Task Ⅴ
DESIGN INFORMATION	DESIGN ANALYSIS & DEVELOPMENT TESTS	FULL-SCALE TESTING	(ERTIFICATION&) FORCE MANAGEMENT DEVELOPMENT	FORCE MANAGEMENT EXECOTION
5.1.1 ASIP Master Plan 5.1.2 Design Service Life & Design Usage 5.1.3 Structural DesignCriteria 5.1.4 Durability & Damage Tolerance Control Program 5.1.5 Corrosion Prevention & Control Program 5.1.6 Non-Destructive Inspection Program 5.1.7 Selection of Materials. Processes, joining Methods, & Structural Concepts	5.2.1 Materials & Joint Allowables Testing 5.2.2 Loads Analysis 5.2.3 Design Service Loads Spectra 5.2.4 Design Chemical/Thermal Environment Spectra 5.2.5 Stress Analysis 5.2.6 Damage Tolerance Analysis 5.2.7 Durability Analysis 5.2.8 Corrosion Assessment 5.2.9 Sonic Fatigue Analysis 5.2.10 Vibration Analysis 5.2.11 Aeroelastic & Aeroservoelastic Analysis 5.2.12 Mass Properties Analysis 5.2.13 Survivability Analysis 5.2.14 Design Development Tests 5.2.15 Production NDl Capability Assessment 5.2.16 Initial Risk Analysis	5.3.1 Static Tests 5.3.2 First Flight Verification Ground Tests 5.3.3 Flight Tests 5.3.4 Durability Tests 5.3.5 Damage Tolerance Tests 5.3.6 Climatic Tests 5.3.7 Interpretation & Evaluation of Test Results	5.4.1 Certification Analyses 5.4.2 Strength Summary & Operating Restrictions (SSOR) 5.4.3 Force Structural Maintenance Plan (FSMP) 5.4.4 Loads/Environment Spectra Survey (L/ESS) Development 5.4.5 Individual Aircraft Tracking (lAT) Program Development 5.4.6 Rotorcraft Dynamic Component Tracking (RDCT) Program Development	5.5.1 Individual Aircraft Tracking (IAT) Program 5.5.2 Rotorcraft Dynamic(SSOR) Component Tracking (RDCT) Program 5.5.3 Loads/Environment Spectra Survey (L/ESS) 5.5.4 ASIP Manual 5.5.5 Aircraft Structural Records 5.5.6 Force ManagementUpdates 5.5.7 Recertification

表 3-7 美国飞机结构完整性大纲 MIL-STD-1530D w/CHANGE 1 的五阶段任务(2016)

Task Ⅰ	Task Ⅱ	Task Ⅲ	Task Ⅳ	Task Ⅴ
DESIGN INFORMATION	DESIGN ANALYSIS & DEVELOPMENT TESTS	FULL-SCALE TESTING	CERTIFICATION& FORCE MANAGEMENT DEVELOPMENT	FORCE MANAGEMENT EXECUTION
5.1.1 ASIP Master Plan 5.1.2 Design Service Life & Design Usage 5.1.3 Structural Design Criteria 5.1.4 Durability & Damage Tolerance (DADT) Control 5.1.5 Corrosion Prevention & Control (CPC) 5.1.6 Non-Destructive Inspection (NDI) 5.1.7 Selection of Materials, Processes, Joining Methods, & Structural Concepts	5.2.1 Materials & Structural Allowables 5.2.2 Loads Analysis 5.2.3 Design Loads/Environment Spectra 5.2.4 Stress & Strength Analysis 5.2.5 Durability Analysis 5.2.6 Damage Tolerance Analysis 5.2.7 Corrosion Assessment 5.2.8 Sonic Fatigue Analysis 5.2.9 Vibration Analysis 5.2.10 Aeroelastic & Aeroservoelastic Analysis 5.2.11 Mass Properties Analysis 5.2.12 Sumvivability Analysis 5.2.13 Design Development Tests 5.2.14 Structural Risk Analysis 5.2.15 Economic Service Life Analysis	5.3.1 Static Tests 5.3.2 First Flight Verification Ground Tests 5.3.3 Flight Tests 5.3.4 Durability Tests 5.3.5 Damage Tolerance Tests 5.3.6 Climatic Tests 5.3.7 Interpretation & Evaluation of Test Findings 5.3.8 Resolution of Test Findings	5.4.1 Structural Certification 5.4.2 Strength Summary & Operating Restrictions (SSOR) 5.4.3 Force Structural Maintenance Plan (FSMP) 5.4.4 Loads/Enwronment Spectra Survey (L/ESS) System Development 5.4.5 Individual Aircraft Tracking (lAT) Program Development 5.4.6 Force Management Database Development 5.4.7 Technical Orders	5.5.1 L/ESS Execution 5.5.2 IAT Execution 5.5.3 DADT Analysis Updates 5.5.4 L/ESS and lAT System Updates 5.5.5 NDl Updates 5.5.6 Strctural Risk Analysis Updates 5.5.7 CPC Plan & Corrosion Assessment Updates 5.5.8 Analytical Condition Inspection 5.5.9 FSMP Updates 5.5.10 Technical Order Updates 5.5.11 Repairs 5.5.12 Force Management Database Execution 5.5.13 Structural Certification Updates 5.5.14 Economic Service Life Analysis Updates 5.5.15 Others as required

表 3-8　美国飞机结构完整性大纲 MIL-STD-1530C 中各项具体工作与飞机研制阶段的对应关系

	MILESTONES >>>	A	B						C	
	ACQUISITION PHASES>>>	Tech Development	System Development & Demonstration						Production & Deployment	Operations & Support
	REVIEWS & AUDITS >>> (per MIL-STD-1521:Cancelled:cited for referencel)	SRR System Requirements Review	SDR[SFR] System Design Review [a. k. a. System Functional Review]	PDR Preliminary Design Review	CDR Critical Design Review	TRR Test Readiness Review	FCA[SVR] Functional Configuration Audit [a. k. a. System Verification Review] PRR Production Readiness Review	PRR Production Readiness Review	PCA Physical Configuration Audit	
Ⅰ-Design Information	5. 1. 1 ASIP Master Plan	INITIAL	UPDATE	UPDATE	UPDATE	UPDATE	UPDATE	UPDATE	UPDATE	UPDATE
	5. 1. 2 Design Service Life and Design Usage	FINAL								
	5. 1. 3 Structural Design Criteria	INITIAL	UPDATE							
	5. 1. 4 Damage Tolerance & Durability Control Program	INITIAL	UPDATE	UPDATE	UPDATE					
	5. 1. 5 Corrosion Prevention & Control Program	INITIAL	UPDATE	UPDATE	UPDATE					
	5. 1. 6 Nondestructive Inspectlon Program	INITIAL	UPDATE	UPDATE	UPDATE					
	5. 1. 7 Selection of Materials, Processes. Joining Methods, & Structural Concepts	INITIAL	UPDATE							

续表 3-8

	MILESTONES >>>	A	B						C	
	ACQUISITION PHASES>>>	Tech Development	System Development & Demonstration						Production & Deployment	Operations & Support
	REVIEWS & AUDITS >>> (*per MIL - STD - 1521;Cancelled;cited for referencel*)	SRR System Requirements Review	SDR[SFR] System Design Review [a. k. a. System Functional Review]	PDR Preliminary Design Review	CDR Critical Design Review	TRR Test Readiness Review	FCA[SVR] Functional Configuration Audit [a. k. a. System Verification Review] PRR Production Readiness Review	PRR Production Readiness Review	PCA Physical Configuration Audit	
Ⅱ-Design Analyses & Development Testing	5. 2. 1 Material 8 Joint Allowables		INITIAL	UPDATE	UPDATE					
	5. 2. 2 Loads Analysis		INITIAL	UPDATE	UPDATE					
	5. 2. 3 Design Service Loads Spectra		INITIAL	UPDATE	UPDATE					
	5. 2. 4 Design Chemical/Thermal Environment Spectra		INITIAL	UPDATE	UPDATE					
	5. 2. 5 Stress Analysis		INITIAL	UPDATE	UPDATE					
	5. 2. 6 Damage Tolerance Analysis			INITIAL	UPDATE					
	5. 2. 7 Durability Analysis			INITIAL	UPDATE					
	5. 2. 8 Corrosion Assessment				INITIAL					
	5. 2. 9 Sonic Fatigue Analysis				INITIAL					
	5. 2. 10 Vibratilon Analysis				INITIAL					
	5. 2. 11 Aeroelastic & Aeroservolelastic Analysis			INITIAL	UPDATE					
	5. 2. 12 Mass Properties Analysis		INITIAL	UPDATE	UPDATE					
	5. 2. 13 Survivability Analysis				INITIAL					
	5. 2. 14 Design Development Tests		INITIAL	UPDATE	UPDATE					
	5. 2. 15 Production NDl Capability Assessment				FINAL					
	5. 2. 16 Initial Risk Analysis				INITIAL					

续表 3-8

	MILESTONES >>>	A	B						C	
	ACQUISITION PHASES>>>	Tech Development	System Development & Demonstration						Production & Deployment	Operations & Support
	REVIEWS & AUDITS >>> (*per MIL-STD-1521:Cancelled:cited for reference*)	SRR System Requirements Review	SDR[SFR] System Design Review [a. k. a. System Functional Review]	PDR Preliminary Design Review	CDR Critical Design Review	TRR Test Readiness Review	FCA[SVR] Functional Configuration Audit [a. k. a. System Verification Review] PRR Production Readiness Review	PRR Production Readiness Review	PCA Physical Configuration Audit	
Ⅲ-Full-Scale Testing	5. 3. 1 Static Tests						INITIAL	CONTINUE		
	5. 3. 2. First Flight Verification Ground Tests						FINAL			
	5. 3. 3 Flight Tests							FINAL		
	5. 3. 4 Durability Tests							FINAL		
	5. 3. 5 Damage Tolerance Tests							FINAL		
	5. 3. 6 Climatic Tests							FINAL		
	5. 3. 7 Interpretation & Evaluation of Test Results							FINAL		
Ⅳ-Certification & Force Management Development	5. 4. 1 Certifcation Analyses							FINAL		
	5. 4. 2 Strength Summary & Operating Restrictions (SSOR)								FINAL	
	5. 4. 3 Force Structural Maintonance Plan (FSMP)								FINAL	
	5. 4. 4 Loads/Environment Spectra Survey (L/ESS) Development								FINAL	
	5. 4. 5 Individual Aircraft Tracking (lAT) Program Development								FINAL	
	5. 4. 6 Rotorcraft Dynamic Component Tracking (RDCT)Program Development								FINAL	

续表 3－8

	MILESTONES >>>	A	B						C	
	ACQUISITION PHASES>>>	Tech Development	System Development & Demonstration						Production & Deployment	Operations & Support
	REVIEWS & AUDITS >>> (*per MIL－STD－1521:Cancelled:cited for reference*)	SRR System Requirements Review	SDR[SFR] System Design Review [a. k. a. System Functional Review]	PDR Preliminary Design Review	CDR Critical Design Review	TRR Test Readiness Review	FCA[SVR] Functional Configuration Audit [a. k. a. System Verification Review] PRR Production Readiness Review	PRR Production Readiness Review	PCA Physical Configuration Audit	
Ⅴ-Force Management Execution	5. 5. 1 Individual Aircraft Tracking (IAT) Program									EXECUTE
	5. 5. 2 Rotorcraft Dynamic Component Tracking (RDCT) Program									EXECUTE
	5. 5. 3 Loads/Environment Spectra Survey(L/ESS)									EXECUTE
	5. 5. 4 ASIP Manual									CREATE/ MAINTAIN
	5. 5. 5 Aircratt Structural Records									CREATE/ MAINTAIN
	5. 5. 6 Force Management Updates									UPDATE
	5. 5. 7 Recertification									CREATE/ UPDATE
	REVIEWS & AUDITS>>> (per MIL-STD-1521)	SRR	SDR[SFR]	PDR	CDR	TRR	FCA[SVR]	PRR	PCA	
	ACQUISITION PHASES>>>	Tech Development	System Development & Demonstration						Production& Deployment	Operations & Support
	MILESTONES >>	A	B						C	

3.5　我国军用飞机结构完整性大纲 GJB 775A—2012

截至目前，我国编制了两个版本的飞机结构完整性大纲。

1989 年，我国参考 MIL-STD-1530A 编制了第一份飞机结构完整性大纲 GJB 775.1—1989，规定了实现军用飞机结构完整性的全部要求和为达到这些要求所应依从的方法，为承制方在军用飞机结构设计和生产过程提供指导，为订货方提供飞机结构方面的验收依据和指南。

2012 年，我国颁布了军用飞机结构完整性大纲 GJB 775A—2012 以替代 GJB 775.1—1989，是截至本书成稿时我国飞机结构完整性军用规范的最新版本。

本书在这里给出一些我国军民用飞机结构完整性相关的规范要求及具体条目，供读者参考，见表 3-9 和表 3-10。

表 3-9　我国军用飞机结构完整性相关的规范要求

标准号	名　称	要　求
GJB 775A—2010	军用飞机结构完整性大纲	结构完整性所必需的耐久性、损伤容限要求
GJB 67.6A—2008	军用飞机结构强度规范	耐久性和损伤容限要求及重复载荷
GJB 2754—96	舰载飞机结构强度和刚度规范	设计和验证中的重复载荷、疲劳和损伤容限要求
GJB 720.4A—2012	军用直升机结构强度规范	疲劳、耐久性、损伤容限设计和验证要求及疲劳载荷
GJB/Z 101—97	航空发动机结构完整性指南	损伤容限、耐久性和经济寿命要求
GJB 241A—2010	航空涡轮喷气和涡轮风扇发动机通用规范	设计使用寿命、耐久性、强度和寿命分析、损伤容限

表 3-10　我国民用飞机结构完整性相关的规范要求

标准号	名　称	要　求	
CCAR-23-R3	正常类、实用类、特技类和通勤类飞机适航规定	第 23.571 条	金属增压舱结构
		第 23.572 条	金属机翼、尾翼和相连结构
		第 23.573 条	结构的损伤容限和疲劳评定
		第 23.574 条	通勤类飞机金属件的损伤容限和疲劳评定
		第 23.575 条	检查及其他方法
CCAR-25-R4	运输类飞机适航标准	第 25.571 条	结构的损伤容限和疲劳评定：总则、损伤容限评定、疲劳（安全寿命）评定、声疲劳强度、损伤容限（离散源）评定
CCAR-27-R2	正常类旋翼航空器适航规定	第 27.571 条	飞行结构的疲劳评定
		第 27.573 条	复合材料旋翼航空器结构的损伤容限和疲劳评定
CCAR-29-R2	运输类旋翼航空器适航规定	第 29.571 条	飞行结构的疲劳评定
		第 29.573 条	复合材料旋翼航空器结构的损伤容限和疲劳评定

本节接下来简要介绍 GJB 775A—2012 的部分重要内容，尤其是主要任务与实施途径，而具体的基本要求则不作赘述，推荐读者朋友们参考大纲原文。

3.5.1 目 的

飞机结构完整性大纲是规定飞机结构完整性要求的总大纲。制定该大纲的目的是用尽可能低的经济成本，保证在飞机的整个设计使用寿命期内，结构安全性、结构能力、耐久性和可保障性处于期望的水平之上。为此，飞机结构完整性大纲应包括以下几个方面的内容：

(1) 规定与满足使用安全性、适用性和战斗力要求有关的结构完整性要求；

(2) 确定、评估、验证和审定分析飞机的结构完整性；

(3) 搜集、评估并应用维护与使用数据，以保证服役飞机结构完整性的连续评价；

(4) 为制订部队结构维护计划、风险管理、预计寿命周期成本等提供定量资料；

(5) 为改进未来飞机的结构设计准则以及设计、评估与验证方法提供依据。

3.5.2 范 围

GJB 775A—2012 规定了保持军用飞机结构完整性所必需的要求以及为达到这些要求所应遵循的方法。

GJB 775A—2012 适用于各类军用飞机(不含直升机)的订货、设计、验证和使用，也是签订合同的依据之一，对于具体型号应按合同条款执行。

3.5.3 对比 GJB 775.1—1989 的变化

与 GJB 775.1—1989 相比，GJB 775A—2012 主要有以下变化：

(1) 在任务Ⅰ(设计资料)中，增加了腐蚀防护与控制、无损检测等方面的内容。

(2) 在任务Ⅱ(设计分析和研制试验)中，增加了气动伺服弹性分析、质量特性分析、风险分析、腐蚀评估、生产中无损检测能力评估等方面的要求；将核武器效应分析和非核武器效应分析改为结构生存力分析。

(3) 在任务Ⅲ(全尺寸试验)中，增加了首飞验证地面试验、动响应飞行试验、气候试验等方面的要求。

(4) 在任务Ⅳ(合格审定和部队管理对策)中，增加了合格审定方面的内容。

(5) 在任务Ⅴ(部队管理实施)中，增加了部队管理对策更新、重新合格审定等方面的要求。

3.5.4 主要任务与实施途径

GJB 775A—2012 包括以下五个相互联系的任务，见表 3-11[①]。

① 表中各项编号与大纲原文中的章节编号保持相同。

表 3-11　军用飞机结构完整性大纲 GJB 775A—2012 的主要任务

任务Ⅰ	任务Ⅱ	任务Ⅲ	任务Ⅳ	任务Ⅴ
设计资料	设计分析与研制试验	全尺寸试验	合格审定与 部队管理对策	部队管理实施
6.1.2 飞机结构完整性大纲主计划 6.1.3 设计使用寿命和设计使用方法 6.1.4 结构设计准则 6.1.5 耐久性和损伤容限控制大纲 6.1.6 腐蚀防护与控制大纲 6.1.7 无损检测大纲 6.1.8 材料、工艺、连接方法和结构概念的选择	6.2.2 材料和接头许用值 6 2.3 载荷分析 6 2.4 设计使用载荷谱 6.2.5 设计化学/热/气候环境谱 6.2.6 应力分析 6.2.7 耐久性分析 6.2.8 损伤容限分析 6.2.9 腐蚀评估 6.2.10 声耐久性分析 6.2.11 振动分析 6.2.12 气动弹性和气动伺服弹性分析 6.2.13 质量特性分析 6 2.14 结构生存力分析 6.2.15 设计研制试验 6.2.16 生产中无损检测能力评估 6.2.17 初始风险分析	6.3.2 静强度试验 6.3.3 首飞前地面验证试验 6.3.4 飞行试验 6.3.5 耐久性试验 6.3.6 损伤容限试验 6.3.7 气候试验 6.3.8 试验结果解释和评估	6.4.2 合格审定分析 6.4.3 强度概要和使用限制 6.4.4 部队结构维修计划 6.4.5 载荷/环境谱测量系统 6.4.6 单机跟踪大纲制定	6.5.2 单机跟踪大纲 6.5.3 载荷/环境谱测量 6.5.4 飞机结构完整性大纲技术手册 6.5.5 飞机结构记录 6.5.6 后部队管理更新 6.5.7 重新合格审定

(1) 任务Ⅰ(设计资料)：确定飞机设计中必须使用的准则，以保证所研制的飞机满足飞机结构完整性大纲要求。

(2) 任务Ⅱ(设计分析和研制试验)：确定所研制的飞机在使用中必须经历的环境特征，以及材料、元件及组合件的初始试验及设计分析。

(3) 任务Ⅲ(全尺寸试验)：用一系列地面试验和飞行试验来验证飞机结构分析和设计的合理性。

(4) 任务Ⅳ(合格审定与部队管理对策)：进行飞机结构合格审定分析，以及建立部队使用管理(检查、维护、更改、损伤评定和风险分析等)的程序和方法。

(5) 任务Ⅴ(部队管理实施)：实施在任务Ⅳ中建立的部队使用管理程序和方法，以保证每架飞机在其整个寿命期内的结构完整性。在该项任务中可对早期任务中的部分内容进行修改，特别是如果要求延长使用寿命或更改飞机结构时，更是如此。

上述五个主要任务的实施途径如图 3-2 所示。

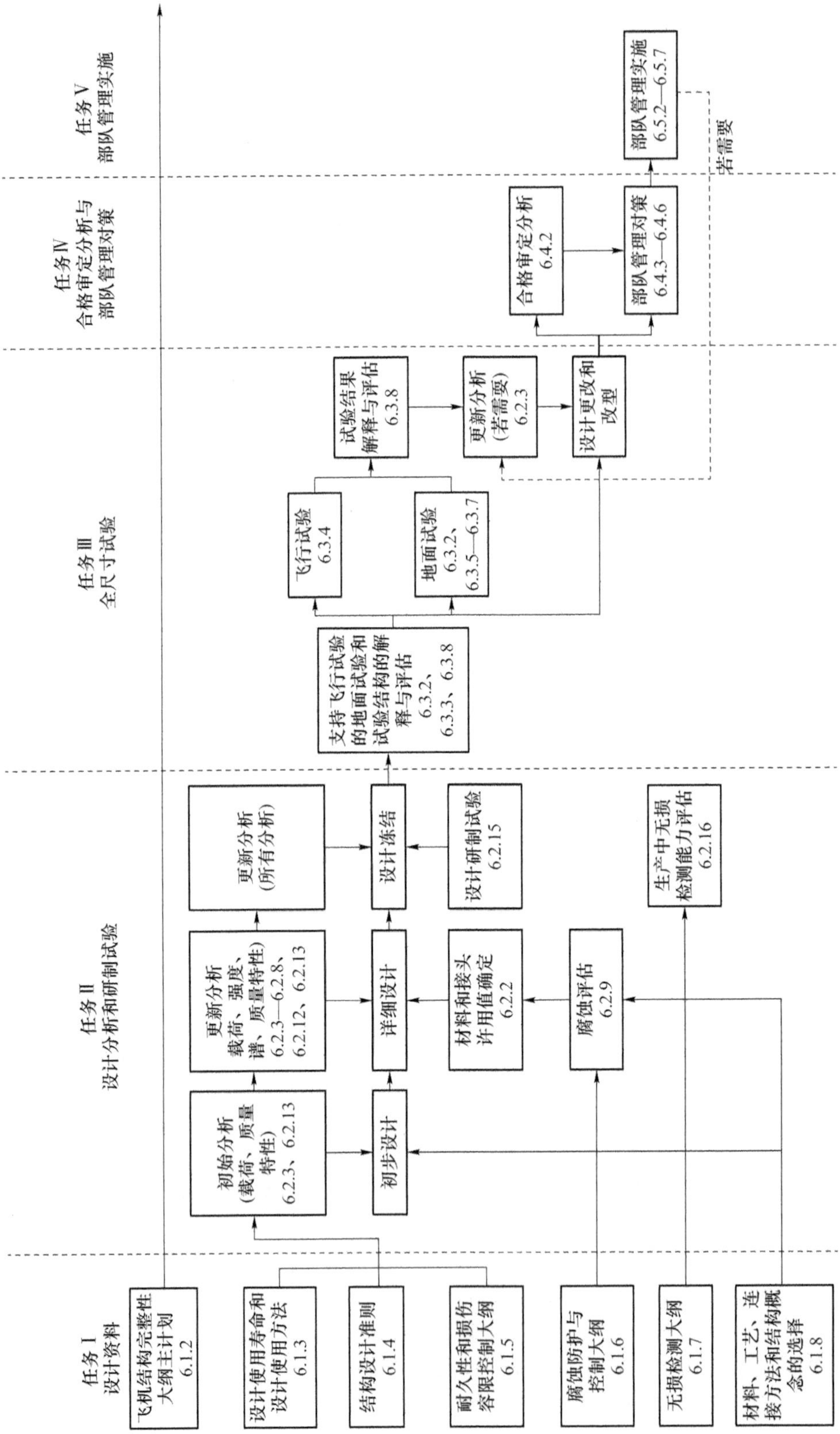

图 3-2 军用飞机结构完整性大纲 GJB 775A—2012 五大任务的实施途径

3.6 结　语

大部分飞机结构的主要使命是抵抗、承受或传递力或运动，此外还有一些飞机结构需要承担其他功能。相应地，飞机结构设计工作的目的就是使飞机结构在使用期内始终具有承担这些力、运动和功能的综合能力，并且使这些综合能力能够经济地达到预期的水平。简单来说，就是使飞机结构具有完整性。

飞机结构完整性主要包括飞机结构的使用性能、安全性和经济性，而飞机结构安全性是实现其他性能的基础。尽管在当前阶段，疲劳是决定飞机结构安全性和使用寿命的主要失效模式，飞机结构抗疲劳是飞机结构安全性的主要内容，但毫无疑问的是，飞机结构完整性的内涵远大于飞机结构抗疲劳保安全策略的内涵，更远大于飞机结构疲劳寿命分析预测的内涵。可以这样理解，飞机结构完整性始终是飞机结构设计的发展主线，飞机结构使用寿命是飞机结构能够保持其完整性的时间周期，而飞机结构抗疲劳保安全则是这条主线从 20 世纪中期至今的突出矛盾。

在对飞机结构效率的永恒追求下，飞机结构完整性对结构寿命分析方法提出了新的挑战。一方面，设计研究人员积极发展并应用新工艺、新材料、新结构，未来飞机结构的疲劳特性可能与传统飞机结构存在显著差异，当前疲劳分析方法的准确性和适用性面临挑战；另一方面，设计研究人员尝试将结构设计为既能传力承载，又能承担一些其他的功能，此时结构寿命不仅取决于力学失效，还取决于功能失效，而力学失效也不一定只需要考虑疲劳失效模式，还可能需要考虑其他失效模式。

和飞机结构保安全策略一样，飞机结构完整性不只是一项技术工作，还是一项与工程实践紧密相关的工作。因此，飞机结构完整性的分析与评估依赖于新理念、新策略、新技术的发展和应用。例如，飞机结构完整性要求对飞机的服役历程和实时状态进行精细化、个性化的分析评估，对此，设计研究人员正在发展单机监控和结构健康管理；当前依赖于试验手段的分析评估工作难以满足飞机结构完整性实时分析评估的需求，对此，设计研究人员正在发展数字化分析评定方法和数字孪生。

对于飞机结构完整性所要求的上述发展方向，本书将在下篇的内容中进行简要的介绍和讨论。

拓展阅读1　F-35战斗机的结构完整性设计

当前，将飞机结构完整性大纲作为研制规范已成为国内外飞机研制的基本途径，并已取得了一系列的结构研制成功案例。考虑到飞机结构完整性是一项庞大而复杂的系统工程，本部分拓展阅读内容选择F-35战斗机的结构完整性设计作为典型应用案例进行介绍，以期帮助读者进一步理解飞机结构完整性的内涵。本篇拓展阅读主要是由作者在翻译参考文献[58]的基础上进一步筛选、修改、整理而成。为避免一些英译中的问题对读者造成困扰，特给出了部分专有名词的英文原文。

F-35"闪电Ⅱ"联合攻击战斗机项目(以下简称F-35项目)是一个重大的航空武器平台项目，其结构设计、研制、验证工作以MIL-STD-1530A为指导，成功研发出了满足全球客户各种飞机性能要求和适航要求的多用途战斗机。F-35项目包括三个机型，即F-35A(传统起飞/着陆型Conventional Take-Off and Landing，CTOL)、F-35B(短距起飞/垂直着陆型Short Take-Off and Vertical Landing，STOVL)、F-35C(舰载型Carrier Variant，CV)，如拓展图1-1所示，其基本性能数据见拓展表1-1。

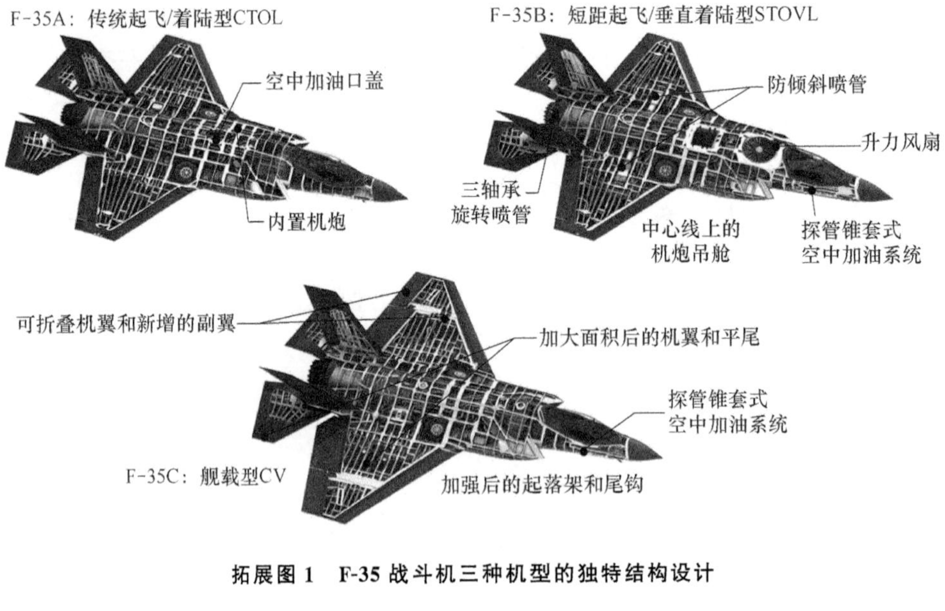

拓展图1　F-35战斗机三种机型的独特结构设计

拓展表 1-1　F-35 三种机型的基本性能数据

典型性能指标	F-35A	F-35B	F-35C
长度	15.7 m	15.6 m	15.7 m
高度	4.38 m	4.36 m	4.48 m
速度(最大机内载弹量)	Ma=1.6 约 536.4 m/s	Ma=1.6 约 536.4 m/s	Ma=1.6 约 536.4 m/s
翼展	10.7 m	10.7 m	13.1 m
机翼面积	42.7 m^2	42.7 m^2	62.1 m^2
平尾翼展	6.86 m	6.65 m	8.02 m
作战半径(机内满油)	>1 093 m	>833 m	>1 100 m
航程(机内满油)	>2 200 m	>1 667 m	>2 200 m
机内燃油量	8 278 kg	6 125 kg	8 960 kg
空重	13 300 kg	14 500 kg	15 800 kg
最大质量	31 800 kg	27 000 kg	31 800 kg
最大过载	9	7	7.5
推重比(机内满油)	0.87	0.90	0.75
推重比(机内半油)	1.07	1.04	0.91
载弹量	8 160 kg	6 800 kg	8 160 kg

F-35 项目立项之时正值美国国防武器采办改革时期,驱动这项改革的则是“基于性能的技术规范(Performance-Based Specifications,PBS)”理念,即仅对最终产品的性能指标提出要求,而对如何实现和验证这些性能要求的详细方法不作过多干涉,从而使得项目承包商在研制武器系统的过程中享有最大限度的自主权。尽管在 F-35 项目之前,美国已在一些飞机子系统开发和其他采购项目中成功应用了 PBS 理念,但将 PBS 理念应用到战斗机的结构研制中仍是一项创举。在经济性/杀伤性/生存性/功能性(Affordable/Lethal/Survivable/Supportable)的综合要求下,尽管 F-35 项目在单个方面的性能并不算特别突出,但也吸引了多个国家的投资和多个公司的参与,对飞机结构设计工作和飞机研制工作提出了不小的挑战。事实上,F-35 项目到目前为止仍是美国规模最大的单一国防采购项目,同时也是按照飞机结构完整性大纲进行研制的标志性案例。

在 PBS 理念的指导下,美国政府联合攻击战斗机项目办公室(Joint Program Office,JPO)虽然仍要知悉承包商洛克希德·马丁公司(以下简称洛马公司)的工作,但不会事无巨细地监管洛马公司在项目过程中的每项具体工作。为了遵循 PBS,JPO 和洛马公司共同制定了联合攻击战斗机合同技术规范(Joint Contract Specification,JCS)以确定预期的结构性能参数,以及传统上用以实现这些性能的设计准则、验证、分析、试验等,而制定一份全面协调且严格执行的飞机结构完整性大纲则是保障飞机结构安全和服役寿命的重要基础,同时这份飞机结构完整性大纲还要满足各军种和各项目参与国家适航当局的要求。尽管各军种和各项目参与国家的结构认证方法有所差别,但最终一致同意将(经适当调整的)MIL-STD-1530 系列的五大任务作为 F-35 飞机结构的合格审定途径。

为方便读者阅读和理解，现特将 F-35 项目所遵循的飞机结构完整性大纲五大任务翻译为中文(英文原文见第 3 章)，见拓展表 1－2。经作者比对，该飞机结构完整性大纲与美国 MIL-STD-1530C 和我国 GJB 775A—2012 均比较相近(仅有细节差异)，读者可相互借鉴参考。总的来说，飞机结构完整性大纲的五大任务是为了使飞机结构在整个使用寿命期内能够满足并保持安全性和结构完整性而规划的一系列任务，并通过严格遵循相关规定来避免由于结构设计缺陷而导致的结构返工，从而保障飞机结构的鲁棒性和飞机结构完整性大纲的经济可行性，力求在保障飞机结构安全的基础上对成本和性能进行优化控制。其中，为了满足项目要求而制定开展的一系列试验和分析是飞机结构完整性大纲的实施基础，同时也为结构完整性和结构合格审定提供了依据。

拓展表 1－2　F-35 项目所遵循的飞机结构完整性大纲五大任务

任务Ⅰ	任务Ⅱ	任务Ⅲ	任务Ⅳ	任务Ⅴ
设计资料	设计分析与研制试验	全尺寸试验	合格审定与部队管理对策	部队管理实施
飞机结构完整性大纲主计划 设计使用寿命和设计使用方法 结构设计准则 耐久性和损伤容限控制大纲 腐蚀防护与控制大纲 无损检测大纲 材料、工艺、连接方法和结构概念的选择	材料和接头许用值 载荷分析 设计使用载荷谱 设计化学/热环境谱 应力分析 损伤容限分析 耐久性分析 腐蚀评估 声疲劳分析 振动分析 气动弹性和气动伺服弹性分析 质量特性分析 生存力分析 设计研制试验 生产中无损检测能力评估 初始风险分析	静强度试验 首飞前地面验证试验 飞行试验 耐久性试验 损伤容限试验 气候试验 试验结果解释和评估	合格审定分析 强度概要和使用限制 部队结构维修计划 载荷/环境谱的测量与编制 单机跟踪大纲的制定	单机跟踪大纲 载荷/环境谱测量 飞机结构完整性大纲技术手册 飞机结构记录 部队管理更新 重新合格审定

任务Ⅰ　设计资料

设计资料任务主要是运用现有的理论、试验、应用研究、使用经验等来确定材料选择和结构设计的具体准则。该任务的主要目标是确保相关的设计准则和设计使用方法是恰当的，从而能够满足 F-35 战斗机的使用需求。

设计资料任务中应当考虑系统研制与验证(System Development and Demonstration, SDD)阶段中所需要的全部基本设计资料和基本设计数据。在这些设计资料中,飞机平台的系统级要求(如速度、航程、有效载荷等较高层次的需求)是在JCS文件中规定的,而为了达到这些要求所应当开展/采取的具体工作/方法则是由JPO和承包商在较低层次需求文件中编写的,其中与飞机结构相关的设计资料则需要遵循飞机结构完整性大纲的规定。

在F-35项目合同中,绝大部分与飞机结构相关的要求都与结构的安全性、耐久性、损伤容限性能有关,具体寿命指标为30年/8 000飞行小时,而其他性能指标还包括作战半径、有效载荷、飞行性能等。

一、飞机结构完整性大纲主计划

为了保证F-35项目能够在新型采购模式下取得成功,制定一份高鲁棒性的飞机结构完整性大纲主计划至关重要。飞机结构完整性大纲主计划概述了材料选择、结构设计与分析、验证试验要求等方面的准则,并且制定了一个实施路径图来对结构验证和认证进行确认、规划与控制。

F-35项目主要由以洛马公司、诺斯罗普·格鲁曼公司(Northrop Grumman,以下简称诺格公司)、英国航空航天系统公司(British Aerospace Systems,以下简称BAE系统公司)三家公司合作完成,其中,洛马公司是牵头单位,负责对整个项目进行整合。洛马公司位于得克萨斯州沃斯堡市的部门负责前机身和机翼的设计;洛马公司位于加利福尼亚州帕姆代尔市的部门负责所有控制面的设计,并与负责设计平尾、垂尾和后机身的BAE系统公司团队密切合作;诺格公司则负责设计机身中段的结构。这种分工合作的形式无疑非常考验三家公司之间的规划协调能力。

因此,三家公司所组成的研发团队高度重视F-35项目的规划协调,以确保建立统一的设计分析准则。首先,三家公司将各自的研发经验汇总起来,选择最优方案为F-35项目编制了设计分析手册;除此之外,还编制了更加详细的附属文件从而提供更为具体的指导,例如,编制了结构分析方法和设计标准(Structural Analysis Methods and Design Criteria,SAMDC)、耐久性和损伤容限(Durability And Damage Tolerance,DADT)指南和控制大纲、绘图要求手册等F-35项目专用文件。其次,三家公司经常举办协调会议来讨论共享所有的结构分析工作,从而选出最优方案。此外,三家公司还会在设计布局阶段对合作单位和分包商的工作站点对结构设计分析开展频繁的审定,从而确保所有单位都正确地运用了设计分析准则,并在满足要求的情况下进一步追求最轻的结构重量。最后,三家公司还在结构设计绘图方面选择了通用的设计分析软件和接口来实现多站点合作,并建立了中央数据库,又称产品数据管理(Product Data Manager,PDM),使得所有合作单位都能够方便快捷地在最新的设计上继续研发,这种数字线程(Digital Thread)的模式使得三家公司能够共同研发并实时共享,并且在设计定型发布后直接发往供应商进行加工制造。

二、结构设计准则(SDC)

SDC是任务Ⅰ中所形成的最基础最重要的结构要求文件之一。洛马公司和JPO的共同团队采用了联合军兵种规范指南JSSG-2006作为SDC的基本框架,对其中的整机级性能要求

(如速度、武器等)的指南进行剪裁,并对 JCS 文件中所定义的和平时期训练使用方法进行预估。F-35 项目的完整 SDC 文件包含了确定结构设计载荷时所需的所有性能参数,包括飞机设计重量、武器挂载和使用、速度、载荷系数、气动弹性稳定性、着陆下沉速度、舰船兼容性等,通过这些性能参数得到的结构设计载荷将用于分析和验证每一型别的 F-35 战斗机是否能够满足性能要求。

对于每一个飞机结构完整性大纲任务来说,基准使用载荷谱都是必不可少的重要输入,其重要性毋庸置疑。对此,F-35 项目的 SDC 文件通过拆解 JSSG—2006 中规定的 8 000 飞行小时的服役寿命和设计任务使用方法(包括预期任务剖面、多种任务组合、舰基/陆基情况等),确定了为每种机型编制基准使用载荷谱所需要的使用参数。具体来说,这些参数包括以下几个方面:

(1) 寿命周期内每种任务的数量和类型;

(2) 每 1 000 飞行小时的中值和 90%分位的机动载荷系数超越数(通过对此前飞机的使用数据进行测量和分析而获得);

(3) 着陆次数和类型(包括垂直着陆、舰载拦阻着陆等),以及着陆下沉速度的分布情况;

(4) 起飞次数和类型(包括弹射起飞、滑跃起飞、短距起飞等);

(5) 滑跑和地面操作载荷谱(包括滑跑、转弯、刹车、跑道粗糙度等)。

最后,SDC 还对 JCS 中所规定的每一项性能指标确定了相应的验证要求,而验证方法则包括检查、分析、试验,或是上述几种方法的组合。

三、设计使用寿命和设计使用方法

确定飞机的载荷/环境谱是结构设计分析工作的首要任务。PBS 要求 90%的交付飞机都要达到 8 000 飞行小时/30 年的设计服役寿命,对此,F-35 项目的设计人员选择采用基于此前飞机使用经验的、代表 90%分位使用情况的严重谱来表明结构满足这一设计要求。

然而,PBS 并没有对设计使用寿命的具体分析方法作出明确规定。一开始,F-35 项目试图对三个机型建立统一的分析方法,但 JPO、美国空军、美国海军在一系列的讨论和争执后仍无法达成一致,于是决定对每种机型采用不同的分析方法:对 F-35A,采用美国空军常用的基于裂纹扩展的方法,并且以严重谱进行耐久性分析,以中值谱进行损伤容限分析;对 F-35B 和 F-35C,采用美国海军常用的空点法(Point In The Sky,PITS)来编制严重谱,并且采用该严重谱结合基于裂纹萌生的方法进行耐久性分析,以该严重谱结合基于裂纹扩展的方法进行损伤容限分析。

具体来说,F-35A 直接采用 JCS 中给出的任务剖面和相应的马赫数、速度、高度、质量特性等参数进行编谱,而 F-35B 和 F-35C 采用的空点法则以空中临界点(每一个空中临界点都对应一个特有的“马赫数-高度”组合)为基础进行编谱。空点法导致超声速使用情况占到了 F-35B 和 F-35C 载荷谱的 50%左右,远远超出了实际使用情况,对于后机身和尾翼结构来说该谱过于严重了;而海平面使用情况则占到了载荷谱的 30%左右,对于机翼结构来说该谱过于严重了。

设计使用方法在环境描述文件(Environment Description Document,EDD)中得以进一步细化,该文件包含了详细的使用方法和载荷/环境数据,特别是确定了寿命周期和极端使用情况(如对应极限“马赫数-高度-温度”包线的总时间、对应极限攻角的总时间等)。另一方面,该文件给出的使用方法和载荷/环境数据还需要传递给其他工程小组，为机械系统和电气系统等子系统的采办和合格审定工作提供依据。

四、耐久性和损伤容限控制大纲、腐蚀防护与控制大纲、无损检测大纲

F-35 项目的耐久性和损伤容限控制大纲的目的是为所有与断裂控制相关的任务明确各自的责任。项目专门设立了断裂控制委员会，从而确保所有研发单位都能够遵循一致的耐久性和损伤容限控制大纲，同时也为产品制造部门在耐久性与损伤容限方面提供指导。该委员会的成员涉及多个学科领域，包括应力分析、耐久性和损伤容限分析、材料与工艺、设计、制造、质量保证等。

类似地，F-35 项目的腐蚀防护与控制大纲(Corrosion Prevention Control Plan，CPCP)的目的是为所有与腐蚀防护与控制相关的任务明确各自的责任。项目专门设立了腐蚀防护咨询委员会，从而确保所有研发单位都能够遵循一致的腐蚀防护与控制大纲。

项目还成立了无损检测要求审查委员会，从而指导 F-35 项目团队及分包商能够具有满足飞机结构质量要求的无损检测能力，并且确保在飞机服役过程中始终能够方便快捷地开展满足要求的无损检测工作。

五、材料、工艺和连接方法的选择

所有材料、工艺和连接方法都需要经过合格审定才能应用到飞机结构中。为了提供能够证明结构设计满足要求的工程数据，F-35 项目建立了积木式试验模式，包括试样级、元件级、子部件级、部件级四个层次。材料的物理性能、力学性能、化学性能需要通过技术规范进行记录和控制，并通过后续的质检流程进行验证，而最终发布的技术规范中需要包含所有设计使用的材料及材料性能。三个机型经过重量、成本、性能的综合优化后的结构选材如拓展图 1－2 所示。飞机结构从具体构件制造到最终结构装配的所有工艺，则由绘图参考规范和制造工艺规范来进行控制。

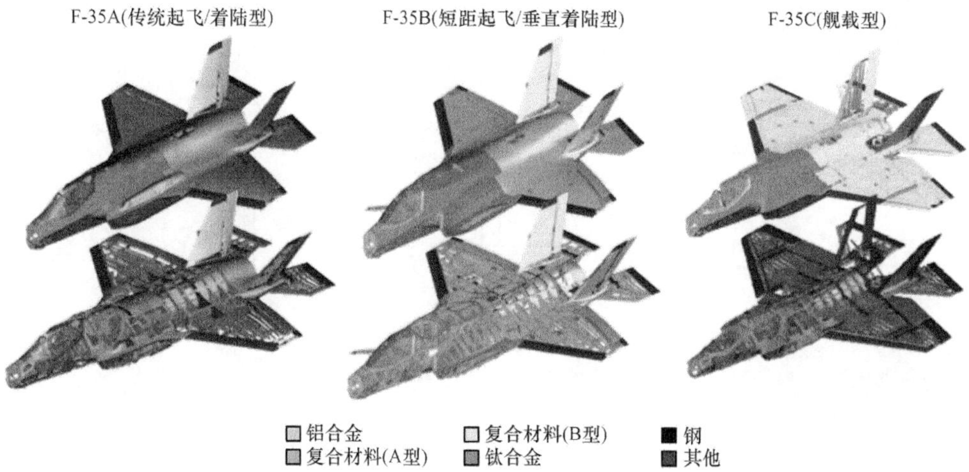

拓展图 1－2　F-35 三个机型的结构选材情况

任务Ⅱ 设计分析与研制试验

当完成了设计与分析的流程框架之后，研发团队就立即准备进入结构布局设计阶段，进一步细化完善飞机结构构型。

F-35 项目最初过于注重结构的经济可行性和各机型之间的通用性，导致飞机结构构型设计得非常笨重，且机翼结构传载路径的效率很低。对此，研发团队开展了大量的结构减重工作，显著改善了结构效率问题。然而，大刀阔斧的结构设计改动给项目进度带来了极大压力，尤其是 F-35 项目需要同时研发三个机型。为了完成这个艰巨的任务，F-35 项目从世界各地的多家公司聘请工程师，借助全球工程师的集体智慧和共同努力，造就了“永不落山的 F-35 项目”。显然，只有所有的数据都能够持续不断地实时更新，F-35 项目才能永不停歇，因此这样的全球合作必须也只能通过之前提到的“数字线程”来实现。另一方面，尽管这些公司的工程师平时都采用自己的方法进行设计和分析，但在 F-35 项目中都需要遵循任务Ⅰ中规定的设计准则。

F-35 项目的结构设计细化工作遵循了严格有序的流程，如拓展图 1－3 所示，具体包括外载荷、内载荷、结构动力学、颤振、全机有限元分析等多项复杂工作。这部分工作的一项挑战在于如何准确高效地将三个机型的外载荷数据和内载荷数据传递给世界各地的工程师们。三个机型的设计载荷数据库的形式和内容必须保持一致，这样才能保证工程师们能够正确地理解和使用数据；所有类型的设计载荷（无论是用什么方法确定出来的）必须以准静态载荷的方式呈现出来，这样才能让设计团队清晰地辨别各机型之间的载荷差异，并能够将这些载荷数据方便地转换为地面试验载荷；此外，还要将载荷数据库中的外载荷和内载荷进行组合，这样才能完整地描述一个典型工况。

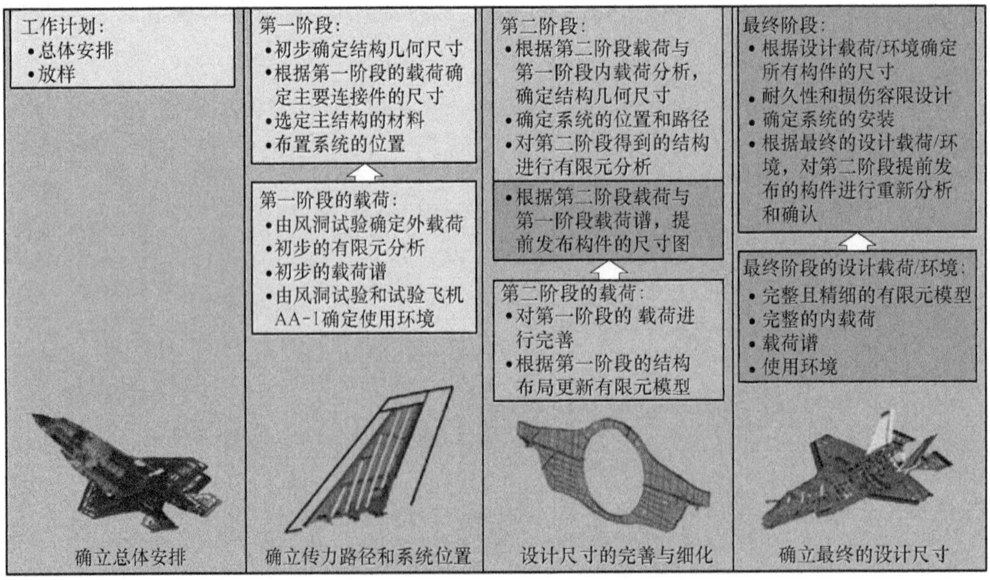

拓展图 1－3 飞机结构设计分析及其细化工作的流程

第一阶段的一项重点工作是考虑颤振和气动弹性稳定性。研发团队采用了商用软件和洛马公司的内部专用软件对颤振和结构发散进行了分析，并以此为基础对机翼和尾翼的平面图、铰链轴线、蒙皮厚度、承力点位置、武器挂架几何尺寸等进行了优化设计。为了获取用于修正颤振分析模型的试验数据，研发团队在美国国家航空航天局（National Aeronautics and Space Administration，NASA）兰利试验室的跨声速风洞中，专门针对F-35战斗机的后机身、垂尾、平尾、方向舵的组合模型进行了风洞试验。这些试验数据将有助于确定平尾和垂尾的转动刚度，表征平尾、垂尾、方向舵之间的非定常气动效应，矫正颤振分析中的跨声速倾角，确定平尾和方向舵的自由间隙许用值等。在确定了控制面的转动刚度后，颤振小组与设计、应力分析、飞行控制硬件等工作小组一起将所需的刚度分配到各个构件上，并在满足刚度要求的前提下尽量使结构总重量最轻。在此过程中，研发人员还预留了未来结构修理时的许用重量并考虑了刚度分配问题。根据试验经验和试验结果，研发人员对从全机有限元模型导出的模型进行了动力学分析优化，并对每个机型都建立了精细的有限元模型。评审结果表明，所有设计都能够满足SDC文件中所规定的气动弹性稳定性要求。

第一阶段的另一项重点工作在于考虑机翼、尾翼、控制面的抖振。在此前的战斗机设计工作中，由前机身涡流造成的尾翼抖振和由非定常跨声速气流造成的尾翼抖振一直都是令人头疼的难题，这是因为这些问题往往只能通过飞行试验才能暴露出来，届时的修理难度和修理成本就会很高。对此，研发团队首先开展了水洞试验，明确了尾翼抖振的气动力特性，从而为后续开展更细致的风洞试验提供支持。紧接着，研发人员开展了风洞试验，测量得到了作用于机翼表面和尾翼表面的非定常压力。根据相似性原理进行适当的比例缩放后，这些非定常压力数据就可以用于动力学瞬态响应分析，从而计算得到抖振载荷。最后，将该计算结果与定常的机动载荷结合起来，就可以计算出用于结构设计的内载荷。在分析工作开展到一定程度后，研发团队采用编号为AA-1的试验飞机机体开展了高载荷水平的尾翼地面振动试验，测量得到了在垂尾和平尾所受抖振载荷作用下的整个结构的响应，从而有助于确定高载荷水平下的结构阻尼。

在第一阶段中，研发人员还建立了一个初步的全机有限元模型来为结构分析小组提供内载荷，并且进一步细化完善飞机结构的主传力路径；编制了初步的设计使用载荷谱，从而保证结构布局设计能够满足设计使用寿命要求；考虑了三个机型中构件的通用性（尽可能减少三个机型中的专有部件数量），从而缩短整个项目的设计周期，并且还进一步确定了主要结构的选材；确定了主要系统的布局，并为其传导路径预留了结构空间。当主要传力路径以及主要系统的位置和传导路径确定后，任务Ⅱ就从第一阶段转入第二阶段。

在第二阶段，外载荷（包括静载荷和载荷谱）依然是设计分析的工作重点。项目团队将更新后的外载荷施加到第一阶段所建立的初步的全机有限元模型上，从而为结构分析小组提供了用于进一步细化结构构件尺寸所需要的内载荷数据。在这一阶段中，研发团队还确定了所有子系统（包括电力、液压、燃油、冷却等）的接口，并且为这些子系统的传导路径（包括线缆、液压管、油管、冷却管等）留有足够的空间间隙。第二阶段的设计分析工作基本上就能够设计出优良而明确的飞机结构了。

在最终阶段，研发人员首先确定了包括温度和振动等在内的设计分析载荷/环境条件，然后将更新后的载荷/环境施加到第二阶段所建立的全机有限元模型上，如拓展图1-4所示，从而分析确定零构件、组件、部件的最终尺寸。这些最终尺寸将生成设计制造图纸并发往制造单位，从而生产用于飞行试验的试验机。这些设计制造图纸的发布标志着结构细化设计阶段已经结束。

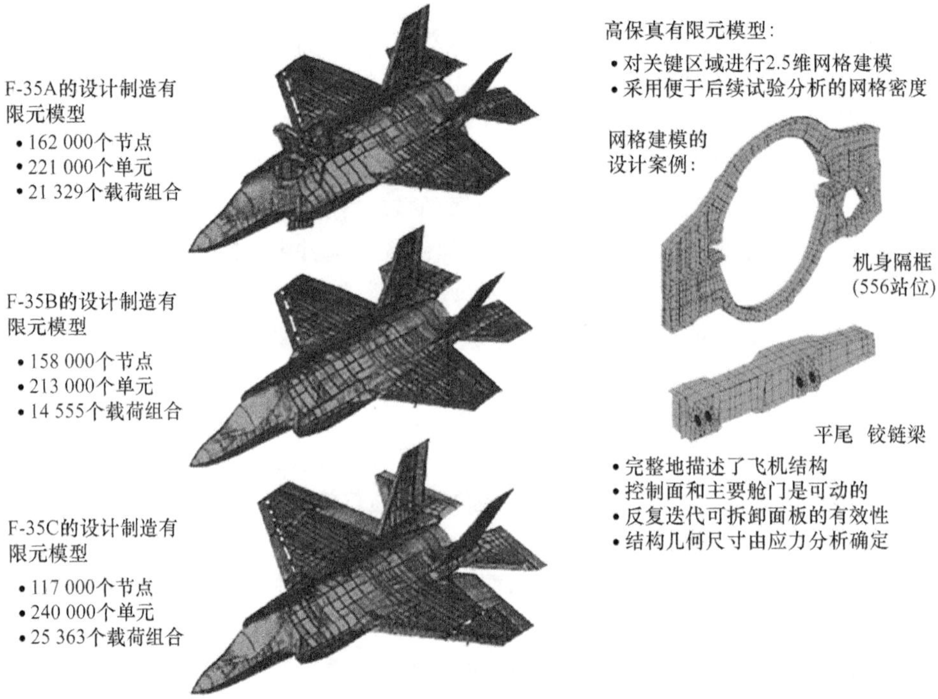

拓展图 1-4　F-35 项目三个机型内载荷分析的全机有限元模型

任务Ⅲ　全尺寸试验

任务Ⅲ中的全尺寸试验既包括地面试验也包括飞行试验，主要有两个方面的试验目的：一是提供足够的数据来确证强度、耐久性、振动、颤振、抖振、气动弹性等的设计分析方法的有效性，从而为飞机使用规定一个安全包线；二是提供足够的数据来管理机队的使用寿命。为了获取足够的结构合格审定依据并验证飞机结构达到了规定的要求，F-35 项目的研发团队以积木式试验[①]为指导，对每种机型结构的强度和耐久性都缜密地规划了全尺寸结构的地面试验和飞行试验，为材料表征与风险控制、制造风险控制、结构分析的修正与校准、材料许用值、质量合格认证、合格审定等工作提供支持。具体来说，这些试验包括以下几个方面。

(1) 部件级合格审定试验。

(2) 每种机型的全尺寸静力试验和耐久性试验，其试验件为：

① 3 个全尺寸静力试验件(每个试验件包括机身、机翼和垂尾)；

② 3 个平尾静力试验件；

① 有关积木式试验的详细内容，可参见本书“拓展阅读 4　积木式试验”。

③ 3 个全尺寸耐久性试验件(每个试验件包括机身和机翼);

④ 3 个平尾耐久性试验件;

⑤ 3 件垂直尾翼耐久性试验件;

⑥ 前起落架和主起落架全尺寸静力试验件;

⑦ 前起落架和主起落架全尺寸疲劳试验件。

(3) 一次“落震＋拦阻＋实弹射击”的组合试验。

(4) 飞行试验,各试验飞机的主要目的和编号如下。

① 载荷测量设备的验证试验和校准:AF-2,BF-3,CF-2;

② 颤振(包括地面振动试验):AF-1,BF-2,CF-1;

③ 飞行载荷、抖振、挂载武器发射响应:AF-2,BF-3,CF-2;

④ 短距起飞/垂直着陆机型(F-35B)的舱门与升力风扇系统、着陆、滑跃起飞:BF-1;

⑤ 舰载弹射起飞/拦阻着陆的载荷:CF-3。

(5) 为改进设计而进行的其他单项地面试验。

F-35 项目这种三个公司合作研制三个机型的组织形式和进度安排,对全尺寸静力试验和全尺寸耐久性试验来说可谓机会与挑战并存。一方面,SDD 最初规划了 7 架试验飞机来进行地面试验,而随着项目的推进,研发团队决定将 F-35C 的落震试验和静力试验合并到同一架试验飞机上,这使得地面试验飞机的数量减少为 6 架。另一方面,F-35 项目在英国和美国两个国家同时对三个机型开展试验,如拓展图 1－5 所示,在整个飞机研制历史中尚属首次。此外,研发团队对全尺寸静力试验和全尺寸耐久性试验设计并采用了整体通用的试验台架,使得实际试验时只需要根据各试验的相应具体要求进行局部的改装,从而进一步降低试验成本、缩短试验周期。

拓展图 1－5　F-35 项目在多个地点同时开展地面试验

一、静力试验

F-35项目的全尺寸静力试验使用了3个全尺寸飞机和3个平尾作为试验件,并对每个试验件是否能够承受限制载荷和极限载荷进行评估。在某些情况下,还需要在试验中测量结构的挠度。在制造装配过程中,每个试验件上都加装了应变片和载荷电桥等传感仪器设备,从而采集到用于修正有限元模型的数据,并实现对整个静力试验过程的监控。

在结构分析结果得到静力试验的验证以前,此前许多战斗机的研制一般允许飞行试验能够使用设计飞行包线的80%。在基于此前地面试验结果的飞行安全风险统计分析的基础上,F-35项目建立了一个比较特别的飞行试验许可要求:在结构分析结果得到静力试验的验证以前,仅允许飞行试验能够使用设计飞行包线的40%。为了获取足够的证据来拓展飞行许可包线,F-35项目需要在加装了载荷传感器的试验件上开展验证试验,并以试验数据为基础对飞行试验的传感仪器设备进行标定。此外,为了获取并评估飞机的动力学性能,研发团队还对用于载荷测量和颤振试验的飞行试验飞机开展了与地面振动和自由间隙相关的试验。

为了拓展飞行试验的许可包线并按期完成飞行试验,三个机型的静力试验必须尽快完成,而之前提到的通用试验台架则有力地保障了试验进度。研发团队在试验台架上安装了足够数量的加载装置,并对试验工况的顺序作出了精心安排,从而在不必大幅调整加载装置的情况下连续地完成多个试验条件的试验内容,尽可能地缩短调度前后两个不同试验条件所需的耗时。在某些情况下,研发团队甚至将多个典型试验条件组合成一个复合试验条件。这种对设备数量和试验成本的额外投资,能够提升试验效率并在缩短试验周期上得到回报。相比于此前其他飞机的研制,F-35项目三个机型的静力试验进度要快得多且均在项目规划日期之前完成,这既要归因于上述试验规划,又一定程度上反映出F-35战斗机具有优秀的结构设计。

三个机型中,F-35B的全尺寸静力试验是最先完成的。试验发现,舱内武器舱门在承载情况下存在干涉问题,研发团队据此对投产机型进行了重新设计,并对SDD飞行试验机型进行了小幅调整。此外,试验还发现辅助进气道舱门下锁机构在150%设计限制载荷之前就已经发生失效,研发团队据此对投产机型和SDD飞行试验机型都进行了重新设计,并且对该机构又重新进行了单独的验证试验。

F-35B全尺寸静力试验的发现和经验教训为另外两个机型的试验及试验进度提供了帮助。F-35C机身的503站位隔框在略低于150%设计限制载荷时出现了裂纹,研发团队据此对该试验飞机进行了修理,并对投产机型和SDD飞行试验机型的相关构件进行了重新设计。尽管发生了这些小问题,但三种机型的全尺寸静力试验最终表明了飞机结构不存在严重危害飞行安全的重大问题。

研发团队将3个平尾分别安排在两个试验台上进行全尺寸静力试验,有效地缩短了试验周期。试验中,平尾在限制载荷和极限载荷下均未发生破坏,表明了结构具有很高的鲁棒性。在此基础上,研发团队继续对平尾加载从而充分挖掘结构潜力,F-35B平尾的全尺寸静力试验一直做到了失效,且失效载荷大于200%设计限制载荷,而F-35A平尾和F-35C平尾在200%设计限制载荷时均未发生失效。对于F-35项目来说,在结构承受了极限载荷而不发生破坏后继续加载开展额外试验,是一项非常明智的“投资”,因为后来的飞行试验表明需要平尾具有并发挥出更高的性能才能拓展飞行包线,而这部分额外试验的数据恰好就派上了用场。

二、耐久性试验

F-35项目的全尺寸耐久性试验使用了3个全尺寸整机、3个全尺寸平尾和3个全尺寸垂尾作为试验件。

研发团队很早就意识到，全尺寸耐久性试验需要重点考虑两种交变载荷，即机动载荷和抖振载荷，因为二者都会显著地造成结构损伤。全尺寸耐久性试验同时施加这两种交变载荷非常困难，好在元件级试验表明，可以将两种交变载荷拆分开来按顺序单独施加，且拆分后按顺序单独加载的损伤与拆分前共同加载的损伤相近。于是，F-35项目在全尺寸耐久性试验中交替地施加1 000当量飞行小时的机动载荷谱块和1 000当量飞行小时的抖振载荷谱块，并认为这样加载所造成的损伤相当于两种交变载荷类型共同加载1 000当量飞行小时的损伤。特别地，F-35C机型的全尺寸耐久性试验还另加了一种代表弹射起飞/拦阻着陆的载荷谱块，且每个加载谱块相当于1 000当量飞行小时拦阻着陆和1 500当量飞行小时弹射起飞的使用情况。考虑到在机动载荷谱中穿插抖振载荷会非常耗时，因此这种做法实际上也是为了加速试验。

全尺寸耐久性试验中的另一个加速工作是将全机试验件的平尾换成刚性的假体平尾，这样做并不会带来多少误差，但却能够更高效地将载荷传递到垂尾支撑结构上。为了降低试验成本，研发团队还在进行全尺寸耐久性试验的同时，充分利用了整机试验件，并顺便开展了一些局部结构特性的试验。

由于全尺寸耐久性试验的试验周期极大程度地决定了F-35项目三种机型是否能够满足交付时间的要求，且F-35项目出于经济可行性的考虑还要求三种机型的全尺寸耐久性试验必须同时进行，研发团队决定通过其他飞机的相关耐久性试验数据来预测F-35项目全尺寸耐久性试验可能出现的问题类型和数量，并针对这些可能的设计不足之处将对应的设计更改方案和结构改进方案提前确定下来。这样做不仅能够对用于设计更改和结构改进的预算作出更加准确的预计，还有助于确定对交付飞机进行必要改装的计划和时间周期。除此之外，研发团队还为全尺寸耐久性试验规划了严谨细致的检查大纲和实时监测，从而尽早发现并尽早解决试验中暴露出的问题。

与当时其他飞机的全尺寸耐久性试验相比，采用AJ-1试验飞机开展的F-35A全尺寸耐久性试验在一倍目标寿命周期（即8 000当量飞行小时）时的问题总数量大致只有一半，两倍目标寿命周期时的问题总数量仅有三分之一出头，而成功做到三倍目标寿命周期时的问题总数量还不到一半。显然，这要归功于研发团队前期出色的结构设计分析工作、飞机结构分析工具的先进性以及基于裂纹扩展的寿命分析准则在F-35A机型研制中的鲁棒性。这些问题在拆卸检查之前就在全尺寸耐久性试验中暴露出来，使得项目团队能够尽快对早期投产的飞机作出设计更改，从而一定程度上降低成本。此外，F-35A全尺寸耐久性试验所暴露出来的问题还能为其他两个机型全尺寸试验的检查方案和设计审查提供指导，从而也有助于尽快对相应机型的早期投产飞机作出设计更改。

采用BH-1试验飞机开展的F-35B全尺寸耐久性试验和采用CJ-1试验飞机开展的F-35C全尺寸耐久性试验所暴露出来的问题总数量与当时其他飞机大致相同。在全尺寸耐久性试验所揭示的众多问题中，最主要的发现是F-35B的翼身主承载隔框出现了裂纹，这是因为F-35B的壁板采用了铝合金，而不是同另外两种机型一样采用钛合金。尽管这条裂纹在壁板上扩展到比较长，但机翼结构较好的破损安全特性(主要指的是多传力路径特性从而使得载荷重新分配)使其多次成功地承受了限制载荷而不发生破坏。该部件在第二个试验寿命期内又出现了一条裂纹，引起了项目团队的重视并对其产生的原因进行了分析，发现是制造过程中的蚀刻工艺与为腐蚀防护而采取的阳极化工艺在部件表面造成了凹坑，而且这些表面凹坑对服役寿命的影响却没有在之前的材料性能分析工作中得到足够的考虑。对此，项目团队后续专门对F-35B的铝合金表面腐蚀凹坑开展了试验并表征其对寿命的影响，从而对所有三个机型相关铝合金构件使用寿命进行审查，并在必要的情况下进行结构设计修改。

在英国BAE系统公司完成了平尾的全尺寸静力试验之后，F-35项目团队紧接着就在试验台架上开展了平尾的全尺寸耐久性试验，试验中同样交替施加1 000当量飞行小时的机动载荷块谱和1 000当量飞行小时的抖振载荷块谱。研发团队最初计划对平尾的全尺寸耐久性试验做到两倍目标服役寿命(即16 000当量飞行小时)，但JPO修订了JCS并要求增加试验循环数，因此在将平尾试验件运回美国进行拆卸检查前，所有三个平尾的全尺寸耐久性试验实际上都做到了三倍目标服役寿命。

F-35垂尾的耐久性试验也是在英国BAE系统公司的多个试验台架上完成的，包括一个机动载荷试验台架和两个抖振/振动载荷台架。试验中同样交替施加1 000当量飞行小时的机动载荷块谱和1 000当量飞行小时的抖振载荷块谱。其中，机动载荷是通过液压作动器进行准静态地加载，而抖振载荷则是在消声实验室中通过电磁激振器来激励出特定的振动模式。这样一来，交替施加两种载荷类型也就意味着需要将试验件在两种试验台架间反复加装和拆卸，非常耗时。对此，F-35垂尾的耐久性试验采用了代表2 000当量飞行小时的块谱进行加载。将垂尾试验件运回美国进行拆卸检查前，所有三个垂尾的全尺寸耐久性试验也都做到了三倍目标服役寿命。

在全尺寸耐久性试验完成之后，项目团队对试验件的所有构件开展了仔细的检查和拆卸检查，从而最终确定需要重点关注和解决的所有问题。对于在全尺寸耐久性试验过程中发现的问题以及在检查和拆卸检查中分析出来的问题，项目团队都需要在早期投产机型进行相应的设计修改，并且也将对已交付飞机的构型进行相应的改装。其中，拆卸检查是比较耗时的，在拆卸检查完成之时有一部分飞机已经交付出去了。因此，拆卸检查之前的检查有助于尽早发现问题并进行相应的设计修改，从而尽量减少在飞机交付出去之后再进行结构改装的工作量。

三、落震试验

为了获得舰载飞机以较大下沉速度着陆的性能，美国海军一般都会要求开展落震试验。F-35项目的全尺寸落震试验使用了全尺寸静力试验件CG-1，针对F-35C舰载型飞机开展了一系列超高能量舰载着陆的模拟试验，考虑了着舰下沉速度、飞机姿态(俯仰/滚转)、机翼升力、机轮转速等多个重要参数。为了测量起落架的载荷与动能吸收特性，以及机体、挂载武器和其他关键位置的动力学响应，F-35项目团队总共对CG-1进行了40余次试验。

总的来说，全尺寸落震试验的目标是验证结构完整性和功能设计是否能够满足F-35项目SDC所规定的着舰冲击要求，并收集用于修正分析预测结果的载荷数据和动力学响应数据。具体来说，全尺寸落震试验的目标包括以下几个方面：

(1) 在最大设计着陆下沉速度的舰载着陆情况下，测量起落架的载荷以及动能吸收特性，并同时考虑机身柔性的影响；

(2) 在模拟舰载着陆试验中，测量机身、起落架、挂载武器以及其他大质量物件的动力学响应；

(3) 在特定的着舰载荷的作用下，验证起落架收/放、起落架舱门开/关、武器舱门开/关等机构的功能性；

(4) 在特定的着舰载荷的作用下，验证油箱的密封性；

(5) 在模拟舰载着陆试验中，测量机舱内置武器的挠度变形。

CG-1 试验飞机落震试验取得了很好的结果，试验测得的起落架载荷和机体载荷与分析预测结果较为一致，充分实现了设计阶段中建立高保真动力学模型的价值，验证了分析方法和分析结果的有效性，同时也表明了不需要对起落架关键构件的设计进行任何修改。

四、气候试验

随着飞机设计越来越复杂，系统集成度越来越高，飞机出现未知问题和意外问题的风险也越大，而在极端环境条件下开展真实、全尺寸、系统级的试验仍是揭示和理解这些问题的必要手段，因此对全尺寸飞机开展极端使用环境下的气候试验变得越来越重要。验证F-35战斗机在极端天气条件下的使用性能是一项极具挑战性的工作，对此，JCS 根据题为《用于研制军用产品的全球气候数据》的军用手册 MIL-HDBK-310，在项目早期就根据 F-35 战斗机的预期用户和预期使用方法量身定制了环境试验要求。

此前飞机气候试验的试验方法和试验设施往往会面临不可预测、不可重复、不可靠等问题(如直接将飞机暴露于自然气候环境中)，导致了试验结果也不太可信，显然无法满足 F-35 战斗机研制 JCS 的严格要求。对此，F-35 项目在专用且可控的气候环境实验室——位于美国 Eglin 空军基地的 McKinley 气候试验室开展了为期 6 个月的全机气候试验。该气候试验室的座右铭是“立即创造出你想要的条件”，能够支持从低温到高温的各种环境温度，也能够模拟结冰云与积冰、降雨、浓雾、潮湿、大风、沙尘、太阳辐射与昼夜循环等环境条件。特别地，F-35 项目气候试验规划了包括温度、湿度、降雨、结冰、积雪(后来取消)等在内的多种环境条件。尽管 F-35 项目有三个机型，但三个机型之间具有很高的相似性和通用性，同时也考虑到经济成本和项目周期的限制，项目团队选取了 F-35B① 来进行气候试验，而 F-35A 和F-35C 则在 F-35B 试验结果的基础上开展进一步分析。

在试验准备过程中，F-35 团队与 McKinley 气候实验室团队进行了充分协调，确定了需要建立哪些设施、进行哪些改装、采用哪些设备来满足试验要求和试验目标。例如，为了满足 F-35B在常规和动力增升两种模式下的全功率运行和衔接转换所提出的要求，McKinley 气候实验室团队专门设计了一套固定装置，并在实验室内将飞机架高到离地面约 4 m。同时，试验团队还对主实验室进行了重新配置，配备了飞机约束系统、排气管道系统、高架维护平台和飞机保障设备库房等。其中，排气管道用于引导废气离开飞机并排出实验室，避免废气和燃烧产

① 相比另外两种机型，F-35B 不仅多出升力风扇、防倾转喷管等设计，也多出了动力增升工作模式以及该模式与常规模式之间的切换，更具代表性，因此被选为试验机型。

物对目标环境条件产生不利影响。

尽管事先进行了严谨细致的规划，但这种气候试验显然要花费很长的时间，而且一些不确定事件也会严重影响试验进度，因此准确预计试验时间是一件很困难的事——当然，对于任何地面试验和飞行试验来说都是如此。项目团队首先根据此前飞机的类似气候试验确定了最初的试验计划和试验进度，并在此基础上根据 F-35 战斗机本身的工作特性、试验要求、特殊风险等进行了修订，最终给 McKinley 气候试验安排了 151 天的时间（包括试验飞机进入实验室、将试验飞机安装到台架上、开展预先规划好的气候试验、将试验飞机从台架上拆除、试验飞机离开实验室，直至最后把飞机恢复到能够正常使用的状态的全过程），其中还考虑了试验中可能会遇到的意外事件，并且额外预留了 15%的时间余量。尽管如此，实际试验时间长达 184 天，比预先规划多出了一个月。

最终，尽管试验中仍然发现了一些小的问题并需要进行相应的设计修改，但气候试验成功地表明了 F-35 战斗机在所有预计环境条件下都能够满足使用要求。

五、飞行试验①

如前所述，在结构分析得到试验验证之前，F-35 项目只允许飞行试验中使用 40%的设计飞行包线。要想对许可飞行包线进行拓展，一方面需要在全尺寸静力试验中通过传感器获取足够的证据来验证分析方法，另一方面也需要通过飞行试验收集到足够的实际飞行数据来修正分析模型，并验证某些无法通过分析来进行验证的方面（如控制面自由间隙的影响）也能够满足 JCS 的要求。对此，F-35 项目的飞行试验主要包括以下几个方面：

(1) 用于验证满足 SDC 要求的颤振试验，同时为动力学模型的修正收集数据；

(2) 测量飞行和地面的外载荷，用于修正分析模型，且修正后的分析模型将被用于合格审定；

(3) 测量气动抖振和其他动力学载荷或动力学响应的相关数据，同样适用于修正分析模型；

(4) 测量振动声学环境，用于验证用于飞机/任务系统部件的结构设计和质量认证的振动声学环境水平。

为了获取实际飞行的机动载荷，项目团队在 AF-2，BF-3，CF-2 三架试验飞机上专门加装了传感器并进行了载荷标定。除了用于测量飞行载荷之外，这三架飞机也会用于开展与抖振和其他动力学响应相关的试验，尤其是内置武器的发射以及武器舱的振动声学特性。其中，传感器主要是加装在部件和机身部段的某些特定位置上的几组应变电桥，且这些加装位置与结构分析中计算生成设计载荷时所采用的位置相对应。这些应变电桥首先要进行标定，具体方法是在某个试验装置上施加已知大小的分布载荷，然后在应变电桥的测量结果与所施加的载荷之间建立回归方程。

飞行载荷试验是在多个马赫数和高度的组合下执行一系列规定的机动动作（如拉起、推杆、侧滑、急蹬方向舵、1 g 过载滚转、升 g 过载滚转等），这些马赫数和高度的组合应当覆盖整

① 尽管抖振和颤振是飞行试验中颇具挑战性的重要内容，但受限于本书的重点和篇幅，这里对这两方面不做详述，而主要对与静力试验和耐久性试验最相关的第(2)项工作进行介绍。

个飞行包线，在此基础上提取每个部件和机身部段的气动载荷，并对由风洞试验导出的载荷数据进行修正。在逐步拓展飞行包线的过程中，项目团队需要持续监测飞行载荷，并不断与飞行包线的许用值进行对比，并在结果呈现出不利倾向时采取相应的行动。例如，早期的垂尾载荷测量结果表明，试验进入跨声速区域时的载荷将会超过限制载荷，对此，研发团队通过修改飞行控制律来减轻垂尾的气动载荷力矩，从而在不需要对结构进行改装的情况下得以继续进行试验，且这种对飞行控制律进行剪裁的策略最终成功地应用到了所有三个机型上。基于优化后的飞行控制律以及经过飞行试验数据修正后的气动载荷数据，最终的载荷分析结果表明绝大部分结构部件的载荷都在限制载荷以下。

特别地，针对 F-35B 短距起飞/垂直着陆型飞机，项目团队采用 BF-1 试验飞机开展了推进系统和飞行控制的载荷试验，试验目的是针对许多在飞行过程中需要进行操作的推进系统舱门进行载荷测量，这些舱门包括升力风扇上舱门、升力风扇下舱门、辅助进气门、防倾转控制喷管舱门、三轴承式旋转组件舱门等。考虑到高噪声高振动的环境与稳定的气动载荷对于这些结构来说是并存的，因此载荷试验和动力学试验实际上是同时开展的。

任务Ⅳ　合格审定与部队管理对策

F-35 项目 SDD 工作的最后阶段包括以下几个方面：通过对最终产品的合格审定分析来验证满足合同要求；开发用于载荷/环境谱测量（Loads/Environment Spectra Survey，L/ESS）和 IAT 的工具；采用更新后的分析来制定用于任务Ⅴ的 FSMP。

一、合格审定分析

早在任务Ⅰ刚开始时，F-35 项目合同就已经对每一项要求建立了相应的成功准则（Success Criteria，SC），而一旦承包商和 JPO 签署了支持 SC 的所有报告，具体的 SC 就完全确定了下来。在多数情况下，这些用于支持 SC 的报告是对任务Ⅱ中设计分析的更新，而且这些设计分析的更新必须已经得到任务Ⅲ中全尺寸试验结果的验证。简单来说，经过试验验证/修正的分析就是 F-35 项目结构合格审定的基石。之所以要加上“修正”，是因为有很多因素的影响在地面全尺寸试验中是无法准确进行模拟的，这些因素包括系统接口载荷、分布的内载荷、热致内载荷等。一个更容易理解的例子是，作用在飞机上的惯性载荷显然是分布载荷，但在全尺寸试验模拟中只能在表面离散点上施加离散载荷，这就会造成分析和试验结果之间存在一定的差异。

因此，任务Ⅳ中的合格审定分析就是根据任务Ⅲ中的试验结果对任务Ⅱ中的设计分析进行更新。对于静力分析来说，首先，应根据飞行试验的实测数据对初始的设计外载荷进行更新，并通过全尺寸静力试验所测应变对有限元模型的修正来验证内载荷；其次，在上述更新/修正工作的基础上对结构强度分析进行更新；最后，基于经飞行试验修正后的载荷与更新后的结构强度分析，对每个机型的强度概要和使用限制（Strength Summary and Operating Restrictions，SSOR）报告进行更新。对于耐久性分析也是一样，应根据飞行试验的实测数据对外载荷进行修正,并结合全尺寸耐久性试验中所发现的问题对耐久性分析进行更新。特别地,项目团队对每个全尺寸耐久性试验所发现的问题都开展了根源分析(Root Cause Analysis,RCA),从而确定应当对耐久性分析进行哪些更新。在SDD工作结束时,更新后的耐久性分析将在一份最终版本的耐久性和损伤容限报告中予以总结。

当任务Ⅳ中更新后的分析表明结构设计不满足要求时,则需要进行设计修改或结构改装,从而保证结构能够具有满足要求的性能。通常来说,这些修改或更改只是在原始设计的基础上进行小幅改动。此外,这些改动是采用经过试验验证/修正的最新方法进行分析的,因此不需要再对这些改动开展额外的验证试验。以此前提到的铝合金壁板裂纹萌生问题为例,当在材料性能中考虑了对蚀刻工艺和阳极化工艺的影响后,项目团队重新评估了铝合金壁板的疲劳裂纹萌生问题,并将更新后的分析方法作为最终版本耐久性和损伤容限报告中对结构服役寿命进行合格审定及编制FSMP的重要基础。对于更新后的分析所揭示的结构使用寿命不足的问题,项目团队开展了相应的设计修改和结构改型。

完成最终版本的SSOR分析报告以及耐久性和损伤容限分析报告是支持终止SC的关键节点,而SC的终止则支持了JCS中相关部分的终止,进而又支持了SDD的终止。

二、L/ESS,IAT与FSMP

L/ESS和IAT的开发和验证也是任务Ⅳ的重要部分。全尺寸耐久性试验应当验证或揭示关键控制点,从而进一步建立IAT方程。在任务Ⅴ中,这些方程将支持结构故障预测与健康管理(Prognostic and Health Management,PHM)系统根据每架飞机实际使用情况的严重程度对结构维护时间间隔进行调整。

项目团队对F-35项目每个机型都建立了初始的FSMP,这是用户能够对机队实施有效管理的基础。FSMP规定了飞机在何时何地需要进行何种维护,并给出了相应的成本估计;此外,FSMP还给出了所有的耐久性关键部位和损伤容限关键部位,以及开展相关分析工作所需的输入。

按照合同中所规定的飞机结构完整性大纲流程,上述L/ESS报告、IAT报告、FSMP报告将定期更新。

任务Ⅴ　部队管理实施

飞机结构完整性大纲的最后一个任务是集此前所有努力之大成的部队管理实施,如拓展图1-6所示。该任务需要对机队实时使用数据进行收集和分析,从而为用户(即部队)提供更加真实的服役寿命预测。

一方面,随着飞行员对飞机性能越来越熟悉,他们会逐渐摸清飞机在飞行包线上的哪些状态能发挥出最佳性能,以及怎样操作飞机才能最好地执行预定的任务;另一方面,部队也可能制定新的战略战术从而使得飞机需要执行新的任务,这就导致飞机的使用方法与原先用于预测服役寿命的设计使用载荷谱存在显著差异。因此,当收集到足够的使用数据之后,应当对基准使用载荷谱进行更新，并在此基础上重新分析预测飞机的服役寿命、检查间隔和维护时间点，同时也根据飞机的实际使用数据和经验对FSMP，IAT，L/ESS等作出更新。根据这些信息，部队才能对机队进行有效的管理，从而最大限度地保障机队的完好率和出勤率，并最大限度地降低预防性维护修理的成本。

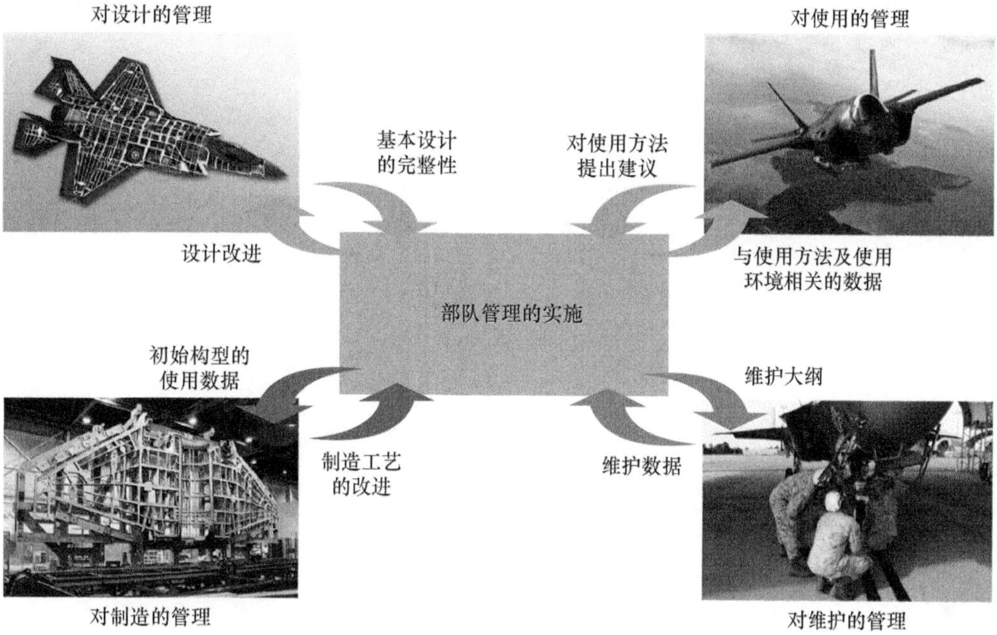

拓展图1-6　部队管理的实施

结　语

F-35战斗机的结构研制和全寿命周期管理在世界战斗机历史上独树一帜。F-35战斗机需要面向使用需求和认证理念大不相同的多家用户，最终决定三种机型并行研发，这无疑是一个巨大的挑战，然而，正是这样的需求驱动了承包商和政府以及全球航空业界诸多组织机构之间的广泛合作，创造了史无前例的机遇。当然，F-35战斗机在性能、成本、周期等方面的不足之处也招来了许多批评和争议，但考虑到F-35战斗机是新型战争或者说信息战争思路下的早期产品，也是全球第一款五代机，其结构研制的思路和经验还是具有相当的借鉴意义，这也是本书将其选作拓展阅读典型案例的主要考虑。

在这种复杂需求和全球合作的大背景下，MIL-STD-1530系列的飞机结构完整性大纲作为飞机结构完整性的基本框架，为实施第五代多功能战斗机武器系统的设计、验证和部队管理提供了指导思路。严格执行这样一个条理清晰的结构完整性大纲，使得以洛马公司为首的三家主要研发公司能够高效高质量地研发F-35项目的三个机型并开展合格审定，也使得各军种能够有效地进行使用和维护，并在30年/8 000飞行小时的使用寿命期内保证飞机结构的安全性和功能有效性。

正是 F-35 项目的多国多军种的多样化需求，驱动了研发团队针对结构完整性的不同理念进行了深入思考，使得 F-35 项目自始至终都拥有一个全面而独特的视角，特别是在验证阶段对各种不同方法进行比较分析的过程中，对飞机结构的使用性能有了透彻的了解，这使得F-35项目不仅能够满足其设计使用需求，还能够应对任何可能的使用需求的变化。凭借其全面广泛的地面试验、飞行试验、最先进的数据收集与分析系统，美国认为 F-35 项目能够为全球客户提供几十年内都安全有效的第五代高性能战斗机。

拓展阅读 2　飞机结构日历寿命概述

正如第 2 章开头所说，飞机结构寿命不单是“设计”出来的，更是“使用”出来的。对于已经设计制造装配完成的飞机结构来说，其使用寿命主要取决于使用条件，该使用条件既包括载荷条件也包括环境条件。对于载荷条件，以“起飞-降落”为典型代表的重复载荷将主要引起结构的疲劳，决定了以飞行起落数为衡量指标的疲劳寿命；对于环境条件，以“空中-地面”为典型代表的环境则主要引起结构的腐蚀，决定了以日历年为衡量指标的日历寿命。

因此，飞机结构的使用寿命实际上包含两个主要指标，一个是以飞行小时数或飞行起落数所表示的疲劳寿命，另一个则是以使用年限表示的日历寿命。原则上，疲劳寿命和日历寿命以先达为准的判据控制着飞机结构的使用寿命，即不论这两种寿命哪一个率先达到了设计指标，飞机结构的寿命就终止。实际工作中，为了方便用户或部队对飞机的使用和管理，日历寿命的分析评定是必不可少的工作。

对此，本书特安排拓展阅读篇章简要介绍与飞机结构日历寿命相关的基本概念，对于更详细的内容，推荐读者查阅本书参考文献[62]和[63]。

一、腐蚀条件与日历寿命

（一）飞机结构典型材料的腐蚀

在我国军用飞机结构强度规范 GJB 67.6A—2008 中，“腐蚀”被定义为材料在环境中的变质。在我国军用飞机结构完整性大纲 GJB 775A—2012 中，“腐蚀”被定义①为由于材料与其所处的环境发生化学②作用而导致的材料变质或其特性变坏。

1. 飞机结构金属材料的腐蚀

在环境条件的作用下，金属材料在热力学是不稳定的，存在自发腐蚀的倾向，即从金属原子状态转变为离子状态，从而形成可溶的金属氧化物、氢氧化物或较复杂的络合物。服役环境的长期作用将引起金属材料的变质与破坏，最终导致金属材料或由其组成的金属结构件的功能退化或失效。

飞机结构的腐蚀环境一般是潮湿环境，主要产生电化学腐蚀。从机理上来说，飞机金属结

① 美国军用飞机结构完整性大纲 MIL-STD-1530D 中的英文定义为 Corrosion is the deterioration of a material or its properties due to the reaction of that material with its chemical environment。

② GJB 775A—2012 和 MIL-STD-1530D 的定义中，“化学”所修饰的对象似有不同：GJB 775A—2012 中，“化学”修饰的是“化学作用”；MIL-STD-1530D 中，“化学(chemical)”修饰的是“化学环境(chemical environment)”。

构的腐蚀实质上是结构元件在使用环境下，通过化学或电化学作用所发生的累积性化学损伤与破坏。按照飞机金属结构材料的腐蚀形态，其典型腐蚀类型包括均匀腐蚀、电偶腐蚀、缝隙腐蚀、孔蚀、晶间腐蚀、磨损腐蚀、应力腐蚀、腐蚀疲劳、氢损伤、丝状腐蚀、微生物腐蚀等。实践表明，飞机金属结构的腐蚀往往是多种腐蚀类型共同作用的结果，彼此之间存在一定的耦合关系。通常的腐蚀都会增加应力腐蚀的敏感性，并将导致飞机结构腐蚀疲劳性能降低。

2. 飞机结构非金属材料的环境老化

在环境条件的作用下，非金属材料随时间推移将产生各种不可逆的化学变化和物理变化，导致非金属材料性能逐渐退化，最后丧失使用价值。这种现象称为非金属材料的环境老化。

飞机非金属材料环境老化主要包括高分子材料的大气老化、有机玻璃的银纹、复合材料结构的老化、橡胶的老化等。特别地，对于飞机结构上使用较为广泛的树脂基复合材料，其老化机制包括树脂基体的物理/化学腐蚀、界面的腐蚀、雨蚀、电化学腐蚀等。

3. 防护涂层的失效

必须强调，以防护涂层为典型措施的腐蚀防护始终是保护飞机结构抵抗环境腐蚀的首要手段。

然而，当飞机(特别是在沿海、内陆湿热地区使用的飞机)使用一定年限后，其表面防护涂层逐渐变质老化，失去与金属基体的结合力，进而脱落，导致构件失去保护而产生腐蚀产物。由于腐蚀产物的累积效应，腐蚀介质更易吸附，且一旦进入基体就难以去除，因此腐蚀损伤将迅速发展，对于结构安全性具有极大危害。统计分析表明，飞机结构因腐蚀损伤所造成的失效或事故，主要是由涂层腐蚀功能失效引起的。总之，防护涂层对飞机结构抵抗环境腐蚀有着举足轻重的作用。

目前飞机结构中最广泛采用的防护涂层是有机类涂层，其中最典型的莫过于油漆。由于在服役期间受紫外线照射、湿热环境、盐雾、SO_2、低温、疲劳等因素的综合作用，涂层将不可避免地发生一系列复杂的化学反应，从而产生变色、粉化、龟裂、起泡、冲击强度或其他力学性能下降等老化现象，导致涂层脱落，进而丧失防护功能。

(二) 腐蚀条件对飞机结构使用寿命的影响

腐蚀条件既对飞机结构疲劳寿命有影响，也对飞机结构日历寿命有影响。

腐蚀条件对飞机结构疲劳寿命的影响主要包括两个方面：一是在飞机停放时，停放环境的作用导致各疲劳关键件及关键部位处于一定的局部腐蚀环境之中，使得这些构件的疲劳品质不断下降，导致疲劳寿命的降低；二是在飞机飞行时，空中环境的作用也导致各疲劳关键件及关键部位处于一定的局部腐蚀环境之中，构件在空中环境与载荷的共同作用下产生比仅有载荷单独作用时更为严重的疲劳损伤，导致疲劳寿命降低。

腐蚀条件对飞机结构日历寿命的影响也包括两个方面：对于疲劳关键件(即损坏后将影响飞行安全，使飞机失去执行任务能力，引起严重经济后果的结构件)来说，腐蚀条件通过影响其疲劳寿命进而影响其日历寿命，导致其日历寿命修理间隔的缩短以及总日历寿命的降低；对于腐蚀失效关键件(即由于腐蚀而导致功能失效或无法修复的结构件)或关键部位来说，腐蚀条件是其日历寿命的决定性因素，而日历寿命修理间隔必须保证腐蚀不会导致结构功能失效，或保证腐蚀不会导致无法对结构实施有效的经济修理。

还应强调，由于材料的腐蚀是一个与环境作用强度与环境作用时间相关的过程，因此腐蚀条件对飞机结构寿命的影响不仅取决于环境的恶劣程度，还与飞机的年飞行强度密切相关，例如，对于军用飞机特别是战斗机而言，地面停放时间远大于空中飞行时间，且地面环境通常强于空中环境，因此地面停放腐蚀的影响居主导地位。

（三）日历寿命、疲劳寿命及与结构寿命的关系

现代飞机要求具有长寿命、高可靠性和良好的经济性。为实现这一综合要求，对决定飞机使用寿命的关键构件及关键部位，均应尽可能设计成能够在整个寿命期内进行适当的检查和经济修理。飞机结构的总寿命通常允许经过一定次数的大修予以实现，因此飞机结构的疲劳寿命/经济寿命和日历寿命均包括首翻期、修理间隔与总寿命，并在原则上以先达为准的判据控制着飞机结构的使用寿命，即：不论这两种寿命哪一个率先达到了设计指标，飞机结构的寿命就终止。

由于腐蚀条件同时影响飞机结构的疲劳寿命和日历寿命，因此在飞机寿命期内的使用地域、腐蚀条件和年飞行强度不发生显著变化的情况下，具体的腐蚀条件和年飞行强度等因素就决定了：有时结构寿命以疲劳寿命为主，即飞机结构的首翻、大修、总寿命等主要由飞行小时数或飞行起落数控制；有时结构寿命以日历寿命为主，即飞机结构的首翻、大修、总寿命等主要由使用年限控制；有时还会出现比较复杂的情况，例如，首翻取决于使用年限，第二次大修又取决于考虑腐蚀影响后的疲劳寿命，总寿命的终止却可能取决于疲劳寿命，而对裂纹修理和腐蚀修理的不同要求也会对后续的使用方法和使用寿命产生一定影响。因此，结构的疲劳寿命与日历寿命之间存在着一定的制约关系。

在这种情况下，先达为准的判据实际上很难适应明确判断飞机结构首翻、修理、总寿命等的要求，因此必须在疲劳寿命和日历寿命之间进行综合与协调。这就要求：必须厘清腐蚀条件和年飞行强度对飞机结构寿命的影响，分别给出疲劳寿命与日历寿命的首翻期、修理间隔与总寿命，并对其进行相应的协调；必须在给定的腐蚀条件下和年飞行强度范围内，给出飞机结构寿命是以疲劳寿命还是以日历寿命作为主要控制指标，抑或是必须综合考虑二者的判据。这种综合协调的结构寿命体系有助于用户或部队更为合理地对飞机的使用进行控制和管理。

需要指出的是，欧美国家更注重腐蚀防护与控制，日历寿命问题相对于疲劳寿命而言并不突出，因此较少考虑日历寿命。相比之下，我国地域辽阔，各军用飞机服役地区在环境条件、使用方法、维护情况等方面的差别很大，飞机结构的疲劳性能和腐蚀损伤程度存在显著差异，特别是有些地区的环境较为恶劣，这都给日历寿命分析评定工作以及日历寿命与疲劳寿命的综合协调工作带来了很大困难。因此，建立综合协调考虑疲劳寿命与日历寿命的结构寿命体系，要因时因势而为。

二、飞机结构日历寿命分析评定

（一）总体途径与前提条件

在分析评定飞机结构的疲劳寿命/经济寿命时，一般要先确定飞机结构的载荷谱，然后用疲劳/耐久性分析方法予以评估，并最终由全尺寸结构疲劳/耐久性试验加以验证和确定。按照这个思路，在分析评定飞机结构的日历寿命时，应当先确定飞机结构的载荷/环境谱，并开展相应的全尺寸结构试验。

然而，开展真实“地面停放环境-空中载荷与环境”历程下的全尺寸飞机结构试验是不现实的。对此，日历寿命分析评定往往主要仍进行载荷谱下的疲劳试验，并通过专门的试验与分析，对一般环境下的疲劳寿命评定结果进行必要的修正，从而考虑环境腐蚀对使用寿命的影响。也就是说，飞机结构的日历寿命评定形成了“以一般环境下疲劳寿命评定结果为基础，以腐蚀环境影响为修正”的总体技术途径。

要想实现这样一种总体途径，必须提供以下前提条件：

(1) 一般环境下飞机结构的疲劳定寿工作与结论；

(2) 环境谱，包括地面停放环境谱和空中飞行环境谱；

(3) 飞机的年飞行强度；

(4) 用户对该机种飞机使用年限(日历总寿命)的需求，以及日历修理次数和修理间隔的初步要求。

(二) 日历寿命评定的关键件(部位)及其模拟件

由于实际工作中很难实现全尺寸结构的腐蚀或腐蚀疲劳试验，且飞机结构的日历寿命主要取决于若干关键件和关键部位，因此，飞机结构的日历寿命评定主要通过关键件在腐蚀和腐蚀疲劳作用下的模拟试验件试验与计算分析，对关键件(部位)的日历寿命进行评定，并在此评定基础上进行综合分析，从而达到对整机结构进行日历寿命评定的目的。因此，合理选取关键件和关键部位对于获得准确、合理、可靠的日历寿命评定结果具有十分重要的意义。

原则上，每个关键件和关键部位都同时承受着一定的交变载荷与使用环境的共同作用，但可以依据主要失效模式，将关键件与关键部位分为两大类。

(1) 疲劳关键件及关键部位。它们通常是决定飞机结构疲劳寿命的关键危险部位或局部环境恶劣、应力水平较高的部位。一般环境下结构寿命分析评定及全尺寸结构疲劳试验所确定的主要疲劳关键件(部位)，均应定为日历寿命评定的疲劳关键件及关键部位。

(2) 腐蚀失效关键件及关键部位。它们的腐蚀损伤虽然不会导致结构的破坏，但却会影响关键件的使用功能或导致无法对关键件进行经济修理。它们大多是外露部位(如机翼、尾翼翼面、机身下部等)或腐蚀严重的内部结构。

此外，有一些关键件(部位)的交变应力水平较高，腐蚀也较严重，疲劳破坏与腐蚀失效两种失效模式并存，难以判断哪种失效模式会先发生，这些关键件称为腐蚀/疲劳关键件(部位)，应同时列入疲劳关键件(部位)和腐蚀失效关键件(部位)。还有一些关键件(部位)可能会发生应力腐蚀失效，即在静应力和腐蚀的共同作用下发生失效。对于这些应力腐蚀关键件(部位)，应检验使用期内是否可能发生应力腐蚀失效，并在发现有应力腐蚀失效可能的情况下，通过设计和工艺的改进予以消除或通过相应的检查予以控制。

在评估腐蚀环境对各类关键件(部位)的影响时，出于经济性和可行性的考虑，一般采用关键部位的模拟试验件开展相应的试验。对此，模拟试验件必须精心设计与加工，尽可能地模拟关键部位的材料、厚度、连接孔与连接形式、加工与装配、表面处理工艺、防腐涂层等，并且能够在试验中模拟关键部位的受载形式，使得模拟试验件试验能够真实地反映相应结构关键件(部位)的实际使用情况。

(三) 加速腐蚀试验

为了建立飞机结构疲劳关键件疲劳品质随时间的变化规律，以及飞机结构腐蚀失效关键部位涂层与基体腐蚀损伤随地面停放年限的变化规律，必须采用对应不同年限的模拟试验件开展环境腐蚀试验。

然而，飞机结构的使用年限很长（通常可达 30 年左右），直接对试验件开展相应年限的腐蚀试验，是不现实也是不经济的。对此，工程上只能采用实验室加速腐蚀的方法，即针对关键件的类别、材料与涂层状况、连接形式及腐蚀失效形式，建立相应的加速试验环境谱并开展加速腐蚀试验，使模拟试验件在加速试验环境谱下能够用较短的时间达到与地面停放较长年限相同的腐蚀效果，并采用实验室试验所得寿命数据和考虑年飞行强度的加权组合法，综合分析评定飞机结构的日历寿命。

可以说，只有建立了合理的加速试验环境谱与加速腐蚀试验技术，腐蚀条件下飞机结构的疲劳寿命与日历寿命评定才有可能实现。因此，加速试验环境谱与加速腐蚀试验技术对于飞机结构使用寿命的分析评定具有至关重要的意义。

1. 编制加速试验环境谱的基本原则

加速试验环境谱是能够开展加速腐蚀试验的前提条件，其编制工作需要遵循以下三个基本原则：

(1) 针对具体结构对象，包含地面停放时实际环境产生腐蚀的主要因素及作用情况，再现实际服役过程出现的腐蚀损伤形式、特征和腐蚀产物的组成成分；

(2) 大幅缩短实际环境下腐蚀历程的时间，使加速腐蚀试验周期和费用减少到工程可接受的程度；

(3) 能够通过适当的准则和方法，建立加速试验环境谱与地面停放环境之间的当量加速关系。

2. 确定加速腐蚀当量加速关系的几种方法

要想采用加速腐蚀试验建立地面停放预腐蚀影响随使用年限的变化规律，一个十分重要的问题就是必须有加速试验环境谱下作用时间与地面停放年限之间的对应关系，也就是加速腐蚀当量加速关系。

通常，可将当量加速关系定义为：飞机结构关键部位在地面停放环境和加速试验环境谱下达到相同的腐蚀程度时，地面停放时间 T(年)与加速试验环境谱作用时间 t(天数、小时数或周期数)之间的对应关系，其一般形式为 $T=f(t)$。考虑到在同类腐蚀环境下，无论环境强弱，相同结构的腐蚀程度随时间的变化规律基本一致，因此可认为当量加速关系是确定值，即

$$T=\beta t \tag{拓展 2-1}$$

式中，β 为当量加速关系，又称加速系数或环境因子。

目前确定当量加速关系的方法主要有以下三种。

(1) 当量折算法。

当量折算法的基本思路是：建立结构关键部位地面停放环境谱，选择适当参量分别描述腐蚀损伤发展快慢和指定时间的腐蚀程度，并以描述腐蚀程度的参量相等为准则，建立加速试验环境谱与地面停放环境谱之间的时间对应关系。当量折算法适用于地面停放环境谱和结构关键部位局部环境谱已给出的情况，对于新研飞机和使用年限较短的飞机结构具有较强的实用性。

目前常用的当量折算法是基于金属电化学腐蚀规律的方法，这种方法以腐蚀电流与电量分别描述腐蚀损伤发展快慢与指定时间的腐蚀程度，基于腐蚀损伤等效原则，以腐蚀电量相等为准则来建立当量加速关系。然而，基于金属电化学腐蚀规律的当量折算法只适用于金属基体，不适用于结构的非金属涂层。对于有良好涂层防护体系的外露腐蚀/疲劳关键件而言，当量折算法只能用于建立关键部位涂层防腐体系失效后的当量加速关系。

(2) 腐蚀程度对比法。

腐蚀程度对比法的基本思路是：选取直接衡量结构关键部位腐蚀损伤的腐蚀量（如蚀坑深度、腐蚀面积、结构表面涂层的腐蚀情况等），以加速试验环境谱和结构地面停放环境下腐蚀量相同为准则来建立当量加速关系。该方法的具体过程是：将模拟试验件在选定的加速试验环境谱下进行若干组不同时间的预腐蚀试验，对使用不同年限的外场和大修厂飞机该部位腐蚀程度进行观测，并将上述两种腐蚀程度进行对比分析，从而建立当量加速关系。

腐蚀程度对比法适用于建立疲劳关键部位、腐蚀失效关键部位的涂层及金属基体等各种加速试验环境谱的当量加速关系。对于服役多年、有较充分的外场或大修厂飞机结构腐蚀损伤信息、可以较好地监测服役不同年限飞机对应部位腐蚀程度的情况下，腐蚀程度对比法是用于确定当量加速关系的良好方法。

(3) 疲劳强度/寿命对比法。

疲劳强度/寿命对比法的基本思路是：以结构关键部位在使用环境下停放若干年限，和加速试验环境谱下预腐蚀一段时间后具有相同的疲劳强度或疲劳寿命，作为确定当量加速关系的准则，其中，疲劳强度可用结构细节疲劳额定值（Detail Fatigue Rating，DFR）来衡量，而疲劳寿命可通过谱载下模拟试验件疲劳试验来获得。

疲劳强度/寿命对比法主要用于疲劳关键部位，采用这种方法确定当量加速关系必须要有在结构实际停放环境下放置若干不同年限的模拟试验件。对于飞机结构的外露疲劳关键部位而言，可以将模拟试验件在机场地面环境下自然暴露到指定年限；对于处于飞机结构内部的疲劳关键部位，其地面停放环境是局部环境，工程上难以取得在局部环境下放置多年的试验件，此时疲劳强度/寿命对比法难以应用。

(四) 疲劳关键件(部位)日历寿命评定的技术途径

1. 腐蚀条件下疲劳关键件的疲劳寿命评定

以一般环境下疲劳定寿给出的修理间隔 N_i^* $(i=1,2,\cdots,n)$ 与总寿命结论 N^* 为基础，引入综合考虑地面停放腐蚀和空中腐蚀疲劳的影响系数 m，将腐蚀条件下的飞行小时数 ΔN 等损伤地折算为一般环境下当量飞行小时数 ΔN^*，以 ΔN^* 的总和达到一般环境下的修理间隔或总寿命作为确定腐蚀条件下修理间隔 N_{ci} 和总寿命 N_c 的依据。

其中，影响系数 m 是地面停放年限 T 的函数。根据战斗机地面停放时间远大于飞行时间且空中环境相对较弱的实际情况，认为地面停放环境与空中环境对寿命的影响可以分离，因此影响系数 m 可相应地分离为地面腐蚀修正系数 C 与空中腐蚀疲劳影响系数 K，且 C 是地面停放年限 T 的函数。通过 $C-T$ 曲线以及 K 值的试验确定，采用对应的腐蚀条件下疲劳寿命评定方法，即可实现腐蚀条件下疲劳关键件的疲劳寿命评定。

2. 疲劳关键件的日历寿命评定

将腐蚀条件下疲劳寿命(修理间隔与总寿命)除以年飞行强度,即可得到疲劳关键件日历寿命(修理间隔与总寿命)的基本评估结果。

然而,该基本评估结果可能与预定的日历修理年限并不协调,因此,有必要调整疲劳关键件的修理年限甚至修理次数,重新进行腐蚀条件下的疲劳寿命以及对应日历寿命的评估,使得疲劳关键件的日历寿命与预定的日历修理年限相协调。此外,为考虑更改年飞行强度对疲劳关键件日历寿命的影响,可以依据预定的修理次数与年限间隔,求得对应的年飞行强度界限值。

(五) 腐蚀失效关键部位日历寿命评定的技术途径

腐蚀失效关键部位日历寿命评定的目的是判断现有的涂层防护体系能否以及怎样保证该部位在使用年限中不发生功能失效或无法修复。对于大修时不清除涂层而重新喷漆的部位,要求在规定的日历总寿命中不发生腐蚀失效;对于大修时全面褪漆并重新喷漆的部位,要求涂层防护体系能够保证在预定的日历修理间隔内不出现腐蚀失效;对于个别不能满足日历修理间隔内不出现腐蚀失效的部位,至少要能够实现通过日历修理间隔内不多于一次的外部修理来避免结构腐蚀失效的发生。如果上述要求不能得到满足,则认为现有的涂层防护体系下腐蚀失效关键部位不能达到预定的日历寿命要求。

对腐蚀失效关键部位进行日历寿命评定的主要技术途径是开展腐蚀失效关键部位在加速试验环境谱下的腐蚀试验,并在试验过程中对涂层损伤进行认真的检测。此外,还应当明确各腐蚀失效关键部位的失效判据:对于连接件部位,由于修理时不允许拆卸连接件,因此涂层失效判据应保证腐蚀介质不会使连接孔基体产生明显的腐蚀;对于无孔的腐蚀失效关键部位,则允许涂层局部剥落、基体轻微腐蚀,并以“基体蚀坑可以通过打磨而予以消除”作为失效判据。

(六) 飞机结构的腐蚀检修要求

即使在设计和制造阶段采取了严格的腐蚀控制措施,但由于飞机结构在使用过程中随时都受到环境和载荷的作用,结构防腐性能必将逐渐退化并导致飞机结构腐蚀,严重影响飞机结构的疲劳寿命和日历寿命,因此,必须进行防腐蚀检查维护和修理。具体来说,可分为外场飞机的检查维护和修理以及大修飞机的检查维护和修理两大类;其中,外场飞机可以检查到的腐蚀多为外部可见的易腐蚀部位,而一些在外场难以检查或无法修理的重要受力构件和疲劳关键部位只能在大修时进行修理。

采取有效的检查维护和修理措施,可以大大减轻结构的腐蚀;反之,腐蚀如果得不到有效控制,将会严重影响飞机结构的安全性、使用寿命和维修成本。因此,飞机使用时能否达到预计的寿命指标,很大程度上也取决于飞机的检查维护和修理。可以说,检查维护和修理是实现飞机结构日历寿命体系的重要手段。

防腐蚀检查维护和修理的基本要求包括以下几个方面:

(1) 保持机体内外表面清洁;

(2) 保持机体内外表面防护涂层完好;

(3) 确保飞机结构中不残留腐蚀介质及腐蚀产物;

(4) 防止雨水流入机内并及时排出机内积水;

(5) 腐蚀维护和修理不应引起二次腐蚀或二次裂纹。

无论是外场修理还是大修修理，在防腐蚀修理时还应同时对裂纹进行修理，因此应考虑腐蚀修理与裂纹修理的协调与综合。特别地，由于飞机的使用情况不同，可能有些飞机达到日历寿命指标时还远未达到疲劳寿命指标，为了充分发挥飞机的效益，往往需要延长其日历寿命以继续使用，而较好的维护与修理也将为飞机延长日历寿命继续使用奠定基础。

结 语

飞机结构寿命受结构失效模式的控制。疲劳是决定飞机金属结构寿命的首要失效模式，主要受飞行起落所致交变载荷作用的控制，对应于飞机结构的疲劳寿命；腐蚀是决定飞机金属结构寿命的第二失效模式，主要受环境作用的控制，对应于飞机结构的日历寿命。另一方面，结构失效模式之间亦存在交互影响：疲劳将导致结构裂纹或涂层失效，使得结构内部材料暴露在恶劣的环境中，加剧了金属结构的腐蚀；腐蚀将导致结构产生腐蚀坑或性能退化，使得结构裂纹更容易萌生或扩展，加剧了金属结构的疲劳。

飞机结构寿命受飞机使用方法的控制。对于环境不太恶劣、飞行频次较高的使用方法，飞机结构寿命主要由疲劳失效决定；对于环境较为恶劣、飞行频次较低的使用方法，飞机结构寿命由疲劳和腐蚀两种失效模式共同决定。特别地，我国幅员辽阔、环境多样，且防腐涂层的研发研究还不够充分，因此腐蚀的问题要更突出一些，日历寿命评定以及日历寿命与疲劳寿命相协调的需求也就更迫切一些。

可以看出，为了保障飞机结构在服役周期内的安全以及进一步实现长寿命需求，必须综合考虑多方面因素的综合作用；当前飞机金属结构寿命分析评定以疲劳分析评定为主，是因为现有实践经验表明疲劳是决定飞机金属结构寿命的主要模式。未来实践可能表明飞机金属结构呈现出新的失效模式，该模式可能与疲劳共同决定飞机结构寿命，也可能超越疲劳成为决定飞机结构寿命的主要模式，届时应当根据实际情况改进分析评定方法，甚至建立新的分析评定体系。

应当牢记，飞行器的核心需求是寿命分析评定而非疲劳分析评定，疲劳分析评定是寿命分析评定在当前阶段的具体表现形式。

中　篇

现阶段飞机结构疲劳寿命分析评定的主要方法

第4章 结构疲劳寿命分析评定

飞机结构疲劳寿命分析评定的目的是保证在整个结构使用期内，在遭遇可能发生的重复载荷作用后，不发生灾难性的疲劳破坏。评定工作必须用有试验依据的分析表明结构能够承受其服役期内预期的重复载荷作用，且不出现可检尺寸以上的裂纹。飞机结构疲劳寿命主要由孔、缺口、沟槽、转角等引起应力集中的结构细节控制，这些结构细节就是结构疲劳寿命分析的主要对象。当前阶段，分析飞机结构（或结构细节）的疲劳寿命（或安全寿命）主要有两类方法：试验法和试验分析法。

试验法，顾名思义完全依赖于试验，即通过与实际使用情况相同或高度相似的试验来获取疲劳寿命，是最传统、也是最可靠的方法。然而，飞机结构疲劳寿命的分析评估不可能完全依赖于试验法。在设计阶段，特别是零构件还没有制造甚至没有定型的情况下，通过开展疲劳试验来预测评估疲劳寿命是不可能的；考虑到疲劳寿命的分散性和实际使用条件的不确定性，通过疲劳试验来预测评估疲劳寿命是不经济的；实验室试验条件和实际服役情况之间必然存在差异，通过实验室疲劳试验来预测评估实际服役结构的疲劳寿命是不充分的。

为了降低结构疲劳寿命分析对于大量试验（特别是有关结构几何形状、几何尺寸、载荷等的统计试验）的依赖性，设计研究人员不断探索能够更好预测结构疲劳寿命的试验分析法。试验分析法是指依据材料或简单结构模拟件的疲劳性能，对照结构所受到的载荷/环境历程，按分析模型来预测评估结构的疲劳寿命。因此，在本书的语境范围内，结构疲劳寿命分析方法主要就是指试验分析法。需要强调的是，当前阶段所有的分析方法都或多或少地需要开展一定数量的疲劳试验，任何结构疲劳寿命分析方法和结果都必须得到疲劳试验的验证才能被认为是可靠的，完全不依赖试验手段的结构疲劳寿命分析方法在当前阶段是不存在也是不现实的。

结构疲劳寿命分析评定的基本流程如图 4-1 所示。由图可以看出，其流程包括以下步骤。

（1）编制能够真实反映飞机结构实际服役历程特点的载荷/环境谱。

（2）对结构进行受力分析，得到关键部位的应力应变（历程）。

（3）基于相应的数据、模型、方法，开展结构疲劳寿命分析。

（4）开展试验，对分析方法和分析结果进行验证①。

考虑到本书的主旨，本章重点介绍步骤(3)的相关内容，特别是结构疲劳寿命分析的具体方法。步骤(1)的相关内容将在本书"拓展阅读 3：飞机结构载荷谱"中简要介绍，步骤(4)的相

---

① 载荷/环境谱编制与结构受力分析的方法和结果同样需要开展试验进行验证。鉴于本书和本章的重点，这里将试验验证聚焦于结构寿命分析方法和分析结果的验证。

关内容将在本书“拓展阅读 4:积木式试验”中简要介绍,而步骤(2)的相关内容则建议读者参考相关文献,本书不作具体介绍。

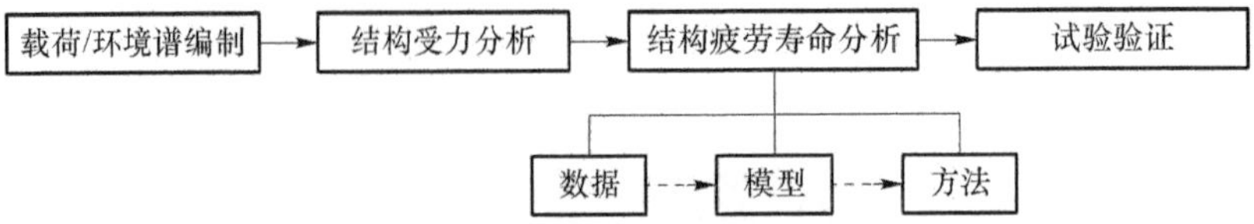

图 4-1 结构疲劳寿命分析评定的流程及要素

结构疲劳寿命分析的核心是给出结构在给定使用载荷条件下的寿命,或达到指定寿命所能承受的交变载荷水平,因此疲劳分析方法也主要分为以给定应力/应变水平下的载荷循环数为特征参量的方法(如名义应力法、应力严重系数法、局部应力应变法等),以及以指定寿命下的疲劳强度为特征参量的方法(如 DFR 法等),这些方法在工程实践中都得到了广泛应用。此外,考虑缺口根部应力梯度影响的应力场强法和临界距离理论也在近年来开始受到关注。本章将以孔(缺口)这个飞机结构典型细节为例,首先简单介绍应力集中及其影响的描述方法,然后着重依次介绍上述分析方法的基本假设、基本流程和特点。

4.1 应力集中及其影响的描述

4.1.1 理论应力集中系数

静力学中,一般采用理论应力集中系数 K_t 来描述缺口应力场的严重程度,其定义为最大局部应力 σ_{peak} 与参考应力 σ_0 的比值

$$K_t=\frac{\sigma_{peak}}{\sigma_0} \tag{4-1}$$

式中,参考应力 σ_0 有两种定义方式,一种是净截面应力 σ_{nom},一种是毛截面应力 S。以图 4-2 所示的受均匀拉伸的中心孔板为例,净截面应力 σ_{nom} 是假设危险截面 $B—B$ 上不存在应力集中效应时的均匀应力水平,而毛截面应力 S 是远离圆孔处的均匀应力水平。实际情况中二者均有采用,但一般以净截面应力 σ_{nom} 居多,建议在使用时予以甄别。值得强调的是,理论应力集中系数 K_t 是在材料线弹性假设的基础上得到的,其取值取决于几何构型。

在有限元技术广泛应用之前(约 1960 年以前),许多典型缺口的理论应力集中系数 K_t 都是通过试验测量得到的,典型的测量方法是采用光弹性方法和应变片。光弹性方法通过黑白相间的应变干涉条纹推导应力场,其优势是能够直观地展现整个应力场的分布情况,但对于最大局部应力 σ_{peak} 以及理论应力集中系数 K_t 的测量存在不稳定的问题。应变片目前仍被广泛应用于测量全尺寸结构或部件的名义应力水平,但要想将应变片贴在缺口根部并不容易,难以准确地测量出最大局部应力 σ_{peak}。为方便实际应用,研究人员编著了《应力强度因子手册》以供查阅,而现在则可以通过有限元方法简单便捷地求得 K_t。

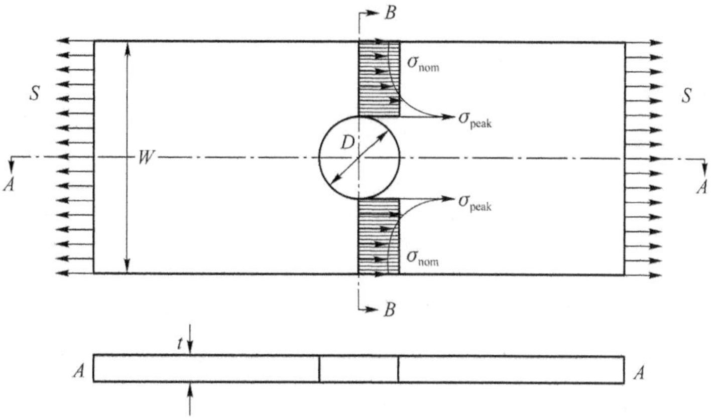

图 4－2　理论应力集中系数的示意图(以受均匀拉伸的中心孔板为例)

4.1.2　疲劳缺口系数

应力集中部位不仅是结构的静力危险部位，也是结构的疲劳薄弱部位，控制了结构的疲劳寿命和疲劳强度。然而实践表明，采用理论应力集中系数 K_t 不足以完全描述缺口对疲劳寿命或疲劳强度的影响，这主要是因为静力破坏和疲劳破坏的机理不同，适用于描述静力破坏的参数未必能够很好地描述疲劳破坏，具体表现在以下几个方面。

(1) 静力破坏主要取决于危险部位的最大局部应力，而疲劳破坏不仅受危险部位的最大局部应力影响，还受危险部位的应力梯度影响。

(2) 静力破坏对金相组织、内部缺陷、表面状态、试样尺寸等因素的敏感性较低，但疲劳寿命对于这些因素十分敏感。

(3) 尽管名义应力处于线弹性范围，但缺口附近的材料(特别是在交变载荷作用下)可能已经发生了塑性变形，此时 K_t 失效。

对此，研究人员仿照 K_t 的思路，提出了一个新的参量——疲劳缺口系数 K_f 来描述缺口对疲劳强度的影响，其定义为光滑试样疲劳强度与缺口试样疲劳强度的比值

$$K_f=\frac{S_e}{S_N} \tag{4-2}$$

实践表明，在不同的寿命下，疲劳缺口系数 K_f 不同；在不同的应力比下，疲劳缺口系数 K_f 也不同。对此，很多情况下疲劳缺口系数 K_f 指的是疲劳寿命为10^7 循环、应力比 $R=-1$ 时的 K_f 值。

然而，正如前文所介绍的，疲劳破坏不仅取决于几何构型，还受到材料塑性、材料组织、内部缺陷、化学成分、试样尺寸、表面状态、载荷形式、使用环境等因素的影响。相应地，疲劳缺口系数 K_f 不仅与理论应力集中系数 K_t 有关，还与这些能够影响到疲劳寿命和疲劳强度的因素有关。正因如此，试验是确定 K_f 的最直接最可靠的方法，而考虑到上述因素的不确定性所导致的缺口件疲劳寿命的分散性，进行这样规模的试验显然是耗资费时的。

工程实际中，往往是通过抓主要因素的影响首先估计出疲劳缺口系数 K_f，然后再预测或

估算缺口件的疲劳强度。试验表明，材料塑性是影响 K_f 的最主要因素之一：对于塑性较好的材料，K_f 明显小于 K_t；而对于脆性材料，K_f 明显接近但小于 K_t。为度量 K_f 和 K_t 之间的一致性，研究人员引入了缺口敏感系数

$$q=\frac{K_f-1}{K_t-1} \tag{4-3}$$

其取值范围为 $0\leqslant q\leqslant 1$。而疲劳缺口系数 K_f 即可表述为

$$K_f=1+q(K_t-1) \tag{4-4}$$

式中，缺口敏感系数 q 仍需要通过试验测定。为了更方便地求得疲劳缺口系数 K_f，研究人员以理论应力集中系数 K_t 为基础，提出了很多 K_f 的经验表达式，比较常见的有 Neuber-Kuhn 表达式

$$K_f=1+\frac{K_t-1}{1+\sqrt{a/\rho}} \tag{4-5}$$

和 Peterson 表达式

$$K_f=1+\frac{K_t-1}{1+a/\rho} \tag{4-6}$$

式中，ρ 为缺口根部半径；a 被认为是与材料相关的常数，可按照经验公式计算得到或查曲线得到。显然，这些表达式不可能适用于所有形式和尺寸的缺口，也不能有效考虑前述其他因素的复杂影响。

总的来说，基于 K_f 来预测缺口试样疲劳寿命/疲劳强度，在思路上是在效仿采用 K_t 描述缺口试样的弹性应力场。然而，与缺口件受缺口根部应力应变场的影响相比，缺口件疲劳破坏受缺口根部应力应变场的影响要复杂得多，仅通过提出一个新的系数无法将这些复杂影响考虑清楚。此外，参数取值过于依赖试验手段，也难以满足工程分析评价的需求。因此，抓住主要矛盾并建立相应的分析方法才是更可靠更实际的思路。

4.2 名义应力法

名义应力法是最早形成的结构疲劳寿命分析方法，是飞机重要部件疲劳寿命计算的常用方法。名义应力法的基本思想是通过对真实结构或结构模拟件进行疲劳试验获得名义应力下的 $S-N$ 曲线，然后根据该部位的应力集中系数 K_t 和名义应力谱，结合疲劳累积损伤理论，从而计算结构的疲劳寿命。

4.2.1 名义应力法的基本假设和基本流程

名义应力法的基本假设是对于相同材料制成的任意构件，只要应力集中系数相同、载荷谱相同，则它们的寿命相同，如图 4-3 所示。由此可知，名义应力法有两个控制参数：名义应力 S_{nom} 和应力集中系数 K_t。

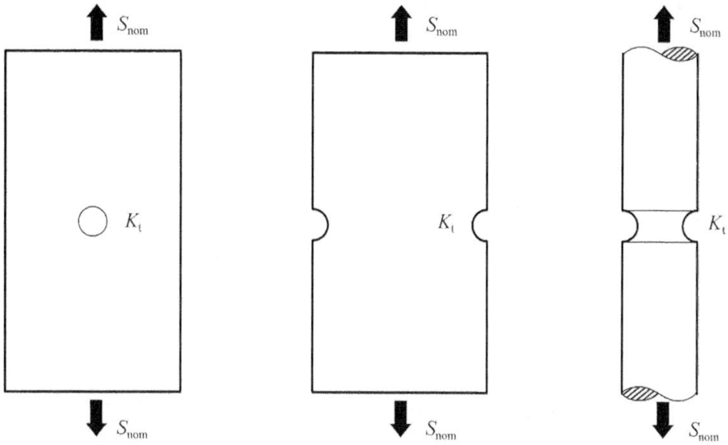

图 4-3　名义应力法基本假设示意图

采用名义应力法估算结构疲劳寿命的流程如图 4-4 所示，具体如下：

(1) 确定结构中的疲劳危险部位；

(2) 求出危险部位的名义应力和应力集中系数；

(3) 根据载荷谱确定危险部位的名义应力谱；

(4) 查得或通过插值法求得结构细节的 $S-N$ 曲线；

(5) 应用疲劳累积损伤模型，求出结构的中值寿命，除以分散系数得到结构的安全寿命。

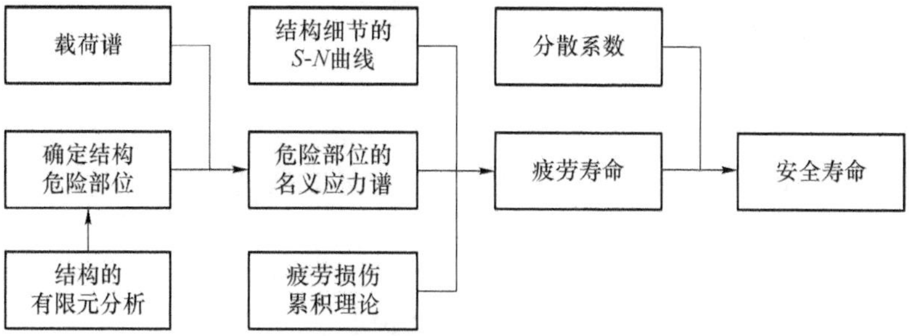

图 4-4　名义应力法估算结构疲劳寿命的流程

4.2.2　名义应力法所需的性能数据

名义应力法计算零构件疲劳寿命所需的性能数据为：对于有限寿命分析，需要各种 K_t 下的 $S-N$ 曲线或等寿命曲线；对于无限寿命设计，需要各种 K_t 下的疲劳极限图。

尽管目前已经累积了大量 $S-N$ 曲线，但实际结构和载荷是复杂的，同时新材料也在不断研发并投入使用，因此现有的 $S-N$ 曲线是远远不够、也不可能达到足够的。因此，根据名义应力和应力集中系数查 $S-N$ 曲线通常都要进行插值计算。而工程实践中可能由于某些试验数据点因样本较小而偏离正常值，使得插值结果不稳定甚至不可用。一般来说，多项式插值次数不宜高于 2 次。

特别地，获得结构细节的 $S-N$ 曲线通常有两种做法：一种做法是对材料的 $S-N$ 曲线进行修正得到结构细节的 $S-N$ 曲线，另一种做法是直接采用相应的零构件做疲劳试验得到 $S-N$ 曲线。

从可行性和经济性的角度考虑，在绝大多数情况下，尤其是初步设计校核时，对材料的 $S-N$ 曲线进行修正是采用名义应力法进行疲劳寿命分析的一般做法，具体来说主要是将对应于材料 $S-N$ 曲线的名义应力修正为对应于零构件或结构细节的 $S-N$ 曲线的名义应力。这个过程中需要考虑的因素较多，具体如何修正需要视实际情况而定。一般而言，修正方法需要考虑的因素包括疲劳缺口系数 K_f、尺寸系数 ε、表面质量系数 β、加载方式 C_L 等，此时有

$$S_a=\frac{\sigma_a}{K_f}\varepsilon\beta C_L \tag{4-7}$$

式中，σ_a 为对应于材料 $S-N$ 曲线的名义应力；S_a 为对应于零构件的 $S-N$ 曲线的名义应力。此外，为了考虑交变载荷的平均应力或应力比，后续还要做进一步的平均应力修正，并应用疲劳损伤累积理论估算疲劳寿命。

需要指出的是，在对一些带有复杂连接件或者可靠度、精确度要求较高的零部件进行疲劳寿命分析时，还是推荐直接采用与实际服役结构相同的零构件（或与实际服役结构相似的结构模拟件）做疲劳试验得到 $S-N$ 曲线。这种方法虽然昂贵，但能够直接反映实际使用状态，其结果更加准确可靠。实际上，材料疲劳性能数据手册往往也会对常用结构金属材料给出若干典型 K_t 缺口试样的 $S-N$ 曲线，尽管这些 $S-N$ 曲线严格来说并不能算作是材料的疲劳性能。

4.2.3 关于名义应力法的讨论

名义应力法的优点如下：

(1) 基本原理直观简单，疲劳寿命的估算过程容易掌握，使用历史悠久，且积累了大量的相关数据和经验。

(2) 用来计算寿命的 $S-N$ 曲线是通过真实结构或结构模拟件的实验得到的，能够天然地考虑应力集中、尺寸效应及表面加工质量等诸多因素的综合影响。

名义应力法的不足如下：

(1) 名义应力法的基本假设与疲劳机理不符。金属材料疲劳机理研究结果表明，材料的疲劳是疲劳源附近材料反复塑性变形的结果，而名义应力法没有考虑缺口根部局部塑性的影响，更无法考虑缺口根部应力场分布、复杂应力状态及加载顺序的影响。

(2) 一般需要测出结构的 $S-N$ 曲线，实验费用高。尽管有时也可以通过修正材料的 $S-N$ 曲线来得到结构的 $S-N$ 曲线，但如此获得的疲劳寿命精度不高。

(3) 疲劳寿命分析的经验在名义应力法中起很大作用。许多参数的选取十分依赖于经验，且结构件与标准试验件之间疲劳特性的当量关系也存在较大经验性和随机性，这些都会导致疲劳寿命估算结果不稳定或不可靠。

(4) 从 K_t 的定义来看，名义应力法主要适用于以拉伸为主的情况，对其他载荷情况的适用性有限。例如，对于拉伸扭转复合载荷、拉伸弯曲复合载荷等情况，K_t 的定义不明确，名义应力法难以适用。

4.3　应力严重系数法

传统的飞机结构是由许多零件通过紧固件连接起来的，而连接件的疲劳破坏大多从紧固孔处开始，因此通常认为连接件和紧固孔的疲劳品质控制了传统飞机结构的疲劳寿命。应力严重系数法就是针对飞机结构连接件而发展出来的一种疲劳寿命估算方法，其本质也是一种名义应力法。应力严重系数法与传统名义应力法的主要区别在于采用应力严重系数(Stress Severity Factor，SSF)作为等效的应力集中系数，而应力严重系数法估算疲劳寿命的过程与传统的名义应力法基本相同。

4.3.1　应力严重系数的求法

图 4－5 所示为一典型的连接件结构细节，其中板所受载荷一部分由旁路通过，称为旁路载荷 P_{pl}；另一部分由紧固件传走，称为钉传载荷 P_{dc}。由此可知，紧固件结构受力情况可等效为空孔受旁路载荷叠加上钉载孔受钉传载荷。

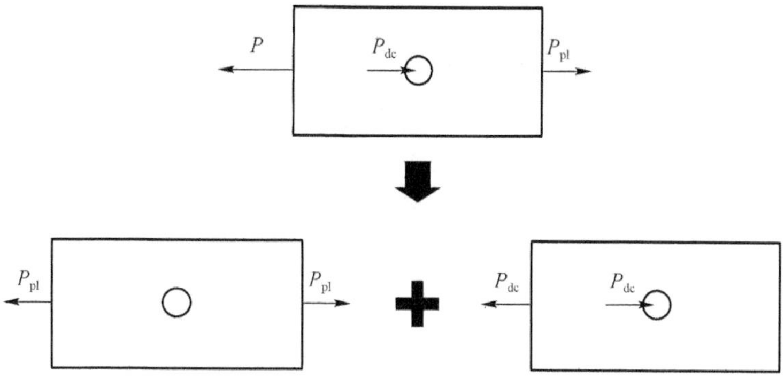

图 4－5　紧固件结构受力情况

假设二者引起的孔板最大应力都在孔边同一点上，则孔边最大应力集中处的应力由旁路载荷 P_{pl}引起的应力 σ_1 和钉传载荷 P_{dc}引起的应力 σ_2 两部分组成，板上实际的最大应力可视作二者的叠加

$$\sigma_{max}=\sigma_1+\sigma_2=\frac{K_{tg}P_{pl}}{wt}+\frac{K_{tb}\theta P_{dc}}{wt} \tag{4-8}$$

式中，K_{tg}为空孔板理论应力集中系数；K_{tb}为挤压应力集中系数；θ 为挤压应力分布系数，相关系数取值可由手册查取；w 为板宽；t 为板厚。该式的含义是钉传载荷 P_{dc}可通过 K_{tb}和 θ 转化成为带孔板孔边应力。

考虑到结构的名义应力为

$$\sigma_{nom}=\frac{P}{wt} \tag{4-9}$$

可知空孔板理论应力集中系数 $K_{t\alpha}$为

$$K_{t\alpha}=\frac{\sigma_{max}}{\sigma_{nom}}=\frac{\dfrac{K_{tg}P_{pl}}{wt}+\dfrac{K_{tb}\theta P_{dc}}{wt}}{\dfrac{P}{wt}}=\frac{K_{tg}P_{pl}+K_{tb}\theta P_{dc}}{P} \tag{4-10}$$

因此，应力严重系数 SSF 为

$$\mathrm{SSF}=\alpha\beta K_{t\alpha} \tag{4-11}$$

式中，α 为孔表面质量系数；β 为孔填充系数。二者的取值见表 4-1 和表 4-2。

表 4-1　表面质量系数 α

圆角	1.0～1.5
标准钻孔	1.0
扩孔或铰孔	0.9
冷作孔	0.7～0.8

表 4-2　孔填充系数 β

开孔	1.0～1.5
缩紧钢螺栓	1.0
铆钉	0.9
锥形锁紧固件	0.7～0.8
高-虎克紧固件	0.7～0.8

随后，将应力严重系数 SSF 作为等效的应力集中系数，按照传统名义应力法的步骤即可求出紧固件结构的疲劳寿命。

4.3.2　关于应力严重系数法的讨论

用应力严重系数法估算结构细节的疲劳寿命，其关键在于求得连接件的应力严重系数 SSF。SSF 是一个反映结构连接件孔的疲劳品质的无量纲参数，具体到疲劳寿命估算过程中，可以将 SSF 看作一种等效的应力集中系数，它与应力集中系数 K_t 的差别在于：SSF 不仅反映了结构连接件孔边的应力集中程度，还通过挤压应力分布系数 θ 考虑了钉的局部弯曲在板上引起的附加应力，以及通过孔表面质量系数 α 和孔填充系数 β 考虑了结构连接件孔的疲劳品质。

应力严重系数法的不足之处如下。

(1) K_{tg}是空孔板的应力集中系数，而钉的影响用填充系数 β 考虑，这在某些情况下与实际情况存在较大的差别。

(2) 旁路载荷引起的最大应力 σ_1 和钉传载荷引起的最大应力 σ_2 通常并不处于同一个点上(尽管它们离得很近)，因此二者的简单叠加 $\sigma_{max}=\sigma_1+\sigma_2$ 不够严谨。

(3) 应力严重系数法本质上仍是一种名义应力法，因此与传统名义应力法相似，应力严重系数法也无法考虑孔边进入塑性的情况，且无法处理复杂应力状态。

4.4　局部应力应变法

结构的疲劳破坏源自结构局部的疲劳损伤累积，而结构局部的疲劳损伤则取决于结构局部的应力应变严重程度。虽然结构在服役期间总体上处于弹性范围，但某些疲劳危险部位在大载荷情况下会进入塑性阶段，应力与应变之间不再呈线性关系，塑性应变成为影响其疲劳寿命的主要因素。针对这种情况，工程上一般采用局部应力应变法来估算疲劳寿命。

4.4.1　局部应力应变法的基本假设和基本流程

局部应力应变法的基本假设是：若同种材料制成的构件的危险部位的最大应力应变历程与一个光滑试验件的应力应变历程相同，则他们的疲劳寿命相同，如图 4-6 所示。其中，S_{nom} 是缺口试验件的名义应力，σ 和 ε 既是缺口试验件的局部应力和应变，也是光滑试验件的名义应力和名义应变。局部应力应变法的主要控制参数是局部应力应变。

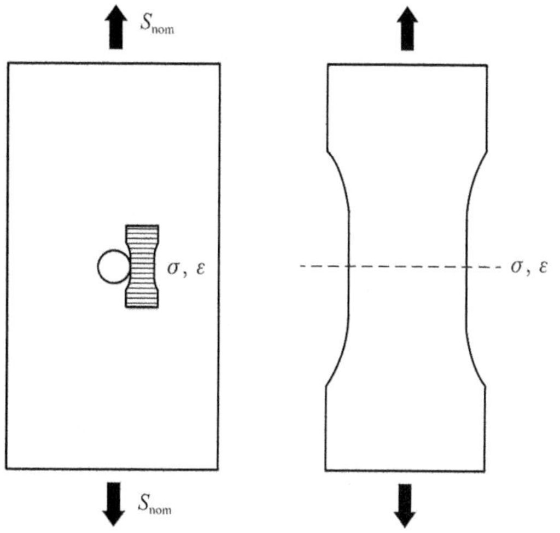

图 4-6　局部应力应变法的基本假设

采用局部应力应变法估算结构疲劳寿命的基本流程如图 4-7 所示，具体如下：

(1) 确定结构中的疲劳危险部位；

(2) 求出危险部位的名义应力谱；

(3) 采用 Neuber 法或弹塑性有限元法，将名义应力谱计算转化为局部应力应变谱；

(4) 查当前应力应变水平下的 $\varepsilon-N$ 曲线；

(5) 应用疲劳累积损伤理论求出结构的中值寿命，除以分散系数得到结构的安全寿命。

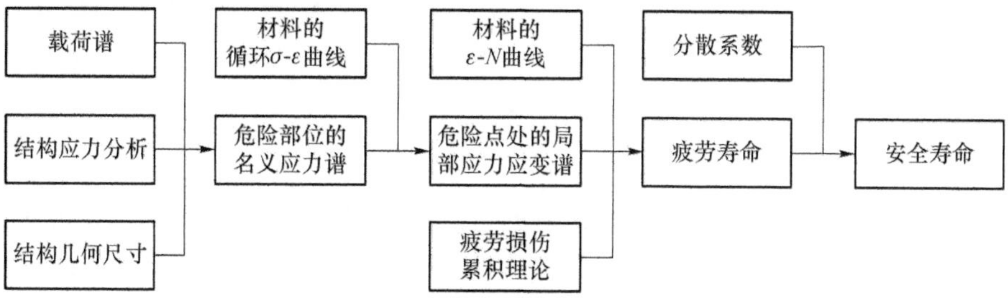

图 4-7　局部应力应变法估算疲劳寿命流程

4.4.2 结构局部应力应变历程的计算方法

局部应力应变计算的正确与否直接决定了疲劳寿命的估算精度，局部应变10%的差别会造成数倍疲劳寿命的差别，因此局部应力应变历程的计算在局部应力应变法中非常重要。确定局部应力应变历程主要有三种方法：试验方法、弹塑性有限元法、以 Neuber 法为代表的近似计算方法。其中，试验方法的费用高、周期长、限制条件多，一般很少采用。

1. Neuber 近似解法

针对受纯剪的棱柱体，Neuber 推导出计算缺口根部弹塑性应力应变方程为

$$K_t^2 = K_\sigma K_\varepsilon \tag{4-12}$$

式中，$K_\sigma=\sigma/S$ 为应力集中系数，σ 为缺口根部的局部应力，S 为名义应力；$K_\varepsilon=\varepsilon/e$ 为应变集中系数，ε 为缺口根部的局部应变，e 为名义应变。当结构全场都处于弹性状态时，显然有$K_\sigma=K_\varepsilon=K_t$。

在实际工程中，结构通常在整体上处于弹性，即名义应力与名义应变之间为弹性关系 $S=Ee$，其中 E 为弹性模量。代入式(4-12)则可得到 Neuber 双曲线

$$\sigma\varepsilon = K_t^2 \frac{S^2}{E} \tag{4-13}$$

式中，等式左端为未知量，等式右端为已知量。对于静力分析来说，可进一步将式(4-13)与材料的静力应力应变关系(即 $\sigma-\varepsilon$ 曲线)进行联立，则可求得局部应力 σ 和局部应变 ε。

为了将静力分析的 Neuber 法推广到疲劳分析中，Topper 等人提出了修正的 Neuber 方程

$$\Delta\sigma\Delta\varepsilon = K_f^2 \frac{\Delta S^2}{E} \tag{4-14}$$

式中，ΔS，$\Delta\sigma$，$\Delta\varepsilon$ 分别为名义应力变程、局部应力变程和局部应变变程。进一步将式(4-14)与材料的循环应力应变关系(即 $\Delta\sigma-\Delta\varepsilon$ 曲线)进行联立，则可求得局部应力变程 $\Delta\sigma$ 和局部应变变程 $\Delta\varepsilon$。

本章 4.1.2 中对疲劳缺口系数 K_f 的特点已有介绍，因此不难理解：修正的 Neuber 法是一个近似方法，也是一个经验方法。与式(4-13)中采用 K_t 相比，式(4-14)中采用 K_f 是为了将光滑试样疲劳强度和缺口试样疲劳强度联系起来。因此，与 Neuber 方法相比，修正的 Neuber 方法实际上是希望疲劳寿命估算得更加准确，而不是力图使局部应力应变的计算更加准确。特别地，在疲劳研究的语境中，往往将修正的 Neuber 法也简称为 Neuber 法，实际使用时应注意辨别。

2. 弹塑性有限元解法

随着计算机的广泛使用和弹塑性有限元分析软件的完善，弹塑性有限元分析变得越来越容易。由于结构在服役期受到的载荷作用次数很多，看起来好像用弹塑性有限元增量法来分析缺口处应力应变历程是不现实的，其实则不然，对于一个真实的工程结构，其交变载荷序列中只有极少的部分(百分之几甚至不到1%)进入了塑性段，而对弹性段的分析实际上是很快的。因此，现在的计算手段是完全可以实现上述需求的。

与(修正的)Neuber 法相比，用弹塑性有限元求解缺口根部的应力应变历程在某些方面具

有明显的优势，例如，限制少，可用于各种边界条件；可分析多轴载荷作用下的局部应力应变分布。而主要困难在于：材料的循环本构模型十分复杂；循环屈服准则还没有很好地解决；暂时还没有可以很方便地进行循环应力-应变分析的商用软件。

4.4.3　关于局部应力应变法的讨论

局部应力应变法的优点如下：

(1) 使用的是材料的 $\varepsilon - N$ 曲线，试验量相对较小；

(2) 采用局部真实的应力与应变，比较真实地反映了结构局部的疲劳损伤状态；

(3) 考虑了塑性应变的影响和载荷顺序的影响。

局部应力应变法的不足如下：

(1) 仅适用于低周疲劳分析，一般不可外延至高周疲劳寿命分析；

(2) 无法考虑应力梯度和多轴应力对结构疲劳寿命的影响；

(3) 无法考虑尺寸效应、表面状态以及加工装配等因素的影响；

(4) 所需要的材料性能参数较多且有些参数（如 K_f）不易确定，导致计算结果的稳定性较差。

4.5　应力场强法与临界距离理论

工程实践表明，疲劳寿命/疲劳强度并不完全取决于缺口应力应变最严重点处的受力/变形，其周围的应力梯度与应力应变场对疲劳寿命/疲劳强度亦有影响；换句话说，缺口件的疲劳寿命并不是取决于“危险点的应力/应变历程”，而是取决于“危险点附近的一个区域内等效应力/应变的历程”。秉承这一思想，研究人员提出了应力场强法、临界距离理论、高应力体积法、最弱链方法等。本节主要对前两者进行介绍。

4.5.1　应力场强法的基本原理

根据材料的破坏机理和疲劳损伤的研究结果，我国学者姚卫星等人提出了用场强参量 σ_{FI} 来反映缺口件受载的严重程度，如图 4-8 所示，并假定：若缺口根部的应力场强度的历程与光滑试样的应力场强度的历程相同，则二者疲劳寿命相同。可以看出，应力场强法的控制参数既不是最大应力/应变，也不是名义应力法中的名义应力和应力集中系数，而是应力场强 σ_{FI}。

应力场强 σ_{FI} 定义为

$$\sigma_{FI} = \frac{1}{V}\int_{\Omega} f(\sigma_{ij})\phi(r)\mathrm{d}V \tag{4-15}$$

式中，Ω 为缺口疲劳破坏区；V 为 Ω 的体积；$f(\sigma_{ij})$ 为破坏函数；$\phi(r)$ 为权函数。对于平面问题，式(4-15)可写为

$$\sigma_{FI} = \frac{1}{S}\int_{D} f(\sigma_{ij})\phi(r)\mathrm{d}S \tag{4-16}$$

式中，S 为二维缺口疲劳破坏区（即区域 D）的面积。

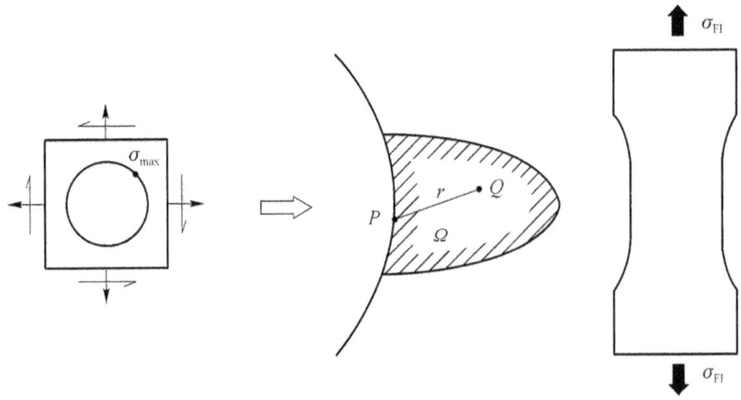

图 4-8 应力场强法模型

该方法中各参量的解释如下。

1. 缺口疲劳破坏区 Ω

Ω 的大小和形状只与材料性能有关，与外载荷、应力应变分布、缺口几何形状等无关。对于不同的材料来说，由于晶粒尺寸、缺陷分布、组织结构等微观特征存在差异，因此缺口破坏区 Ω 也有所不同。经验表明，Ω 一般为数个晶粒的尺寸；若要作更详细的分析，可引入随机变量的概念，即将 Ω 视作一个随机变量。

然而，要将缺口疲劳破坏区 Ω 的形状和大小与疲劳破坏定量地联系起来，目前尚有一定困难。因此，一般从宏观力学的角度，可认为缺口疲劳破坏区是以缺口根部为圆心的圆或椭圆，如图 4-8 所示，且目前主要还是只能通过试验手段来确定某一类材料缺口疲劳破坏区的场径。

2. 破坏函数 $f(\boldsymbol{\sigma}_{ij})$

$f(\sigma_{ij})$ 的具体形式涉及材料在不同应力状态下的破坏机理，总的来说，材料不同，其适用的强度理论也有所不同。疲劳破坏也是如此，不同材料的 $f(\sigma_{ij})$ 也不相同：在比例加载下，对于碳钢、铝合金、钛合金等宏观各向同性韧性金属材料，$f(\sigma_{ij})$ 可采用 von Mises 等效应力公式；对于铸铁类脆性金属材料，$f(\sigma_{ij})$ 可采用最大应力公式；对于各向异性材料，$f(\sigma_{ij})$ 可采用 Tsai-Hill 准则或 Tsai-Wu 准则。

3. 权函数 $\boldsymbol{\phi}(\boldsymbol{r})$

权函数 $\phi(r)$ 表征的是 Q 点处应力对 P 点处峰值应力的贡献。从疲劳破坏的机理来看，材料的疲劳损伤累积不是在缺口根部一点处进行的，因此疲劳损伤的累积不仅与缺口根部的最大应力应变有关，还与某一范围内的应力应变场有关。因此可认为：

(1) $0\leqslant\phi(r)\leqslant1$，且 $\phi(r)$ 是关于距离 r 的广义单调函数；

(2) $\phi(0)=1$，即缺口根部最大应力处对于疲劳裂纹萌生的贡献最大。

对于各向同性材料，弹性应力分布只与缺口几何形状有关，因此 $\phi(r)$ 也只与缺口几何形状有关；而对于各向异性材料，$\phi(r)$ 还与材料的弹性性能有关。$\phi(r)$ 的具体形式可以有多种，但应与距离 $|r|$ 和方向 θ 有关，可取其一级近似如下：

$$\phi(r)=1-cr(1+\sin\theta) \tag{4-17}$$

式中，c 为与应力梯度有关的系数，例如，可将其取为相对应力梯度

$$c=\left|\frac{1}{\sigma_{\max}}\cdot\frac{\mathrm{d}\sigma}{\mathrm{d}r}\right| \tag{4-18}$$

4.5.2　应力场强法的基本流程

采用应力场强法估算结构疲劳寿命，所需要的材料疲劳性能数据与名义应力法或局部应力应变法相同，分析过程也比较相近，如图 4-9 所示。具体来说，应通过局部应力应变分析计算得到结构危险部位的应力场强度 σ_{FI}，然后将此参数作为等效应力代入 $S-N$ 曲线，并结合疲劳损伤累积理论估算结构的疲劳寿命。

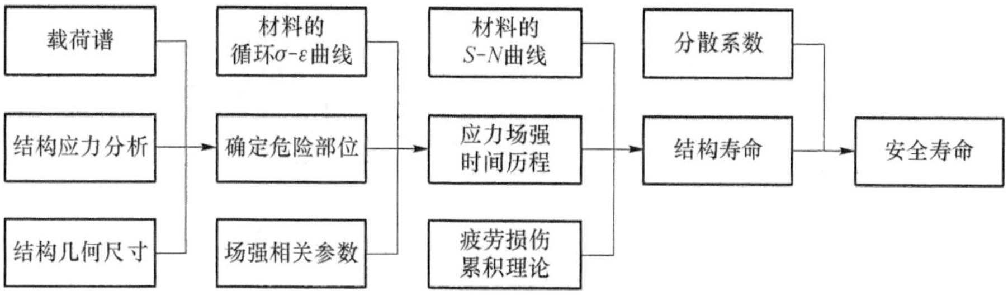

图 4-9　应力场强法估算结构疲劳寿命步骤

4.5.3　临界距离理论的基本原理

在 Neuber，Peterson 等著名缺口疲劳研究学者的工作基础上，英国学者 Taylor 将一系列模型归纳整理为临界距离理论，其基本原理是将缺口根部某区域内的平均应力作为等效应力参量，并根据该参量和材料的 $S-N$ 曲线进行疲劳寿命估算；根据所选区域是缺口根部附近的某点、某线、某面、某体，临界距离理论也进一步被分为“点法”“线法”“面法”“体法”，如图 4-10所示。

“点法”中的等效应力参量可写为

$$\sigma_{\mathrm{eq}}=\frac{1}{L}\int_{0}^{L}\sigma(r)\mathrm{d}r \tag{4-19}$$

式中，L 为特征点到缺口根部的距离。Taylor 认为，当缺口非常尖锐时，可将缺陷等效为一条裂纹，因此可得

$$L=\frac{1}{\pi}\left(\frac{K_{\mathrm{IC}}}{\sigma_{\mathrm{b}}}\right)^{2} \tag{4-20}$$

式中，K_{IC} 为材料的平面应变断裂韧性；σ_{b} 为材料的抗拉强度。因此，当采用式(4-20)取值时，L 实际上为一材料常数。类似地，采用基于尖锐缺口与裂纹相等效的方法，可得“线法”中的线段长度为 $2L$，“面法”中半圆形区域半径为 $1.32L$，“体法”中半球形区域半径为 $1.54L$。

可以看出，临界距离理论与应力场强法在思路上具有高度一致性，即均以缺口根部附近某一区域的等效应力（而非缺口根部应力）作为特征参量来表征和预测疲劳寿命。实际上，将场

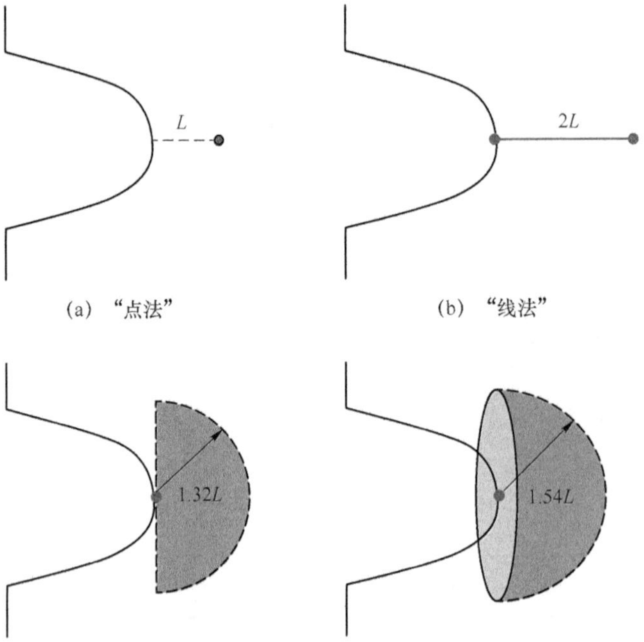

(a) “点法” (b) “线法”

(c) “面法” (d) “体法”

图 4-10 临界距离理论示意图

强法中 σ_{FI}的三个函数或参数(即 $f(\sigma_{ij})$、$\phi(r)$和 Ω)取不同形式,即可与临界距离理论中的具体方法联系起来,当然也可以与名义应力法、局部应力应变法、应力场强法等联系起来。对此感兴趣的读者可阅读本书参考文献[2]。

4.6 DFR 法

波音公司提出的 DFR 法是一种代表性的以给定疲劳寿命所允许的循环应力水平作为特征参量的疲劳分析方法,其最大的优势在于,能够让设计人员采用类似于静强度校核的方法开展疲劳分析校核工作,从而达到简化结构疲劳分析繁复难度、缩短结构疲劳分析工作耗时、降低对经验的依赖性等目标。目前,DFR 法已成为民机结构疲劳分析最常采用的方法①,空客公司的 AFI 方法和中国商飞的 CFQ 方法与此思路基本一致。

对于民机来说,DFR 被定义为:对应应力比 $R=0.06$,指定寿命 $N=10^5$,在 Weibull 分布下具有 95%置信水平和 95%可靠度的,以应力循环中的最大应力表示的细节疲劳强度的下限值。对该定义中各参数的解释如下:

(1) 取指定寿命 10^5,是为了与大型客机、运输机寿命的当量“地-空-地”循环的循环数要

① 军用领域后来实际上也借鉴了 DFR 法,其基本思想与民机 DFR 法相似,但由于军机和民机二者在结构形式、使用方法、载荷谱等方面的特点以及对可靠性的要求上存在差异,因此军机 DFR 法和民机 DFR 法在具体细节上有所不同。本章内容主要以民机 DFR 法为重点进行介绍,军机 DFR 法的具体内容可参考参考文献[39]。

求大致相当。

(2) 取应力比 0.06，一方面是为了与大多数细节的“地-空-地”应力循环的应力特征比较接近，另一方面也使得在用试验测定 DFR 时加载方便①。

(3) 取置信水平 95%和可靠性要求 95%，是对民用运输类飞机结构寿命的一般要求。

DFR 主要以试验和使用经验数据来确定，其上限为 DFR_{cutoff}，下限为 DFR_0，基准值为 DFR_{base}，说明如下。

(1) DFR_{cutoff}是结构允许使用的最大 DFR 值，又称 DFR 截止值，适用于应力集中系数较小的不带连接孔的部位。DFR_{cutoff}是基本结构的设计限制，反映了保护层脱落引起的轻微腐蚀或者制造、修理过程中正常操作可能引起的划伤和擦伤后构件的疲劳品质。

(2) DFR_0 是具有数百个相似细节结构件允许的最小 DFR 值，适用于机翼壁板、机身壁板、蒙皮-桁条结构、蒙皮对缝等基本结构，这些结构中往往包含大量名义上相同的紧固件连接。

(3) DFR_{base}是 DFR_0 的基准值，是规定的典型结构对应的最基本的 DFR 值。须将 DFR_{base} 与各种修正系数相结合来分析确定一个结构件的 DFR_0 许用值。

4.6.1　基本假设

(1) 假定：疲劳寿命服从双参数 Weibull 分布，其分布函数为

$$F_N=1-\exp\left[-\left(\frac{N}{\beta}\right)^{\alpha}\right] \tag{4-21}$$

式中，α 为材料常数；β 为特征寿命。

(2) 假定：平均应力 σ_m 一定时，疲劳寿命在 $10^4\sim10^6$ 范围内，应力幅 σ_a 和对应可靠度 95%、置信水平 95%的疲劳寿命 N 之间的关系（即 $S-N$ 曲线）为幂函数

$$\sigma_a=bS^{-\lg N} \tag{4-22}$$

式中，b 为斜度参数并假设为材料常数。

(3) 假定：对应可靠度 95%、置信水平 95%、$N=10^5$ 的等寿命线为直线，其与横坐标轴交点的横坐标为 σ_{m0}，且 σ_{m0} 为材料常数。

(4) 假定：不同可靠度的 $S-N$ 曲线在双对数坐标上是平行的。

(5) 假定：疲劳损伤服从 Miner 模型。

在上述假设的基础上，DFR 法将材料的 $S-N$ 曲线和等寿命线整合成了一条标准 $S-N$ 曲线，用于表示恒幅载荷作用下结构细节处的应力水平、疲劳寿命和疲劳额定值之间的关系。

4.6.2　系数与修正

某些因素或参数对于 DFR 具有重要影响，为此需要在确定 DFR 值时通过一系列系数来予以考虑。这些系数包括疲劳可靠性系数(Fatigue Reliability Factor，FRF)、构件疲劳额定系

① 考虑到液压疲劳试验机存在控制误差，若在试验中取零值载荷，则可能产生压缩载荷，既不利于获得准确的疲劳试验结果，也可能对试验件或试验机产生不利影响，因此一般要避免。

数 R_C，以及多个考虑材料、加工、装配等方面因素的修正系数。

结构的 FRF 是针对疲劳设计的可靠性目标要求所引入的一种系数，在确定 FRF 时应综合考虑飞机结构效率和成本竞争力，不可因过于保守使得结构重量明显增加，也不可因对影响可靠性的重要因素考虑不足而导致安全可靠性下降。FRF 取值与结构设计概念（损伤容限或安全寿命）、结构型式、结构选材等因素有关，见表 4-3，其中，FRF=1 代表了疲劳性能的基本可靠性水平，即可靠度 95%、置信水平 95%、用于易于接近且易于修理的结构。特别地，对于少数仍采用安全寿命思想进行设计或修理检查不太容易的结构细节，一般需要附加 FRF 才能保证其具有足够的安全性和经济性。

表 4-3　FRF 的参考取值

设计思想	结构形式	FRF 参考值
损伤容限	易于接近（即易于检查）且易于修理	1.0
	不易于接近或不易于修理	1.5
	特殊部位（在这些部位，不能预期的早期疲劳裂纹会导致修理和预防性改型，造成较长时间的地面停机）	2.0
安全寿命	起落架结构	2.0
	受地面载荷的铝合金结构	2.6
	受地面载荷的钛合金结构和钢结构	3.7
	受飞行载荷的铝合金结构和钛合金结构	4.0

含相似关键细节数少的结构比关键细节数多的结构更可靠，因此前者的 DFR 许用值应更高，后者的 DFR 许用值应更低，而构件疲劳额定系数 R_C 则用于考虑结构中相似关键细节数对 DFR 值的这种影响，见表 4-4。对于具有数百个危险细节的基本结构，取 $R_C=1$，即结构件的 DFR 许用值与基本许用值 DFR_0 相等；对于少量相似应力集中或相似紧固件的结构件，取 $R_C>1$，即结构件的 DFR 许用值比基本许用值 DFR_0 更高。结构件的 DFR 许用值则用 DFR_0 乘构件疲劳额定系数 R_C 获得。

表 4-4　构件疲劳额定系数 R_C 的取值

试样或结构件中的相似关键细节数 n_d	构件疲劳额定系数 R_C			
	铝合金	钛合金	中强钢 $s_b \leqslant 1\ 655$ MPa	高强钢 $\sigma_b > 1\ 655$ MPa
基本结构件（>100）	1.00	1.00	1.00	1.00
51～100	1.10	1.13	1.11	1.16
21～50	1.17	1.23	1.19	1.27
11～20	1.24	1.33	1.27	1.39
5～10	1.31	1.43	1.36	1.51
1～4	1.44	1.63	1.51	1.76

某些材料、加工、装配等方面的因素对结构 DFR 值有重要影响，为此定义了一系列修正系数，用于修正在选定的基准情况下求出的 DFR_{base} 值，而基准情况下的各种修正系数均为 1.0，

表 4－5 中列出了几种主要的修正系数。此外，还有一些其他的修正系数，如针对双向受载接头的修正系数 φ，以及针对超差的边距系数、间距系数、端距系数等，在此不赘述，读者可参考本书参考文献[31]或相应工程手册。可以看出，与名义应力法相比，DFR 法更加精细地考虑了如加工、制造、装配等多方面因素的影响。

表 4－5　DFR 的主要修正系数

用　途	修正系数		定　义
有机械紧固件的结构	A	孔填充系数	用以考虑所选用的紧固件与 DFR_{base} 中的基准紧固件关于孔填充效果（包括各种连接材料、各种类型钉头、各种钉孔配合、孔的各种工艺方法、紧固件类型等）的差异
	B	合金表面处理系数	用以考虑装配细节处所选用材料的情况，如各种连接材料、板材、棒材、锻件、表面处理状态（机加、喷丸、有无密封、表面粗糙度等）。 仅适用于有紧固件的细节，无紧固件的细节应采用粗糙度系数 F 代替系数 B
	C	埋头深度系数	用以考虑结构中各种紧固件的不同直径及不同埋头深度
	D	材料叠层系数	用以考虑名义上是低载荷传递结构中孔填充的弱化及二次载荷传递对疲劳性能的影响，其中，叠层包括所有的连续结构元件，但不包括局部接头以及非结构元件
	E	螺栓夹紧系数	用以考虑所选用紧固件和基准紧固件在拧紧力矩等夹紧情况方面的差异
无紧固件的结构	F	粗糙度系数	用以考虑无紧固件的细节（如缺口和圆角）所选用材料的情况
所有结构	U	凸台有效系数	用以考虑凸台的有效性。 在对称凸台情况，通常允许充分利用凸台材料；在偏心凸台情况（如搭接接缝），由于弯曲的作用，附加的材料并不完全有效

可以看出，DFR 和修正系数充分考虑了飞机的典型结构特征和典型使用方法，因此 DFR 法的应用前提是飞机在结构特征和使用方法上具有一定的继承性，否则应开展大量试验来确定 DFR 和相关的修正系数。从这个角度来看，DFR 法对于民机系列化机型的设计工作来说尤为适用。

4.6.3　DFR 的确定方法

一般来说，DFR 许用值的确定方法有两种，即通过试验和经验数据确定，或通过分析计算方法确定。特别地，对于复杂结构来说，其 DFR 值应由试验确定。

1. 根据试验数据获得 DFR 的方法

（1）通过试验获得结构细节的疲劳寿命数据，在疲劳寿命服从双参数 Weibull 分布的假设基础上，计算得到其特征寿命 β。

（2）计算基本可靠性寿命 $N_{95/95}$，即

$$N_{95/95}=\frac{\beta}{S_T S_C S_R} \tag{4-23}$$

式中，S_T 为试验件系数；S_C 为置信系数；S_R 为可靠性系数。这三个系数根据实际试验情况查表确定。

(3) 根据试验应力情况和基本可靠性寿命，由标准 $S-N$ 曲线确定结构细节的 DFR 值。

2. 根据分析计算获得 DFR 的方法

(1) 根据被分析细节的情况确定试验件系数 S_T、置信系数 S_C、可靠性系数 S_R，并确定结构的 DFR_{base} 值。

(2) 由 DFR_{base} 和各种修正系数来分析确定具有大量相似细节的结构件的 DFR_0，即

$$DFR_0 = DFR_{base} \cdot A \cdot B \cdot C \cdot D \cdot E \cdot U \cdot F \tag{4-24}$$

(3) 确定结构件中相似的关键细节数和有关部位的材料，进而确定疲劳额定系数 R_C。

(4) 确定结构件的 DFR

$$DFR = DFR_0 \cdot R_C \tag{4-25}$$

4.6.4 分析步骤

采用 DFR 法进行疲劳分析的基本步骤如下。

(1) 确定目标寿命——飞行起落数。

新设计飞机的目标寿命和飞行时间应在设计的初期制定，并在设计要求和目标文件中给出；有特殊要求的飞机，经有关部门批准，可以根据实际情况自行确定飞行时间和飞行起落数。

(2) 确定 FRF。

(3) 确定“地-空-地”应力循环①。

首先确定所研究结构细节的使用载荷情况，然后进行应力分析并给出应力剖面图，最后选取剖面图中最低应力和最高应力构成“地-空-地”应力循环。

(4) 计算“地-空-地”损伤比。

所谓“地-空-地”损伤比，指的是“地-空-地”应力循环所产生的疲劳损伤与一次飞行所造成的总损伤之比，一般采用 Miner 模型计算。

(5) 计算当量“地-空-地”循环数。

所谓当量“地-空-地”循环数，指的是造成与结构在目标寿命期内所受总损伤相等的“地-空-地”循环数，计算过程中需要考虑 FRF。

(6) 确定被检查结构的 DFR。

(7) 确定“地-空-地”许用应力 $[\sigma_{max}]$。

所谓“地-空-地”许用应力 $[\sigma_{max}]$，指的是具体结构细节(DFR 已定)部位在实际使用的当量“地-空-地”循环数及其应力比的情况下，所允许的最大应力。具体来说，应根据第(3)步给出的应力比、第(5)步给出的当量“地-空-地”循环数和第(6)步给出的 DFR，由“标准 $S-N$ 曲线”求出“地-空-地”许用应力 $[\sigma_{max}]$。

(8) 计算疲劳裕度。

疲劳裕度按照下式计算：

$$\text{疲劳裕度} = \frac{\text{“地－空－地”循环许用应力 } [\sigma_{max}]}{\text{“地－空－地”循环最大应力 } \sigma_{max,GAG}} - 1 \tag{4-26}$$

① 指的是一次飞行中空中的最大应力与地面的最小载荷所组成的一个应力循环。对于运输类飞机来说，“地-空-地”循环往往是一次飞行中造成疲劳损伤最为严重的载荷/应力循环。

若疲劳裕度为正，则结构件能在给定应力谱下满足目标寿命要求；若疲劳裕度为负，则必须减小使用应力或改进设计增加 DFR。

(9) 计算要求的结构细节疲劳额定强度[DFR]。

所谓结构细节疲劳额定强度[DFR]，指的是结构刚好满足给定应力谱下给定目标寿命要求(即疲劳裕度等于 0)的 DFR。

(10) 计算可靠性寿命(疲劳寿命)。

(11) 完成疲劳检查表。

4.6.5　主要特点

从上述介绍中，可总结出 DFR 的主要特点。

(1) 引入了表征结构细节固有疲劳品质的 DFR 参量，使得以疲劳裕度表征的疲劳分析方法类似于用强度裕度表示的静强度校核方法，从而更容易被不具有结构疲劳专门知识的一般设计人员所接受和掌握。

(2) 规定了典型飞行任务剖面的标准使用情况和主要结构件(Principal Structural Element，PSE)载荷情况的最小分析范围，提供了进行谱分析的用超越数表示的各种载荷谱曲线和进行当量化分析所用的当量载荷作用次数，简化了应力谱的计算工作。

(3) 针对民机结构疲劳损伤以"地-空-地"循环损伤为主这一特点，通过"地-空-地"损伤比的计算，将载荷谱的作用等损伤折算为当量"地-空-地"循环数，用以确定"地-空-地"许用应力及疲劳裕度。

(4) 采用了以 DFR 为主要参量的"标准 $S-N$ 曲线"和疲劳损伤图表，保证了结构疲劳寿命与疲劳强度的基本可靠性水平，并引入 FRF 以确保结构满足指定的可靠性要求。

(5) 从结构打样设计阶段就可以开始进行疲劳检查，使得疲劳分析工作贯穿于结构设计全过程，有效避免了大的设计反复，大幅提高了设计质量和工作效率。

思考题

1. 一个带圆孔的无限大板在垂直方向(y 向)受拉伸载荷(应力 S)，此时

(1) 应力集中系数 K_t 是多少?

(2) 孔顶部的切向应力是多少?

(3) 切向应力沿着孔边如何变化?

(4) σ_y 沿着 x 向如何变化? 孔边的应力梯度 $d\sigma_y/dx$ 是多少?

2. 应力集中系数 K_t 的量纲是什么? 对于几何相似但尺寸不同的缺口，这个量纲意味着什么? 缺口周围的应力梯度与缺口的尺寸是否相关?

3. 缺口件的哪个尺寸对应力集中最重要?

4. 工程实际中的缺口件尺寸往往很大，直接对该尺寸结构做疲劳试验很不方便，也很不划算，因此一般会设计结构模拟件。在设计结构模拟件的时候，你认为应该着重保障实际结构

件与结构模拟件之间哪些特征的一致性?

5. 如果不考虑经济性问题,直接对工程实际中的缺口件开展疲劳试验,其试验结果能够直接用于飞机服役结构的疲劳评定结论吗?为什么?

6. 大铸件的制造厂往往喜欢在铸件上留厂名,可以在铸件表面做凸出的字母、也可以向下做凹刻的字母,请比较这两种情况的应力集中程度,确定哪种方法更可取。

7. 从名义应力法到应力场强法,几乎所有方法都试图寻找一个参量来描述缺口应力应变场,进而表征疲劳性能,你认为该思路是否准确、全面?借助新的研究手段与技术,你能想到哪些新的寻找该参量的思路或方法?

8. 为什么当前还不存在缺口件 $S-N$ 曲线的理论预测方法?

9. 上述这些方法及其结论主要应用于飞机设计的哪个阶段?

第5章 耐久性分析与经济寿命评定

对飞机金属结构开展耐久性分析的目标是评定经济寿命，具体来说则包括以下几方面的问题。

(1) 耐久性分析的对象是谁？

(2) 结构初始状态的疲劳质量如何表征？

(3) 结构的损伤程度如何表征？

(4) 结构的损伤程度随着使用时间发生怎样的演化？

(5) 结构的损伤程度演化到什么水平时就认为达到了经济寿命？

在本书的第2章中，上述几个问题已经得到了初步的解答：

(1) 耐久性分析的对象往往是一个部件、一架飞机或整个机队的结构细节群；

(2) 结构初始状态的疲劳质量通过原始疲劳质量(IFQ)来表征；

(3) 结构的损伤程度一般简称为损伤度，通常采用裂纹长度超过经济修理许用值的细节数量(或该数量占细节总数量的百分比)来表征；

(4) 当结构细节群的裂纹超越数达到所规定的许用值时，就认为结构达到了经济寿命。

对于概率断裂力学方法(PFMA)、确定性裂纹扩展方法(DCGA)、裂纹形成方法(CIA)、功能失效概率控制方法等当前几种主要的耐久性分析方法来说，上述问题的解答是基本相同的，但不同方法在具体细节上有所差异。对此，本章将围绕上述五个方面的问题作出更为细致的介绍，以期读者们能够更深刻地认识各方法的相关概念、主要思路和使用条件。其中，PFMA 方法是最具代表性的耐久性分析方法，因此本章将着重介绍。

5.1 PFMA 方法

PFMA 方法是以某个完整结构的细节群为研究对象，研究该结构内全部相同细节的裂纹尺寸随时间的变化规律，从而得到损伤度与使用时间的关系，进而按照裂纹超越数概率准则(或修理/更换费用比准则)来分析评定结构的经济寿命和相关的耐久性设计要求。PFMA 方法的基本思想是通过裂级形成时间(Time To Crack Initiation，TTCI)数据集推导得到当量初始缺陷尺寸(EIFS)分布，进而采用通用的 EIFS 分布来表征结构的 IFQ，并在此基础上通过使用期裂纹扩展控制曲线(Service Crack Growth Master Curve，SCGMC)给出损伤度随时间变化的函数关系。

5.1.1 耐久性分析对象、范围及细节群应力区划分

耐久性分析的对象是指要分析的是结构的一个或几个关键件，一个或几个部件，还是整个结构。关键构件的耐久性分析是部件和整个结构耐久性分析的基础。在一个关键构件中又可能包含一种或几种结构细节。结构细节是指那些易于产生疲劳裂纹的部位，材料、几何形状、加工工艺相同或相近的细节属于同一种细节。耐久性分析重点考虑那些应力水平高、应力集中严重的细节。

耐久性分析的范围是指要分析的是某个结构、一批结构，还是现有的全部这种结构。若一个关键构件中的一种细节数量较大，足以保证在划分应力区后各应力区的细节数不少于30时，可以取一个构件的该细节组成细节群，作为耐久性分析的范围；若一个关键构件包含的一种细节数量较小，划分应力区后主要应力区的细节数远小于30，可以取这批结构或现有的全部该种结构构件的相同细节构成细节群，作为耐久性分析的范围。

特别地，划分细节群应力区时应遵循以下原则。

(1) 若同一细节群中每个细节处的应力水平不同，则应进行应力区的划分，划入同一应力区的细节处视为具有相同的应力水平。划分应力区的依据是构件的应力分析计算或应力实测所给出的各细节处名义应力。

(2) 划分应力区的原则是将应力大致相同的细节划入同一个应力区，并使每个应力区内细节的数量最好能达到30个以上。对细节群耐久性损伤影响较大的高应力区，其最大与最小的应力相差不要超过5%，而应力水平较低的应力区允许各细节的应力相差得稍大一些。

(3) 每个应力区的名义应力可以取所含各细节名义应力的平均值。在工程实际中，为使耐久性分析结果偏于安全，通常取为所含各细节实际应力的最大值。

5.1.2 原始疲劳质量(IFQ)模型

1. IFQ的两种表示方法

由于材料、几何、制造、装配等存在一定的随机性与分散性，即便在相同的载荷谱作用下，结构细节也可能会具有不同的疲劳寿命，因此一个合理的IFQ模型必须能够考虑这些方面所造成的随机性与分散性。在PFMA方法中，结构的IFQ通常采用TTCI分布和EIFS分布来表示。

所谓TTCI，指的是结构细节在给定载荷谱作用下达到某一指定裂纹尺寸值所经历的时间，其分布采用随机变量T表示，其取值用t表示。TTCI及其分布能够通过试验进行直接而方便的观察和测量，因此通过TTCI分布来描述IFQ是最直接的方法。然而，TTCI是包括载荷谱、应力水平、参考裂纹尺寸在内的许多变量的函数，一旦这些参量中的任意一个或几个发生变化，就必须重新开展试验进行测定；另一方面，考虑到当前尚未能解析TTCI与所有因素之间的函数关系，采用TTCI来表征IFQ具有较大的相对性和局限性，因此一般仅用于IFQ的定性比较，而不用于IFQ的定量描述。

显然，相比于TTCI，结构细节在零时刻(即初始状态)时的裂纹/缺陷特性将是结构IFQ更直接的表示方法。然而，零时刻结构细节所包含的缺陷形式不一定是裂纹，也可能是杂质或

腐蚀坑等其他缺陷形式，且对零时刻结构细节群缺陷尺寸分布的直接观测在工程实践中不太可行。对此，研究人员提出了 EIFS 分布的概念来表示结构细节在零时刻时的等效裂纹尺寸分布，这里的 EIFS 分布是一个假想的裂纹尺寸分布，它并非直接地描述结构细节中真实的初始缺陷尺寸分布，而是当量地描述结构细节中真实的初始缺陷尺寸分布对 TTCI 分布的影响。EIFS 分布采用随机变量 X 表示，其取值用 x 表示；在给定载荷谱、应力水平和参考裂纹尺寸 a_r 情况下，EIFS 是 TTCI 的函数。

2. 确定 EIFS 分布的方法

确定 EIFS 分布主要有 TTCI 反推法和 EIFS 拟合法两种。TTCI 反推法在选定 TTCI 分布模型后，采用一种应力水平下所有试验件的 TTCI 值所构成的样本来估计相应的分布参数，并依据 EIFS 与 TTCI 之间的函数关系来确定 EIFS 分布的参数。EIFS 拟合法则是基于所有应力水平下各试验件对应 a_r 的 TTCI 值，依据 EIFS 与 TTCI 之间的函数关系反推出 EIFS 值的样本，然后通过拟合确定出与 TTCI 分布相容的 EIFS 分布参数估计值。

以 TTCI 反推法为例进行说明，该方法的流程如图 5－1 所示。从图中可以看出，要建立 EIFS 分布，需要知道三个方面的条件：TTCI 的分布模型及其描述，EIFS 分布（及通用 EIFS 分布）的描述，以及从 EIFS 到 TTCI 的映射关系（即 EIFS 控制曲线）。

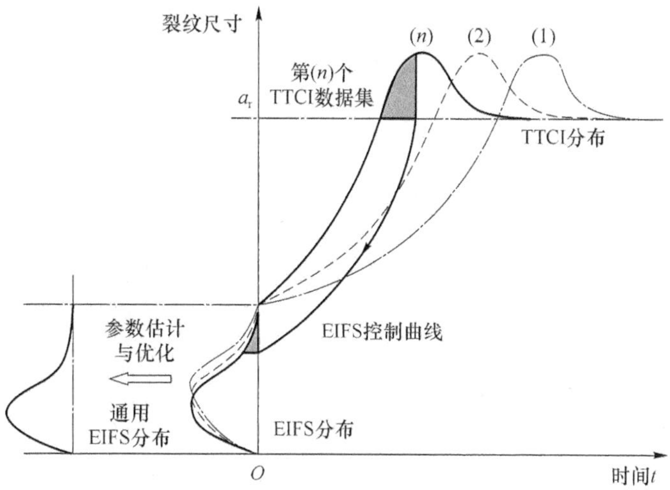

图 5－1　TTCI 反推法流程示意图

（1）EIFS 控制曲线。

适用于相对小裂纹范围[①]的裂纹扩展方程采用形式[②]如下

$$\frac{\mathrm{d}a}{\mathrm{d}t}=Q\left[a(t)\right]^{b} \tag{5-1}$$

式中，Q 和 b 为与材料特性、载荷谱、结构细节类型等相关的参数。严格来说，两参数均应通过试验数据拟合得到；然而，实际工作中一般采用单参数形式，即取 $b=1$ 作为已知条件[③]，这样

① 即从 EIFS 到相对小裂纹上限。研究表明，当裂纹尺寸超过 0.03 inch（约 0.76 mm）时，式（5－1）就失效了。特别地，对紧固孔而言，其上限取约 1.2 mm。

② 也可以使用其他的裂纹扩展方程，但从简单性和对描述裂纹扩展速率的通用性综合考虑，通常采用该方程。

③ 美国空军对大量试验数据的统计分析表明，参数 b 在 1 附近取值。

也有利于将式(5-1)积分得到 EIFS 控制曲线,而后 Q 的取值可在对式(5-1)两端取对数后通过最小二乘法拟合得到。

(2) TTCI 分布模型。

由于 TTCI 本质上是疲劳寿命,因此工程上常用 Weibull 分布描述,三参数 Weibull 分布①函数可写为

$$F_T(t)=1-\exp\left[-\left(\frac{t-\tau}{\beta}\right)^{\alpha}\right],\quad t\geqslant\varepsilon \tag{5-2}$$

式中,α 为形状参数;β 为比例参数;τ 为 TTCI 的下界或最小参数。从图 5-1 中可知,EIFS 的上界 x_u 应当对应于 TTCI 分布下界 τ。

将在第 i 种应力水平下获得的 L_i 个有效断口的 (a,t) 数据的集合称为第 i 个数据集,由第 i 个数据集确定裂纹扩展参数 Q_i,并将第 i 个数据集中与指定 a_r 对应的 L_i 个 $(t_k)_i$ 按从小到大的次序排列:$t_1<t_2<\cdots<t_{L_i}$,则对应于 t_k 的 TTCI 累积分布概率 $F_T(t_k)$ 的均值估计量为

$$F_T(t_k)=\frac{k}{L_i+1} \tag{5-3}$$

式中,k 为 $(t_k)_i$ 值重新排序后的序号。

第 i 个数据集的 TTCI 分布的形状参数 α_i 和比例参数 β_i 通过最小二乘法得到

$$\alpha_i=\frac{L_i\sum_{k=1}^{L_i}Y_kZ_k-\sum_{k=1}^{L_i}Y_k\sum_{k=1}^{L_i}Z_k}{L_i\sum_{k=1}^{L_i}Y_k^2-\left(\sum_{k=1}^{L_i}Y_k\right)^2},\quad \beta_i=\exp\left(\frac{\alpha_i\sum_{k=1}^{L_i}Y_k-\sum_{k=1}^{L_i}Z_k}{\alpha_iL_i}\right) \tag{5-4}$$

式中,$Z_k=\ln\{\ln[1-F_T(t_k)]^{-1}\}$;$Y_k=\ln(t_k-\tau_i)$。

3. EIFS 分布与通用 EIFS 分布

指定载荷谱应力水平(即 Q 和 b 已知)及 a_r 下,当量初始缺陷尺寸 X 是寿命 T 的函数,因此 EIFS 分布可由 TTCI 分布推出,其分布函数为与 TTCI 分布相容的三参数 Weibull 分布②

$$F_X(x)=\exp\left\{-\left[\frac{\ln(x_u/x)}{Q\beta}\right]^{\alpha}\right\}\quad 0<x\leqslant x_u \tag{5-5}$$

严格来说,IFQ 反映的是结构本身的特性,应当与载荷谱、应力水平、环境条件等设计变量无关。然而,耐久性分析中的 IFQ 是一个假想的物理量,而非一个真实的物理量,且相对小裂纹的扩展方程在定量意义上也不完全符合真实的小裂纹扩展规律,因此通过上述方法推导得到的 EIFS 分布不可能完全独立于载荷谱、应力水平、环境条件等变量;换言之,这样得到的 EIFS 分布不是通用的,无法作为结构细节 IFQ 的合理表征。

要想求得能够合理表征结构细节 IFQ 的通用 EIFS 分布,就必须通过一定方法来使得通

---

① 三参数 Weibull 分布的参数估计需要开展大样本的耐久性试验,需要较多的经费、时间和人力投入,且样本较小时三参数 Weibull 分布所估计的参数的稳定性较差,特别是 α 值的波动对所预测的经济寿命影响很大。在这种情况下,统计检验表明,可认为 TTCI 服从双参数 Weibull 分布(即取 $\varepsilon=0$ 的三参数 Weibull 分布),美国民用飞机结构寿命的可靠性分析方法就是在双参数 Weibull 分布的基础上建立的。

② 美国空军在大量试验数据的基础上,采用统计分析方法检验了 Johnson 分布族(包括对数正态分布)、Pearson 分布族、Weibull 分布、渐进分布(包括第一、第二、第三渐进分布)、与 TTCI 分布相容的 Weibull 分布、与 TTCI 分布相容的对数正态分布等分布函数,发现与 TTCI 分布相容的 Weibull 分布、与 TTCI 分布相容的对数正态分布、第二类渐进分布的效果最好。

用 EIFS 分布与设计变量无关，或者至少使得通用 EIFS 分布对设计变量不敏感。为了降低载荷谱和环境条件对 EIFS 分布通用性的影响，一般要求耐久性试验的载荷谱和环境条件应当与实际情况相同或相近，最好能够在试验中采用真实结构的详细设计载荷谱或实测载荷谱。为了降低应力水平对 EIFS 分布通用性的影响，TTCI 反推法一般要求开展至少三个应力水平的耐久性试验[①]，并分别求得这几种应力水平下的 EIFS 分布，然后基于数理统计理论与参数估计方法对分布参数进行优化，最终求得通用 EIFS 分布的参数。

5.1.3　使用期裂纹扩展控制曲线(SCGMC)

SCGMC 是给定应力区裂纹尺寸等于 x_1 的细节在 $t=0$ 时的当量初始缺陷尺寸 $y_{1i}(t)$ 随时间 t 变化的曲线。基于 SCGMC，可求得给定应力区中在使用时间 t 时扩展达到指定参考裂纹尺寸 x_1 的当量初始缺陷尺寸 $y_{1i}(t)$，并在之后用于与 EIFS 分布函数一起求得该应力区在时间 t 所对应的裂纹超越数概率 $p(i,t)$，如图 5－2 所示。

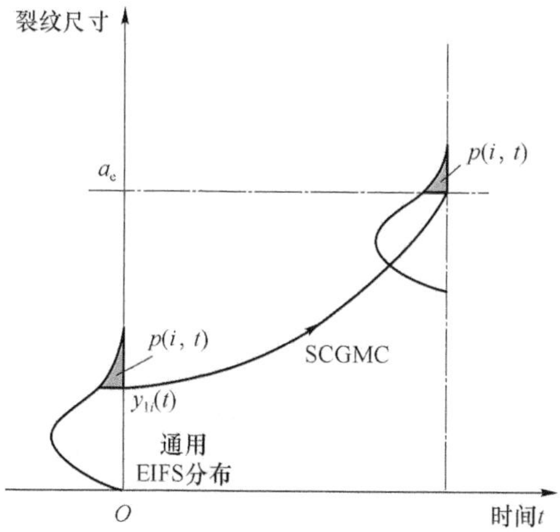

图 5－2　EIFS 分布随时间的扩展与 SCGMC

SCGMC 的数学表达式通过积分式(5－1)得到。由于有 $t=0$ 时 $a=y_{1i}(t)$，$t=t$ 时 $a=x_1$，因此 SCGMC 的数学表达式为

$$y_{1i}(t)=x_1\exp(-Q_i t) \tag{5-6}$$

式中，选定的参考裂纹尺寸 x_1 在耐久性分析中就是细节的经济修理极限 a_e，其大小取决于选择的修理所导致的细节尺寸增加量，该增加量应扣除裂纹前缘塑性区的尺寸；Q_i 是 SCGMC 中仅有的未知量，通常用断口数据集确定。各应力区 SCGMC 对应的 Q_i 值可由下式确定

$$Q_i=\xi\sigma_i^{\gamma} \tag{5-7}$$

式中，σ_i 为使用载荷谱所对应的第 i 个应力区细节应力水平；ξ 和 γ 为系数，由建立 EIFS 分布时模拟试验件耐久性试验的 m 种应力水平对应的 $\sigma_j\ (j=1,2,\cdots,m)$ 与由断口数据处理而得的 $Q_j\ (j=1,2,\cdots,m)$ 共同确定。

① 这就是前文中在求 TTCI 分布及参数估计时特别强调“第 i 种应力水平”的原因。

5.1.4 各应力区与细节群的裂纹超越数

1. 各应力区的裂纹超越概率

指定应力区(i)中一个细节在指定时间t时裂纹尺寸超过经济修理极限a_e的概率，称为该应力区在时间t时的裂纹超越概率，用$p(i,t)$表示，其表达式为

$$p(i,t)=P\{a(t)>a_e\}=P\{X>y_{1i}(t)\}=1-F_X[y_{1i}(t)] \tag{5-8}$$

式中，F_X为通用 EIFS 分布函数。

特别地，当采用式(5-1)作为裂纹扩展方程时，$p(i,t)$为

$$p(i,t)=1-\exp\left\{-\left[\frac{\ln[x_u/y_{1i}(t)]}{Q\beta}\right]^{\alpha}\right\},\quad 0<y_{1i}(t)\leqslant x_u \tag{5-9}$$

2. 各应力区的裂纹超越数

指定细节群给定应力区(i)的裂纹超越数$N(i,t)$是指该应力区在指定时间t时裂纹尺寸超过a_e的细节数量。指定时间t对应的$N(i,t)$是一个离散型随机变量，若将应力区(i)中包含的细节数记为N_i，则在时间t时裂纹尺寸超过a_e的细节数$\overline{N}(i,t)$服从参数为N_i和$p(i,t)$的二项式分布，因此其数学期望(平均裂纹超越数)$\overline{N}(i,t)$为

$$\overline{N}(i,t)=N_i p(i,t) \tag{5-10}$$

其标准差为

$$\sigma_N(i,t)=\{N_i p(i,t)[1-p(i,t)]\}^{\frac{1}{2}} \tag{5-11}$$

3. 结构细节群的裂纹超越数

结构的指定细节群包含若干个应力区$(i=1,2,\cdots,n)$，结构细节群中裂纹尺寸超过a_e的细节数量用$L(t)$表示。指定时间t对应的$L(t)$是一个随机变量，在每个应力区的细节数$N\geqslant 30$时，$N(i,t)$对应的二项式分布依据中心极限定理，趋近于数学期望为$\overline{N}(i,t)$、方差为$\sigma_N^2(i,t)$的正态分布。在此前提下，细节群的裂纹超越数

$$L(t)=\sum_{i=1}^{n}N(i,t) \tag{5-12}$$

也是一个正态变量，其数学期望(细节群的平均裂纹超越数)$\overline{L}(t)$为

$$\overline{L}(t)=\sum_{i=1}^{n}\overline{N}(i,t) \tag{5-13}$$

其标准差为

$$\sigma_L(t)=\left[\sum_{i=1}^{n}\sigma_N^2(i,t)\right]^{\frac{1}{2}} \tag{5-14}$$

5.1.5 结构损伤度评估

损伤度是结构在达到指定时间t时所产生的耐久性损伤的定量度量。它通常用结构细节群的裂纹超越数或裂纹超越百分数表示，其中裂纹超越百分数等于裂纹超越数除以细节总数。对应上述两种表示方式，损伤度平均值分别为

$$D_m=\begin{cases}\overline{L}(t)\\ \overline{L}(t)/N\end{cases} \tag{5-15}$$

式中，$N=\sum_{i=1}^{n}N_i$ 为总细节数。

对应可靠度 R 的裂纹超越数为

$$L_R(t)=\overline{L}(t)+u_R\sigma_L(t) \tag{5-16}$$

式中，u_R 为分布函数取值为 R 对应的标准正态变量值。

因此，损伤度上界为

$$D_R=\begin{cases}L_R(t)\\ L_R(t)/N\end{cases} \tag{5-17}$$

损伤度除了随时间 t 变化外，还和损伤度的可靠性要求 R、经济修理极限尺寸 a_e 及使用载荷/应力谱的强弱有关。

5.1.6　经济寿命预测

预测经济寿命首先要指定损伤度要求，确定损伤度要求的原则包括以下几个方面。

(1) 构件的许用裂纹超越数依赖于危险性、可接近程度、可检性、修理能力、修理费用、战备状态、可接受的限制等因素。

(2) 可靠度的选取主要取决于构件的安全性和对维持装备战备状态的重要性。对于直接关系到装备安全或关系到保持装备战备状态的重要耐久性关键件，通常取可靠度 $R=0.95$；对于产生裂纹后影响结构的功能但不会导致结构破坏，能够更换且费用又不高的耐久性关键件，可适当降低可靠度要求。

(3) 选取许用裂纹超越(百分)数时要考虑：超过选定的经济修理极限的细节中，裂纹尺寸最大者不会导致无法修理甚至结构破坏。

在此基础上，经济寿命的预测包括两个方面。

(1) 修理前经济寿命预测。

给定经济修理极限和损伤度要求所对应的经济寿命，可以从对应的损伤度曲线或表格查出，或者直接从经济寿命预测程序算出。

预测修理前经济寿命时，应首先选取允许的最大经济修理极限，从而判断若不进行修理，结构的经济寿命能否达到设计使用寿命要求。如果达不到，则应根据所选取的修理方法重新选定经济修理极限，预测修理前的经济寿命。

(2) 修理后经济寿命预测。

如果需要进行一次或多次修理方能使结构的经济寿命达到设计使用寿命要求，应针对所采用的修理程序及方法，对每次修理后的构件进行修理后经济寿命预测。

如果对全部细节均采用相同的工艺和方法进行修理，修理后损伤度评估和经济寿命预测应采用修理后细节的 IFQ(EIFS 分布)和应力水平。

如果只对一部分细节进行修理，修理前的一个细节群在修理后一般会成为两个不同的细节群；对修理后细节群，采用修理后细节的 IFQ(EIFS 分布)确定修理后时间 t 对应的各应力区裂纹超越数概率 $p(i,t)$；对未修理细节群，修理后时间 t 对应的各应力区裂纹超越数概率为

$t'=t+t_0$（t_0 为修理时间）对应的 $p(i,t')$。对于修理后时间 t 对应的结构损伤度，可依据修理后细节各应力区的 $p(i,t)$ 和未修理细节各应力区的 $p(i,t')$ 加以评估。

5.2 DCGA 方法

DCGA 方法采用假设初始缺陷尺寸来描述结构细节的 IFQ，依据相对小裂纹（当量）扩展速率方程和裂纹扩展解析程序来描述结构细节裂纹尺寸的演化，并通过检验这些裂纹尺寸是否超过经济修理极限来判断结构能否达到耐久性的基本要求。应用 DCGA 方法的前提条件是必须有结构细节模拟试验件在任意一种基本载荷谱下的耐久性试验数据，通常可取自同系列或相近系列的其他已进行过耐久性设计或评定的装备结构所积累的试验数据。

具体来说，DCGA 方法有两方面的工作：其一是以最严重应力区的典型细节在 2 倍设计使用寿命时的裂纹尺寸是否超过经济修理极限为判据，验证典型生产质量的结构是否满足 2 倍设计使用寿命期内，假设的初始缺陷不会扩展到可能引起功能损伤的尺寸；其二是以各应力区最差细节在 1 倍设计使用寿命时的裂纹尺寸是否超过经济修理极限为判据，验证结构的经济寿命是否满足必须超过 1 倍设计使用寿命的要求。综合上述两项验证结果，即可检验所设计的结构是否达到耐久性要求，并用以指导结构设计的修改与完善。

5.2.1 初始缺陷假设

1. 初始缺陷的形态

对于紧固孔细节而言，初始缺陷的形态假设为 1/4 圆弧形孔边单侧角裂纹。

对于圆角、几何不连续处等细节，初始缺陷的形态假设为半椭圆形表面裂纹。

2. 初始缺陷的尺寸

（1）在设计初期，可根据材料、工艺和经验，假设相应的初始缺陷尺寸。1/4 圆弧形孔边单侧角裂纹初始缺陷的尺寸可假设为 0.125～0.25 mm；半椭圆形表面裂纹初始缺陷的尺寸可假设为宽度 0.375～0.75 mm、深度 0.125～0.25 mm。对于典型细节通常可取较小值，对于最差细节通常取较大值。

（2）如果建立通用 EIFS 分布时所用载荷谱形式、应力水平、钉传载荷比等均与所分析结构的使用情况比较接近，那么可以由通用 EIFS 分布参数确定初始缺陷尺寸。特别地，典型细节的初始缺陷尺寸 a_0 应为分布函数值为 0.5 对应的 EIFS 取值，而各应力区（i）最差细节的初始缺陷尺寸 a_{0i} 应为分布函数值为（$1-1/N_i$）所对应的 EIFS 取值，其中 N_i 为第 i 个应力区的细节数。

5.2.2 相对小裂纹(当量)扩展速率方程

结构损伤的发展实质上主要是裂纹由当量初始缺陷尺寸发展到真实可检主裂纹的过程，

这一阶段的当量裂纹扩展速率称为相对小裂纹(当量)扩展速率。相对小裂纹(当量)扩展速率方程原则上可以选择任意一种长裂纹扩展速率关系式,一般建议采用 Walker 关系式

$$\frac{da}{dN}=C\left[(1-R)^{m-1}\Delta K\right]^{n} \tag{5-18}$$

式中,C,n,m 为通过试验数据拟合得到的系数。特别地,对于典型细节与各应力区最差细节,系数 C,n,m 的确定方法有所差异。

在此基础上,为考虑变幅载荷对相对小裂纹(当量)扩展的影响,可采用广义 Willenborg 模型,且在应用时可做如下简化:

(1) 取 $\Delta K_{th}=0$;

(2) 超载截断比可取长裂纹阶段所对应的数值,对金属材料而言通常取 2.4～2.8;

(3) 忽略压载加速效应,即当 R 小于 0 时取 $\Delta K=K_{max}$。

相比于 PFMA 方法需要给定载荷谱,DCGA 方法由于能够考虑变幅载荷的影响,因此可以在载荷谱发生变化时预测结构耐久性/经济寿命的变化趋势。特别地,对于系列飞机的改型设计,当结构形式变化不大而载荷谱发生变化时,DCGA 方法可用于验证改型设计后该结构的耐久性是否可以达到基本要求。然而,DCGA 方法不能给出结构损伤度随时间变化的函数关系,从而也就无法准确地预测经济寿命,因此主要适用于初步设计和详细设计阶段的耐久性分析。

5.2.3　结构损伤计算与分析结论

对于典型细节,计算出 2 倍设计使用寿命对应的裂纹尺寸;对于各应力区的最差细节,计算出 1 倍设计使用寿命对应的各应力区最大裂纹尺寸。若所算出的各裂纹尺寸结果均小于经济修理极限,则说明所设计的结构耐久性达到设计要求;反之,则说明所设计结构的耐久性可能达不到设计要求,需要进行设计上的修改或工艺上的改进。

5.3　CIA 方法

CIA 方法采用结构细节裂纹形成寿命[①] $p-S-N$ 曲线族来描述结构细节群的 IFQ。该方法以结构细节所对应的材料在一种指定应力比下的 $p-S-N$ 曲线族为基础,通过一种以上恒幅应力的耐久性试验,确定结构细节裂纹形成寿命 $p-S-N$ 曲线族,进而采用 Miner 模型建立损伤度随时间变化的函数关系,并最终预测经济寿命。

CIA 方法的基本假设包括结构细节裂纹形成 $p-S-N$ 曲线与材料 $p-S-N$ 曲线具有相同的形状参数,且裂纹形成寿命服从对数正态分布或 Weibull 分布。CIA 方法的应用前提是已知结构细节所对应材料的常规疲劳试验数据,以及 1～2 组结构细节模拟试验件在恒幅载荷下的裂纹形成寿命试验结果。由于线性 Miner 模型无法计及谱载中的载荷顺序效应,因此

① 此处,裂纹形成寿命指的是结构细节裂纹萌生并达到经济修理极限所对应的寿命。

CIA 方法主要用于初步设计阶段的耐久性分析。

5.3.1 结构细节裂纹形成 $p-S-N$ 曲线

1. 结构细节裂纹形成 $p-S-N$ 曲线的数学描述

$p-S-N$ 曲线的数学表达式一般采用幂函数式或三参数式。此处及后文中均以幂函数式进行介绍，其表达式可写为

$$\left.\begin{aligned} S^{m_p}N_p=E_p, \quad & N\leqslant 10^7 \\ S=c_p, \quad & N>10^7 \end{aligned}\right\} \tag{5-19}$$

式中，N_p 为对应可靠度 p 的裂纹形成寿命；c_p 为对应可靠度 p 的疲劳极限；m_p 为曲线的形状参数；E_p 为曲线的待定参数。

根据 CIA 方法的基本假设和应用前提，材料的疲劳寿命 $p-S-N$ 曲线已知，且结构细节裂纹形成寿命 $p-S-N$ 曲线与材料疲劳寿命 $S-N$ 曲线具有相同的形状参数，因此对于结构细节裂纹形成 $p-S-N$ 曲线来说，形状参数 m_p 已知。

2. 结构细节模拟试验件的成组恒幅疲劳裂纹形成寿命试验

通过该试验获取裂纹形成寿命的主要步骤如下。

(1) 开展结构细节模拟试验件的耐久性试验①。

(2) 通过表面观察和试验摸索，在确认已有裂纹形成后，在若干循环数 N_k 时实施降载勾线②。

(3) 对试验后的试验件断口进行判读，确定各次勾线开始时的裂纹尺寸 a_k。

(4) 由 (a_k, N_k) 数据确定试验件的裂纹形成寿命 N，一般采用三点拉格朗日插值法，即

$$N=\frac{(a_e-a_l)(a_e-a_{l-1})}{(a_{l+1}-a_l)(a_{l+1}-a_{l-1})}N_{l+1}+\frac{(a_e-a_{l+1})(a_e-a_{l-1})}{(a_l-a_{l+1})(a_l-a_{l-1})}N_l+\frac{(a_e-a_{l+1})(a_e-a_l)}{(a_{l-1}-a_{l+1})(a_{l-1}-a_l)}N_{l-1} \tag{5-20}$$

式中，a_l 为最接近经济修理极限 a_e 的裂纹尺寸。

(5) 确定安全裂纹形成寿命 N_p。

假设裂纹形成寿命 $N_i(i=1,2,\cdots,m)$ 服从对数正态分布，则指定存活率 p 对应的安全裂纹形成寿命为

$$N_p=10^{(\hat{u}+u_p\hat{\sigma})} \tag{5-21}$$

式中，u_p 为标准正态变量的上 p 分位值，而 $\hat{u}$ 和 $\hat{\sigma}$ 的算式为

$$\left.\begin{aligned} \hat{u} &= \frac{1}{m}\sum_{i=1}^{m}\lg N_i \\ \hat{\sigma} &= \sqrt{\frac{1}{m-1}\sum_{i=1}^{m}\left[\lg N_i-\hat{u}\right]^2} \end{aligned}\right\} \tag{5-22}$$

---

① 耐久性试验中，结构细节模拟试验件必须能够模拟结构细节的几何尺寸和工艺质量，载荷条件和环境条件应贴近结构使用的条件。

② 勾线程序应延续到裂纹超过经济修理极限之后，或一直做到试验件破坏。

3. 确定结构细节裂纹形成 $p-S-N$ 曲线表达式的待定参数

结构细节裂纹形成 $p-S-N$ 曲线表达式中，除已定的形状参数外的其他参数，由结构细节模拟试验件成组横幅裂纹形成试验所得到的安全裂纹形成寿命 $(N_p)_u$ 确定，其中 $u=1,2,\cdots,q(q\geqslant 1)$ 为成组试验对应的应力水平 S_u 的序号。对于幂函数式(5-19)，就是要确定参数 E_p

$$\left.\begin{aligned} E_p &= S_1^{m_p}(N_p)_1, & q&=1 \\ E_p &= 10^{\frac{1}{q}\left[\sum_{u=1}^{q}\lg(N_p)_u+m_p\sum_{u=1}^{q}\lg S_u\right]}, & q&\geqslant 2 \end{aligned}\right\} \tag{5-23}$$

5.3.2 各应力区裂纹超越概率随使用时间的变化规律：$p(i,t)-t$ 曲线

在划分完细节群的应力区(划分原则与 PFMA 方法相同)后，将应力区各细节在使用载荷谱作用下的裂纹形成寿命认为是随机变量总体：若存活率为 p 的安全裂纹形成寿命为 t，则意味着对应时间 t 时，应力区中细节裂纹尺寸超过 a_e 的概率 $p(i,t)$ 为

$$p(i,t)=1-p \tag{5-24}$$

此时，给定 $p(i,t)$ 所对应的 t 值即为存活率 $p=1-p(i,t)$ 对应的使用载荷谱下结构细节安全裂纹形成寿命，可通过等寿命线模型、$p-S-N$ 曲线、疲劳损伤累积模型得到。

(1) 采用等寿命线模型(此处以 Soderberg 模型为例)，将应力谱中的各级应力 (S_j,R_j) 等损伤地折算为应力比为 R^* 的峰值应力

$$S_j^*=\frac{(1-R)\sigma_s S_j}{\sigma_s(1-R^*)+S_j(R^*-R_j)} \tag{5-25}$$

(2) 根据 $p-S-N$ 曲线的表达式，确定第 j 级应力水平恒幅作用下的安全裂纹形成寿命 $(N_p)_j$，当采用幂函数式(5-19)时有

$$(N_p)_j=\frac{E_p}{(S_j^*)^{m_p}} \tag{5-26}$$

(3) 采用线性 Miner 模型，计算得到存活率 $p=1-p(i,t)$ 对应的使用载荷谱下结构细节安全裂纹形成寿命

$$t=\frac{T}{\sum_{j=1}^{m}\frac{n_j}{(N_p)_j}} \tag{5-27}$$

式中，T 为应力谱中一个周期代表的寿命；n_j 为第 j 级应力水平循环数。

至此，即可由若干组 $[p(i,t),t]$ 数据绘制出 $p(i,t)-t$ 曲线，或采用适当的函数形式拟合曲线的表达式，其中，$p(i,t)$ 应与建立结构细节裂纹形成 $p-S-N$ 曲线时所取的存活率一一对应。

5.3.3 结构损伤度评估与经济寿命预测

在获得 $p(i,t)-t$ 曲线后，即可计算各应力区和细节群的裂纹超越数，并开展结构损伤度的评估与经济寿命的预测，具体方法与 PFMA 方法相关内容一致。

5.4 功能失效概率控制方法

上述 PFMA、DCGA、CIA 三种方法中，关键件的功能失效定义为关键件结构细节群的裂纹超越数达到或超过给定的允许裂纹超越数，此事件的概率就是该关键件的功能失效概率。进一步地，装备结构所有关键件中有一个功能失效即可认为该装备结构发生功能失效，此时该装备结构需要进行经济修理或已达到经济寿命，此事件的概率就是装备结构的功能失效概率。

5.4.1 关键件和装备结构的功能失效概率

将一个耐久性关键件根据应力水平划分为 m 个应力区。记第 i 个应力区中有 N_i 个相同的细节，它们的应力水平近似相同，因此可以认为对应于任意使用时间 t 时，该应力区所有细节的裂纹尺寸超过经济修理极限 a_e 的概率 $p(i,t)$ 是相同的；同时，由于经济修理极限 a_e 比较小，因此可以认为每个细节的裂纹扩展不受邻近细节裂纹的影响，是相互独立的。

$$P_i(t) = P[N(i,t) \geqslant n] = 1 - \sum_{j=0}^{n-1} C_{N_i}^{j} p^j(i,t)[1 - p(i,t)]^{N_i - j} \tag{5-28}$$

式中，$P[N(i,t) \geqslant n]$ 为第 i 应力区的裂纹尺寸超过经济修理极限 a_e 的细节总数 $N(i,t)$ 大于等于 n 的概率，即该应力区的功能失效概率；$C_{N_i}^{j} = N_i!\ /[j!\ (N_i - j)!]$，为 N_i 中取 j 的组合数。

对于小细节群，只要有 1 个细节裂纹尺寸超过经济修理极限 a_e，就认为该应力区功能失效，此时式(5-29)简化为

$$P_i(t) = P[N \geqslant 1] = 1 - [1 - p(i,t)]^{N_i} \tag{5-29}$$

则该关键件在时间 t 时的功能失效概率为

$$P(t) = 1 - \prod_{i=1}^{m} [1 - P_i(t)] \tag{5-30}$$

对于大细节群（一般应满足 $N_i \geqslant 30$，$N_i p(i,t) > 5$），$N(i,t)$ 对应的二项分布依据中心极限定理趋于正态分布，则细节群的裂纹超越数 $L(t) = \sum N(i,t)$ 为正态变量。如果给定的允许裂纹超越数为 $[L]$，那么结构在时间 t 时的功能失效概率为

$$P(t) = P[L > [L]] = 1 - \Phi\left(\frac{[L] - \overline{L}(t)}{\sigma_L(t)}\right) \tag{5-31}$$

式中，Φ 为标准正态分布函数。

若某一装备有 K 个主要疲劳/耐久性关键件，只要任何一个关键件功能失效就认为装备功能失效，则该装备在时间 t 时的功能失效概率为

$$Q(t) = 1 - \prod_{k=1}^{K} [1 - P_k(t)] \tag{5-32}$$

式中，$P_k(t)$ 为第 k 个关键件的功能失效概率。

5.4.2 结构使用寿命评定与结构功能失效概率控制

结构功能失效概率控制方法在对装备各关键构件进行耐久性分析、确定各应力区的裂纹超越概率的基础上，根据各应力区中裂纹超越数服从二项分布的事实，分析确定装备结构各关键构件的功能失效概率，再采用串联模型并综合装备结构各关键件的分析结果，得出装备结构功能失效概率。然后，根据装备群的大小和用户给定的该装备群中允许功能失效的装备数和置信度要求，计算出满足这一要求的装备结构未修使用寿命和对应的结构整体功能失效概率。如果该未修使用寿命满足用户要求，同时结构功能失效概率也为用户所接受，则分析结束，否则就要进行进一步的结构经济修理分析。

在结构经济修理分析过程中，根据已得出的装备结构功能失效概率随使用时间的变化趋势，分析装备结构各关键件的功能失效概率，并根据各关键件的功能失效概率大小和随时间变化的趋势确定需修关键件及其关键部位。通过对这些关键件的经济修理，降低其功能失效概率，从而使装备结构功能失效概率降低，使用寿命增加。这一过程可以进行多次，直至最终得出的装备结构使用寿命及其对应的经济修理方案满足用户要求，同时装备结构功能失效概率也为用户所接受为止。

结构功能失效概率控制方法，以用户可以明确提出的装备群允许功能失效的装备数和置信度要求为控制指标，通过对装备结构功能失效概率的分析评定和控制，使装备结构使用寿命达到用户要求。在结构设计阶段，则可以指导设计人员对功能失效概率较高的关键件进行结构细节改进设计，以降低其功能失效概率。

5.4.3 影响因素

功能失效概率控制方法中包含下列几个关键参数，这些参数的选取对于该方法的分析评定结果具有重要影响。

1. 耐久性分析方法的选取

结构功能失效概率控制法以 PFMA，DCGA，CIA 等结构耐久性分析为基础。对同一构件，采用不同的耐久性分析方法所获取的 $p(i,t)$ 会有所不同，从而将对最终分析结果产生一定的影响。一般来说，CIA 方法计算出的 $p(i,t)$ 在初始阶段略低，但是随使用时间的增长较快，而 PFMA 方法则相反。在对分析结果精度要求较高且有分析所必要的原始数据时，建议采用 PFMA 方法。

2. 参与装备功能失效概率分析的关键件选取

一个装备往往有十几个甚至数十个疲劳关键件，在使用寿命期间，各关键件的功能失效概率及其随使用时间的变化趋势是不相同的。实际上，对装备结构功能失效概率起主导作用的关键件一般只有几个最严重的关键件，因此在分析中一般只选取装备结构中最严重的几个疲劳关键件来进行装备功能失效概率分析。

3. 装备群大小

在给定允许失效个数和置信度下，可接受的装备结构功能失效概率 $[Q]$ 与装备群大小密切相关,因此使用寿命的评定结果也与装备群大小密切相关。特别地,若以允许失效个数百分比为控制指标,则评定结果对装备群大小的敏感性要小得多。

4. 允许失效个数

允许失效个数与装备结构功能失效概率[Q]值基本呈线性关系。

5. 置信度

置信度的变化对评定结果的影响不显著,特别是在装备群较大并采用允许失效个数百分比指标的情况下,置信度的变化对寿命评定结果影响很小。

思考题

1. PFMA 方法中,TTCI 的定义中为什么采用的是载荷谱/谱载荷?能否与疲劳寿命分析评定一样采用恒幅载荷?为什么?

2. PFMA 方法中,相对小裂纹范围内的裂纹扩展方程为什么采用时间 t 而不采用循环数 N?

3. PFMA 方法中,既然相对小裂纹范围内的裂纹扩展方程远远不能较好地描述小裂纹扩展,为什么能够将该式用于耐久性分析和经济寿命评定?

4. DCGA 方法中,为什么描述相对小裂纹(当量)扩展速率时可以采用长裂纹扩展的速率关系式?

5. CIA 方法有哪些不足之处?

第6章 损伤容限设计与评定

通过损伤容限策略，设计研究人员应保证飞机结构（带损伤结构）在不修理使用期内仍能够承受使用载荷作用，且不出现影响飞机结构安全性的破坏、失效或过分变形。具体来说，损伤容限策略包括损伤容限设计、损伤容限评定和结构检查大纲三个部分的主要工作，其中，损伤容限设计是使飞机结构具有损伤容限特性的前提基础；损伤容限评定是验证飞机结构损伤容限特性和提高飞机结构损伤容限设计质量的重要手段；结构检查大纲则规定了保障机体结构具有损伤容限特性的具体措施。

6.1 损伤容限设计

损伤容限设计是整个损伤容限策略的主体部分，其目标是使飞机结构具备良好的损伤容限特性，也就是保证飞机结构在给定的不修理使用期内不会因为疲劳、腐蚀、意外损伤等损伤源而导致飞机结构发生灾难性破坏。实践和分析表明，将飞机结构设计为能够承受定量损伤并实施计划检查的损伤容限结构，是保障和提高飞机结构安全水平的有效途径，而这主要通过合理的材料选择、恰当的结构布局、缜密的结构细节设计、有效的检查和合理的维修来实现。组成损伤容限设计的结构特性有以下三个重要因素。

(1) 临界裂纹尺寸和剩余强度：即要求裂纹在检查周期内不允许扩展到临界裂纹尺寸，或者结构在检查周期内的剩余强度应始终大于要求值。

(2) 裂纹扩展周期和检查周期：即结构在载荷/环境谱的作用下，其裂纹长度从可检裂纹尺寸（初始裂纹尺寸）扩展到临界裂纹尺寸的周期应大于检查周期。

(3) 损伤检查和可检性：即要求在规定的无损检测方法条件下结构具备良好的可检查性，其重点在于检查方法和检查间隔的选择。

上述三种要素既相互独立又密切相关，在结构设计时必须综合考虑，使结构的安全性达到一个规定的水平，从而使结构质量轻，并同时具有较好的使用维护性和安全性。对于不能实现检查或极少进行检查的部位（这种情况一般是由于裂纹尺寸的临界值很小），则只能采用安全寿命设计。

概括来说，结构损伤容限设计需要考虑以下三大方面的问题。

(1) 结构在服役过程中，预计将会发生何种损伤？

(2) 结构哪些部分发生损伤后，可能对其使用安全造成严重危害？

(3) 预期将结构设计成什么样,从而使其具备损伤容限设计结构特性/满足损伤容限要求?

对应上述三个问题,本节依次对主要损伤源、结构危险部位、结构设计类型等三个方面进行介绍,最后简单给出一些损伤容限设计的要点。

6.1.1 主要损伤源

飞机在整个服役期内,除了承受复杂阵风和各种机动重复载荷之外,机体各结构部分还要受到不同环境(包括温度、湿度、腐蚀介质等)的影响,有的飞机结构还可能遭受外来物的意外袭击,使用修理中不适当的或错误的操作也可能造成新的损伤。因此,飞机结构可能的损伤来源于多个方面,其主要损伤源有以下四个方面。

1. 疲劳损伤

疲劳损伤是损伤容限设计和评定应考虑的主要损伤,是指重复载荷在正常空气或与腐蚀环境介质联合作用下产生的疲劳损伤,尤其在结构使用后期更应注意。

2. 环境损伤

环境可能造成一般腐蚀、应力腐蚀和腐蚀疲劳。一般腐蚀与力学没有直接联系,其破坏过程是腐蚀导致结构有效截面积逐渐减小,最后因静强度或功能不能满足要求而失效。应力腐蚀是材料在静应力与腐蚀介质联合作用下形成裂纹,裂纹随时间持续而扩展,最后因裂纹非稳定扩展而失效。腐蚀疲劳一般归纳在疲劳损伤中研究。

3. 意外损伤

意外损伤是指外来物对结构相关部位的袭击,击中部位产生直接或间接的损伤而使结构失效,具有随机性质。其中,外来物包括雨水、冰雹、雷电、碎石等,制造和维修时的碰撞与划伤也可归属此方面。

4. 离散源损伤

离散源损伤是一种特殊的意外损伤,其损伤尺寸大、涉及范围广,并具有一定的方向性,具体包括鸟撞、转子爆破、轮胎爆破、雷击损伤等。离散源损伤经常会导致结构较大损坏,需要及时修理,因而通常有对离散源损伤的专门规定。

针对主要损伤源的损伤容限设计的一般原则见表 6-1。

表 6-1 针对主要损伤源的损伤容限设计的一般原则

主要损伤源	设计原则
疲劳损伤	采用多传力途径、协调的疲劳品质和应力水平、良好的断裂阻抗材料和便于检查的设计
	提供有效的检查通道
	避免不易检查的隐蔽细节和过量使用密封胶或保护层妨碍目视检查
意外损伤	提供有效的检查通道,采用多传力途径、良好的裂纹扩展与断裂阻抗材料
	避免将重要的结构暴露在经常发生意外损伤的地方
离散源损伤	采用多传力途径、良好的裂纹扩展与断裂阻抗材料
	避免在已知易发生损伤的区域布置关键元件、部件或系统

续表 6-1

<table>
<tr><th colspan="2">主要损伤源</th><th>设计原则</th></tr>
<tr><td rowspan="6">环境损伤</td><td rowspan="3">一般腐蚀</td><td>采用合适的表面保护处理、有效的排水措施、合适的抗腐蚀材料、良好的防腐措施</td></tr>
<tr><td>提供有效的检查通道</td></tr>
<tr><td>避免密封胶或检修时的遗弃物堵塞排水通道，避免绝缘层与主结构之间不必要的接触</td></tr>
<tr><td rowspan="3">应力腐蚀</td><td>采用合适的材料和适当的热处理状态、合理的工艺和排水措施</td></tr>
<tr><td>提供有效的检查通道</td></tr>
<tr><td>避免持续的拉伸应力和过多采用垫片</td></tr>
</table>

6.1.2　结构危险部位

飞机结构的破坏往往是由危险部位(薄弱环节)的破坏而引起的，因此危险部位的选择是飞机结构损伤容限设计极其重要的环节，选择错误或遗漏将会造成该结构设计失败，甚至造成全机疲劳和损伤容限设计的失败。危险部位的选择可以先分析结构形式，然后从静力分析的结果入手，找出应力集中处和应力严重部位(往往也就是疲劳分析部位)，同时考虑材料、环境和加工状况，结合各种可能的开裂模式及有效的裂纹检查计划，从而最终确定危险部位。

一般来说，在飞机安全结构中危险部位的选择应着重考虑下列部位。

(1) 整体结构和单通道传力结构。

(2) 拉/剪应力水平高，且由于开孔、厚度或其他尺寸突变、偏心等引起的应力集中处。

(3) 由对疲劳或缺口比较敏感的材料制成的构件。

(4) 强度计算、使用及试验中发现的薄弱部位。

(5) 由于加工困难而使工艺质量不易保证的结构部位。

(6) 受高温、腐蚀和振动较严重的部位。

6.1.3　结构设计类型

根据设计概念和可检查度来确定结构设计类型是损伤容限设计的关键。其中，设计概念的选择主要取决于结构布局和结构的几何构型，而可检查度由结构所处部位、可达性和可检性、损伤的性质和程度及检查方法和经验等来确定。

1. 设计概念

设计概念具体包括“缓慢裂纹扩展”或“破损安全”两种，也就是应将结构设计为缓慢裂纹扩展结构或破损安全结构，其中破损安全结构又可进一步分为破损安全多通道传力结构和破损安全止裂结构。

缓慢裂纹扩展结构是指在使用中结构缺陷或裂纹不允许达到不稳定扩展规定的临界尺寸，并在可检查度规定使用期内由裂纹缓慢扩展保证安全；同时，在不修理使用期内，带有亚临界裂纹的结构强度和安全性不应下降到规定水平以下。缓慢裂纹扩展结构所采用的材料和形式应使结构具有较低的裂纹扩展速率和较高的剩余强度。采用缓慢裂纹扩展结构，必须使结构具有良好的可检性;对于裂纹发生在不易检查部位或临界裂纹长度很小的结构,这种设计概念将遇到困难。

破损安全多通道传力结构是指采用一个或多个元件组成的分段设计和制造的结构来抑制局部损伤,以防止结构完全损坏。这类结构在主传力通道或主要元件损坏后,由剩余结构在后续检查以前的裂纹缓慢扩展来保证安全,在不修理使用期内,不允许结构强度和安全性下降到规定水平以下。采用破损安全多通道传力结构,必须要求主要元件中的裂纹明显可检。

破损安全止裂结构是指在结构设计时采用了各种止裂措施,如筋条、止裂带等。这些结构在完全破坏之前,其止裂措施使不稳定快速扩展裂纹停止在结构的某个区域内,并由剩余结构的裂纹缓慢扩展和后续各次损伤检查来保证安全;同时,在不修理使用期内,剩余结构强度不允许下降到规定水平以下。

总的来说,应当将无止裂特性的单传力通道结构规定为缓慢裂纹扩展结构,而将多传力通道和有止裂特性的结构规定为缓慢裂纹扩展结构,或在指定的可检查度下规定为破损安全结构。需要指出的是,与缓慢裂纹扩展结构相比,识别破损安全结构是一个需要判断和分析的过程,实际中可能因为结构使用中不可检、难以满足破损安全结构的部分要求(如剩余结构的损伤扩展和剩余强度)、减少计算分析的复杂性等各方面原因,将多传力通道结构和有止裂特性的结构视作缓慢裂纹扩展结构;而在初步结构设计阶段,也往往将其视作缓慢裂纹扩展结构。

无论是哪种设计概念或哪种结构类型,检查和发现裂纹都是保证结构安全的关键。一旦结构类型被选定,则结构设计时必须满足损伤容限设计规范对该结构类型的全部要求。

2. 可检查度

可检查度与检查技术、方法及可达性有关。对于飞行安全结构,《军用飞机损伤容限要求》(GJB 776—1989)定义了以下6种可检查度。

(1) 飞行明显可检:飞行中结构出现损伤的性质和程度使空勤人员立即无误地意识到结构已经产生重要的损伤,并应中止飞行任务。

(2) 地面明显可检:结构损伤的性质和程度使地勤人员不需对结构进行专门检查即可迅速无误地查出。

(3) 巡回目视可检:结构损伤的性质和程度使检查人员不必开启检查口盖、舱门,也不需要使用特殊工具,通常从地面对结构表面进行目视检查即可查出。

(4) 特殊目视可检:结构损伤的性质和程度使检查人员必须开启检查口盖、舱门,使用反射镜、放大镜等简单助视工具,且不除去油漆、密封,也不采用渗透剂、X光等无损检测技术对结构进行详细目视检测即可查出。

(5) 场站或基地级可检:结构损伤的性质和程度使检查人员可采用磁粉、渗透剂、X光、超声波、涡流等一种或多种选定的无损检测技术对结构进行检查,检查时允许卸下结构设计的可分离部件。

(6) 使用中不可检:受结构损伤尺寸或可达性限制,检查人员使用上述一种或多种检查方法不能查出结构中的损伤。

在GJB 776—1989所定义的上述可检查度中,仅有场站或基地级可检与使用中不可检适用于缓慢裂纹扩展结构，而飞行明显可检、地面明显可检、巡回目视可检、特殊目视可检、场站或基地级可检等则适用于破损安全多传力通道结构和破损安全止裂结构。对于上述 6 种可检查度，GJB 776—1989 规定了与之对应的典型检查间隔，见表 6－2。

表 6－2　GJB 776—1989 所规定的可检查度与检查间隔

可检查度	检查间隔	最小未修使用期
飞行明显可检	1 次飞行	飞回基地
地面明显可检	2 次飞行(1 天)	2 次飞行
巡回目视可检	10 次飞行	5 倍检查间隔
特殊目视可检	1 年	2 倍检查间隔
场站或基地级可检	1/4 寿命期	2 倍检查间隔
使用中不可检	一个寿命期	

6.1.4　损伤容限设计的要点

概括来说，损伤容限设计应特别注意以下要点。

1. 合理进行结构布局

在结构布局时，应当考虑损伤容限设计的要求，合理安排受力构件和传力路线使载荷合理地分配和传递，如尽量采用多传力路线的静不定结构、尽量避免传力路线中构件的不连续、尽量减少传力路线拐折、传力路线不宜过于集中、尽量避免附加载荷等。特别是影响飞行安全的重要结构(如机翼与机身的对接接头等)，应尽量设计成破损安全结构。

2. 合理选择结构材料

损伤容限设计应采用断裂韧度高、裂纹扩展抗性好的材料，以保证结构具有较高的剩余强度和缓慢裂纹扩展特性。值得指出的是，材料断裂韧性的提高往往对应着其强度极限的降低，从而影响结构的静强度性能，有时还可能会影响材料的疲劳性能；因此，应在综合考虑结构特点和使用要求的基础上合理选择结构材料的性能。

3. 降低结构细节的应力集中

飞机结构在使用中，裂纹往往在结构不连续的局部细节处萌生，结构细节处的构型、应力水平和尺寸对裂纹扩展速率有很大影响。然而，结构设计时不可避免地会有零件截面大小和形状的变化，从而引起应力集中，进而使得疲劳裂纹容易在此处萌生和扩展。降低结构细节处的应力集中是提高结构疲劳抗性和改善损伤容限特性的有效措施。此外，尤其应注意连接件细节设计：飞机结构中约 90％的疲劳裂纹发生在连接件细节处，应合理设计连接件的结构形式、尺寸、孔边距、孔节距等。

4. 合理控制结构的设计应力水平

损伤容限设计应当综合考虑强度、刚度、损伤容限、耐久性和可靠性等几方面要求，在减轻结构质量的情况下，合理确定结构的设计应力水平和设计指标。对于主要结构，如机翼、机身、尾翼等的受拉壁板,应当主要以疲劳损伤及损伤容限设计要求为目标选择合适的应力水平。特别地,需要避免多通道传力的各元件同时产生破坏或部分破坏的可能性。

5. 保证结构的可检性

对于破损安全结构,应尽量将其设计成可检性好的结构,如设置多条开敞的检查通道,以及便于日常维护检查、修理或更换等。对于缓慢裂纹扩展结构,在质量和结构条件允许的情况下,应尽量设计成场站或基地级可检结构。对于破损安全结构,在设计时应预先考虑裂纹扩展方向;在条件允许的情况下,应尽量开设较多的检查通道从而尽早检出裂纹,这对主要承力构件尤为重要。

6. 止裂措施

对于较长、较大的零件,应考虑止裂措施,如止裂孔、止裂带、结构分段等。此外,对于WFD而言,还需要采取必要措施,尽可能避免在同一时刻产生多条裂纹或多条小裂纹连通成一条长裂纹。

7. 防腐措施

结构设计应当考虑腐蚀敏感性最小的所有实际可行的设计因素,如采用防腐涂层等;特别地,对于主要结构承力元件来说,不允许其在腐蚀环境下工作。

6.2 损伤容限评定

损伤容限评定的目的是对每个主要结构元件制定检查和维修大纲,且保证在检查之前由疲劳、腐蚀或意外损伤引起的裂纹扩展不会使结构破坏。损伤容限评定必须表明结构是损伤容限的,对不具备损伤容限特性的结构应进行安全寿命分析评定。

损伤容限评定的流程如图 6-1 所示。损伤容限评定的工作先是鉴定结构类型,从而确定损伤分析的具体目标和具体内容;随后的损伤容限评定内容一般分为三大工作,即初始损伤假设、剩余强度分析和裂纹扩展分析。可以这样简单理解:初始损伤假设确定了裂纹扩展分析的起点,剩余强度分析确定了裂纹扩展分析的终点,裂纹扩展分析则是确定从起点到终点所经历的时间/循环数(也就是裂纹扩展寿命),而后除以分散系数后即可得到结构的检查间隔。

特别地,飞机结构的损伤容限评定常采用确定性损伤容限方法,而发动机结构的损伤容限评定常采用概率损伤容限方法。本章主要介绍确定性损伤容限方法,对概率损伤容限方法感兴趣的读者可阅读参考文献[57]。

6.2.1 鉴定结构类型

根据结构对飞机安全性的作用,结构可粗略分为重要结构件(Significant Structure Item, SSI)和其他结构。SSI 是指对承受飞行载荷、地面载荷、气密压力或操纵载荷有重要作用的任

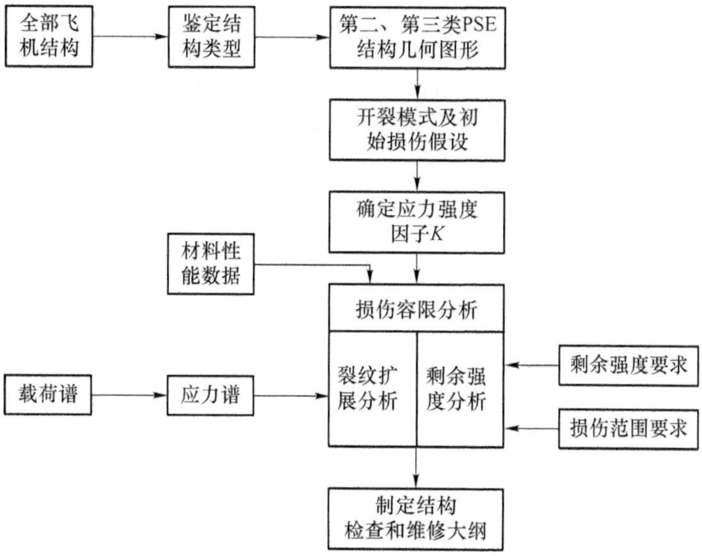

图 6-1　损伤容限评定的流程

何结构细节、结构元件或结构组件，它们的破损失效将影响飞机安全性所必需的结构完整性。其中，SSI 又包含 PSE，它们是指对承受飞行、地面、气密压力或操纵载荷有重要作用的任何元件，它们的破损失效对于飞机安全来说是灾难性的。所有 PSE 都应列为 SSI，而一个 SSI 可以包含也可以不包含 PSE。

具体而言，飞机结构可分为以下四类，见表 6-3。

表 6-3　飞机结构的分类与鉴定

<table>
<tr><th colspan="2">结构类型</th><th>损伤检查手段</th><th>保证安全性的措施</th><th>结构举例</th></tr>
<tr><td>其他结构</td><td>第一类结构：次要结构</td><td>通过计划检查可检出损伤</td><td>按照安全脱离或功能丧失设计</td><td>机翼扰流板</td></tr>
<tr><td rowspan="3">SSI</td><td>第二类结构：损伤明显或故障明显</td><td rowspan="2">通过计划检查可检出损伤</td><td>剩余强度分析</td><td>典型的机翼蒙皮/长桁壁板</td></tr>
<tr><td>第三类结构：与结构制定相应的检查大纲</td><td>剩余强度分析
裂纹扩展分析
检查大纲</td><td>不包括在第二类结构和第四类结构中的所有 SSI 结构</td></tr>
<tr><td>第四类结构：安全寿命</td><td>安全寿命设计</td><td>保守的疲劳寿命</td><td>起落架及其连接结构</td></tr>
</table>

第一类结构为次要结构，这类结构件从飞机上脱离或丧失其功能后并不危及飞行安全，其结构维护仅取决于能够早期检出与修理的经济性考虑。

第二类结构是损伤或故障明显时尚能承受破损安全载荷要求的重要结构。所谓损伤明显是指在地面巡回检查或功能检查时，损伤对飞机维护人员（不是结构检测人员）来说是明显可见、容易检出的。该类结构维护同样仅取决于经济性考虑。

第三类结构是依据制定的结构检查大纲按计划进行损伤检查来保证结构完整性的重要结构。运营人员的正常维护计划必须能安全地检出大多数结构在整个运行寿命期的疲劳损伤，尽管对某些结构在超过一定门槛值后可能还需要补充的检查；必须对初始的大纲和任何更改、扩增进行评定。特别地，对第二、第三类结构中全部 PSE 都要求在确定的开裂模式下进行剩余强度分析，但只要求对第三类结构中的 PSE 进行裂纹扩展分析。

第四类结构是实际上不能实施或基本上不能实施裂纹检查的重要结构，其安全性以试验支持的疲劳设计为基础，即应进行安全寿命设计。

6.2.2 初始损伤假设

初始损伤假设与保证结构安全性、维修性和经济性密切相关，同时也是裂纹扩展分析的前提，在很大程度上影响着裂纹扩展寿命的计算结果。尽管实际结构中必然存在着一定的初始损伤，但若将这些尺寸微小、形态各异的实际初始损伤假设为裂纹扩展分析中的初始损伤，一方面会面临这些初始损伤既难以检测、又难以表征的问题；另一方面，由于当前还缺乏公认可用的疲劳小裂纹扩展分析模型，因此即便将结构实际初始损伤检测表征出来，也不方便开展裂纹扩展分析。当然，所谓“初始损伤假设”并不完全仅是假设结构在初始状态下的损伤，对于主传力路径已经失效的剩余结构或在使用过程中对结构进行场站或基地级检查后，同样也需要进行损伤容限评定，也就同样需要进行初始损伤假设。总而言之，初始损伤假设的目标是为任何损伤容限评定提供裂纹扩展分析的起点，其意义是偏于保守地表征结构的损伤容限特性，而非准确地描述结构中的实际损伤。

在实际工作中，初始损伤假设主要有两种确定方法，其一是根据实测数据和使用经验等综合确定，其二是根据基于无损检测能力的最小可检裂纹来确定。具体来说，初始损伤假设需要开展结构开裂模式、初始裂纹形状、初始裂纹尺寸等三方面的工作。

1. 结构的开裂模式

结构的开裂模式是根据基于结构形式、几何形状、受力状态等的分析和使用经验综合确定的，民用飞机结构中典型结构的开裂部位和开裂模式如图 6-2 所示。特别地，对于特定结构形式和元件布置，应根据重复载荷作用下的裂纹扩展特性，将开裂模式假设为更容易导致结构开裂的情况，从而获得偏于安全保守的分析评定结论；例如，当结构不连续或元件破坏导致了主裂纹的终止时，应考虑如图 6-3 所示的连续损伤扩展假设。

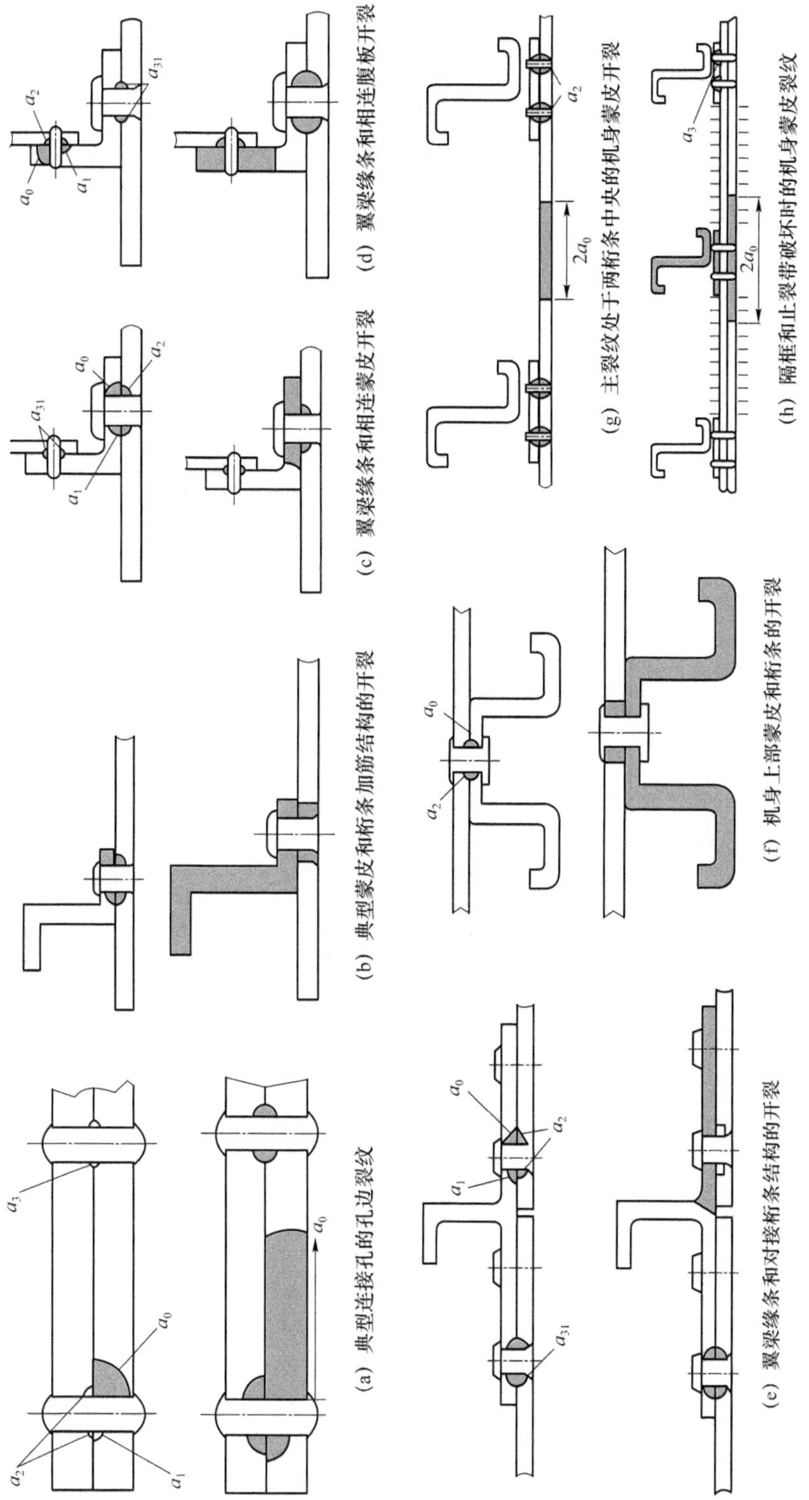

图 6-2　典型结构的开裂部位和开裂模式

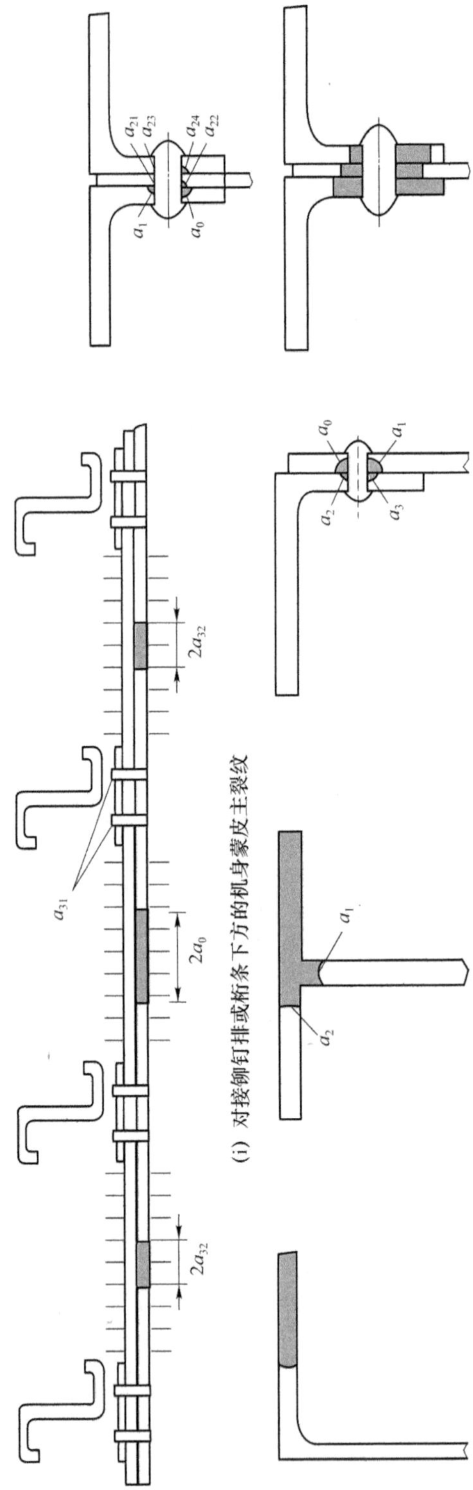

(i) 对接铆钉排或桁条下方的机身蒙皮主裂纹

(j) 整体单角形缘条的开裂

(k) 整体T形缘条的开裂

(l) 与腹板连接的单角缘条的开裂

(m) 与腹板连接的双角缘条的开裂

图 6-2 典型结构的开裂部位和开裂模式(续)

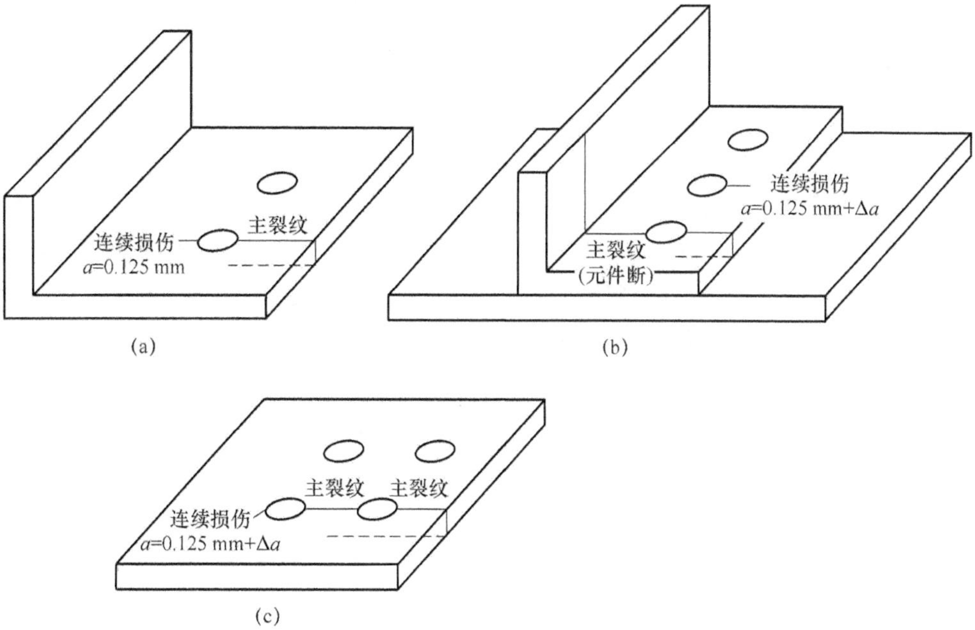

图 6-3　连续损伤扩展假设示例

2. 根据实测数据和使用经验等综合确定的初始裂纹形状与尺寸

对于缓慢裂纹扩展结构和破损安全结构，GJB 776—1989 中推荐如下。

(1) 在孔和切口处：当厚度小于或等于 1.25 mm（约为 0.05 in）时，将初始裂纹假设为孔单边 1.25 mm 的穿透裂纹；当厚度大于 1.25 mm 时，将初始裂纹假设为孔单边 1.25 mm 半径的角裂纹。

(2) 在孔和切口以外的部位：当厚度小于或等于 3.2 mm（约为 0.125 in）时，将初始裂纹假设为 6.4 mm 的穿透裂纹；当厚度大于 3.2 mm 时，将初始裂纹假设为长 6.4 mm、深 3.2 mm 的半圆表面裂纹，但也可假设为具有相同初始应力强度因子的其他形状表面裂纹。

(3) 对于紧固件细节：将初始裂纹假设为 0.125 mm 半径的角裂纹；特别地，如果承包方能够提供表示紧固件孔初始质量的当量初始裂纹尺寸数据（一般通过断口观察反推法获得），那么在订货方认可后，可采用不同于 0.125 mm 半径的角裂纹的当量初始裂纹尺寸。

对于连续损伤假设，GJB 776—1989 中推荐如下。

(1) 当紧固件孔裂纹扩展至构件或元件破坏前终止时，连续损伤应当是在原假设存在初始裂纹的紧固件孔中，与主裂纹（沿直径）相对的孔边半径为 0.125 mm 的角裂纹，如图 6-3(a) 所示。

(2) 当主裂纹由于构件或元件破坏而终止时，连续损伤应当是在剩余元件或结构的最严重部位上半径为 0.125 mm 的角裂纹或长 0.5 mm、深 0.25 mm 的表面裂纹，再加上直到元件破坏时为止所发生的裂纹扩展量 Δa，如图 6-3(b) 所示。

(3) 当紧固件孔中裂纹扩展进入并终止在另一紧固件孔时，连续损伤应当是在主裂纹起始或终止两者中更为关键的紧固件孔中，与主裂纹（沿直径）相对的孔边半径为 0.125 mm 的角裂纹，再加上直到主裂纹终止时发生的裂纹扩展量 Δa，如图 6－3(c)所示。

3. 根据最小可检裂纹尺寸确定的初始裂纹形状与尺寸

最小可检裂纹尺寸与结构的复杂程度、被检查部件的可达性、无损检测手段、检出概率及检测人员的素质都有很大关系，因此，必须以用户的使用数据为基础来确定能够检出的最小裂纹，并计算最大可能漏检的裂纹尺寸。在国内缺乏成熟充分数据的情况且满足一定的条件(合适的裂纹走向及检出手段、经过训练且技术熟练的检测人员等)下时，也可参考国外经验来确定最小可检裂纹尺寸，见表 6－4。需要强调的是，所有大于规定尺寸的初始裂纹必须在 95％置信水平上具有至少 90％的检出概率，并且要求在飞机制造、质量控制、使用检查中必须采用这些特定的检测手段和方法。

表 6－4　最小可检裂纹尺寸

<table>
<tr><th colspan="2">检查方法</th><th>材料类型</th><th>裂纹形式</th><th>(辅助)工具</th><th>最小可检
裂纹尺寸/mm (in)</th></tr>
<tr><td>目视</td><td>一般目视
详细目视
特殊详细目视</td><td>金属和非金属</td><td>表面裂纹
(涂漆表面)</td><td>3～5 倍放大镜</td><td>25.4 (1.0)
或孔到孔</td></tr>
<tr><td rowspan="2">渗透</td><td rowspan="2"></td><td rowspan="2">金属</td><td rowspan="2">表面裂纹
(涂漆表面)</td><td>3～5 倍放大镜</td><td>3.18 (0.125)</td></tr>
<tr><td>不用放大镜</td><td>6.35 (0.250)</td></tr>
<tr><td rowspan="3">磁粉</td><td rowspan="3"></td><td rowspan="3">钢
磁性不锈钢</td><td rowspan="2">表面裂纹
(未涂漆表面)</td><td>3～5 倍放大镜</td><td>1.59 (0.062 5)</td></tr>
<tr><td>不用放大镜</td><td>3.18 (0.125)</td></tr>
<tr><td>表面裂纹
(涂漆表面)</td><td>不用放大镜</td><td>6.35 (0.250)</td></tr>
<tr><td>X 射线</td><td></td><td>金属和非金属</td><td>无遮挡的长度</td><td></td><td>19.05 (0.750)
或孔到孔边
或孔到边缘</td></tr>
<tr><td rowspan="2">超声波</td><td>剪切波
(角梁)</td><td rowspan="2">金属和某些
非金属</td><td>紧固孔裂纹</td><td>最小探头
6.35 mm×6.35 mm
(0.25 in×0.25 in)
5 MHz 或 10 MHz</td><td>长 3.18 (0.125)
深 1.59 (0.062 5)</td></tr>
<tr><td>纵向波
(直梁)</td><td>螺栓</td><td></td><td>直径
6.35 (1/4) ～
8.47 (1/3)</td></tr>
<tr><td></td><td></td><td></td><td>紧固孔裂纹</td><td></td><td>3.18 (0.125)</td></tr>
</table>

续表 6－4

<table>
<tr><th colspan="2">检查方法</th><th>材料类型</th><th>裂纹形式</th><th>（辅助）工具</th><th>裂纹尺寸/mm (in)</th></tr>
<tr><td rowspan="9">涡流</td><td rowspan="2">螺栓孔
（卸去紧固件）</td><td rowspan="6">金属（磁性或非磁性材料）</td><td>角（边缘）裂纹</td><td></td><td>7.62(0.30)×
15.24(0.60)</td></tr>
<tr><td>孔内（嵌入）</td><td></td><td>长 1.52(0.060)
深 0.76 (0.030)</td></tr>
<tr><td rowspan="2">表面探测</td><td>紧固件处裂纹</td><td></td><td>1.59(0.062 5)
（未遮挡长度）</td></tr>
<tr><td>从紧固件向外扩展的裂纹</td><td></td><td>3.18(0.125)</td></tr>
<tr><td>塞式探头
（卸去紧固件）</td><td>角（边缘）裂纹</td><td></td><td>1.59(0.062 5)×
1.59(0.062 5)</td></tr>
<tr><td>角（边缘）探测</td><td>角（边缘）裂纹</td><td></td><td>1.59(0.062 5)×
1.59(0.062 5)</td></tr>
<tr><td rowspan="2">低频
反射探头</td><td rowspan="2">金属（非磁性材料或低导磁性材料）</td><td>紧固件处亚表面裂纹在小于 3.81 mm (0.150 in)厚度</td><td></td><td>6.35(0.25)/
10.16 (0.400)</td></tr>
<tr><td>紧固件处亚表面裂纹在小于 7.62 mm (0.300 in)厚度</td><td></td><td>0/10.16(0.400)/
13.97(0.550)</td></tr>
</table>

4. 剩余结构损伤假设

当破损安全多传力路径结构的主传力路径破坏时/破坏后，在其主要破坏部位的临近传力路径中假设存在如下损伤：对于多传力路径非独立结构，在上述“2. 根据实测数据和使用经验等综合确定的初始裂纹形状与尺寸”中对于缓慢裂纹扩展结构和破损安全结构所规定的初始裂纹尺寸的基础上，加上到主传力路径破坏时为止所发生的裂纹扩展量 Δa；对于多传力路径独立结构，按照上述“2. 根据实测数据和使用经验等综合确定的初始裂纹形状与尺寸”中对连续损伤假设(2)的规定进行剩余结构损伤假设。

对于破损安全止裂结构，在快速裂纹扩展被制止后，结构中假设存在的损伤应根据结构形式而定：在通常的蒙皮桁条（或隔框）结构中，应假设为两跨蒙皮开裂加上中间桁条（或隔框）断开；与主损伤相邻结构中的损伤应按上述“2. 根据实测数据和使用经验等综合确定的初始裂纹形状与尺寸”中对连续损伤假设(2)和(3)的规定进行假设；对其他结构形式，应按照经承包商和订货方双方同意的当量损伤进行假设。

5. 使用中检查后损伤假设

在完成场站或基地级检查后，应假设结构中存在如下最小损伤。

(1) 在不卸下部件或紧固件而采用如渗透剂、磁粉、涡流或超声波等无损检测技术检查①

① 特别地，X 光不能可靠地检出紧闭的亚临界裂纹，因此它只能作为其他无损检测技术的补充手段。

的部位。

① 在孔和切口处，当厚度小于或等于 6.4 mm 时，其最小假设初始裂纹为孔单边不遮蔽长度 6.4 mm 的穿透裂纹；当厚度大于 6.4 mm 时，其最小假设初始裂纹为孔单边不遮蔽长度 6.4 mm 半径的角裂纹。

② 在孔和切口以外的部位，当厚度小于或等于 6.4 mm 时，其最小假设初始裂纹为 12.8 mm 的穿透裂纹；当厚度大于 6.4 mm 时，其最小假设初始裂纹为长 12.8 mm、深 6.4 mm 的半圆形表面裂纹，也可假设为具有相同初始应力强度因子的其他形状表面裂纹。

(2) 如果将部件从飞机上卸下，并采用与生产中执行的相同的无损检测程序进行检查，那么最小假设裂纹尺寸应按上述"2. 根据实测数据和使用经验等综合确定的初始裂纹形状与尺寸"中对于缓慢裂纹扩展结构和破损安全结构的要求进行规定；如果将部件从飞机上卸下、但无损检测程序与生产中采用的有所不同，则应按照在 95%置信水平上具有 90%检出概率的无损检测可靠性要求，来确定最小假设裂纹尺寸。

(3) 在容许近距目检的部位(需要时可使用助视工具)，最小假设裂纹应为不遮蔽长度至少等于 50 mm 的张开型穿透裂纹。

(4) 如果因为可达性、油漆、密封或其他条件的限制，导致对某些结构部位既不能进行近距目检，也不能按照(1)中所述的无损检测手段进行检查，那么，对于缓慢裂纹扩展结构，应认为不可检；对于破损安全结构，只能将一条传力路径或不稳定裂纹扩展被制止的主损伤认为可检。

6.2.3 剩余强度分析

剩余强度是指带有损伤的结构在连续使用期内任一时刻有效的静强度值，代表了开裂结构的承载能力，通常随损伤尺寸的增大而下降。剩余强度分析的目的则是确定结构在限制载荷下的最大损伤程度，或者确定在一定损伤情况下是否能满足剩余强度要求。剩余强度分析流程如图 6－4 所示。

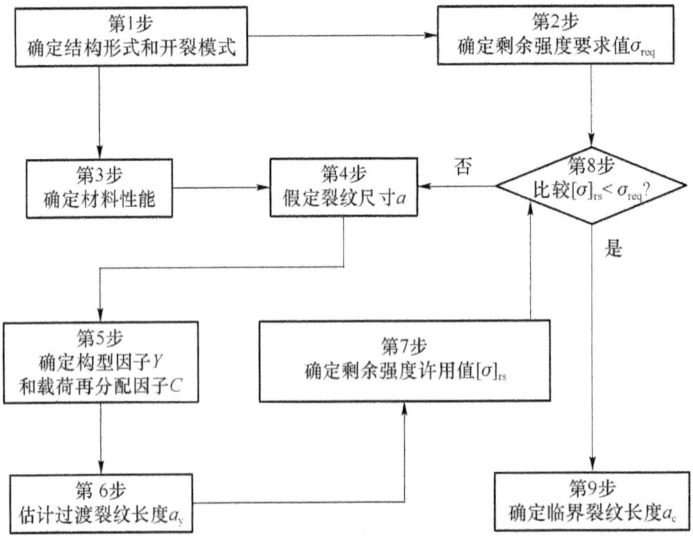

图 6－4　剩余强度分析流程

1. 剩余强度要求

结构最小剩余强度是有损伤的飞机在规定的最小未修使用期①内必须能够承受的载荷：对于可检结构，结构最小剩余强度代表飞机结构在规定的检查间隔内可能遇到的最大载荷；对于不可检结构，结构最小剩余强度代表飞机结构在一个设计寿命期内可能遇到的最大载荷。因此，结构剩余强度要求与其设计概念和可检查度有关。

(1) 缓慢裂纹扩展结构的剩余强度要求。

根据 GJB 776—1989 的规定，只有场站或基地级可检和使用中不可检这两种可检查度适用于缓慢裂纹扩展结构：对于场站或基地级可检的缓慢裂纹扩展结构，要求含裂纹构件在规定的最小未修使用期内，不允许由于裂纹扩展使结构剩余强度降低到可能遭遇到的最大载荷以下；对于使用中不可检的缓慢裂纹扩展结构，要求含裂纹构件在 2 倍设计寿命期内，不允许由于裂纹扩展使结构剩余强度降低到可能遭遇到的最大载荷以下。

(2) 破损安全多传力路径结构的剩余强度要求。

破损安全多传力路径结构的有效工作期可分为两个阶段，第一阶段是主传力路径尚未失效(完整结构)，第二阶段是主传力路径已经失效(剩余结构)。对于完整结构来说，在 1 倍设计寿命内或是在场站或基地级检查间隔内，裂纹应以缓慢稳定形式扩展，且结构在裂纹到临界值以前应能承受可能遭遇到的最大载荷；对于剩余结构来说，除了要能承受主传力路径破坏后的载荷外，还必须有能力承担主传力路径失效瞬间所转移过来的载荷，因此剩余结构要么应能承受动荷系数②与传力路径破坏瞬间重新分配的载荷增量之乘积、再加上传力路径破坏前的内部元件载荷，要么应能承受动荷系数与限制载荷情况下的内部元件载荷之乘积，实际工作中取二者的较大值。

(3) 破损安全止裂结构的剩余强度要求。

设计上常采用附加加强元件(如筋条③、加强圈等)来减小裂尖应力强度因子，进而限制或阻止裂纹的不稳定扩展。对此，要求这些附加加强元件应具有足够大的刚度，以便能够有效地卸掉基本结构上的部分载荷，从而使基本结构快速扩展的裂纹能够暂停在结构的某个连续区域内；如果结构是由紧固件将基本结构与加强元件组合起来的，则要求紧固件具有足够的强度，除了能够承担原来的传递载荷外，还能额外地承担上述的载荷转移。

2. 断裂判据

概括来说，断裂判据大致可分为线弹性断裂判据、弹塑性断裂判据、净截面屈服判据、塑性区连通判据、工程判据等几大类。其中，裂纹扩展分析方法主要是基于线弹性断裂力学和应力强度因子 K 而建立的，因此线弹性断裂判据是最常用、最方便的断裂判据；当裂尖塑性区大到不满足线弹性断裂力学的小范围屈服假设时，就需要采用弹塑性断裂判据；对于某些高韧性材

---

① 最小未修使用期是指结构中存在的最小假设缺陷尺寸或最小使用中缺陷尺寸允许不加修理而扩展的使用期限。其中，最小假设缺陷尺寸指的是分析结构剩余强度和裂纹扩展特性时所假设的作为分析起点的最小裂纹尺寸，而最小假设使用中缺陷尺寸指的是在每一次使用检查后所假设结构中存在的最小裂纹尺寸。

② 在没有分析或试验数据的情况下，金属结构的动荷系数取 1.15。

③ 由桁条和蒙皮组成的铆接加筋板就是飞机结构中最典型的一种止裂结构。

料制成的、以静力学模式失效的构件，一般采用净截面屈服判据；对于 WFD 等多裂纹问题，往往采用塑性区连通判据；为工程使用方便，目前已形成了一些工程判据，如平面应力问题的 Feddersen 判据。

（1）线弹性断裂判据。

线弹性断裂力学采用断裂韧度来表征材料抵抗裂纹失稳扩展的能力，即材料发生失稳断裂时的应力强度因子临界值。断裂韧度与材料组织、材料取向、构件厚度、加工工艺、温度环境、加载速率等均有一定关系。

在平面应变状态，结构件裂尖的应力强度因子 K 达到材料的平面应变断裂韧度 K_{IC} 时，裂纹便会发生不稳定扩展并造成结构断裂，其断裂判据写为

$$K \geqslant K_{IC} \tag{6-1}$$

相应地，在平面应力状态，可采用平面应力断裂韧度 K_C 作为判据，即

$$K \geqslant K_C \tag{6-2}$$

然而，飞机金属结构多为薄壁结构，在很多情况下既不满足平面应变状态，也不满足平面应力状态，而是处于平面应力和平面应变之间的过渡状态，为此可采用表观断裂韧度 K_{app} 作为判据，即

$$K \geqslant K_{app} \tag{6-3}$$

需要注意的是，日常口头表达中为了方便，往往采用“断裂韧度”来指代这一概念而不作特定强调，读者应在理解上述三种断裂韧度的基础上根据实际情况实际语境予以辨别，避免误用；当从手册中查取时，应特别注意手册上的数据对应的是哪一种断裂韧度或对应着多大的试验件厚度。特别地，上述三种断裂韧度中，只有平面应变断裂韧度 K_{IC} 被认为是材料属性参数。

（2）弹塑性断裂判据。

J 积分断裂准则为

$$J \geqslant J_C \tag{6-4}$$

能量释放率准则为

$$G \geqslant G_{IC} \tag{6-5}$$

裂纹张开位移准则为

$$\delta \geqslant \delta_C \tag{6-6}$$

（3）净截面屈服判据。

该判据认为，当整个净截面上的应力 σ_{net} 达到屈服应力 σ_{ys} 时，结构就会发生断裂或失效，即

$$\sigma_{net} \geqslant \sigma_{ys} \tag{6-7}$$

该判据易于使用且偏于保守，因此也常作为一种速算方法。

（4）塑性区连通判据。

对于多裂纹问题，Swift 提出可认为两裂纹的裂尖塑性区连通时，结构将发生断裂或失效，如图 6-5 所示；其中，塑性区尺寸一般按照 Irwin 塑性区尺寸

$$R_y=\frac{1}{2\pi}\left(\frac{K}{\sigma_{ys}}\right)^2 \tag{6-8}$$

或 Dugdale 塑性区尺寸

$$R_y=\frac{\pi}{8}\left(\frac{K}{\sigma_{ys}}\right)^2 \tag{6-9}$$

进行估算。该判据易于使用且偏于保守，目前多用于 WFD 问题。

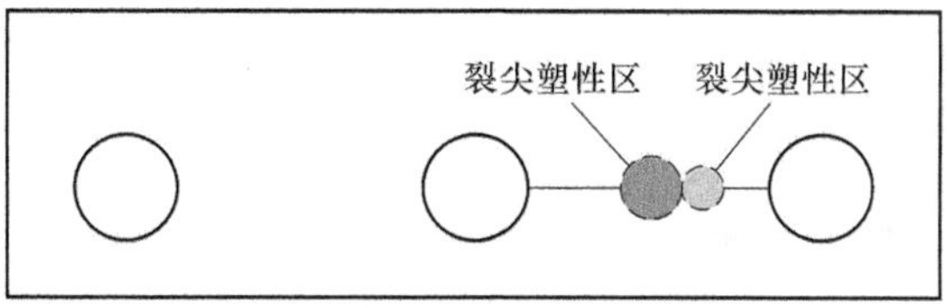

图 6-5　塑性区连通判据示意图

6.2.4　裂纹扩展分析

裂纹扩展分析工作的最终目标是在初始缺陷假设和剩余强度分析的基础上，通过实验室试验所得恒幅载荷下的材料疲劳裂纹扩展速率数据，分析预测实际服役飞机结构的疲劳裂纹扩展寿命，为确定检查间隔提供依据。

对于金属材料的疲劳裂纹扩展速率，本书绪论已对 Paris 关系式、Walker 关系式、Forman 关系式等常用模型进行了介绍，这里不再赘述。这里需要强调的是，尽管仍有学者不断提出新的疲劳裂纹扩展驱动力参量和模型，但在工程实践中，一般还是采用基于线弹性断裂力学的模型和方法来开展裂纹扩展分析，也就是采用应力强度因子 K 来表征裂尖场变形程度，并采用应力强度因子变程 ΔK（或 ΔK 与应力强度因子峰值 K_{max} 的组合）来表征疲劳裂纹扩展速率。在选取了合适的疲劳裂纹扩展速率分析模型之后，裂纹扩展寿命的计算实际上是对裂纹扩展速率的积分求解。

然而，要想将实验室材料级疲劳裂纹扩展速率数据应用到实际飞机结构损伤容限评定中，就必须考虑实验室试验条件和实际服役条件之间的诸多差异，这些差异主要包括结构形式、载荷条件、环境条件等几个方面。其中，结构形式的影响是通过应力强度因子的相似性准则来考虑的，环境条件的影响则是通过实验室试验与实际服役情况之间的相似性准则来考虑的，但载荷条件的影响却难以通过相似性准则来考虑①。因此，基于恒幅载荷下疲劳裂纹扩展速率数据，对谱载荷下的疲劳裂纹扩展速率进行分析预测，是裂纹扩展分析工作的重要内容。

---

①　一方面，尽管可以在实验室中直接开展谱载荷下的疲劳裂纹扩展试验，但受限于液压伺服疲劳试验机的工作特性，谱载荷下的疲劳裂纹扩展试验比恒幅载荷下的疲劳裂纹扩展试验花费更多的时间，难以满足快速设计分析的工作需求；另一方面，从工程实践的角度来说，如果纯粹依赖于谱载荷下的疲劳裂纹扩展试验，那么通过恒幅载荷下的疲劳裂纹扩展试验来获取材料级的疲劳裂纹扩展速率数据也就没有多大意义了。

1. 变幅载荷下的疲劳裂纹扩展速率模型

目前裂纹扩展分析工作已经提出了一些考虑载荷谱影响(特别是超载迟滞效应)的模型，其主要思路是在恒幅载荷下疲劳裂纹扩展速率数据的基础上，通过考虑材料塑性的影响，实现对变幅载荷下疲劳裂纹扩展速率的预测。按照对材料塑性影响的理解方式，这些模型可分为屈服区模型、裂纹闭合模型、条带屈服模型三种类型。

(1) 屈服区模型。

针对超载所导致的裂纹扩展速率迟滞现象，屈服区模型通过塑性区尺寸来考虑载荷交互作用，如图 6-6 所示。这些模型认为，超载会在裂尖产生较大的塑性区，而后续紧接着的恒幅载荷所产生的塑性区 R_y 将被“包裹”在由超载导致的大塑性区中，从而导致疲劳裂纹扩展的有效驱动力下降，进而导致速率迟滞；直到裂纹扩展到一定长度，并使塑性区 R_y 超出由超载导致的大塑性区之后，疲劳裂纹扩展速率迟滞才会结束。最具代表性的屈服区模型是 Wheeler模型和 Willenborg 模型。

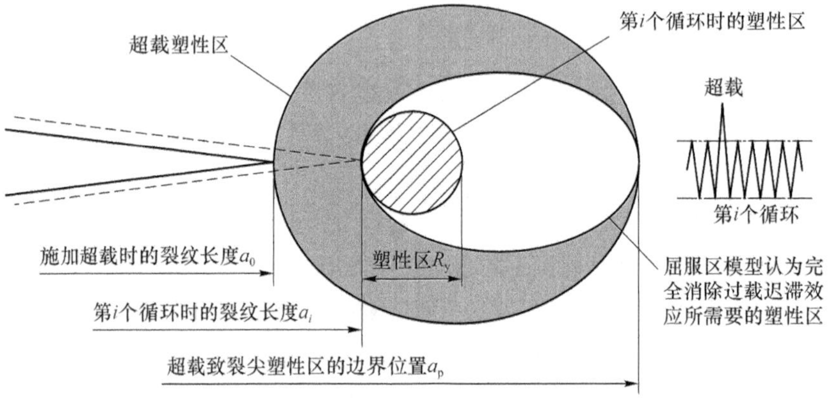

图 6-6 屈服区模型示意图

Wheeler 模型认为，超载后裂纹扩展速率减缓程度与裂纹尖端在超载塑性区中的位置有关，刚进入塑性区时速率下降最多，且这种速率下降的程度随裂纹扩展而逐渐减弱，直到裂纹尖端到达边界时速率减缓效应完全消失。Wheeler 模型的数学表达为

$$\left(\frac{\mathrm{d}a}{\mathrm{d}N}\right)_{\mathrm{r}}=C_{\mathrm{p}i}\left(\frac{\mathrm{d}a}{\mathrm{d}N}\right)_{0} \tag{6-10}$$

式中，$(\mathrm{d}a/\mathrm{d}N)_{\mathrm{r}}$ 为当前的减缓了的疲劳裂纹扩展速率；$(\mathrm{d}a/\mathrm{d}N)_0$ 为超载前的疲劳裂纹扩展速率；$C_{\mathrm{p}i}$ 为减缓系数，又称迟滞因子，且

$$C_{\mathrm{p}i}=\left(\frac{R_{\mathrm{y}}}{a_{\mathrm{p}}-a_i}\right)^m \tag{6-11}$$

式中，R_y 为基本循环的峰值所产生的塑性区尺寸；a_p-a_i 为裂纹尖端到超载峰值塑性区边缘的距离；m 是一个与材料和载荷谱谱型有关的经验常数，需要通过大量试验获得，因此限制了 Wheeler 模型的工程使用。

Willenborg 模型认为，疲劳裂纹在超载所导致的塑性区中扩展时将会承受超载塑性区内的残余压应力，从而导致疲劳裂纹扩展的有效驱动力低于外加恒幅载荷引起的名义驱动力，进而引起了裂纹扩展迟滞效应。基于这个想法，Willenborg 模型假想：若施加一个外加循环载荷，且该载荷峰值所产生的塑性区右端刚好与超载塑性区内边界相切，则高载迟滞效应完全消失；该载荷的大小可由两塑性区相切的条件求出，其中塑性区尺寸的计算式为

$$R_{yp}=\frac{1}{2\alpha\pi}\left(\frac{K_{max,p}}{\sigma_{ys}}\right)^2$$
$$R_{yi}=\frac{1}{2\alpha\pi}\left(\frac{K_{max,i}}{\sigma_{ys}}\right)^2 \tag{6-12}$$

式中，R_{yp}和 $K_{max,p}$分别为超载循环的峰值所造成的塑性区尺寸和所对应的应力强度因子峰值；R_{yi}和 $K_{max,i}$分别为第 i 个循环的载荷峰值所造成的塑性区尺寸和所对应的应力强度因子峰值；α 是一个用以表征二维应力状态的参数，又称平面应力/平面应变约束因子，在平面应力状态时取 1，在平面应变状态时取 3。此计算可得有效残余应力，并综合疲劳裂纹扩展的名义驱动力求得有效应力比 R_{eff}和有效应力强度因子变程 ΔK_{eff}，最后代入 Walker 关系式或 Forman 关系式中，就能计算得到迟滞中的疲劳裂纹扩展速率。

然而，Willenborg 模型的假设将会导致任何材料的超载截止比都为 $\gamma_{SR}=2$；也就是说，当超载峰值载荷为基本循环峰值载荷的 2 倍或以上时，Willenborg 模型将计算得到所有材料的 $\Delta K_{eff}\leqslant 0$，即裂纹将会停止扩展。这与实际情况显然是不相符的。对此，研究人员在 Willenborg 模型的基础上进行了一系列修正，其中以 J. B. Chang 的修正方法最为应用广泛，所形成的模型称为 Willenborg - Chang 模型①；该模型认为 Willenborg 模型之所以存在临界超载比的问题是因为塑性区中的残余应力计算得不准确(偏严重)，因此其修正思路是通过试验测定材料的超载截止比 γ_{SR}，进而计算残余应力比例因子

$$\varphi=\frac{1-\Delta K_{th}/\Delta K}{\gamma_{SR}-1} \tag{6-13}$$

式中，ΔK_{th}为疲劳裂纹扩展门槛值。在此基础上，可计算有效应力强度因子为

$$K_{max,eff}=K_{max}-\varphi\left[K_{max,ol}\sqrt{1-\Delta a/R_{yp}}-K_{max}\right]$$
$$K_{min,eff}=K_{min}-\varphi\left[K_{min,ol}\sqrt{1-\Delta a/R_{yp}}-K_{min}\right] \tag{6-14}$$

因此，有效应力强度因子变程 ΔK_{eff}及有效应力比 R_{eff}为

$$\Delta K_{eff}=K_{max,eff}-K_{min,eff}$$
$$R_{eff}=K_{min,eff}/K_{max,eff} \tag{6-15}$$

最后，将 ΔK_{eff}及 R_{eff}代入 Walker 关系式中，就能计算得到迟滞中的疲劳裂纹扩展速率。

(2) 裂纹闭合模型。

所谓裂纹闭合，指的是在拉伸载荷作用下的疲劳裂纹在卸载的过程中，即便拉伸载荷还没有回到零，裂纹却可能已经闭合了，由此导致了疲劳裂纹扩展的有效驱动力下降及疲劳裂纹扩展速率减缓。引起裂纹闭合的机理有很多，包括断口氧化、应力诱发相变、裂纹路径偏折等，而通常来说，裂纹闭合模型主要考虑的是由材料塑性诱发的裂纹闭合，又称 Elber 闭合机理。如

① 通常所谓改进的 Willenborg 模型和广义 Willenborg 模型也都是指 Willenborg-Chang 模型，甚至有时直接以 Willenborg 模型来指代 Willenborg - Chang 模型，实际工作中应予以辨别。

图 6－7 所示，在加载到 S_{max} 的过程中，裂纹尖端产生了塑性区，导致裂尖材料在加载方向产生了塑性伸长；而在卸载过程中，这个塑性区就将受到压缩载荷的作用，从而导致裂尖又产生了一个尺寸较小的反向塑性区。

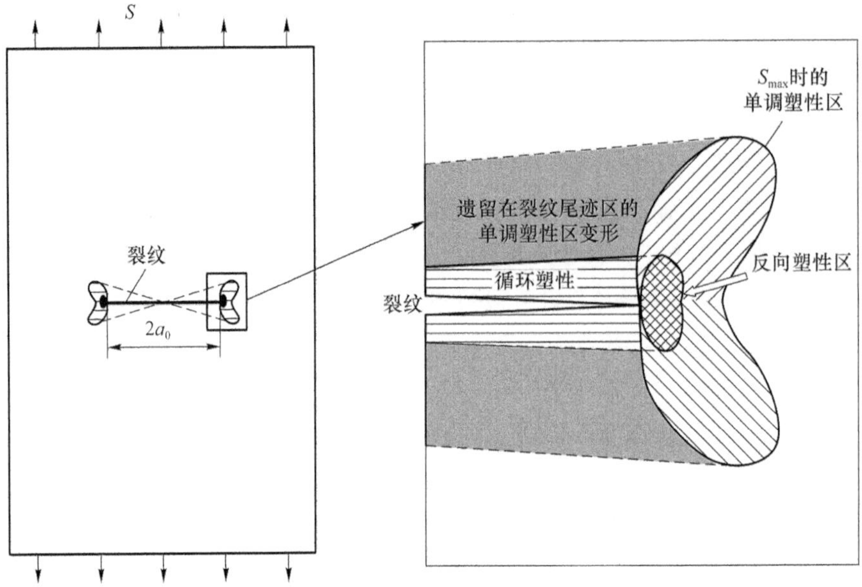

图 6－7　材料塑性诱发的裂纹闭合及裂纹尾迹区的示意图

每个载荷循环中都会发生这种裂尖塑性变形，因此裂纹在扩展时就必须穿过此前载荷循环所产生的塑性区；而随着裂纹的逐渐扩展，裂尖塑性变形就残留在了裂纹尾迹区。在卸载过程中，尽管载荷还没有恢复到零，但裂纹尾迹区内材料的塑性伸长导致了两裂纹面可能已经相互接触到一起，从而形成裂纹闭合。因此，与屈服区模型主要关注裂尖前方的应力应变场和塑性区不同，裂纹闭合模型主要关注的是裂纹面和裂尖后方的塑性尾迹区，而裂纹闭合模型的关键则在于预测或描述裂纹将在何时闭合/张开。对此，Elber 提出了有效应力强度因子变程

$$\Delta K_{eff}=K_{max}-K_{op} \tag{6-16}$$

式中，K_{op} 是指裂纹刚刚闭合/张开时所对应的名义应力强度因子，此时的载荷大小相应地记为 S_{op}。将有效应力强度因子变程 ΔK_{eff} 代入 Paris 关系式或 Walker 关系式中，即可求得疲劳裂纹扩展速率，但在此之前还需要确定 S_{op} 或 K_{op}；对此，Elber 定义了裂纹张开程度函数

$$U=\frac{\Delta K_{eff}}{\Delta K}=\frac{K_{max}-K_{op}}{K_{max}-K_{min}} \tag{6-17}$$

并给出了一个计算表达式

$$U=0.5+0.4R \tag{6-18}$$

显然，式(6－18)是一个经验拟合式，在应用对象和应用范围方面存在一定限制。在 Elber 之后，还有许多研究人员也提出了一系列类似的经验拟合式，见表 6－5。还有一些研究人员采用了有限元方法来进行裂纹张开函数的计算，数值结果证实了裂纹闭合及简单的交互作用影响，这在定性意义上与经验观察是吻合的。

表 6-5　各种目前计算 U 的方法

作者	计算方法	应力比范围	加载模式	材料	速率范围/(mm·周$^{-1}$)
Elber	$U=0.5+0.4R$	$-0.1<R<0.7$	恒幅	2024 - T3	$>3\times10^{-6}$
Katcher & Kaplan	$U=0.68+0.91R$	$0.08<R<0.32$	恒幅	2219 - T851	$>5\times10^{-6}$
	$U=0.73+0.82R$	$0.08<R<0.35$		Ti - 6Al - 4V	
Bachmann & Munz	$U=\frac{1}{1-R}\left(1-\frac{6.67R+4.27}{K_{max}}\right)$	/	/	钛合金	/
Madox, et al.	$U=0.75+0.25R$	/	恒幅	钢	/
Schijve	$U=0.55+(0.45-\alpha)R+\alpha R^2$	$-1<R<0.54$	恒幅	2024 - T3	$>1\times10^{-6}$
Chand & Garg	$U=0.2+1.3R+(8.8R+6)K_{max}/1\ 000$	$0.1<R<0.6$	恒幅	6063 - T6	$>5\times10^{-6}$
Srivastava & Garg	$U=(13.5R+5.925)\Delta K/1\ 000+1.35R+0.223$	/	恒幅	6063 - T6	/
Kumar & Grag	$U=0.55+0.6R+0.12R^2$	$0<R<0.3$	恒幅	6063 - T6	$>1.3\times10^{-6}$
Kumar & Singh	$U=0.7+0.15R(2+R)$	$0<R<0.4$	恒幅(峰值载荷)	低碳钢	$>2\times10^{-6}$
Costa & Ferreira	$U=\begin{cases}\beta+0.433, & \beta<0.567\\ 1, & \beta>0.567\end{cases}$ $\beta=0.716R+0.012\Delta K+0.144B/W$	$0<R<0.4$	恒幅(峰值载荷)	CK45 钢	$>1\times10^{-6}$
Forth, et al.	$U=(0.7-1.1R^2+0.4R^3)/(1-R)$	/	恒幅(峰值载荷)	7075 - T73	/
Singh, et al.	$U=0.668\ 4-2.413\ 5R+7.007\ 7R^2$	$0<R<0.5$	恒幅(峰值载荷)	AISI 316N	$>1\times10^{-7}$
Lin & Kujawski	$U=(1-(ce^{aR}+b))/(1-R)$	/	恒幅,超载	/	/

注:表中"/"代表文献中未作相应说明。

特别地，疲劳裂纹扩展分析软件 NASGRO 主要是基于 Newman 所提出的裂纹闭合模型[①]，该模型写为

$$\frac{\mathrm{d}a}{\mathrm{d}N}=C\left[\left(\frac{1-f}{1-R}\right)\Delta K\right]^{n}\frac{\left(1-\frac{\Delta K_{\mathrm{th}}}{\Delta K}\right)^{p}}{\left(1-\frac{K_{\max}}{K_{\mathrm{C}}}\right)^{q}} \tag{6-19}$$

式中，K_{C} 为断裂韧度；C,n,p,q 为材料疲劳裂纹扩展试验速率数据拟合参数；f 为（另一种）裂纹张开程度函数

$$f=\frac{K_{\mathrm{op}}}{K_{\max}} \tag{6-20}$$

f 计算表达式为

$$f=\begin{cases}\max(R,A_0+A_1R+A_2R^2+A_3R^3), & R\geqslant 0\\ A_0+A_1R, & -2\leqslant R<0\end{cases} \tag{6-21}$$

式(6-21)中各系数分别为

$$\begin{cases}A_0=(0.825-0.34\alpha+0.05\alpha^2)\left[\cos\left(\frac{\pi}{2}\frac{S_{\max}}{\sigma_0}\right)\right]^{\frac{1}{\alpha}}\\ A_1=(0.415-0.071\alpha)\frac{S_{\max}}{\sigma_0}\\ A_2=1-A_0-A_1-A_3\\ A_3=2A_0+A_1-1\end{cases} \tag{6-22}$$

式中，σ_0 为材料的屈服应力；α 为平面应力/平面应变约束因子，在平面应力状态时取值为 1，在平面应变状态时取值为 3。

一些手册可能还会推荐使用其他的裂纹闭合模型，在此不作赘述。

(3) 条带屈服模型。

在裂纹闭合模型的基础上，另一些研究人员采用 Dugdale 所提出的条带屈服模型来计算塑性区尺寸和相应的塑性变形量。Dugdale 的条带屈服模型假设塑性变形发生在一个薄的条带中，且假设材料具有理想刚塑性结构，进而通过考虑一条虚拟裂纹的张开来计算塑性区中条带单元的塑性伸长量，而裂纹张开量取决于远方载荷和虚拟裂纹尖端塑性区内的屈服应力，如图 6-8 所示。

在条带屈服模型中，裂纹驱动力 ΔK_{eff} 是通过裂尖和尾迹区塑性变形历史（而非经验公式）得到，因此从机理上讲要优于裂纹闭合模型；如果足够精细，条带屈服模型理论上应能处理多次过载效应。然而，条带屈服模型需要考虑材料的非线性行为及裂纹的闭合/张开，具体计算非常复杂，同时准确性和适用性仍需更加深入地分析及更加广泛地验证，目前在工程计算中应用得还比较少[②]。

---

① NASGRO 软件在其发展历程中，在 Newman 模型的基础上进行了持续的修正，这里选取了一个较为典型的表达式。

② 上述 Newman 模型在推导时通过条带屈服模型来确定外载荷作用下的位移和应力应变分布，因此也可将 Newman 模型和基于 Newman 模型的 NASGRO 模型看作是条带屈服模型。

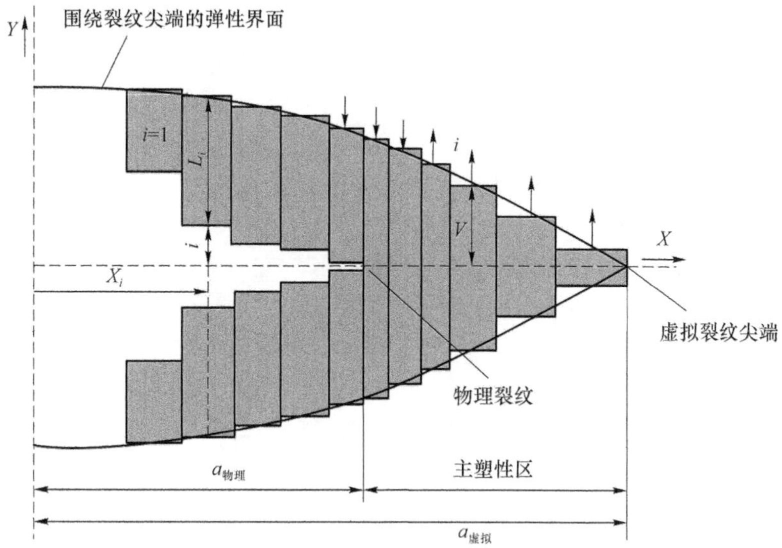

图 6-8　条带屈服模型中的裂纹尖端

2. 三维裂纹扩展与复合型裂纹扩展的分析方法

回顾线弹性断裂力学理论可知，该理论首先将实际三维结构中的裂纹扩展问题简化为二维平面内的裂纹扩展问题，然后将裂纹扩展划分为张开型（Ⅰ型）、滑开型（Ⅱ型）、撕开型（Ⅲ型）三种典型模式，由此得以推导裂尖位移场并建立应力强度因子参量，且绝大多数裂纹扩展分析的模型和方法都是针对Ⅰ型裂纹而建立的。然而，实际结构毕竟是三维的，结构受力毕竟是复杂的；将应力强度因子这个二维参量直接应用到三维结构，将基于Ⅰ型裂纹所建立的分析模型和方法直接应用到复合型裂纹扩展问题，究竟会带来多大的误差？

实际上，飞机传统金属结构多为薄壁结构，裂纹扩展的三维效应并不明显，飞机结构的受力形式也决定了裂纹主要以Ⅰ型模式扩展。然而，对于一些特殊的结构（如主承力的耳片、接头、梁凸缘等厚度较大的块状结构）或局部应力状态较为复杂的结构来说，确实可能要求对三维裂纹扩展和复合型裂纹扩展（一般多为以Ⅰ型模式为主的Ⅰ/Ⅱ型复合）开展分析工作。对于角裂纹、非穿透裂纹等具有三维几何特征的裂纹来说，一般可将表面裂纹和厚度方向裂纹等效为两条二维裂纹，分别计算应力强度因子，从而得到两方向的裂纹扩展增量，然后以 1/4 椭圆来预估其他方向的三维裂纹前缘；对于以Ⅰ型为主的复合裂纹扩展问题，一般可将应力强度因子的Ⅰ型分量与Ⅱ型分量组合成为一个等效的Ⅰ型应力强度因子，通过Ⅰ型分量和Ⅱ型分量的相对大小确定裂纹扩展增量的方向，然后将等效应力强度因子代入相关模型中进行速率的分析。

值得强调的是，对于先进工艺制造出的新材料、新结构，其材料因素可能诱发疲劳裂纹扩展行为呈现出新的模式，其结构几何也可能显著突破了薄壁特征，当前这种将三维裂纹问题简化为二维裂纹问题、将复合型裂纹扩展问题等效为Ⅰ型疲劳裂纹扩展问题的做法，其预测结果或将与实际情况产生较大的差异。与此相关的机理、规律、模型、方法还有待进一步地深入研究。

3. 裂纹扩展寿命的计算

理论上讲，裂纹扩展寿命可以由裂纹扩展速率积分求得，即

$$N=\int_{a_0}^{a_c}\frac{\mathrm{d}a}{f(\Delta K,R,L)} \tag{6-23}$$

式中，a_0 为初始裂纹长度；a_c 为最终裂纹长度。

显然，采用该法计算裂纹扩展寿命 N 需要一个循环接一个循环地进行数值积分，即便是利用现代电子计算机，可能也相当费时。在实际使用时，它一般需要做出某种便于工程上应用的简化，由此形成了快速积分法、分离变量法等工程简化方法。

6.3 结构检查大纲

6.3.1 结构检查大纲的意义

结构维护和检查是保证损伤容限结构适航性的基石。结构检查大纲是损伤容限评定中的重要部分，对所有 SSI 规定了检查要求、检查方法和检查间隔，保证以高可靠性及时地检测出各类损伤。因此，结构检查大纲是飞机型号合格审定的一个必不可少的重要文件；特别地，制定结构检查大纲是飞机型号审定工作的重要内容之一，且必须在每一种新型号飞机投入使用之前制定出来。

在飞机投入使用后，随着机队的逐渐成熟，飞机的持续适航性问题是另一个挑战；飞机的保养与维护，结构检查大纲的执行、修改和补充，对确保飞机安全性起着尤为重要的作用。因此，结构检查大纲还是飞机持续适航要求的必不可少的文件。

6.3.2 结构检查大纲的目的

结构检查大纲的主要目的是通过适当的检查方法，对飞机重要结构进行必要的维护和检查，及时检测出损伤，以尽可能经济的方法使飞机在整个设计服役目标期内，保持其安全性、可靠性和持续适航性。

结构检查大纲必须始终强调安全性，制定结构检查大纲必须依据对结构设计资料的评估、疲劳评定、损伤容限评定、类似结构的服役经验及相应的试验结果来执行；也可因经济性的原因、结合使用方的经验，由用户作适当修改或调整，但这种修改或调整必须经过使用方所在地区适航当局的批准，并依照有关程序进行。

6.3.3 结构检查大纲的要求

(1) 必须在每一种新型号飞机投入使用前制定。

(2) 有效地利用现有手段，保证及时地检测或预防由有害环境、意外或疲劳引起的损伤。

(3) 损伤容限评估需要与使用经验和工程判断相结合。

(4) 允许各用户根据实际情况灵活实施。

(5) 反映持续的服役经验。

6.3.4 结构检查大纲的组成

结构检查大纲一般由两部分组成,即初始结构检查大纲和补充结构检查大纲。

初始结构检查大纲主要以对环境损伤和意外损伤的检查要求为基础,在使用期内适用于机队的所有飞机;补充结构检查大纲主要用来检测疲劳损伤,疲劳损伤一般预期发生在使用一段时间的老飞机机队里。检查大纲要根据环境恶化、意外损伤和疲劳损伤给出首次检查期和重复检查间隔,并给出腐蚀防护和控制方案。

对大多数结构来说,为检测腐蚀、应力腐蚀和意外损伤而制定的初始结构检查大纲也为检测疲劳损伤提供了足够的机会。如果其不够充分,则需补充检查大纲以便及时检出损伤,这些附加的补充检查都将在一个合适的门槛值(首次检查期)后开始。

思考题

1. 线弹性断裂力学求解应力强度因子 K 时作出了哪些简化假设? 是否能够列举出这些简化假设被突破的例子或情形?

2. 为什么裂纹尖端存在塑性区的前提之下,应力强度因子 K 这个线弹性断裂力学参量依然能够适用?

3. 以 Paris 关系式为例,等式左右两侧各参量的量纲分别是什么?

4. 常用的一种疲劳裂纹扩展试样是中心裂纹拉伸试样,即 CCT 试样,有时也称为 M(T) 试样,其应力强度因子 K 毫无疑问是 a/W 的函数(W 是试样的宽度),但是否与试样的长度无关?

5. 查阅近期文献,谈谈有哪些新的疲劳裂纹扩展驱动力参量和模型? 试对这些新的参量和模型作出自己的评述。

6. 表 6-5 中的裂纹张开程度函数 U 为什么都与应力比有关? 为什么 U 随应力比 R 的增大而越大?

7. 厚板中的穿透裂纹,其前缘经常是直线状还是曲线状? 为什么?

8. 穿透裂纹的裂纹闭合效应是否与厚度有关? 为什么?

9. K_{IC} 和 K_C 均为断裂韧性的度量指标,二者有何差别?

10. 试画出加筋板的剩余强度示意曲线。

11. 损伤容限分析与裂纹扩展分析之间存在什么关系? 如果一个结构的损伤模式存在不确定性(例如对产生裂纹的位置不太有把握),此时是否还能够开展损伤容限设计与分析?

12. 什么是两跨损伤? 为什么要将相应结构的初始损伤假设为两跨损伤?

13. 假如在检修时以某种手段发现结构上确实存在一条小于可检尺寸的裂纹,是否应当对该裂纹进行修理?

第 7 章　有效性限制的制定与广布疲劳损伤评定

正如对疲劳损伤敏感的结构一定会在某一时刻发生疲劳失效一样，对 WFD 敏感的结构也一定会在某一时刻发生 WFD。因此，结构设计研究人员最关心的就是飞机结构何时会发生 WFD；或者说，应采取怎样的行动才能使飞机和飞机结构在规定的使用寿命期内不会发生 WFD。

本章主要介绍民机适航规章对 WFD 评定的要求。WFD 评定的主要目标就是要给出用累积飞行起落数或/和飞行小时数表示的 LOV，并确定相应维护行动及其时间点。WFD 评定工作必须以试验和基于试验的分析为依据，在可行的情况下也可将使用经验或使用经验加上长期使用飞机的拆卸检查/拆毁检查[①]结果作为辅助依据。总的来说，制定 LOV 的过程具体包括四个步骤：

(1) 确定 LOV 候选值[②]；

(2) 筛选 WFD 敏感结构；

(3) 对所有敏感结构进行 WFD 评定；

(4) 确定最终的 LOV。

7.1　确定 LOV 候选值

在适航审定过程的早期阶段，申请者一般都要制定以飞行起落数或飞行小时数表达的目标使用寿命，而 1998 年颁布的 AC 25.571 - 1C 中将“目标使用寿命”的术语改称为“设计服役目标(Design Service Goal，DSG)”。对于新飞机来说，如果维修行动较少，可将 DSG 作为 LOV 候选值；对于在役飞机来说，也可将 DSG 作为 LOV 候选值，但可能需要添加新的维修行动；对于服役时间接近甚至超出 DSG 的老龄飞机来说，由于已经进行了多次的维修行动，因此 LOV 候选值对应的时间点可能会比 DSG 大很多。总的来说，确定 LOV 候选值应以对飞机结

① “拆毁检查”的英文名为 Tear-down Inspection，其目的是最大程度地认识结构裂纹/损伤情况，往往是破坏性的；“拆卸检查”(或“分解检查”)一般是按照指定方案拆卸到指定程度，并在检查后再按照指定方案重新装配，从而继续试验或使用，因此是非破坏性的。由于英译中的问题，时常会遇到以“拆毁检查”指代“拆卸检查”的情况，实际工作中应予以辨别。

② 有文献也称“初始的 LOV”，但该术语可能和“初始使用限制”相混淆，因此这里采用“LOV 候选值”的术语。同时，作者也建议读者通过文献调研理解“初始使用限制”的含义及该术语的修订过程，并仔细体会“LOV 候选值”与“初始使用限制”的区别。

构疲劳特性的认识(包括飞机的机龄、服役经验、疲劳试验分析结果等)为主要基础,同时也会受到经济方面考虑的影响。

需要强调的是,在确定 LOV 候选值时,全尺寸疲劳试验可能还没有开展或刚刚开展,用于确定 LOV 候选值的依据仅仅是当时条件下对飞机结构疲劳特性的有限认识,因此 LOV 候选值与最终的 LOV 可能存在较大的差别。

7.2　筛选 WFD 敏感结构

为了证明飞机结构在 LOV 之前不会发生 WFD,必须开展全尺寸疲劳试验及相应的拆毁检查或剩余强度试验;而在开展这些拆毁检查或剩余强度试验之前,必须筛选并确定所有对 WFD 敏感的结构,包括易于发生 MSD 的结构、易于发生 MED 的结构及易于发生 MSD 和 MED 的结构。作为指导,咨询通告中列举了一些典型的 WFD 敏感结构及其在飞机中的位置,如图 7－1 所示;特别地,WFD 敏感结构主要针对的是金属结构,复合材料结构一般不需要考虑 WFD 问题。

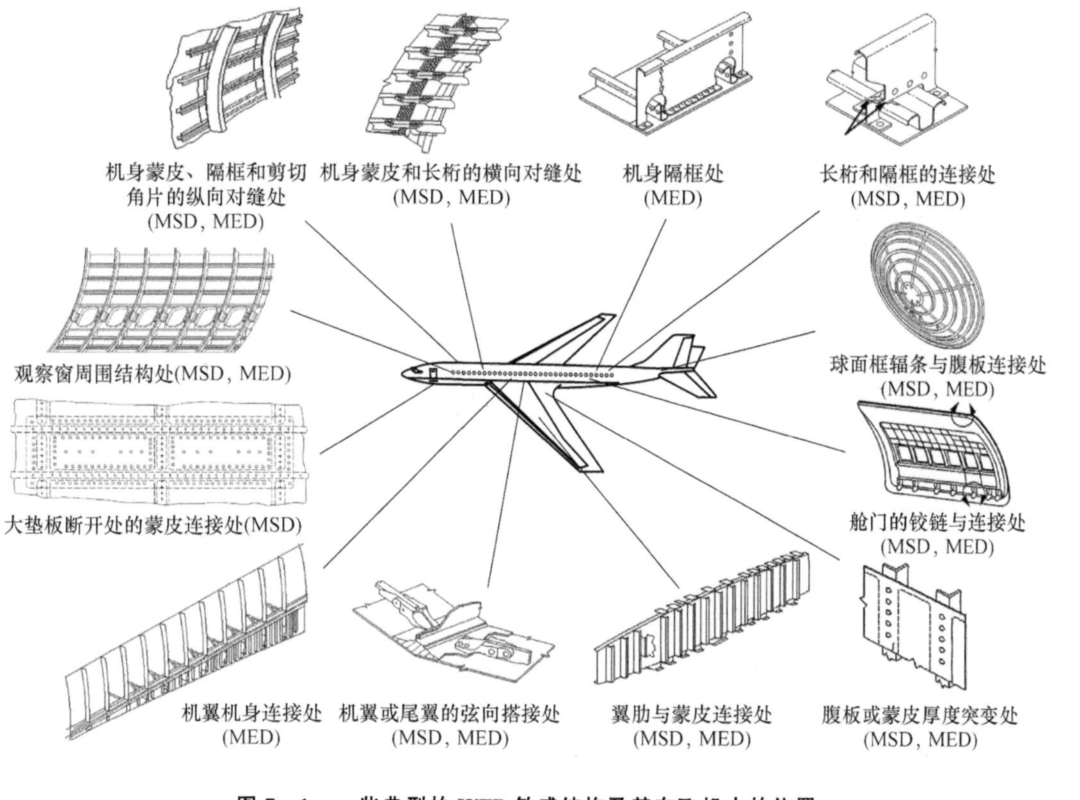

图 7－1　一些典型的 WFD 敏感结构及其在飞机中的位置

建立 WFD 敏感结构清单时应注意以下要求。

(1) 根据 MSD,MED 及 WFD 的定义建立确定 WFD 敏感结构的准则(例如,在较大范围内重复出现并处于相同应力水平的结构细节和元件)。该准则是结构符合性说明材料的一部分。

(2) 给出确定和排除某一结构区域为 WFD 敏感结构的理由。这个也是结构符合性说明材料的一部分。

(3) 确定出结构的细节以支持疲劳试验后的拆毁检查和剩余强度试验。例如,拆毁检查试验应确定检查哪些孔、倒角和切口等结构细节,剩余强度试验应确定验证哪些结构组件。

7.3 对所有敏感结构进行 WFD 评定

每一个 WFD 敏感结构都必须进行 WFD 评定。评定工作的目标是表明所有结构在飞机使用达到 LOV 之前不会发生 WFD,但评定工作的具体方法和具体程度却可以根据对结构 WFD 特性的认识程度而有所不同。对于一些没有充足数据支持的结构来说,必须对 WFD 的发生时间进行预测,并在此基础上确定相应的维修行动和维修行动时间点;而对于另一些结构,可能已经具有充足的数据(包括疲劳试验、分析、使用经验等)表明其在 LOV 之前不会发生 WFD,此时就不需要再对这些结构进行上述的具体分析评定工作或只需要对这些结构进行上述具体分析评定工作中的一部分工作。本节内容主要针对没有充足数据支持的 WFD 敏感结构进行介绍,其一般流程如图 7-2 所示。

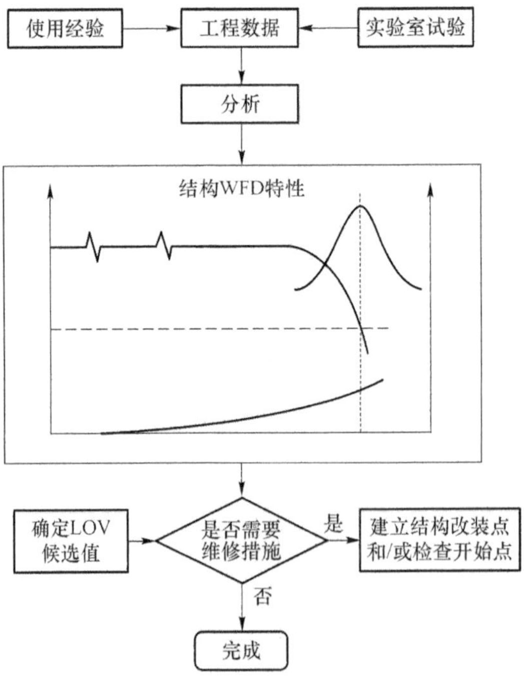

图 7-2 WFD 敏感结构评定的一般流程

简单来说,WFD 敏感结构评定包括以下两部分的工作:

(1) 确定结构 WFD 特性(预测 WFD 何时发生);

(2) 确定需要开展的维修行动，以及开展这些维修行动的时间点。

7.3.1　预测 WFD 何时发生

预测结构何时发生 WFD，本质上就是预测结构发生一种特殊疲劳破坏的寿命，既然是疲劳寿命就必然具有一定的分散性。在当前基于机群概念的评定体系下，一般通过机群 WFD 的平均行为(WFD_{ave})来表征 WFD 的发生时间。WFD_{ave}是一个机队中某一 WFD 敏感结构发生 WFD 的寿命统计量[①]，其定义为对于某一 WFD 敏感结构，预期机队中有 50％的飞机在无任何干预的情况下发生 WFD 的时刻[②]。确定 WFD_{ave}是制定 LOV 和进行 WFD 评定的核心与基础。

图 7－3 展示了 WFD 敏感结构的剩余强度变化曲线和 WFD_{ave}。图中 a_{det}代表 MSD/MED 裂纹达到可检时的长度，而 $a_{crit,WFD}$则代表 MSD/MED 裂纹达到剩余强度要求值时的长度。在 MSD/MED 形成阶段，结构的基本强度性能几乎不发生变化，因此剩余强度曲线是平坦的，且近似等于结构在原始状态下的强度；而从第一批 MSD/MED 裂纹开始扩展之后，结构的剩余强度便开始逐渐下降，直到裂纹继续扩展到结构的承载能力达到为建立损伤容限检查所要求的剩余强度要求值，此时结构就发生了 WFD；一个机队中的同一 WFD 敏感结构发生 WFD 的时间点也将呈现出一定的分散性(在图 7－3 中表达为一个概率密度函数)，而 WFD_{ave}则是累积概率密度为 50％时所对应的时间点。

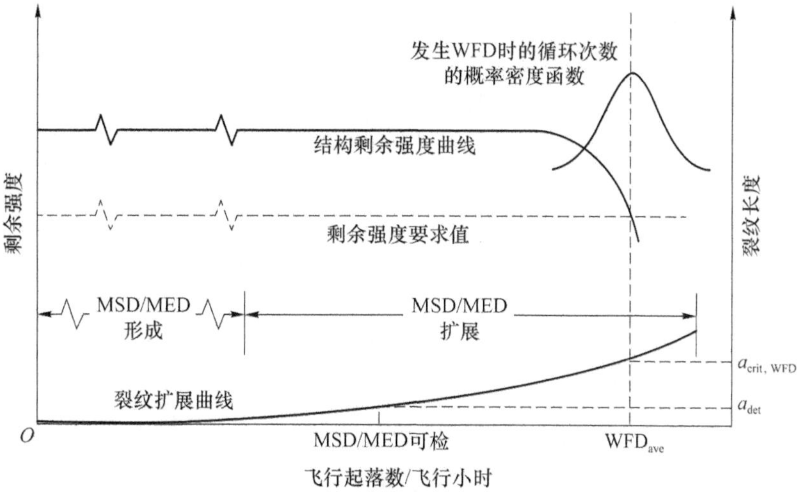

图 7－3　WFD 敏感结构的剩余强度变化曲线和 WFD_{ave}

预测 WFD_{ave}必须以全尺寸疲劳试验和基于全尺寸疲劳试验的分析为基本依据，在有条件的情况下，也可将飞机结构的服役经验作为预测 WFD_{ave}的辅助依据；特别地，当采用分析方法来预测 WFD_{ave}时，分析方法必须得到试验的验证或服役经验的支撑。总的来说，预测 WFD_{ave}

---

① 正式记法为 $WFD_{(average\ behavior)}$，文献中多简记为 WFD_{ave}或 WFD_{AB}，本书采用 WFD_{ave}的简记方法。

② 咨询通告 AC 25.571－1D 和 AC 120－104 中对 WFD_{ave}的定义原文为 The point in time, without intervention, when 50％ of the fleet is expected to develop WFD for a particular structure。

时需要注意以下几方面：

(1) 全面考虑敏感结构区域服役历史(包括载荷/环境谱、任务剖面及以起落数/飞行小时表示的机队使用情况统计数据等)；

(2) 明显的生产变化(包括材料、设计、装配方法及其他任何可能影响到结构细节疲劳品质的变化)；

(3) 全尺寸疲劳试验相关数据(可参考咨询通告 AC 25.571-1D 的附录 1)；

(4) 全尺寸疲劳试验或部件疲劳试验的拆毁检查数据(包括老龄飞机的拆卸/拆毁检查数据)；

(5) 断口分析结果。

除此之外，评定工作还应适当考虑从实验室试验条件到实际结构服役条件的折算，包括但不限于应力谱、边界条件、试验件构型、材料差异、几何形式、环境影响等多个方面。

1. 全尺寸疲劳试验

全尺寸疲劳试验是预测 WFD_{ave} 的必要手段，应通过全尺寸疲劳试验获取用于确定或界定某一尺寸的 MSD/MED 裂纹扩展时间的数据、MSD/MED 裂纹的扩展图样及含 MSD/MED 裂纹结构的剩余强度，而数据类型包括应变测量结果、无损检测结果、有损检测结果及剩余强度试验结果。有关全尺寸疲劳试验的具体内容，读者可参考本书“拓展阅读 4 积木式试验”。

通过全尺寸疲劳试验来确定 WFD_{ave} 时，应考虑以下几个方面。

(1) 试验件。

可以将整机作为全尺寸疲劳试验的试验件，也可将整机中的某一或某些部件作为全尺寸疲劳试验的试验件，但应尽量开展整机的疲劳试验。应当注意，每个金属结构中可能具有多个对 WFD 敏感的区域，且试验件、试验设施与载荷施加应能模拟出真实结构的载荷条件和支承方式。

(2) 试验持续时间。

全尺寸疲劳试验持续时间取决于试验目的：是用于型号合格审查，还是用于设计更改或修理。

当用于新型号合格证和衍生(补充)型号合格证的审查时，全尺寸疲劳试验持续时间不应小于 2 倍 LOV。然而，较长的试验持续时间有助于发现更多的或此前没有预计到的疲劳敏感区域，也有助于确定或验证开裂部位、开裂模式、裂纹扩展寿命及剩余强度，因此可采用更长的试验持续时间来减少甚至取消与 WFD 相关的维修行动。若试验持续时间为 3 倍 LOV 而没有发生 WFD，则可取消与 WFD 相关的维修行动；若试验持续时间为 2 倍 LOV 而没有发生 WFD，则需要在 LOV 之前进行一系列维修行动(包括检查、改装/更换，或二者均要进行；有关维修行动的具体内容见 7.3.2 节)。

当用于型号设计更改或修理时，建议试验持续时间为 3 倍 LOV。

(3) 试验后的分析评估。

全尺寸疲劳试验结束后需要进行剩余强度评定，以此来证明结构满足 AC 25.571 规定的剩余强度要求。具体而言，剩余强度评定有剩余强度试验和拆毁检查两种方式。

剩余强度试验是在全尺寸疲劳试验结束后，对结构施加 AC 25.571 规定的剩余强度载荷，是一种比较直接的方式；如果试验件能够承受这些载荷，就说明结构具有等于试验持续时间的飞行起落数和/或飞行小时数的最小 WFD_{ave}。然而，这种方式无法定量地了解试验后可能存在的疲劳裂纹，因而若不进行进一步工作（如拆毁检查），就无法确定敏感区域在试验持续时间后多久会发生 WFD。

剩余强度还能够通过拆毁检查、MSD/MED 裂纹尺寸测量或基于检查方法确定裂纹可检尺寸等工作后，再采用分析方法来进行间接评估；根据检查结果，可以进行裂纹扩展分析，在时间上回溯或外延，以此来估计某结构或某区域的 WFD_{ave}。其中，拆毁检查的最低要求是检查方法至少要能够检查出 MSD/MED 裂纹的最小尺寸；特别地，若要证明没有或不会发生 WFD，拆毁检查则需要分解（如拆卸紧固件）甚至破坏试验件，并且应当对所有 WFD 敏感区域进行检查。

尽管剩余强度既可以通过剩余强度试验来直接评定，也可以通过拆毁检查来间接评定，但考虑到全尺寸疲劳试验的试验件很少，通常会在剩余强度试验结束后进行拆毁检查，从而识别出 WFD 敏感结构中是否存在未被发现的 MSD/MED。特别地，如果发现 WFD 敏感结构中的确存在未被发现的 MSD/MED，就需要分析结构发生 WFD 的时间。

2. 裂纹模式

无论是基于使用数据、全尺寸疲劳试验，还是相关分析，或是上述方法的组合，预测 WFD_{ave} 时都需要考虑裂纹模式，具体包括以下几个方面。

(1) 初始开裂模式。

确定初始开裂模式，指的是确定 MSD/MED 裂纹萌生时的尺寸和程度。为了确定 MSD/MED 的起始时间，一般需要以经验数据作为基础，或者对裂纹萌生位置和次序进行合理的假设，然后再进行疲劳分析评定工作。

确定初始开裂模式可采用下述两种方法之一。

① EIFS 分布，由疲劳试验或拆卸/拆毁检查，或者二者中发现的裂纹通过回归分析倒推到零循环得到。

② 疲劳裂纹分布，由相关疲劳试验、使用经验或二者共同得到。

(2) 最终开裂模式。

确定最终开裂模式，指的是确定剩余强度降低到最小要求值时多裂纹的尺寸和规模；对此，可以开展三维弹塑性断裂力学分析工作，也可以通过试验或其他分析方法来进行合理预计。

在实际工作中，确定最终开裂模式的一个典型手段是将剩余强度降低到最小要求值之前的某个时刻确定为失效准则，也就是亚临界准则。采用亚临界准则，能够显著降低分析的复杂性，同时其得到的是偏于安全的结果；而由于大多数循环都消耗在裂纹萌生阶段，因此通过亚临界准则得到的分析结果也并不会显著低于实际的 WFD_{ave}。例如，对于 MSD 裂纹来说，可以将亚临界准则定为首次发生裂纹连通的时刻，此时可采用 Swift 提出的塑性区连通准则；对于 MED 裂纹来说，可以将亚临界准则定为相邻两个或三个结构元件同时存在裂纹的时刻。

(3) 裂纹扩展周期。

确定裂纹扩展周期,指的是确定裂纹从初始开裂模式到最终开裂模式的载荷循环数/时间。裂纹扩展分析可以通过解析法和经验法两种方式来进行。解析法一般是基于线弹性断裂力学,经验法则是基于试验数据或断口分析。

(4) 特殊考虑。

在评估 MSD 裂纹时,许多方面的简化假设或分析方法都会对评估结果产生显著影响,如初始开裂模式中所假设的缺陷尺寸和缺陷分布、分析中所采用的材料性能(包括静力性能、疲劳性能、断裂性能等)和裂纹扩展速率方程、最终开裂模式中所采用的临界/亚临界准则、结构疲劳裂纹萌生时间的分散性、可检裂纹尺寸等。

在评估 MED 裂纹时,尽管某个元件中出现了第一条裂纹后,第二条裂纹并不一定会在其邻近的元件中出现,但一般要保守地假设裂纹/损伤/失效将在相邻的元件中发生;此外,在某个元件失效后,载荷将在未失效结构中重新分布,这对于评估结果具有显著的影响,因此在分析评定中必须进行仔细考虑。

在评估 MSD 裂纹和评估 MED 裂纹时,还需要关注它们之间的相互作用。从已有经验来看,MSD 裂纹之间的相互作用比较强烈,必须在评估中予以考虑,而 MED 裂纹之间的相互作用则不太明显。特别地,有些飞机结构既对 MSD 敏感,又对 MED 敏感,此时还需要考虑 MSD 裂纹和 MED 裂纹之间的相互作用。

7.3.2 确定维修行动及时间点

如前所述,WFD_{ave}代表整个机队中有 50%飞机的某一 WFD 敏感结构在无任何干预的情况下发生 WFD 的时刻。因此,要想保障整个机队中该 WFD 敏感结构在特定使用期内发生 WFD 的概率足够低,要么就要使预测评定出来的 WFD_{ave}足够长,要么就要在 WFD_{ave}之前的某些特定时间点进行一系列相应的维修行动,这些维修行动主要包括更换/改装、检查、修理等。

众多使用经验和惨痛教训表明,只依赖检查手段无法可靠防止结构发生 WFD,而在预先确定的时间点对结构进行更换/改装是最可靠的预防 WFD 的方法,相应的时间点称为结构改装点(Structural Modification Point,SMP),又称结构改装门槛值。当结构的使用寿命达到 SMP 时,若不进行改装/更换,则不能继续使用该飞机——实际上,这就是一种安全寿命策略。

特别地,在某些情况下能够证明检查手段对于预防 WFD 是有效的,那么相关检查必须在 SMP 之前进行,相应的时间点称为检查开始点(Inspetion Start Point,ISP),又称结构检查门槛值,并且还需要确定重复检查间隔 I_{WFD}。参考第 1 章中关于"防线"和"阵地"的比喻可知,在结构改装/更换前进行检查,在一定程度上为"只依赖结构改装/更换来保障结构不发生 WFD"的手段减轻了压力;因此,与检查无效的 WFD 敏感结构相比,检查有效的 WFD 敏感结构的 SMP 可以定得稍晚一些。

为方便读者理解,这里在图 7-3 的基础上,进一步给出检查有效情况下 SMP,ISP,I_{WFD}和 WFD_{ave}之间关系的示意图,如图 7-4 所示。

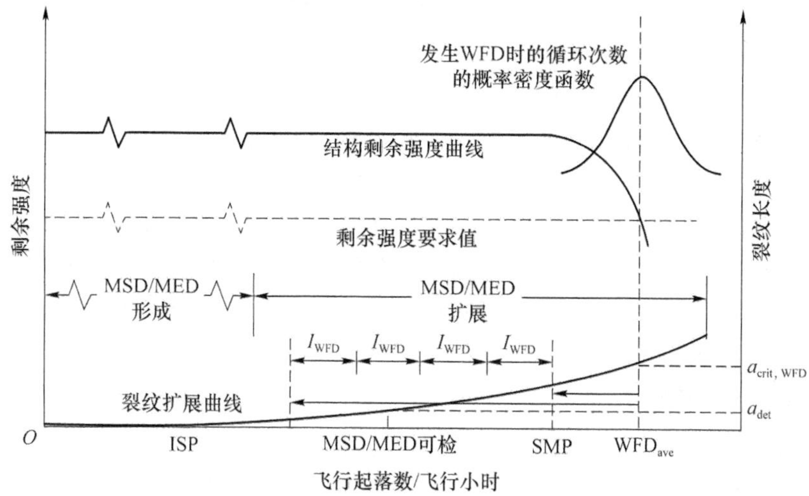

图 7-4　WFD 敏感结构的剩余强度变化曲线与检查有效情况下的维修行动

1. 确定 SMP

严格来说，SMP 是通过试验或经试验验证的分析（在可行的情况下可将使用经验作为辅助依据）而得到的，其对应结构 WFD 起始统计分布的某个下限值，表示该 WFD 敏感结构发生 WFD 失效的概率极低。

考虑到 WFD_{ave} 对应着 50% 的 WFD 失效概率，WFD_{ave} 和 SMP 之间的关系实际上类似于疲劳寿命与安全寿命之间的关系，因此可将 WFD_{ave} 除以一个系数得到 SMP。在不开展相关试验的情况下，对于检查无效的情况可直接将 WFD_{ave} 除以 3 作为 SMP；对于检查有效的情况可直接将 WFD_{ave} 除以 2 作为 SMP，并进一步建立 ISP。试验和使用经验表明，这两个系数取值能够保障得到偏于保守的结果。

2. 调整 SMP

（1）延长 SMP（一般是主动行为）。

如果能够证明在新的 SMP 之前不会发生 WFD，就可以在得到适航当局批准的前提下延长原 SMP。延长 SMP 要求完成下列工作中的一项或多项：

① 对全尺寸飞机结构或全尺寸部件额外开展疲劳试验和/或剩余强度试验，并进行详细检查和分析；

② 对新结构或在役飞机结构开展比全尺寸部件试验更小的子部件疲劳试验，但此时延长 SMP 只对该子部件有效；

③ 对退役结构部件开展破坏性的拆毁检查；

④ 对老龄飞机特定结构区域开展拆卸检查，此时结构应按照指定方案拆卸到指定程度，并应按照指定方案重新装配；

⑤ 对大量飞机的使用数据进行统计和分析。

（2）缩短 SMP（一般是被动行为）。

若 SMP 确定得比较合适，则绝大多数飞机中的该结构在 SMP 之前是不会出现 MSD/MED 的。反之，若在结构检查或结构更换/改装时发现了 MSD/MED 裂纹，则应对 SMP 进行重新评估，而评估结果可能表明需要缩短 SMP；倘若不对 SMP 进行重新评估，则应缩短 SMP 并相应地对服役使用信息作出修改。

3. 确定 ISP

与结构的 SMP 相似，结构的 ISP 也是通过试验或经试验验证的分析（在可行的情况下可将使用经验作为辅助依据）而得到的，其对应结构 MSD/MED 裂纹起始统计分布的某个下限值，表示该 WFD 敏感结构中出现 MSD/MED 的概率极低。而更直接的方法则是直接将 WFD_{ave}除以 3 作为 ISP，试验和使用经验表明该系数取值将得到偏于保守的结果。

特别地，在确定 ISP 的同时还应当确定相应的具体检查任务，这些检查任务包括被检查的结构、检查方法、ISP 和重复检查间隔 I_{WFD}等。

4. 确定重复检查间隔 I_{WFD}

与损伤容限策略一样，面向 MSD/MED 裂纹的检查间隔 I_{WFD}取决于可检裂纹尺寸和特定检查方法的裂纹检出概率；同时，面向 MSD/MED 裂纹的检查可以是变频率/周期的。原则上来说，面向 MSD/MED 裂纹的检查与面向单裂纹的损伤容限检查是相互独立的，但也可以进行合理的协调调整并使两种检查间隔相互统一，从而达到降低成本、提升机队完好率等使用目的。

5. 对结构修理的考虑

通常情况下，如果结构修理不增加或不影响 WFD 敏感结构，就不需要考虑结构修理的影响。然而，如果结构修理可能增加或影响 WFD 敏感结构，就必须开展分析评定来证明任何新的结构和受影响的结构在飞机 LOV 内不会发生 WFD；若分析评定结果表明结构修理可能导致 WFD 敏感结构在飞机 LOV 之前发生 WFD，则应重新设计结构修理方案或进行结构改装。

7.4 确定最终的 LOV

评定完所有敏感结构的 WFD_{ave}之后，就可以确定飞机的最终 LOV。WFD 敏感结构评定的结果将证明，LOV 候选值是否达到或超过了 AC 25.571 规定的要求，若能够证明 LOV 候选值达到或超过了 AC 25.571 规定的要求，则可以将 LOV 候选值定为最终的 LOV，且不需要进一步的证明；若 LOV 候选值没有达到 AC 25.571 规定的要求，则要考虑最终的 LOV 与 LOV 候选值的关系。

(1) 若最终的 LOV 大于 LOV 候选值，则需要采取维修行动或设计更改。确定维修行动（包括检查、改装、更换或以上行动的组合）时，必须证明维修行动的有效性、可行性和经济性；通过在以后生产的飞机上进行设计更改以防止 WFD 时，则必须按照 AC 25.517－1D 的指导对设计更改进行证明。

(2) 若最终的 LOV 小于 LOV 候选值，则一般不需要采取维修行动或设计更改。

需要注意的是，除了技术上的考量以外，LOV 的确定还会受到机队统计数据、维修情况、运营商投入的成本和经济性等若干其他因素影响。特别地，在为新飞机制定 LOV 时，由于缺少使用经验，因此所确定的 LOV 通常是偏于保守的。此外，当飞机达到最终的 LOV 后，若还希望继续使用飞机，则可通过一系列流程和依据对 LOV 进行延长，而延长 LOV 的流程和所需要的依据文件与最初确定 LOV 的是基本相同的。

这里通过一个简单的案例来进一步说明最终的 LOV 和各个 WFD 敏感结构维修行动之间的关系。假设某飞机有 6 个 WFD 敏感结构，且这 6 个敏感结构的维修行动与飞机最终的 LOV 之间的关系如图 7-5 所示；其中，检查对于敏感结构 1～敏感结构 5 是有效的，对于敏感结构 6 是无效的。

(1) 若将 LOV1 定为最终的 LOV，则在达到最终的 LOV 前，不要求进行任何维修行动。

(2) 若将 LOV2 定为最终的 LOV，则在达到最终的 LOV 前，需要对敏感结构 4 进行检查及后续的更换/改装。

(3) 若将 LOV3 定为最终的 LOV，则在达到最终的 LOV 前，需要进行更多的维修行动。敏感结构 1、敏感结构 2、敏感结构 4 需要在各自的 ISP 进行检查，其中敏感结构 4 还需要在其 SMP 进行更换/改装；敏感结构 3 和敏感结构 5 不需要进行维修行动；敏感结构 6 则需要在其 SMP 进行更换/改装。

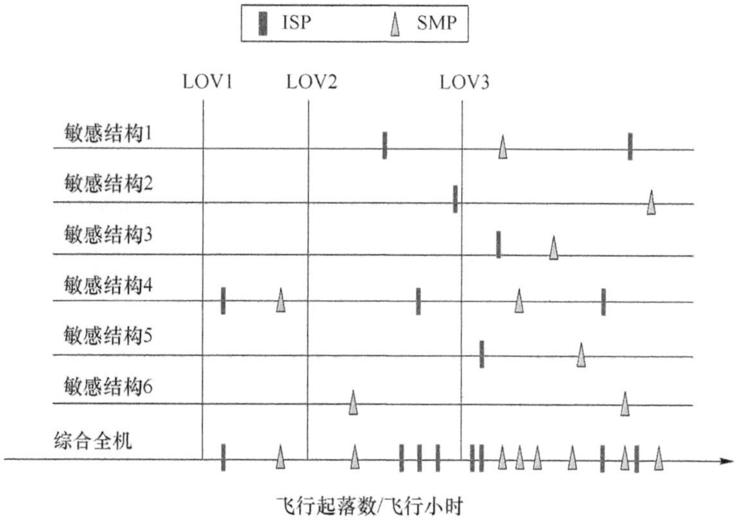

图 7-5　6 个敏感结构的维修行动与飞机最终的 LOV 之间的关系

思考题

1. 在确定最终开裂模式时，有哪些亚临界准则？

2. 术语 LOV，WFD_{ave}，SMP，ISP 的对象层级（机队/整机/结构）分别是哪个？

3. 从技术手段上来说，依然可以通过计算 MSD 和 MED 情况下的应力强度因子，进而获得疲劳裂纹扩展速率，但为什么不能通过损伤容限设计评定来保障 WFD 敏感结构的服役安全？

拓展阅读3　飞机结构载荷谱

飞机结构在使用过程中要经历交变载荷与使用环境（特别是腐蚀环境）的作用，飞机结构载荷/环境谱就是作用在飞机结构上的各种交变载荷与使用环境所形成的谱的总称，其中载荷/环境谱指的就是载荷/环境随时间的变化历程。飞机结构载荷/环境谱是飞机结构定寿和延寿的主要依据，是飞机结构疲劳/耐久性与损伤容限设计中的重要工作；从某种程度上来说，在飞机结构已经确定下来的前提下，载荷/环境谱就成为飞机结构使用寿命的决定因素。

因此，编制能够真实反映飞机使用情况的载荷/环境谱，对保证飞机结构的安全性和经济性具有十分重要的意义。在新机型设计阶段，需要编制设计使用的载荷/环境谱对新机进行初步疲劳分析，以确定飞机结构型式、选择结构材料、给出目标设计使用寿命等；设计定型后期需要编制试验谱进行全机或全尺寸部件耐久性/损伤容限试验，以确定并验证设计使用寿命；飞机投入使用后，还要通过专门的飞行试验或使用寿命监控编制飞机服役使用的载荷/环境谱，以重新评定飞机使用寿命或随时监控单机使用寿命的消耗情况。

飞机结构载荷/环境谱及其编制的内容非常丰富和复杂，对此已有一些专门著作进行了系统而详尽的介绍，参见本书参考文献[64]和[65]。考虑到本书的主旨，本篇主要介绍飞机结构载荷谱的基本概念及编制飞机结构载荷谱的基本方法。

一、飞机载荷与载荷谱

(一) 飞机载荷

飞机载荷是飞机使用过程中作用在飞机结构上各种力的简称，简单来说，飞机载荷是指作用在飞机上的力和力矩。

1. 飞机载荷的分类

(1) 按载荷性质。

飞机载荷可分为静载荷、动载荷（振动载荷、声载荷、冲击载荷等）、疲劳载荷与热载荷。静载荷和动载荷以载荷的变化速率为主要特征，以结构固有频率为参照，载荷大小、方向及作用点随时间变化缓慢者为静载荷，变化迅速者为动载荷。疲劳载荷以载荷的交变性和重复性为主要特征，无论什么载荷，只要反复多次作用于飞机结构，都是疲劳载荷；因此，疲劳载荷可以是静态的，也可以是动态的。热载荷以温度对载荷的影响为主要特征。

（2）按载荷来源。

飞机载荷可分为外界环境所引起的载荷与结构操作使用所引起的载荷。外界环境所引起的载荷包括大气湍流引起的阵风载荷、机场跑道不平引起的动态滑行载荷、水面不同浪高引起的水面滑行载荷等。结构操作使用所引起的载荷包括飞行员空中操作所引起的机动载荷、下滑着陆操作所引起的着陆撞击载荷、地面操作所引起的地面操纵载荷（如刹车、转弯、牵引、打地转、最小半径转弯、发动机地面试车、前轮静态操纵）等。

（3）按飞机所处的位置和状态。

飞机载荷可分为飞行载荷与地面载荷。飞行载荷包括飞行机动载荷、阵风载荷等。地面载荷包括着陆撞击载荷、滑行载荷、地面操纵载荷等。

（4）按载荷作用方向。

飞机载荷可分为垂直力、水平力（航向力和侧向力）、俯仰力矩、滚转力矩与偏航力矩。

（5）按受力部件。

飞机载荷可分为机翼载荷、机身载荷、平尾载荷、垂尾载荷、起落架载荷等。

（6）按气动力和飞机运动状态关系。

飞机载荷可分为飞机飞行中由空气动力产生的气动载荷、由运动加速度产生的惯性载荷、结构总载荷，而且结构总载荷等于气动载荷和惯性载荷之和。

（7）按与飞机质量的关系。

飞机载荷可分为两类，与飞机或飞机的部分质量相关的质量载荷（质量力），以及与质量无关的表面载荷（表面力）。质量力与质量成正比，分布在飞机结构整体中，包括重力、与法向加速度和切向加速度相关的惯性力。表面力包括飞机三个方向的气动力（升力、阻力、侧力）、发动机推力、飞机各部分之间的相互作用力。

（8）按载荷的分布方式。

飞机载荷可分为集中载荷、线分布载荷、面分布载荷、体分布载荷。

（9）按飞机零部件载荷传递方式和机理。

飞机载荷可分为拉伸载荷（拉力）、压缩载荷（压力）、剪切载荷（剪力）、扭转力矩（扭矩）、弯曲力矩（弯矩）。

2. 飞机载荷的获取

飞机载荷的获取方法主要有理论计算、风洞试验、飞行试验、参数识别等，这些方法适用于飞机设计的不同阶段，而且有各自不同的适用场景。

初始设计阶段主要采用理论计算的方法来初步确定飞机载荷，打样设计阶段和详细设计阶段则要用风洞试验的测力测压数据修正理论计算结果，有时甚至直接采用风洞试验测量的气动力；在整个设计阶段，载荷计算不是一次完成的，而是有一个由浅入深、由粗到精的反复计算和修正过程。设计定型阶段要通过飞行试验来获得真实飞行条件下的结构载荷，从而验证理论计算是否满足设计要求；针对飞行试验所获得的实测载荷及相关飞行参数，可通过参数识别方法建立载荷和参数之间的统计关系，并可由此关系求出飞行试验可能测不到的高载和可能测不出/测不准的某些动载荷，还可用于飞机投入使用后的飞机使用寿命监控中的交变载荷计算。

（二）飞机载荷谱

飞机结构在实际使用中不可避免地受到交变的重复载荷的作用，从而导致结构的疲劳，因此又称疲劳载荷。载荷谱是对这种交变重复载荷历程的描述。

1. 疲劳载荷来源

作用于工程结构的疲劳载荷有两个主要来源:结构使用和结构环境。

结构使用是指能够产生载荷的结构操作。对于飞机来说,结构使用主要包括空中操作和地面操作,如发动机地面开车、功能检查、顶起、牵引、转弯、机动飞行、操纵系统工作、地形跟踪飞行、座舱增压、着陆撞击、刹车、“地-空-地”循环等。

结构环境是指工程结构在使用过程中所经受的环境因素,从环境性质来说可以包括载荷环境和腐蚀环境。飞机结构的载荷环境主要包括大气湍流所引起的阵风载荷、跑道不平度所引起的滑行载荷、结构振动所引起的振动载荷、航空噪声所引起的声载荷、飞机局部热源或高速战斗机气动加热引起的热载荷等。

2. 载荷谱及其基本要素

所谓载荷谱,其实就是载荷随时间的变化历程,也就是“载荷-时间”历程,因此载荷谱应当是一种客观存在。然而,一方面,由于测不到、测不准、测不全、试验难施加及其他各种原因,任何“载荷-时间”历程都不可能直接用于结构使用寿命分析或疲劳试验,必须经过编制工作将客观的“载荷-时间”历程转变为能够用于实际工作的使用载荷谱;另一方面,从工程结构设计的角度来说,在新产品投入使用之前还不存在这种客观的“载荷-时间”历程,此时就要根据产品的相关标准、资料或以往类似产品的使用数据/使用经验来编制设计使用载荷谱。因此,载荷谱又是一种主观产物,是主观对客观的反映。

从载荷谱编制的角度来看,载荷谱实际上是工程结构使用中各级载荷大小出现频数的排列,因此载荷谱有三个基本要素:大小、频数、顺序。载荷大小是指载荷循环的严重程度,通常用载荷峰值、载荷谷值、载荷幅值(或变程)、载荷均值、载荷比(载荷谷值与载荷峰值的比值)这5个参数来描述,且5个参数中只要知道其中任意2个参数就可以求出其他3个参数。载荷频数是指某一载荷谱块[①]中各级载荷出现的次数,一般有实有出现频数和累积出现频数两种表示方法。载荷顺序是指载荷谱中各级载荷大小排列的先后次序,既包括一个载荷谱块内各级载荷大小的排列顺序,又包括一个载荷谱块内各种任务及各次飞行的排列顺序。

3. 飞机载荷谱的分类

(1) 按疲劳载荷来源。

飞机载荷谱可分为机动载荷谱、阵风载荷谱、座舱增压载荷谱、着陆撞击载荷谱、滑行载荷谱、地面操纵载荷谱、振动载荷谱、声载荷谱、热载荷谱等。

(2) 按编谱目的。

飞机载荷谱可分为过载谱、试验载荷谱、应力谱。

过载谱是根据飞机三向过载(主要是重心法向过载)的时间历程而编制的载荷谱,用于评价载荷谱的严重程度,且作为编制飞机部件载荷谱或应力谱的基本输入。试验载荷谱是主要用于飞机元件、构件、部件或全机疲劳/耐久性与损伤容限试验的载荷谱。应力谱是主要用于

---

① 载荷谱块又称载荷谱周期。一个载荷谱块可大可小,最大的可用一个寿命期作为一个载荷谱块,最小的可用一次飞行或一个任务段时间作为一个载荷谱块;常用的一般是以1 000飞行小时、100飞行小时的整数倍、飞行训练大纲的一个训练周期或一年的飞行时间作为一个载荷谱块。

估算飞机结构关键部位的疲劳寿命，并用于疲劳及断裂分析的载荷谱。

(3) 按飞机型号全寿命管理周期。

飞机载荷谱可分为设计使用载荷谱与服役使用载荷谱。设计使用载荷谱是在飞机设计阶段为进行疲劳/断裂分析及疲劳/耐久性与损伤容限试验所编制的载荷谱。服役使用载荷谱又称实测载荷谱，是在飞机服役期间（包括领先飞行期间）通过专门测试设备的飞行实测或使用寿命监控所编制的载荷谱。

(4) 按使用寿命监控的飞机范围和数量①。

飞机载荷谱可分为单机使用载荷谱、飞机机队基准使用载荷谱、飞机基准使用载荷谱。

单机使用载荷谱是指飞机机队中每架飞机在整个使用寿命期内的载荷经历，一般通过单机监控获得。飞机机队基准使用载荷谱是代表飞机机队基准使用情况的载荷谱，一般通过机队抽样监控获得。飞机基准使用载荷谱是指代表某一型号飞机所有机队基准使用情况的载荷谱，也就是该型号飞机所有机队的加权基准使用载荷谱。

(5) 按载荷顺序②。

飞机载荷谱可分为无顺序载荷谱、等幅谱、程序块谱、飞-续-飞载荷谱（Flight-By-Flight Spectrum）。

无顺序载荷谱是指各级载荷大小的实有频数或累积频数。这种谱中没有载荷顺序的信息，往往以表格的形式呈现。无顺序载荷谱主要用作编制飞-续-飞载荷谱或程序块谱的输入，还可用于判断和比较各种载荷谱的严重程度。

等幅谱是载荷循环为恒幅的载荷谱，其载荷顺序很显然是单一的。这种谱主要用于材料疲劳性能试验及疲劳分析方法研究，有时也用于比较两个结构疲劳性能的优劣。

程序块谱是在一个载荷谱块（如 100 飞行小时或一个飞行训练周期）中载荷顺序为某种固定顺序的载荷谱；其中，固定的载荷顺序一般为低-高-低、低-高、高-低等。

飞-续-飞载荷谱是按一次飞行接一次飞行所构成的载荷谱。在一次飞行或一次飞行的一个任务段中，载荷顺序可以是随机的，也可以是程序化的。

(6) 按任务剖面形式。

飞机载荷谱可分为任务段谱、任务谱、总谱。

任务段谱是以任务段作为编谱单元编制的载荷谱。任务谱是以各种任务的一次飞行作为编谱单元编制的载荷谱；一般来说，它可由任务段谱导出，也可直接由实测结果给出。总谱是按飞机所有使用情况编制的载荷谱，可由任务段谱或任务谱导出。

(7) 按谱的严重程度。

飞机载荷谱可分为平均谱和严重谱。

平均谱是按飞机使用分布内的平均使用情况编制的载荷谱。严重谱是按飞机使用分布内

---

① 现代飞机往往具有多用途能力，会执行各种不同的任务，战术技术和训练方法也会发生很大变化。不仅机队飞机实际的使用情况和设计预定的使用情况有显著差别，各个机队之间的使用情况也不相同，单架飞机的使用情况与机队基准使用情况也有显著差别。单机使用载荷谱有的比机队基准使用载荷谱严重、有的却要轻得多；机队基准使用载荷谱和飞机基准使用载荷谱之间也有类似情况。因此，很有必要编制这几种不同类型的服役使用载荷谱。单机监控的相关内容详见本书第 9 章。

② 程序块谱和飞-续-飞载荷谱既可以是试验谱，也可以是应力谱。也就是说，这两种载荷谱根据不同的目的，既可以用作疲劳/耐久性/损伤容限试验，也可以用作寿命估算和疲劳/断裂分析。

的严重使用情况编制的载荷谱①。

二、飞机载荷谱编制的基本方法——任务分析法

(一) 飞机使用方法和任务剖面

所谓飞机使用方法，指的是飞机执行什么任务及如何执行这些任务，反映了飞机的使用情况。对于某个构型已经确定下来的飞机来说，其使用方法决定了飞机将要经历怎样的“载荷-时间”历程，决定了飞机的使用寿命②，也决定了研究设计人员应当编制怎样的载荷谱。因此，明确飞机使用方法是编制载荷谱的重要前提。

飞机任务剖面既包含了飞机任务种类和任务内容，又包含了如何去执行这些任务，因此，通常用飞机任务剖面③来表示飞机使用方法。就每种任务而言，任务剖面是由一些任务段和性能参数所组成的任务顺序表，由此构成每种任务的一次完整飞行。任务剖面的有关资料和数据是编制载荷谱的重要输入，确定典型任务剖面是编制飞机载荷谱的重要工作。

不同种类的飞机有完全不同的使用方法，也就有完全不同的任务剖面，具体包括任务种类、任务剖面数目、任务剖面内容等多个方面的不同。拓展表 3-1 示意了三种不同用途飞机的任务剖面种类和任务剖面数目，能够明显看出三种飞机使用方法的区别。

拓展表 3-1　三种不同用途飞机的任务剖面种类和任务剖面数目

战斗机	攻击机	轰炸机
空战任务Ⅰ	近距空中支援	训练任务(带有效装载)
空战任务Ⅱ	护航	训练任务(不带有效装载)
截击任务	武装侦察	设计任务
近距空中支援任务Ⅰ	导航	战斗出击训练飞行
近距空中支援任务Ⅱ	转场	空中警戒
	仪表训练	
	武器投放训练	
	对地攻击训练	
	作战机动训练	
	加油训练	
	功能检查	

① 一般将严重谱定义为“反映飞机在设计使用范围内的严重情况，能代表使用寿命期内机队至少 90%的飞机预期的使用情况”。

② 例如，对于以机动飞行为主的歼击机、强击机、教练机等飞机，机动载荷对飞机结构疲劳损伤和使用寿命是最重要的影响因素，机动载荷谱对这类飞机的疲劳损伤贡献占绝大部分(有的甚至高达 90%)；对于民用飞机等运输类飞机来说，“地-空-地”循环对飞机结构疲劳损伤和使用寿命是最重要的影响因素，“地-空-地”循环对这类飞机的疲劳损伤贡献占大部分(有的甚至高达 80%)。

③ 这里所说的任务剖面不仅是指每一任务类型的任务剖面，而且是指所有任务类型各自任务剖面的总和。飞机各种任务剖面的总和反映的是飞机的全部使用情况，而静强度设计的典型载荷情况只反映强度包线上的几种极限情况。

1. 任务剖面的主要内容和主要参数

对于任务和任务段，任务剖面的主要内容和主要参数均有所不同。

对于任务来说，任务剖面的主要内容包括以下几个方面：

(1) 任务类型(如空战、截击、攻击等)；

(2) 每种任务的使用百分比；

(3) 每种任务的一次飞行时间；

(4) 每种任务所分任务段及其顺序(如地面滑行、起飞爬升、巡航、待机、空-空、空-地、下滑着陆等)；

(5) 各种任务的结构有效负载布局/构型；

(6) 各种任务着陆次数；

(7) 各种典型机场使用比例。

相应地，任务剖面的主要参数包括以下几个方面：

(1) 每种任务飞机构型(如是否带外挂及外挂种类和个数，是否带副油箱等)；

(2) 每种任务使用百分比(如每种任务的飞行起落数占总飞行起落数的百分比，或每种任务的飞行时间占总飞行时间的百分比)；

(3) 每种任务一次飞行的时间(可根据飞机的基本性能、战术用途、飞行训练大纲等确定，也可根据同类飞机使用情况的调查、统计、分析来确定)；

(4) 每种任务所包含的任务段。

对于任务段来说，任务剖面的主要内容包括以下几个方面：

(1) 一次飞行中各个任务段的时间；

(2) 每个任务段占该种任务的使用百分比；

(3) 每个任务段占总使用的百分比；

(4) 每个任务段内的性能参数(如高度、速度、质量等)；

(5) 在某些特定情况下还应包括其他内容，如某些明显的质量变化、不同的跑道形式等。

相应地，任务剖面的主要参数包括以下几个方面：

(1) 一次飞行中每个任务段所用时间(一般应根据飞机的基本性能确定，也可由实测统计结果给出)；

(2) 每个任务段使用百分比(如每个任务段时间占该任务时间的使用百分比，或每个任务段时间占总使用时间的百分比)；

(3) 任务段性能参数(如速度、高度、飞机质量等，应根据飞机的基本性能确定，也可由飞行训练大纲或实测统计来确定)。

2. 任务剖面的表示方法

飞机任务剖面主要有图式任务剖面和表式任务剖面两种表示方法，分别见拓展图3-1和拓展表3-2。

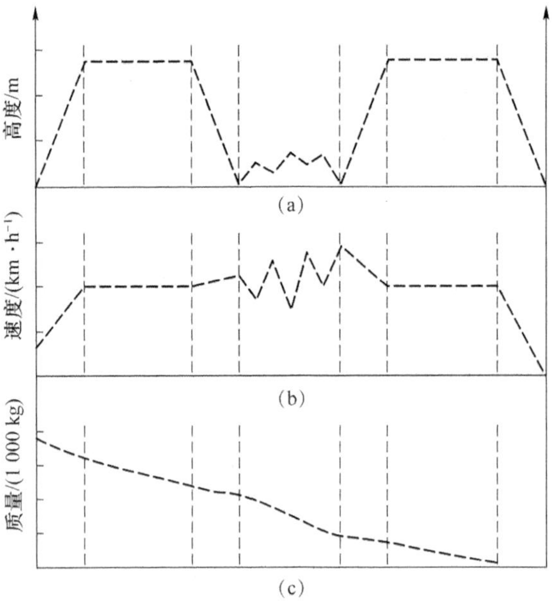

拓展图 3-1　图式任务剖面示例

拓展表 3-2　表式任务剖面示例

任务段	油量/kg	油耗/kg	高度/m	速度/(km·h^{-1})	发动机状态	发动机转速	时间/min	占任务总时间比/(%)	累积时间/min	外挂物/kg
滑行	13 850	50	0	0～330		—	0.2	0.5	0.2	
起飞	13 800	50	0	330	最大		0.35	0.875	0.55	
爬升	13 750	300	0～5 000	950	最大		2	5	2.55	
出航	13 450	250	5 000	Ma=0.86	巡航		5	12.5	7.55	
特技	13 200	2 000	5 000～10 000	400～110	最大～全加大		20	50	27.55	
巡航	11 200	250	5 000	Ma=0.85	巡航		4.95	12.375	32.5	
下降	10 950	830	500～5 000	500	慢车		3	7.5	35.5	
着陆	10 120	160	500～0	500～400	进场		4	10	39.5	
滑行	9 960		0	320～0			0.5	1.25	40	

3. 任务剖面的确定方法

无论是编制设计使用载荷谱还是编制实测载荷谱，都需要先根据飞机的使用情况来确定飞机典型任务剖面。然而，这两类载荷谱是在飞机全寿命管理的不同阶段编制的，确定其任务剖面的技术途径和方法有所不同，同一型号飞机所确定的任务剖面数目也不相同。

对于编制设计使用载荷谱来说，任务剖面一般情况下应由用户和专门机构提供，如在美国主要由空军战术司令部和系统统计局提供；在用户没有提供的前提下，也可以通过其他渠道获得。由于国内飞机研制的管理程序和运作机制与国外不同，用户一般不直接提供任务剖面；国内新设计飞机的典型任务剖面一般由飞机设计研制单位根据该型号飞机的战术技术要求和预计的使用方法来确定，也可在与新飞机性能相似的老飞机的任务剖面的基础上适当修改得到。

对于编制实测载荷谱来说，它应能反映飞机的实际使用方法和实际使用情况，主要根据飞行训练大纲和统计以往的使用情况确定。由于飞机任务剖面代表飞机的使用情况，因此确定任务剖面需要建立在统计的基础上，也就是说在确定任务剖面的各种使用比例和任务段内的性能参数时，无论是实测还是到部队调研，参数子样必须具有广泛性、代表性，子样数目也要尽可能多，然后取这些子样的平均值作为任务剖面的有关参数。

(二) 任务分析法

编制飞机载荷谱有多种不同的具体方法，但基本上都遵循着编谱的基本方法——任务分析法[①]。具体来说，任务分析法可分为以下几个步骤：

(1) 获取编谱原始数据；

(2) 确定典型任务剖面；

(3) 确定产生疲劳载荷的结构载荷环境；

(4) 确定不同飞行(或地面)状态下的载荷情况；

(5) 结构载荷计算和应力分析；

(6) 确定无顺序的载荷(应力)谱；

(7) 无顺序载荷谱离散化；

(8) 编制试验谱和分析谱(程序块谱或飞-续-飞载荷谱)

下面简述任务分析法编谱每一部分的主要内容。

1. 获取编谱的原始数据

编制载荷谱需要的原始数据主要包括飞机任务剖面参数、飞机结构载荷环境参数、载荷计算和应力分析所需数据、其他数据(如材料参数等)，这些原始数据主要有四个来源。

(1) 飞机强度规范。

对于军用飞机来说，目前为编制设计使用载荷谱而提供的结构载荷环境参数的美国军用规范主要有 MIL-A-008866A，MIL-A-008866B，MIL-A-008861A 等，而我国军用标准主要有《军用飞机结构强度规范 第6部分：重复载荷、耐久性和损伤容限》(GJB 67.6A—2008)和《军用飞机结构强度规范 第2部分：飞行载荷》(GJB 67.2A—2008)等，其中所提供的结构载荷环境参数主要有各类飞机机动飞行重心法向过载、大气湍流参数、下沉速度、跑道不平度等。

(2) 飞机使用载荷与使用寿命的监控。

在航空工业较为发达的国家，飞机投入使用时往往要安装各种专门测试系统来实施使用载荷与使用寿命的监控，从而重新评定飞机的使用寿命，同时也为新机编制设计使用载荷谱提供重要依据。尤其是对具有继承性的系列化机型来说，类似飞机的监控结果是新机设计使用载荷谱原始数据的重要来源。

(3) 飞行试验。

以下几种不同的飞行试验可以提供飞机载荷谱相关数据。

---

① 飞机环境谱与载荷/环境谱的编制同样遵循这一基本方法，即先以任务分析法为基础，再考虑飞机腐蚀环境因素，从而形成编制环境谱与载荷/环境谱的“任务-环境”分析法。

① 类似飞机的飞行试验。

在既无规范资料可用，又无监控数据可借鉴的情况下，需要通过类似飞机的飞行试验结果来获得设计使用载荷谱原始数据。

② 新机定型飞行试验。

对新机定型试飞中所获得的大量数据进行适当的筛选、归并和处理，可以编制出飞机设计定型试飞阶段的实测载荷谱，并用于对新机设计使用载荷谱的最初验证和修正。

③ 专门的飞行试验。

新设计飞机有时在未定型之前要投入几架作领先飞行，或者飞机刚完成设计定型一般会投入小批量使用；在领先飞行或小批量投入使用的飞机中，可以选择一架或几架安装测试仪器进行专门的飞行试验，从而编制最初的飞机基准使用载荷谱，并用于验证和修正设计使用载荷谱。

④ 其他。

有时，需要从风洞试验结果、飞机载荷和应力计算结果及查阅材料疲劳性能资料、飞行模拟器的模拟飞行等其他手段来获得用于编制飞机载荷谱的有关数据。

2. 确定典型任务剖面

如前所述，编制飞机载荷谱主要包括编制飞机设计使用载荷谱和实测载荷谱。尽管这两类载荷谱所用的任务剖面包含的内容和参数基本一样，但却是在飞机全寿命管理的不同阶段编制的，确定其典型任务剖面的技术途径和方法有所不同。

3. 确定结构载荷环境

简单来说，确定结构载荷环境就是确定飞机结构对作用于结构上各种载荷来源的响应，具体包括以下三个方面的内容。

(1) 确定作用于结构上的载荷来源。

如前所述，在编制飞机载荷谱时应考虑结构环境和结构使用两种载荷来源，但考虑到载荷来源及载荷谱编制工作的复杂性，实际处理时往往要根据飞机的特点进行简化，忽略掉对损伤影响不大的载荷来源。例如，对战斗机来说往往不单独考虑阵风载荷的影响，对机体结构来说有时不考虑地面载荷的影响。

(2) 选择每种载荷来源的响应参数

编制飞机载荷谱在确定载荷来源之后，就要选择各种载荷的结构响应参数。飞机类型不同，载荷种类不同，飞机结构部位不同，就会有不同的载荷响应参数。此外，响应参数的选择还与参数的可用性、载荷计算和应力分析的方法、计算的精度等有关。在所有响应参数中，最重要的是重心法向过载(法向加速度)。

(3) 确定响应参数的统计分布。

以重心法向过载为例，其统计分析结果往往以各级过载累积频数的形式给出。在确定重心法向过载谱等各有关参数的统计分布时，针对不同的数据获取方式，可能有不同的具体分析方法；例如，如果是从专门的飞行试验或载荷监控获得原始数据，就需要对这些原始数据进行适当的数据处理。对于不同的载荷来源，其数据处理方法也是不同的，例如，对于如阵风和地面滑行这类随机“载荷-时间”历程，一般可认为是平稳高斯过程或若干平稳高斯过程的叠加，相应地可采用功率谱技术，也可采用计数法统计；对于机动类“载荷-时间”历程，一般认为是非平稳随机过程，通常要采用计数法统计编谱。

4. 确定载荷情况

所谓确定载荷情况，就是对任务剖面的性能参数、结构载荷环境的响应参数和其他有关参数进行组合，以形成不同的载荷情况(这些参数的每种组合就是一种载荷情况)，从而作为载荷计算和应力分析的输入。确定载荷情况一般可分为以下三类。

(1) 飞机参数的瞬态组合。

它是把所出现的每一瞬态重心过载峰值和对应的各飞行参数组合起来，每一种过载和对应的多个参数就形成了一种载荷情况。

(2) 飞行参数的单一组合。

它是把所出现的全部过载和单一的飞行参数组合起来，其中，单一的飞行参数组合往往是最严重的使用情况。

(3) 飞行参数的统计分布组合。

它是在一个任务段内或一次飞行中，给出重心过载频数分布的同时，也给出其他飞行参数的频数分布，并且把这些分布转换成概率分布，然后按概率出现的大小来组合这些参数。这个过程中，可仅保留出现概率很大的那些组合，去掉没有出现概率或概率出现很小的组合。按这种组合最后形成多个参数响应表，其表中各个参数的每一种组合就是一种载荷情况，并通常在最后一栏给出每种载荷情况(每种组合)在1 000飞行小时中所出现的频数。

上述三种情况中，飞行参数的瞬态组合能够真实地反映飞机的使用情况，但计算复杂、费用高昂，实际上很少采用。飞行参数的单一组合尽管简单，但所确定的载荷情况最不真实，往往给出偏于保守的结果，现阶段已很少采用。相比之下，飞行参数的统计分布组合既能保留重要的载荷情况，又能减少载荷计算的工作量；此外，该方法所给出的统计分布曲线容易和其他抽样监控或设计阶段所给出的类似数据进行比较，并且能够修正这些曲线或数据，从而用于新机的改进和改型设计。

5. 载荷计算和应力分析

通过飞行参数的各种组合，在每个任务段或每种任务剖面内确定若干种载荷情况，把每种载荷情况的一组参数代入相应的载荷或应力方程中，这样就可以计算出指定结构或指定部位在每种载荷情况下的载荷或应力。目前主要有以下3种方法。

(1) 参数解析法。

它是把每种载荷情况的一组参数(连同已知的气动导数和刚度数据)代入到飞机运动平衡方程中，求出飞机的外载荷(气动载荷与惯性载荷)，然后再用有限元机构分析程序或结构内力分析方法，计算出指定结构部位的内载荷和应力。单从计算方法上来说，该方法与静强度分析所要求的载荷计算和结构应力分析方法基本相同，然而不同于静强度分析中只计算机动或阵风包线上的少数几种限制情况，该方法还要计算包线内大量各种不同的载荷情况，因此计算工作要复杂繁重得多。参数解析法的缺点就在于计算量大而复杂，并且误差较大。

(2) 直接测量法。

它是在飞机指定结构部位安装应变计直接测量飞行载荷(或应力)。对于实测结构部件载荷来说，飞行实测前要先经过地面载荷的地面校准试验，根据校准试验结果建立载荷-应变方程，然后把飞行试验结果的应变值代入载荷-应变方程中，便可求出飞机结构部件所需要的载荷（或应力）。该方法的优点是准确可靠，但地面校准和载荷计算的工作量也很大，并且计算结果不便进行外推；此外，仅靠此方法得不到飞机设计的限制数据和统计资料（如限制过载、限制动压、马赫数及过载的统计分布）。

（3）参数识别法。

它是用相关的参数识别技术建立载荷（或应力）与飞行参数（响应参数和性能参数）之间的统计关系，利用该种关系，以飞行参数作为输入，求出各种载荷情况下的载荷（或应力）。根据载荷性质和特点的不同，参数识别法可分为静载荷和动载荷两类，每类中又包括各种不同的识别技术。参数识别法的优点包括：计算结果比较准确可靠；所建立的载荷-参数关系适用于同一型号的任何一架飞机，克服了直接测量法不便外推的缺点；与参数解析法相比，不需要各种气动导数；可获得各飞行参数的限制数据和统计分布数据，从而用于飞机的改型设计；从载荷监控的角度来说，飞行参数传感器的安装使用要比应变计的安装维护更加简单方便。

特别地，建立载荷-参数关系的载荷数据可以有两种来源，一种是来源于载荷解析计算的结果，另一种是来源于载荷直接应变测量的结果；对于后者来说，只需要测量少数几个具有代表性的起落数据来获得建立载荷-参数关系的数据即可，不需要像载荷谱实测那样需要上百个起落的实测数据结果。

6. 编制无顺序载荷谱

上述几种方法可计算出指定结构（或部位）在每种载荷情况下的载荷（或应力），把这些载荷（或应力）和相应的出现频数联系起来，经过适当的归并求和后，按照从小到大累积起来，就可以得到飞机指定结构（或部位）的无顺序载荷（或应力）谱。无顺序载荷谱通常以各级载荷累积频数分布曲线（或超越曲线）的形式给出，是编制试验谱或疲劳寿命估算分析谱的输入。

7. 无顺序载荷谱离散化

由于无顺序载荷谱是以累积频数分布曲线的形式给出，在转变成试验谱或分析谱之前，必须把连续的累积频数分布曲线离散化，因此，应进行以下几个方面的工作。

（1）高载截除：应遵循一定的高载截除准则，一般可将高载截除水平取为一个寿命期内少于 10 次的高载，也可取在 1 000 飞行小时内少于 10 次的高载。

（2）低载截取：应遵循一定的低载截取准则，一般可将低载截取水平取为 2/3 疲劳极限。

（3）确定载荷阶梯级的级数：一般取 6～10 级比较合适，最多不超过 15 级。

（4）确定载荷阶梯级的间距：每个阶梯区间的大小可近似地取最大载荷（或应力）水平的 10%左右。

（5）计算阶梯区间内的载荷频数：各阶梯级区间内载荷出现频数为两相邻阶梯级载荷累积频数之差。

8. 编制试验谱和分析谱

将无顺序载荷谱离散化后，考虑载荷顺序，就可以编制试验谱和分析谱。试验谱主要用于疲劳/耐久性/损伤容限试验，一般以全机或部件试验载荷谱的形式出现；分析谱主要用于疲劳寿命估算，一般以结构关键部位应力谱的形式出现。无论是试验谱还是分析谱，一般包括两种顺序谱，即程序块谱和飞-续-飞载荷谱；特别地，对于按耐久性和损伤容限设计的飞机结构来说，明确要求编制飞-续-飞载荷谱来进行飞行模拟试验和分析。

三、飞机设计使用载荷谱及其编制

飞机设计使用载荷谱是指在飞机设计阶段为进行疲劳/耐久性和损伤容限分析和相应试验所编制的载荷谱，代表和反映的是所设计飞机的预计使用情况，按此载荷谱分析或试验所给出的使用寿命是该种飞机服役使用寿命的期望值。

在军用飞机结构完整性大纲 GJB 775A—2012 中，“设计使用载荷/环境谱”的定义①为“飞机设计中采用的载荷/环境(化学、热等)谱，它代表服役飞机在设计使用寿命期内预期会经受的典型使用情况”。

(一) 飞机设计使用载荷谱的编制方法

按照编谱原始数据的来源，大致可将飞机设计使用载荷谱的编制方法分为四种，即规范谱分析法、类比分析法、飞行模拟法和综合分析法。尽管各有特点，但基本上都遵循前文所介绍的任务分析法。

1. 规范谱分析法

规范谱分析法指的是直接利用飞机强度规范中所提供的载荷谱数据来编制设计使用载荷谱，其基本思想是把飞机强度规范中的载荷谱数据与该机典型设计任务剖面结合起来，编制该机的设计使用载荷谱。我国军用标准 GJB 67.6A—2008 提供了各类军用飞机机动载荷系数谱，主要分为任务段型和任务型两种形式，规范谱分析法也可相应地细分为两种编谱方法，其编制流程分别如拓展图 3-2 和拓展图 3-3 所示。

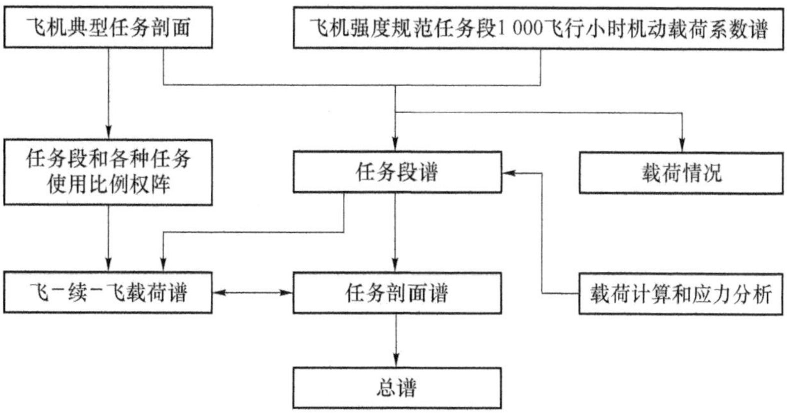

拓展图 3-2　任务段型设计规范谱编制流程图

---

① 美国军用飞机结构完整性大纲 MIL-STD-1530D 中的英文定义为 The design loads/environment spectrum is the spectrum of external loads and environments (for example, chemical, thermal) used in the design of the aircraft and is representative of the spectrum that the typical force aircraft is expected to encounter within the design service life。

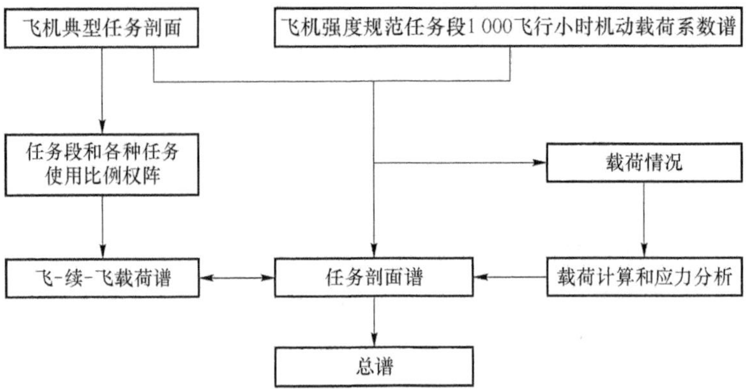

拓展图 3-3　任务型设计规范谱编制流程图

2. 类比分析法

类比分析法指的是利用以往类似飞机实测的载荷谱数据来编制该飞机的设计使用载荷谱,其基本思想是对类似飞机载荷谱实测数据按该新飞机的典型任务剖面重新进行处理和曲线拟合,得到各级载荷大小和出现频数之间的统计关系(即载荷频数-载荷大小曲线拟合方程),并在此基础上编制该新飞机的设计使用载荷谱。由于我国飞机载荷谱的实测数据大部分都按任务剖面的一次飞行为单元来进行数据处理和编谱,因此类比分析法主要用来编制任务型设计使用载荷谱,其编制流程如拓展图 3-4 所示。

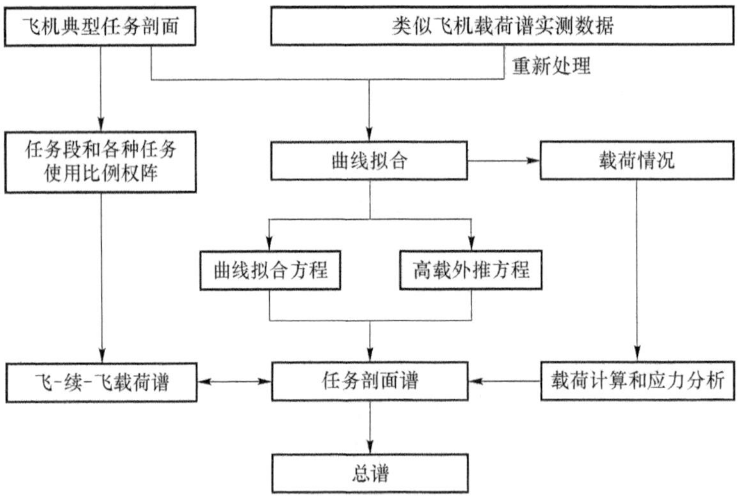

拓展图 3-4　类比分析法设计使用载荷谱编制流程图

3. 飞行模拟法

当高性能、大机动的新飞机与类似飞机的统计数据有较大差别时,可用飞行模拟法编制飞机设计使用载荷谱,其实质是采用飞行模拟与统计分析相结合的编谱方法。某型号飞机采用飞行模拟法编制设计使用载荷谱的流程如拓展图 3-5 所示。

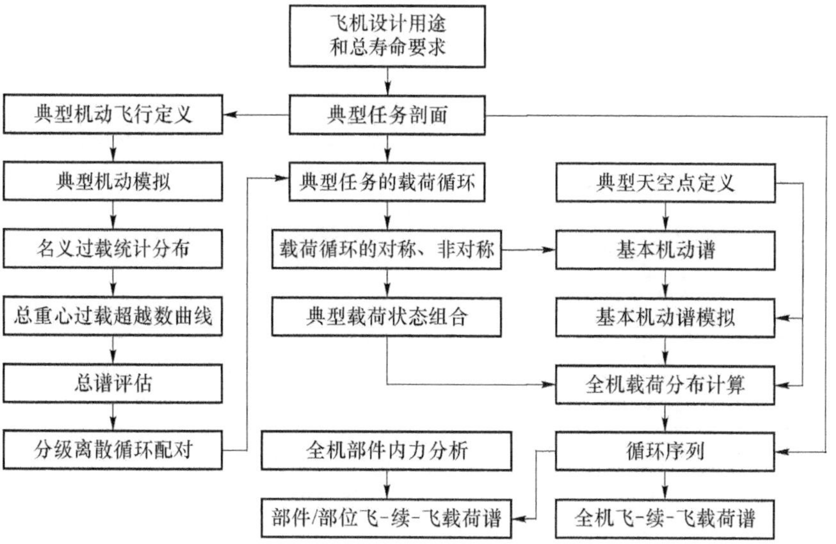

拓展图3-5　飞行模拟法编制某型号飞机设计使用载荷谱的流程图

4. 综合分析法

上述三种方法均有各自的应用范围，当新设计飞机缺乏类似飞机的载荷谱实测数据，且缺少飞行模拟器来模拟飞行载荷情况时，往往只得采用规范谱分析法来编制设计使用载荷谱，例如，我国最早期自行设计的歼8、歼轰-7等都是采用该方法来编制设计使用载荷谱的；当有类似飞机的载荷谱实测数据时，就可用类比分析法来编制设计使用载荷谱，例如，现有的各种改型类飞机和某些新型飞机一般都采用该方法来编制设计使用载荷谱；对于三代以上的一些高性能战斗机来说，由于使用方法发生了极大变化，其预计使用方法与现有类似飞机实测载荷谱的统计会存在比较大的差别，当具备模拟飞行条件(包括硬件模拟和软件仿真)时就可采用飞行模拟法，例如，我国现有的某些三代机就是采用了飞行模拟法来编制设计使用载荷谱。

实际上，编制现代飞机设计使用载荷谱时往往是几种方法同时采用，以其中一种方法为主，另外一种或两种方法用来进行比较分析和验证。这就是综合分析法的基本思路。

(二) 飞-续-飞载荷谱

采用上述几种编谱方法所编制出的设计使用载荷谱的最终形式是飞-续-飞分析谱和飞-续-飞试验谱。飞-续-飞载荷谱是按一次飞行接一次飞行所编制的飞机载荷谱，是国外在20世纪70年代初发展起来的一种编制载荷谱的新技术；与程序块谱相比，飞-续-飞载荷谱的最大优点是它能够较好地模拟飞机的使用载荷历程。

类似地，飞-续-飞载荷谱也可分为任务段型飞-续-飞载荷谱和任务型飞-续-飞载荷谱，其流程分别如拓展图3-6和拓展图3-7所示。任务段型飞-续-飞载荷谱以任务段为基本单元，每个任务段内的载荷峰谷值既可随机排列，也可按规定的顺序排列；任务型飞-续-飞载荷谱以每种任务的一次飞行为基本单位，每种任务一次飞行中的载荷峰谷值既可随机排列，也可按规定的顺序排列。特别地，西欧的战斗机标准谱FALSTAFF就是一种任务型飞-续-飞载荷谱，国内有关主机厂所编制的各机种载荷谱也大多是任务型飞-续-飞载荷谱。

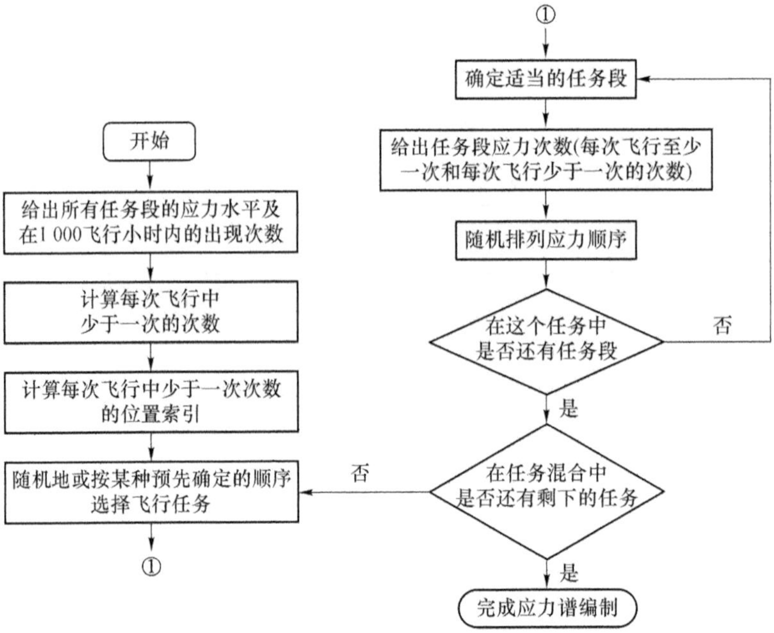

拓展图 3-6　任务段型飞-续-飞载荷谱编制方法流程图

(三) 飞机耐久性与损伤容限设计使用载荷谱

按照前述载荷谱编制技术所编制的飞机设计使用载荷谱应包括耐久性设计使用载荷谱和损伤容限设计使用载荷谱:前者用于飞机结构的耐久性分析和耐久性试验,用以确定飞机的经济寿命;后者用于飞机结构的损伤容限分析与损伤容限试验,用以保证飞机的使用安全。

对于耐久性设计使用载荷谱,我国军用标准 GJB 67.6A—2008 规定了两种载荷谱:第一种是反映飞机在设计使用分布①内严重使用情况的耐久性谱,称为严重耐久性设计使用载荷谱②;第二种是反映机队预计的平均使用情况的耐久性谱,称为平均耐久性设计使用载荷谱,往往是在缺少必要的技术储备、难以编制合理反映飞机设计使用分布内严重使用情况的严重耐久性谱时才考虑使用。对于损伤容限设计载荷谱,我国军用标准 GJB 67.6A—2008 明确规定"损伤容限设计使用载荷谱应反映飞机在设计使用分布内的平均使用情况,从而使机队平均使用情况的飞机预计满足设计使用寿命",因此损伤容限设计使用载荷谱是平均谱。

平均耐久性设计使用载荷谱与损伤容限设计使用载荷谱的编谱方法和编谱技术途径基本相同,二者的差异主要体现在高载截取和低载截除等具体细节上。在高载截取时,考虑到高载对裂纹形成寿命和裂纹扩展寿命的不同影响,编制平均耐久性设计使用载荷谱的高载截取水平可以高一些,而编制损伤容限设计使用载荷谱的高载截取水平可以低一些;在低载截除时,编制平均耐久性设计使用载荷谱时可以更多地忽略那些对疲劳开裂没有影响或影响很小的小载荷循环,而编制损伤容限设计使用载荷谱时应考虑这些小载荷循环对于疲劳裂纹扩展的影响。

---

① 所谓飞机的"设计使用分布",指的是飞机预计的所有使用情况,包括飞机预计的严重使用情况、平均使用情况及比平均使用情况轻的使用情况;这些使用情况既要考虑平时的训练使用,又要考虑真实的作战使用,甚至还要考虑某些可能的意外情况。

② 特别地,美国 JSSG-2006 中规定的耐久性设计使用载荷谱是严重耐久性谱。

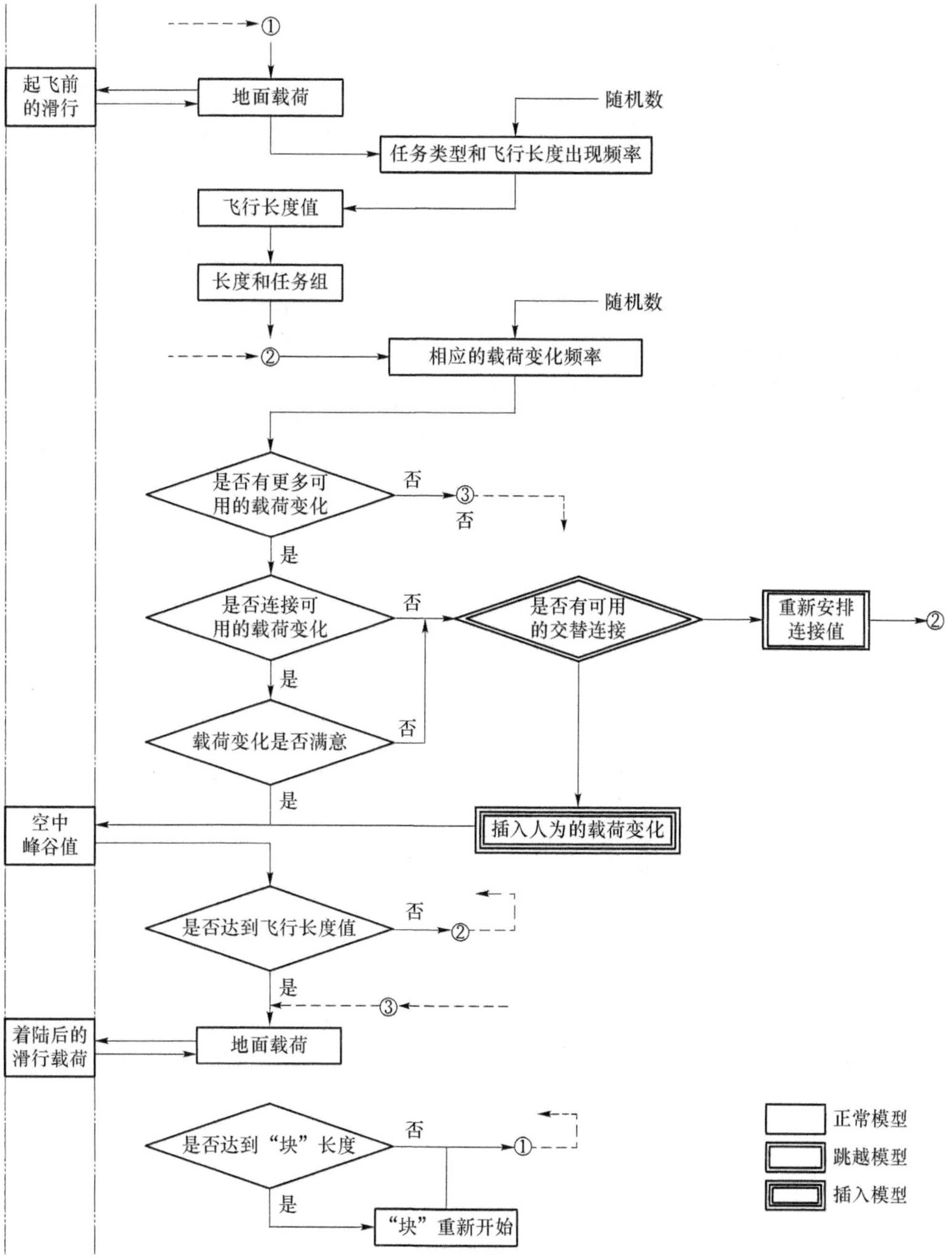

拓展图 3-7　任务型飞-续-飞载荷谱编制方法流程图

四、飞机实测载荷谱及其编制

我国军用标准 GJB 67.6A—2008 对飞机载荷/环境谱测量和编制提出了具体要求，这里将通过飞机载荷谱测量所编制的载荷谱都归纳到飞机实测载荷谱当中，以便与飞机设计使用载荷谱形成对应。

(一) 飞机实测载荷谱的编制方法

飞机实测载荷谱的编制仍然以任务分析法为基本原则，目前主要有两大类具体编谱方法，分别为均值载荷谱编制方法(简称均值谱法)和代表起落随机载荷谱编制方法[①](简称代表起落谱法)。

1. 均值载荷谱编制方法

均值载荷谱编制方法的基本思想是把实测数据分成不同的载荷级，经计数统计处理后，各级载荷出现频数取重复实测次数的算术平均值，由此编制成设计使用载荷谱。

根据对实测数据的不同处理，该方法具体可细分为任务段型均值载荷谱编制方法和任务型均值载荷谱编制方法：前者以任务剖面的任务段作为编谱单元，一个任务段中各级载荷出现频数取同一任务段重复实测次数的算术平均值；后者以任务剖面的一次飞行作为编谱单元，各级载荷出现的频数取同一任务剖面重复实测次数的算术平均值。

以编制重心法向过载为主参数的参数谱为例，两种均值载荷谱编制方法的步骤如拓展图 3-8 和拓展图 3-9 所示。

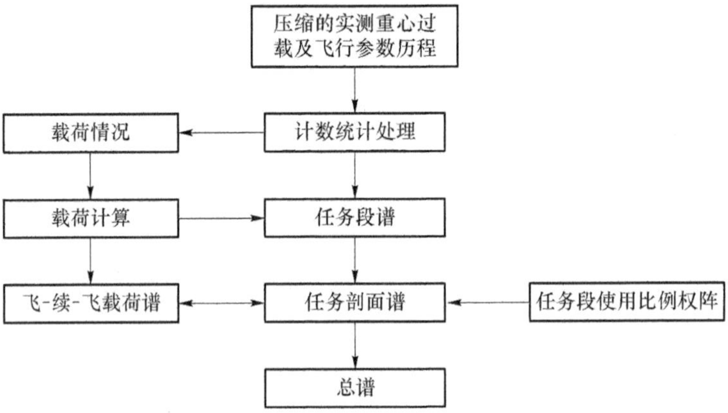

拓展图 3-8 任务段型均值载荷谱编制方法流程图

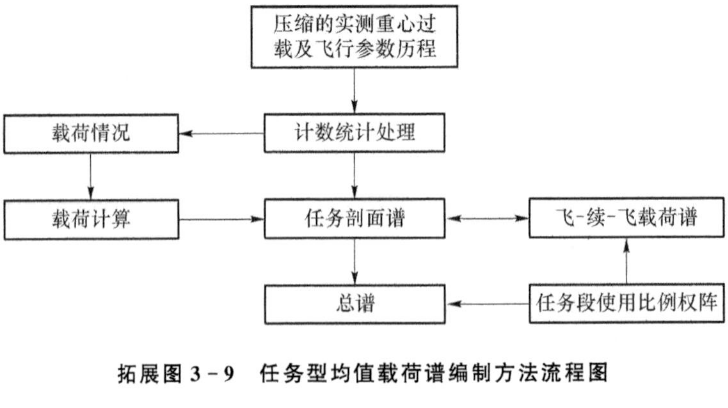

拓展图 3-9 任务型均值载荷谱编制方法流程图

① 由我国张福泽院士最先研究提出，国际上又称张氏代表起落谱法。

2. 代表起落随机载荷谱编制方法

代表起落随机载荷谱编制方法的基本出发点是把载荷谱编制与飞机结构的累积损伤和使用寿命联系起来，使所编制的实测载荷谱既能真实地再现飞机在飞行中的载荷-时间历程，保持真实的载荷顺序和载荷状态（载荷情况）对飞机寿命的影响，又能使所编制的载荷谱反映机队飞机的平均使用情况，从而改善和提高飞机使用寿命评估和定寿的可靠性。

该方法的技术途径是从同一任务剖面的若干次重复飞行实测中，选定一个或几个能代表基准飞行起落寿命（或基准损伤）的载荷历程作为该任务剖面的代表飞行起落，进而编制所有任务剖面的随机飞-续-飞载荷谱。其中，基准飞行起落寿命（或基准损伤）指的是同一任务剖面的 n 次飞行实测中，通过基准损伤计算和基准寿命估算所得到 n 个飞行起落寿命（或累积损伤）平均值的估计量。

代表起落随机载荷谱编制方法的流程如拓展图 3 - 10 所示。按代表起落选取个数的不同，该方法可分为单代表起落选取法和多代表起落选取法，其中后者还可以细分为双选法、间选法（三选法）、全选法、混选法等。

（二）飞机不同阶段的实测载荷谱

飞机在由首飞开始直到退役为止的过程中，包括设计定型试飞、领先飞行、全面服役三个典型阶段。实际工作中，需要相应地在各个阶段编制充分考虑该阶段特点的飞机实测载荷谱，即飞机定型试飞阶段实测载荷谱、专门飞行试验实测载荷谱、飞机寿命监控使用载荷谱。

新机定型试飞所获取的大量数据主要是为新机设计定型提供依据。对定型试飞数据进行适当的筛选、归并和数据处理，可以编制新机最初的实测载荷谱，从而用于对设计使用载荷谱进行初步验证和修正。可用的设计定型试飞数据主要包括四类：各个起落的爬升、巡航和下滑这三个任务段，设计定型试飞期间的训练飞行起落，设计定型试飞的某些机动动作，设计定型试飞“报废”起落的某些动作。

专门飞行试验实测载荷谱是指从新机领先飞行或小批量投入使用飞机或现役飞机中，选用至少一架飞机，安装专门的测试仪器，进行载荷谱的实测和编制。通过专门飞行试验实测载荷谱是目前国内编制实测载荷谱的主要技术途径，无论是新设计飞机还是现役飞机，基本上都是通过专门的飞行实测来编制飞机使用载荷谱。

按照我国军用标准 GJB 775A—2012 和 GJB 67.6A—2008 的要求，新机一旦投入使用，就要求安装专门的测试设备（机载成品件），并实施机队和单机的载荷和使用寿命监控，从而编制服役飞机基准使用载荷谱，重新评定飞机使用寿命；监控每架飞机的使用寿命消耗情况，以确定和调整每架飞机每个关键部位的检查和修理间隔，确保其使用安全；累积飞机使用载荷数据，为飞机的改型和新机的设计提供编制载荷谱的数据。可以看出，飞机使用寿命监控的根本目的不是用来提高飞机使用寿命，而是通过监控每架飞机的使用寿命消耗情况，对每架飞机每个关键部位的检查和修理间隔进行确定和调整，预报该机何时达到使用寿命指标，并在达到使用寿命指标之前确保飞机结构的使用安全。此外，由机队和单机监控所获得的实测载荷谱与相关信息也可为后续飞机结构可能的延寿提供必要的数据支持。

（三）飞机典型系统的实测载荷谱

机体、操纵系统和起落架是飞机中明显受重复载荷影响、最容易出现故障的三个典型系统，它们的载荷来源与载荷谱各有其特点，实际工作中往往需要对它们的载荷谱进行专门研究，也就是实测并编制飞机飞行载荷谱、飞机操纵系统载荷谱、飞机地面载荷谱。

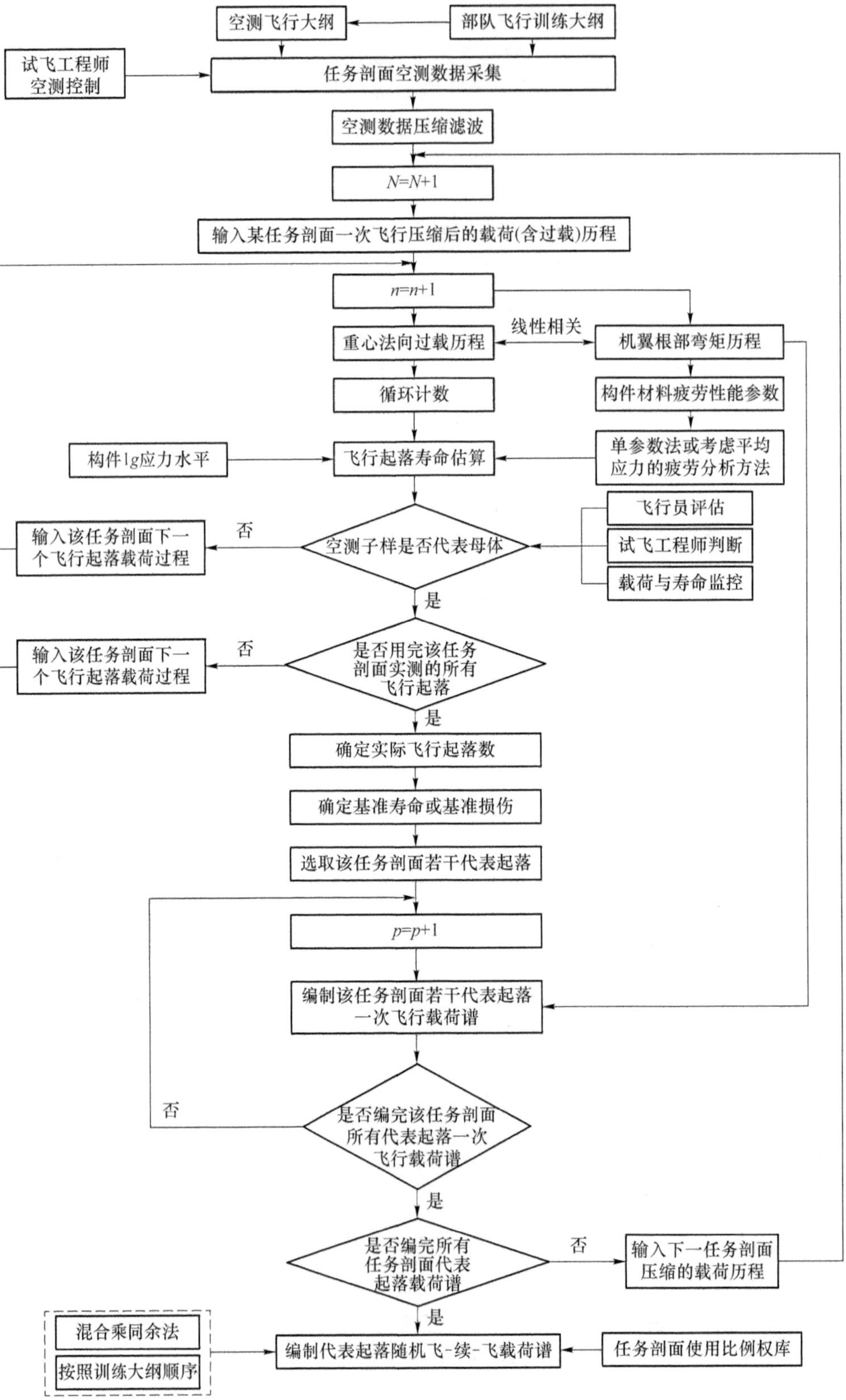

拓展图 3-10　代表起落随机载荷谱编制方法流程图

1. 飞机飞行载荷谱的实测与编制

飞机飞行载荷谱是指由飞机在飞行中机体经受的载荷-时间历程编制的谱，反映了飞机整机及机体各部件所承受的疲劳载荷，又称飞机机体载荷谱。在飞机型号设计定型后期，需要从小批量领先飞行的飞机中至少抽出一架飞机，通过专门的测试改装和飞行试验实测编制飞机的飞行载荷谱，用于确定和验证飞机的设计使用寿命。飞机飞行载荷谱的实测与编制工作包括以下几个步骤。

(1) 分析确定飞行中机体结构的受载。

为了在编制实测载荷谱的飞行试验中能够测量到正确的结构载荷，除了在结构载荷测量飞机结构疲劳和数理统计方面要有广泛知识外，还应该对飞机飞行的特点、飞行中结构受载和载荷传递的特点有深刻的理解，这样才能在载荷测量剖面选择和应变计电桥布设、组桥及载荷地面校准试验加载点和约束方式选择时做到心中有数、有的放矢，提高飞行载荷测量的准确性。

(2) 确定实测典型任务剖面。

飞机在实际使用中要执行多种不同的任务，每种任务的起飞质量、速度、高度、航程、机动动作等都各不相同。然而，飞机飞行载荷谱实测受多种条件限制，飞行起落数有限，因此不得不用少数典型任务剖面来反映机队飞机的实际平均使用情况。在制定飞机飞行载荷谱实测方案时，应先完成飞机典型任务剖面的归并，每一类飞行任务用一个典型任务剖面代表，所有典型任务剖面组合在一起，应能完全覆盖飞机的所有可能执行的任务类型；每种典型任务剖面的使用比例，应能反映机队飞机的实际使用情况。

确定典型任务剖面的过程涉及机队飞机的使用信息，有较大的工作量和不确定性，容易受人为因素影响；如果对飞机使用情况缺乏全面深入地了解和深刻透彻地认识，在确定典型任务剖面时就有可能出现偏差，且实践中这个偏差不易觉察、不易发现、不易改正，这就会对实测载荷谱的可靠性及实测载荷谱对飞机总体使用情况的代表性造成不利影响。因此，确定典型任务剖面在载荷谱实测中占有相当重要的地位，必须高度重视、慎之又慎。

(3) 确定实测参数和需要记录的信息。

在飞行载荷谱实测开始前，应确定每次飞行需要记录的现场项目和内容，这些信息大部分是编制载荷谱直接需要的，其余部分是编谱时需要参考的。每次飞行时，现场的情况会有所不同，完整记录这些现场信息有助于飞行试验数据的分析；当飞行数据出现异常或数据规律发生变化时，查看当时的现场记录有助于发现问题产生的原因，为判别飞行起落是否有效提供依据。

(4) 试验飞机改装。

为了获得载荷谱编制所需的参数，应先选择一架试验飞机进行载荷谱实测飞行试验；试验飞机需要进行专门的测试改装，包括参数传感器的改装和测试记录系统的改装。条件许可时，应尽量选用生产线上的飞机作为试验飞机，这样飞机测试改装的部分工作可以在机架内进行，以保证参数测量需要的传感器和应变计电桥能够在飞机部件封闭之前完成敷设和走线；当已经确定使用成品飞机作为试验飞机时，测试改装就只能在机架外进行；当飞机上的空间位置不足以安装测试设备时，可以考虑拆除部分飞行试验中不使用的机载设备，以腾出空间安装测试记录设备。

(5) 载荷校准试验。

由于飞机结构飞行载荷一般采用应变法测量,因此为了获得载荷测量剖面的弯矩、剪力和扭矩,在飞机改装完成后需要先进行载荷地面校准试验,从而获得各测量剖面载荷与测点应变之间的关系;后续将飞行试验所测得的应变数据代入其中,即可计算得到对应的结构剖面载荷。

(6) 飞行试验。

飞行试验是飞机飞行载荷谱实测与编制的关键环节,直接关系到载荷谱的可靠性及载荷谱对机队飞机实际使用情况的代表性。为了反映机队飞机的真实使用情况,载荷谱实测飞行试验应在飞机使用单位进行,由使用单位的飞行员按照正常飞行训练要求,在使用单位统一指挥和管理下完成。在实施飞行试验时,需要按照预先制定的任务剖面代表科目安排飞行;在科目安排顺序上,一般从中等难度的科目开始,然后是简单科目,最后实施高难度科目。

(7) 编制重心法向过载谱。

重心法向过载谱可以用代表起落谱法编制,也可以用均值谱法编制。如果可以收集到机队飞机外场飞行参数记录数据,就尽量采用大样本代表起落法①;如果没有机队飞机外场飞行大样本数据可用,就采用损伤中值代表起落法或多代表起落法。

(8) 统计载荷情况。

对一个典型任务剖面代表起落重心法向过载的每个峰值点,即便过载值相同,飞机姿态不同或飞行参数(马赫数、迎角、俯仰角、加速度等)不同或飞机相关操纵面偏角不同时,飞机各部件的载荷大小亦有所差异。因此,在每个重心法向过载峰谷值点,应给出相同时刻的载荷情况,这样才能在确定全尺寸疲劳试验载荷谱时正确确定飞机结构各部件上的载荷及分布。特别地,在划分载荷情况时,应该既能考虑到上述载荷差异,又能简化疲劳分析和试验②;划分好载荷情况后,即可对每个任务剖面代表起落载荷情况出现次数进行统计和折算,从而得到各任务剖面代表起落 1 000 飞行小时典型载荷情况的出现次数。

(9) 编制全机载荷谱与部件载荷谱。

全机载荷谱用于全机全尺寸疲劳试验,因此各部件的载荷要相互协调,以保证飞机在任何加载时刻所有加载点上的载荷相互协调;为此,飞机各部件每个加载点的载荷应取自测谱飞行的相同采样时刻。由于飞机重心法向过载与机翼、机身等主要承力部件的载荷相关性极强,且相位相同,因此通常选择飞机重心法向过载作为全机载荷谱编制的主参数。对每个任务剖面的代表起落,按照飞机重心法向过载离散历程,确定每个重心法向过载峰谷值点相同时刻的飞机载荷情况、相关飞机部件载荷值,以及各测量剖面弯矩、剪力、扭矩,各任务剖面代表起落中的载荷峰谷值顺序保持不变。

飞机部件载荷谱是飞机部件进行疲劳分析、疲劳试验、疲劳寿命估算、疲劳细节设计改进

---

① 大样本代表起落法是指用机队飞机飞行大样本数据计算出各个任务剖面累积损伤样本算术平均值,作为代表起落选取依据。

② 严格地讲,飞机在一次飞行中,各飞行参数和操纵面偏角是连续变化的,由这些飞行参数和操纵面偏角不同组合构成的载荷情况有成千上万种,飞机在进行全机疲劳分析或全尺寸疲劳试验时,不可能、也没有必要计算所有载荷情况;实际上,当各飞行参数或飞机操纵面偏角在一个小范围内变化时,对飞机不同部件载荷产生的差异很小,对疲劳损伤影响可以忽略不计。

和改进效果评估验证的基础。飞机部件载荷谱用载荷谱实测飞行数据编制。在飞机的众多部件①中，机翼和机身的载荷与飞机重心法向过载强相关，因此为了与全机载荷谱相协调，机翼和机身的载荷谱通常也将飞机重心法向过载作为载荷选取主参数，并编制成代表起落随机载荷谱；其余部件的载荷一般与飞机重心法向过载弱相关或不相关，数据滤波和压缩时往往以各自的主要载荷作为主参数，并编制成代表起落随机载荷谱或均值载荷谱。

2. 飞机操纵系统载荷谱的实测与编制

飞机操纵系统通过操纵活动面运动控制飞机的运动轨迹和飞行动作，是飞机的重要组成部分；操纵系统失效将使飞机失去控制，导致飞机发生严重的飞行事故甚至造成灾难性后果。不论是民用飞机还是军用飞机，不论采用哪种操纵系统，也不论是驾驶员操纵还是自动驾驶仪操纵，飞行过程中操纵系统一直处于工作状态，因此每次飞行中整个操纵系统的部件都要承受重复载荷。为了保证飞机使用寿命期内操纵系统拉杆及连接件等不产生疲劳破坏、不发生功能失效，应当对新型号飞机的操纵系统进行疲劳寿命分析，开展组件疲劳试验与系统功能全尺寸试验；在分析与试验中，驾驶舱操纵端输入载荷、舵面气动载荷（铰链力矩）、舵面位置等应能够反映飞机的实际使用情况，因此要对操纵系统载荷谱进行实测和编制。

由于飞机设计的年代、目标、理念、条件、风格等方面因素的差异，不同机型的操纵系统必然有所不同②，操纵系统载荷谱的形式也就各有其特点。因此，编制飞机操纵系统载荷谱时要先明确该机型操纵系统的类型、特点、构成等，再确定要测量的参数（必要时还要与设计部门协商确定影响操纵系统载荷的主要参数），最后才能开展操纵系统载荷谱实测的飞行试验和编制。

操纵系统载荷谱实测一般结合飞行载荷谱实测进行，二者在同一架试验飞机上进行飞行试验。因此，操纵系统载荷谱实测的飞机改装、地面试验、飞行试验等过程与飞行载荷谱实测的相关过程有一定的相似性，一般与飞行载荷谱实测统筹考虑、统筹安排实施。

操纵系统载荷谱一般是各相关杆力、杆位移、舵面偏角、铰链力矩按不同分级值的出现频数，所选取的操纵系统测量参数应满足操纵系统全尺寸地面试验加载的要求。由于操纵系统的受载情况与飞机重心法向过载的相关性不强，而且很难计算比较损伤，因此一般将操纵系统载荷谱编制成均值载荷谱。

具体来说，操纵系统实测载荷谱既可以编制成任务型均值载荷谱，也可以按马尔可夫转移矩阵和双参数谱的形式给出：任务型均值载荷谱给出的是一定飞行时间内操纵系统各部件载荷或位移峰谷值大小和出现频数；马尔可夫转移矩阵给出的是一定飞行时间内操纵系统各部件主载荷参数时间历程中变程的出现频数；双参数谱给出的是一定飞行时间内操纵系统各部件主载荷参数峰谷值与相同时刻其他载荷参数或位移参数同时出现的频数。

与任务型均值载荷谱相比，马尔可夫转移矩阵和双参数谱不但包含了载荷的峰谷值大小，也包含了该峰（谷）值前后相邻的谷（峰）值的大小及其不同组合出现的频数，还包含了载荷峰谷值与其他参数同时出现的频数，因此可以给操纵系统的疲劳分析与试验提供更多的载荷和

---

① 特别地，某歼×型飞机部件载荷谱包括机翼载荷谱、机身载荷谱、平尾载荷谱、垂尾载荷谱、下垂尾载荷谱、活动舵面载荷谱、起落架舱门载荷谱、减速板载荷谱。

② 飞机问世百余年来，飞机操纵系统的发展大致经历了6个阶段：简单机械操纵系统，带助力的机械操纵系统，全助力机械操纵系统，增稳机械操纵系统，控制增稳机械操纵系统，电传操纵系统。

位移信息。从马尔可夫转移矩阵和双参数谱可以导出任务型均值载荷谱，反过来则不能。在用于操纵系统全尺寸试验时，根据马尔可夫转移矩阵和双参数谱能够得到与操纵系统实际工作情况更为接近的施加载荷、平衡载荷和舵面偏角组合谱。

3. 飞机地面载荷谱的实测与编制

飞机地面载荷谱是指飞机在起降和地面运动时经受的载荷-时间历程，主要反映起落架及其与机体连接件所承受的疲劳载荷。起落架是飞机的重要承力部件，在飞机起降和地面运动过程中，担负着重要的使命：飞机着陆时，主要靠起落架来吸收与耗散飞机的能量；飞机地面运动时，靠起落架来实现飞机滑跑、滑行、刹车、转弯和停放等。

然而在飞机飞行过程中，起落架这部分质量是“无用”的[①]，因此在设计飞机时，总是力图用最小的质量获得满意的强度，这使得起落架承力结构广泛采用高强度钢、钛合金及大型金属锻件结构，由此导致疲劳问题比较突出。另外，起落架结构是飞机上目前仍主要按安全寿命策略进行设计的结构，其原因包括以下三点：一是难以实现多传力路径；二是高强材料的临界裂纹较短，导致从裂纹可检出到断裂之间的裂纹扩展寿命短；三是这些部位的裂纹检测相对比较困难。

飞机地面载荷谱的实测与编制是一个复杂的系统工程过程，首先应明确编谱要求，其次对地面载荷实测和编谱的有关影响因素进行全面的分析，对关键因素和参数进行识别和定义，对主要技术过程进行规划，制定合理可行的方案并付诸实施，最后还要对编制的地面载荷谱进行评估。具体来说，飞机地面载荷谱的实测与编制涉及应变计改装、关键参数测量、载荷校准、数据处理、载荷谱编制等关键技术。

飞机地面载荷谱的编制一般采用任务段型均值载荷谱编制方法，即根据起落架的受载情况和载荷特点，采用基于计数法的平均谱技术进行编谱。具体来说，飞机地面载荷谱实测与编制要以大量飞行实测数据(包括不同气候条件、不同机场使用环境、不同任务剖面、不同飞行员操纵习惯等因素)为基础，首先分别编制着陆、滑行、刹车、转弯、牵引、起飞线发动机地面试车、发动机地面试车等载荷情况的均值载荷谱，然后按照顺序将各载荷情况连接起来构成一次“起飞-着陆”载荷谱，最终将各次“起飞-着陆”载荷谱连接起来构成完整的飞机地面载荷谱。

五、结　语

从客观上来说，飞机结构受到外部因素与内部因素的共同作用，外部因素是飞机结构的实际服役条件，内部因素是飞机结构的本身特性；在二者的共同作用下，飞机结构产生响应与损伤，表现出某一种或几种特定的失效模式，最终决定了飞机结构的寿命。从当前实践来看，由交变载荷引起的疲劳是决定飞机金属结构寿命的主要失效模式，因此充分认识飞机结构的载荷历程就成为飞机金属结构寿命分析评定的重要前提。

在理想的情况下，为了准确分析评定每一架飞机的使用寿命，就应当充分测定每一架飞机

① 统计分析表明，起落架质量一般占飞机正常起飞质量的3%～6%、占飞机结构质量的10%～15%，起落架设计质量大约以年均1%～1.25%的改进率减重。此外，起落架研制、生产和使用维护成本是飞机全寿命周期费用成本的重要项目；以民用运输机各系统的经常性生产成本费用比例为例，机身一般占总成本的20%，机翼一般占总成本的18%，而起落架成本占到总成本的4.5%～5%。

的载荷谱，然而从准确性、经济性、可行性等方面来看，当前阶段远未达到实现这一理想情况的水平。因此，分析飞机结构载荷历程的主要特点并在抓主要矛盾的基础上尽可能地反映实际情况，就成为现有分析评定方法的指导思想，而这就是要编制具有足够代表性的飞机结构载荷谱。可以说，设计使用载荷谱与实测载荷谱就是这一指导思想在飞机研发阶段上的不同层次体现，而机群载荷谱与单机载荷谱就是这一指导思想在飞机个体上的不同层次体现。

飞机结构载荷谱的编制与实测受到技术水平的制约，正在往单机寿命监控与结构健康管理的方向发展，详见本书第 9 章内容。

拓展阅读 4　积木式试验

无论是哪种策略、哪种方法，分析评定都需要试验的支撑。现行的军用飞机标准或规范和民用飞机适航规章均强调：未经试验验证的计算分析方法不得用于飞机结构的强度校核计算，未经试验验证的结构不得在飞机上使用，未经限制载荷强度试验的飞机不得首飞，未经极限载荷强度试验的飞机不得进行性能试飞。

按不同的试验目的，疲劳/损伤容限试验主要可分为以下 4 类。

(1) 疲劳基本特性研究试验，主要用于基础研究(如对疲劳破坏机理的研究、疲劳累积损伤的研究等)，而研究成果将为疲劳现象作出定性或定量的描述，为疲劳寿命估算给出理论依据。

(2) 工程性研究试验，主要用于比较材料的疲劳特性，确定缺口、环境等重要因素对疲劳强度/疲劳寿命的影响，并给出相应的改善途径等。

(3) 研制性试验，往往与特定结构的研制过程紧密结合，主要用于评定一种新设计的疲劳特性，筛选设计方案，或者是对选材、细节设计、加工工艺和方法作出评价，与结构设计和制造直接相关。

(4) 验证性试验，大多是全尺寸结构疲劳试验，是飞机结构抗疲劳设计和疲劳寿命分析中不可缺少的环节，其目的是发现结构的薄弱环节、改进设计、为确定结构的使用寿命和检测周期提供可靠的数据。

相应地，飞机地面强度试验的意义体现在以下几个方面：

(1) 为飞机设计资料与设计工具提供试验数据；

(2) 验证飞机结构设计与分析的方法和模型；

(3) 为飞机的首飞和持续试飞提供强度依据；

(4) 为飞机结构定寿、延寿及编制维护大纲提供试验依据；

(5) 是型号定型或适航取证的必要条件之一。

目前，飞机结构的研制普遍采用积木式试验体系，即从构成飞机结构的材料和元件性能测试开始，逐级对结构典型细节、组件、部件和全机结构的设计和分析进行充分的试验验证。积木式试验将试验手段和分析手段结合起来，用试验来验证分析结果，用分析来指导试验，最终实现环环相扣且螺旋上升的结构试验体系。其中，试验的规模越小，验证的内容相对越单一，干扰因素越少，结构的可靠性也相对越高，而每个层次的工作都建立在前一个层次所累积的可靠数据基础或方法之上。

使用积木式试验方法，必须在满足所有的技术、规范及用户要求的情况下，通过不同层次的分析/试验来降低研制计划的费用与风险。这也符合适航规章的思想，即被经验或试验证实的可靠分析方法，以及方案合理、过程规范的验证实验结果，都可以作为结构强度或功能的复合型判据，而不是所有的结构强度验证都必须依赖于全尺寸试验的结果。在积木式设计和验证的思想下，设计研制过程能够在计划进程的早期就更加有效地评定技术风险。此外，在制定研制计划时多采用低成本的小试验件试验，在条件满足的情况下用分析来取代一部分试验，就可以在一定程度上减少高成本的部件和全尺寸试验件试验，以实现资金的高效利用与节约。

不同标准或规范中，对积木式试验的结构层次划分不完全相同，例如，《军用飞机结构强度规范 第 14 部分：复合材料结构》(GJB 67.14—2008)将其划分为试样试验、元件试验、组合件试验、全尺寸试验等四个层次，而 GJB 775.1—1989 将试验划分为元件试验、许用值试验、部件试验、全机试验四个层次。更为细致的积木式试验层次划分包括材料/试样试验、元件试验、结构细节试验、组件试验、部件试验、全机试验等六个层次，形如复杂性逐渐提高、试验数量逐渐减少的金字塔，如拓展图 4-1 所示。特别地，所谓的全尺寸试验，往往是指全机试验和一些大部件试验。

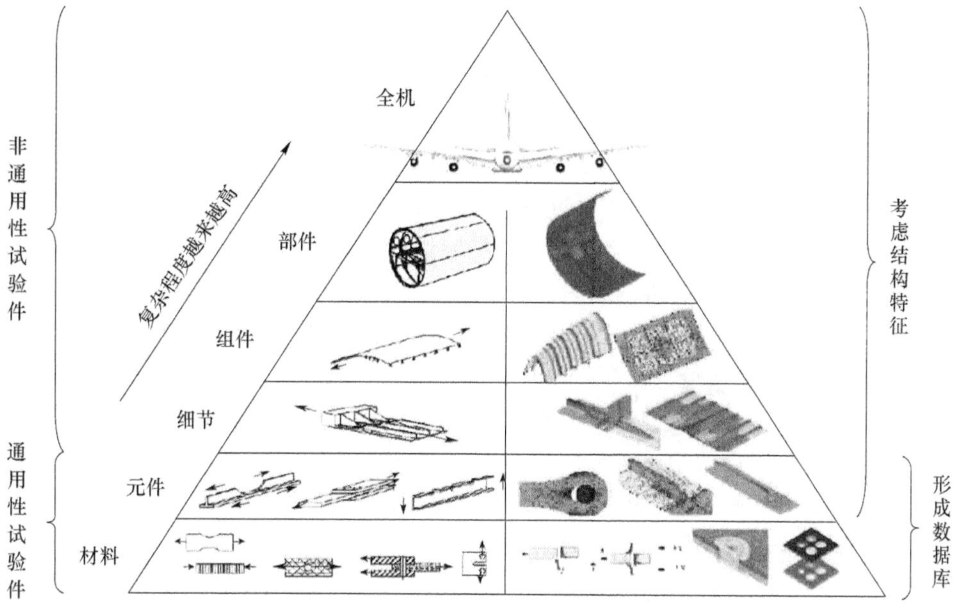

拓展图 4-1　积木式试验的结构层次划分

尽管积木式试验最先是针对复合材料结构的静强度分析验证而建立的，但目前所说的积木式试验已经成为包括各种材料(金属材料、复合材料等)和各种试验类型(静强度试验、疲劳/耐久性试验、损伤容限试验等)的庞大体系。本部分内容主要以金属结构的疲劳/耐久性和损伤容限试验(特别是全机试验)为对象进行介绍，关于更为丰富和细致的内容参见本书参考文献[66]。

一、材料、元件及细节级试验

材料、元件及细节级试验主要用于确定材料的许用值，研究或评估结构细节的设计、制造工艺等是否满足要求，验证分析方法，对涉及化学环境和/或热环境影响的结构细节或紧固件的疲劳特性进行早期评估，为结构选型、细节设计、工艺研究、载荷谱编制等提供依据。该试验所关注的性能主要包含疲劳性能、抗腐蚀性能、断裂力学性能三个方面，试验件包括标准材料试样、关键部位模拟元件、紧固件接头、焊接接头。

其中，材料级试验包括但不限于以下内容：

(1) 材料疲劳性能的 $S-N$ 曲线(包括缺口敏感性的影响)；

(2) 平面应变断裂韧性 K_{IC}；

(3) 平面应力断裂韧性与厚度的关系曲线(即 $K_C \sim B$ 曲线)；

(4) 疲劳裂纹扩展性能曲线(即 $da/dN-\Delta K$ 曲线，一般应至少包括 4 种应力比)；

(5) 裂纹扩展门槛值 ΔK_{th}；

(6) 应力腐蚀开裂门槛值 K_{SCC}；

(7) DFR 截止值 DFR_{cutoff}。

而元件及细节级试验包括但不限于以下内容：

(1) 接头元件的 DFR 试验；

(2) 环境对耐久性和损伤容限性能影响的试验，用于取得考虑结构所处环境对耐久性和损伤容限性能影响所需要的试验数据；

(3) 腐蚀防护系统的腐蚀试验，用于验证腐蚀防护系统是否满足要求；

(4) 紧固件连接部位的耐久性试验，用于确定或验证典型制造质量对应的初始缺陷取值的合理性，并为预测结构使用寿命提供试验数据；

(5) 工艺孔、拐角及紧固孔等关键部位工艺评估试验，用于检验和改进加工工艺。

对于通常采用通用性试验件的材料、元件及细节级试验，目前已经形成了较为完整的试验标准，国内最有代表性的是国家标准 GB 系列，而国外最有代表性的则是 ASTM 系列。对于有标准的试验，试验件和试验过程都应符合相应标准中的要求，在此不作赘述；对于没有标准的试验，如典型连接件试验、典型结构 DFR 试验等，其试验件的设计制造应能够真实反映飞机结构的设计要求及所对应的制造工艺。特别地，疲劳试验结果受材料特性、热处理工艺、表面状态等多方面因素的影响很大，为了得到较高置信度下的材料疲劳性能，应采用相关标准中所给出的统计分析方法对试验结果进行处理。

二、组件级试验

飞机结构中存在大量的连接细节，包含这些细节的飞机结构的疲劳/耐久性和损伤容限特性关乎飞机结构的安全性、经济性和使用寿命。组件级试验的目的包括验证结构细节的使用寿命分析方法，确定是否满足结构设计使用寿命要求，评定载荷/环境谱，研究结构多部位 WFD 特性，提前预计疲劳试验中结构的破坏模式从而降低全尺寸试验的风险，研究结构在不同开裂模式下的裂纹扩展特性，为结构的损伤门槛值、检查间隔、检查方法等提供依据。

结构组件试验件通常采用全尺寸关键构件或包含关键危险部位的一个构件，试验件结构应与机体使用结构一致，任何材料或制造工艺的差别均应经过疲劳/耐久性和损伤容限评估；此外，结构组件试验规模大小不一，因此一般需要设计专用夹具。进行疲劳/耐久性和损伤容限试验时，应先进行疲劳/耐久性试验评估结构的薄弱部位及其裂纹扩展特性，然后再选择可能的起裂位置预制初始裂纹并进行损伤容限试验。投入组件级试验的试验件数量一般较少，常涉及的关键构件(部位)包括以下几个方面：

(1) 机身加筋平板,用于考察结构的疲劳/耐久性和损伤容限特性；

(2) 机身加筋曲板,用于研究结构的裂纹扩展特性和剩余强度；

(3) 机翼壁板,用于结构选型、疲劳/耐久性和损伤容限特性研究、载荷谱简化和试验验证；

(4) 机翼盒段,用于疲劳/耐久性和损伤容限特性研究,从而提前预计疲劳试验中结构的破坏模式并验证结构修理方法。

组件级试验过程中,需要按照相应质量体系规范要求开展应变片粘贴、应变测量、试验件安装、位移传感器安装、系统调试、预试验、试验调试等环节的工作,这些环节的实施内容与静力试验比较相似;而与静力试验不同的是,疲劳/耐久性和损伤容限试验在试验过程中还需要以下无损检测或裂纹监控等技术手段。

(1) 对于结构疲劳/耐久性试验,试验前应筛选出危险细节、明确结构的薄弱部位,通过设计断裂丝、声发射等监测手段进行损伤监测。

(2) 对于结构损伤容限试验,应使用相应精度的裂纹测量设备,例如,借助人工读取的读数放大镜/显微镜,或者借助高清/高速摄像系统和处理软件所构成的系统测试工具;考虑到试验实施时结构会发生不同程度的纵向/法向抖动或鼓胀等位移变化情况,选择裂纹监控设备时应当充分考虑这些情况,从而准确地测量裂纹长度。

特别地,试验过程中对应变值进行监控是控制试验风险的重要手段。通过进行特定间隔的周期性应变测量,一方面可以判别结构是否发生隐形破坏导致载荷传力路径发生变化,另一方面也可以分析结构特征(如裂纹长度等)变化后的载荷分布情况。

试验产生的数据大致可分为静力数据、疲劳数据、裂纹扩展数据三大类。静力数据主要用于分析结构在基本载荷状态下的应力分布特征,判别分析模型的符合性,并为模型简化提供数据支持;疲劳数据一般包括结构相似细节的裂纹形成寿命(既包括同一试验件上不同部位的相似细节,也包括不同试验件上的相似细节),并应根据具体的分析目的合理选择分析方法;裂纹扩展数据主要包括裂纹萌生数据、裂纹扩展数据、对应裂纹不同扩展长度的剩余强度数据,将用于结构裂纹扩展特性评估、结构 WFD 特性评估、结构剩余强度评估、结构修理寿命评估等工作。

三、部件级试验

在积木式试验体系中,部件级疲劳/耐久性和损伤容限试验主要是验证性试验,即用试验的方法研究飞机部件结构在重复载荷作用下的强度安全特性,给出部件结构在给定载荷条件下的应力分布变化、裂纹形成寿命、裂纹扩展寿命、剩余强度等数据,为确定结构使用寿命、制定检查维修大纲、发掘结构潜力等提供试验依据。部件级试验不但可以为飞机结构设计修改和改型提供支持,还可以优化考核部位、缩短飞机研制周期、节省研制费用,从而有效降低全机试验的风险。

(一) 试验目的

部件级疲劳/耐久性与损伤容限试验的目的包括以下几个方面：

(1) 获得部件结构各部位的裂纹形成特性和裂纹扩展特性,暴露结构的疲劳薄弱环节,形成结构的检测和修理方法；

(2) 确定结构发生疲劳破坏的部位,发现设计和制造工艺中的薄弱环节,为结构设计和工艺改进提供依据；

(3) 为确定部件结构的使用寿命、检修周期和检修方案提供试验依据，并为制定飞机维修大纲提供基础；

(4) 为部件结构的疲劳/耐久性和损伤容限分析评定提供试验依据。

(二) 试验项目及考核内容

我国军用标准和民用飞机适航规章没有明确规定部件级疲劳/耐久性和损伤容限试验的具体项目和考核内容，而通常情况下，需要进行部件级试验的主要部件有机翼、襟翼、鸭翼、前机身、后机身、垂尾、平尾、起落架、油箱等，见拓展表 4－1。

拓展表 4－1 部件级疲劳/耐久性与损伤容限试验的考核内容

主要部件	考核内容
机翼	机翼结构的疲劳/耐久性与损伤容限特性，机翼机身连接结构的疲劳/耐久性与损伤容限特性
襟翼	襟翼结构的疲劳/耐久性与损伤容限特性，襟翼操纵系统结构的疲劳/耐久性与损伤容限特性
鸭翼	鸭翼结构的疲劳/耐久性与损伤容限特性
前机身	前机身结构的疲劳/耐久性与损伤容限特性
后机身	后机身结构的疲劳/耐久性与损伤容限特性
垂尾	垂尾结构的疲劳/耐久性与损伤容限特性，垂尾与机身连接结构的疲劳/耐久性与损伤容限特性
平尾	平尾结构的疲劳/耐久性与损伤容限特性，平尾与机身连接结构（或平尾与垂尾连接结构）的疲劳/耐久性与损伤容限特性
起落架	起落架结构的疲劳特性，起落架结构与机身连接结构的疲劳特性
油箱	油箱结构在内压载荷作用下的疲劳/耐久性与损伤容限特性

(三) 试验技术

1. 试验件的设计与制造

承制方应根据试验技术要求编制试验件的配套技术文件，并在技术文件中规定说明试验件的简化、假件、过渡段等，同时在试验件上标出飞机构造水平线、对称轴线，以及主要梁、长桁、肋的站位线；在移交试验件时，承制方应提供试验件质量合格证明文件，以及影响试验件强度和刚度的超差及材料文件。

2. 试验件的支持

不同部件结构的试验一般要选用不同的支持状态，其设计原则如下：

(1) 试验件的支持状态应尽量模拟真实使用情况；

(2) 夹具支持时应尽量模拟刚度、位移、载荷的边界条件，必要时应设置过渡段从而避免支持区域或考核部位应力分布失真①；

(3) 试验件的支持既要考虑正常疲劳试验过程约束点的载荷，也要考虑非试验期间的意

① 边界条件对保证部件结构内部的应力分布非常重要。目前，保证试验件边界条件的办法是设置一个过渡段，通过过渡段来模拟部件结构边界处的刚度，并辅以作动筒来保证力的边界条件。应当注意，在所设计的过渡段连接区可能增加新的疲劳薄弱部位，因此需要进行抗疲劳细节设计，并要求过渡段连接区的疲劳强度高于试验件考核区，从而防止过渡段在试验中先出现疲劳破坏。

外载荷，并防止试验件滚转、俯仰；

(4) 试验件的支持不能限制试验件的变形，以免使非考核部位出现过度变形和局部破坏。

3. 试验扣重

部件级试验应扣除试验件和加载设备的重量，扣重应遵循以下原则：

(1) 按任务书给出的结构重量真实分布和加载设备称重后的真实重量在对应的加载点中扣除；

(2) 结构扣重后产生的附加力矩最小；

(3) 假件的重量尽量在假件的加载点上扣除，或者在就近其他部件的加载点上扣除，也可在假件重心处用反配重扣除；

(4) 先按理论重量进行扣重计算，部件称重后再以称重结果为准，扣除假件重量后对真实结构理论重量进行修正。

4. 试验调试

试验调试是部件级试验正式运行前最重要的工作，试验调试完成后方可进行正式试验。拓展表4-2给出了试验调试的典型步骤。

拓展表4-2　部件级试验调试的典型步骤

顺　序	试验调试用试验谱峰谷值	加载波段时间	试验调试最少运行块谱数	备　注
1	60%试验谱	300%运行时长	10个飞行起落块谱	不计入试验寿命
2	100%试验谱	300%运行时长	10个飞行起落块谱	计入试验寿命
3	100%试验谱	200%运行时长	20个飞行起落块谱	计入试验寿命
4	100%试验谱	100%运行时长	1/10个飞行起落块谱	计入试验寿命

5. 试验件的无损检测与维修

在部件级试验中，裂纹的发现和对裂纹扩展的控制是保证试验成功的关键。在整个试验过程中，所有参加试验人员都应关注试验件的损伤和异常响声的出现，加强试验中的巡回检查，并定期按照试验大纲和无损检测大纲对试验件进行无损探伤。

试验件维修是指部件级试验在次要考核部位出现裂纹后影响到了试验件的正常功能，必须进行修理且这种修理应当是经济的。具体来说，试验件修理的目的包括以下方面：

(1) 使结构恢复正常的承载能力和功能要求，并具有要求的维修寿命；

(2) 继续试验，暴露部件结构的其他薄弱环节，为结构改进提供依据；

(3) 为飞机使用中结构的维修方法提供试验依据；

(4) 为部件定寿和确定检修周期提供试验依据。

部件维修是一个以工程实用为目标的重要工作，是使部件级试验能够正常进行下去的一种简单措施。对此，必须在部件设计、生产和维修经验的基础上，制定出符合生产要求且便于实施、经试验验证可靠、经分析表明可行的维修方案。部件维修在整个试验过程中所占的时间可能很长，直接影响试验的正常进行，所以一开始就要对维修方法、维修时间、维修实施等方面进行比较符合实际的安排，并在实施过程中做好协调工作从而提升试验效率。

四、全机试验

尽管已经开展了材料、元件、细节、组件、部件等多个层级飞机结构的疲劳/耐久性和损伤容限试验，但这些试验在载荷、试验件类型、试验件支持的边界条件等方面都与真实结构存在差别，而全机试验则是采用真实结构在接近真实载荷/环境中进行疲劳/耐久性和损伤容限试验。

全机试验的主要目的包括以下方面：

(1) 暴露结构的疲劳薄弱部位并验证疲劳分析方法的正确性，确定裂纹扩展寿命并验证裂纹扩展分析方法的正确性；

(2) 暴露经过分析和研制试验未能识别出的结构危险部位与薄弱环节，为结构改进、工艺改进、飞机改型提供依据；

(3) 获得结构的应力分布、裂纹形成寿命、裂纹扩展寿命和剩余强度数据，验证飞机结构是否满足疲劳/耐久性和损伤容限设计目标要求，为确定结构的使用寿命、制定检查维修大纲、发掘结构潜力提供试验依据。

特别地，各个细节在全机疲劳试验中的载荷状态与分析结论中的也不完全相同，所以工程实践中通常会根据全机疲劳试验的结果对分析结论进行适当修正。比如，空客公司提出通过试验结果修正系数 TRF 进行修正，该系数是在全机疲劳试验完成之后根据试验样机的拆毁检查结果、对试验所用典型载荷谱重新进行分析所得到的。

当然，上述所有试验都是在实验室进行的，从某种意义上来说，实验室试验是一种对实际服役情况的模拟。无论实验室试验条件如何逼近实际服役情况，也不可能达到与实际服役情况完全相同，因此要想将试验结论应用于指导飞机结构实际服役，往往需要进行相应的修正。相对来说，实验室试验条件越接近于实际服役情况，试验所得寿命就越接近于结构实际服役寿命，相应的修正也就越少、越轻、越简单。从这个角度来说，全机疲劳试验的意义并不是对实际服役飞机结构给出直接结论，而是针对具有高度代表性的载荷历程和飞机结构开展疲劳试验，从而验证寿命评估方法对各个疲劳关键部位的适用性与可靠性。

(一) 试验规划

飞机研制初期就应对全机试验进行整体规划(包括试验机的构成、试验机制造计划等)，并对试验计划和飞机定型、取证、交付的计划进行综合协调，从而确保整个研制过程的顺利进行。

1. 试验计划

一般情况下，应根据静力试验的结果对结构进行设计更改，然后采用更改后的飞机开展疲劳/耐久性试验，完成疲劳/耐久性试验后在同一试验件上开展损伤容限试验。出于以下两方面考虑，全机疲劳/耐久性与损伤容限试验应当尽可能早地进行。

(1) 尽早通过全机试验发现和暴露结构所存在的疲劳薄弱部位，以便针对产生疲劳损伤的原因，在已交付使用和后续生产的飞机结构上采取相应的措施，降低飞机维护成本和安全风险。

(2) 适航规章要求，在完成验证性全机疲劳试验之前，任何在飞飞机的飞行循环数不得超过试验件上累积试验循环数的一半。

2. 试验件

疲劳/耐久性和损伤容限试验的试验件应反映根据静力试验结果所要求做出的结构更改。

由于飞机各个部件的载荷谱复杂、特殊，将这些部件放在一架机体上同时进行疲劳/耐久性和损伤容限试验，必然导致载荷谱很长；如果一个小部件有问题，将使得整个试验停止，严重影响主结构机翼和机身的试验进度。因此，一般情况下将起落架及其连接试验、机身尾段与尾翼试验、发动机架及其连接试验、活动面及其连接试验、操纵系统试验单独进行，不在全机试验中考核。

对于按疲劳评定的结构，当裂纹达到工程可检长度时即认为疲劳试验寿命结束，目前国内一般要完成4倍使用寿命的疲劳试验。对于按损伤容限评定的结构，部分裂纹可能在4倍使用寿命的疲劳试验中已经扩展，这种情况下就要在裂纹扩展到一定长度后不失时机地转入裂纹扩展试验；如果疲劳试验中没有产生裂纹，应当人工预制裂纹后进行裂纹扩展试验，这样既可使按疲劳评定的结构经受至少4倍使用寿命的考核，又可使按损伤容限评定的结构经受一定使用寿命的裂纹扩展考核。

3. 试验寿命分散系数

全机试验寿命分散系数由多种因素决定，主要包括试验载荷谱的真实性和严重性、试验件个数、设计概念、试验技术水平、结构使用环境条件等，且各个国家对试验寿命分散系数的具体要求也有所不同。以下介绍我国基于平均谱的试验寿命分散系数。

在结构设计初期，初定了飞机的使用寿命和检查周期，将整个飞机结构分为疲劳/耐久性评定结构与损伤容限评定结构两大类；而在具体的检查修理时，飞机结构又有可达性难易之分、修理有经济与不经济之分、结构出现裂纹后对安全性的影响有主次之分。对此，为了达到安全和经济的统一，在经验的基础上将结构按照上述因素进行分类，并对不同类型的结构选用不同的试验寿命分散系数，见拓展表4-3。

(1) 第1类结构应完成4倍以上的疲劳/耐久性试验，且没有出现工程可检裂纹。

(2) 第2类结构应完成4倍首检期(或后续检查周期)的疲劳/耐久性试验，且没有出现工程可检裂纹。

(3) 第3类结构应完成3倍以上的疲劳/耐久性试验，外加1倍以上的裂纹扩展试验。

(4) 第4类结构应完成2～3倍以上的疲劳/耐久性试验，外加1/2倍以上的裂纹扩展试验或修理后1/2倍以上的疲劳/耐久性试验。

(5) 第5类结构应完成2倍以上的疲劳/耐久性试验，外加1/4倍以上的裂纹扩展试验或修理后1/4倍以上的疲劳/耐久性试验。

拓展表4-3　全机结构试验寿命分散系数

类　型	设计概念	可检性、修理经济性与可检度	结构举例	分散系数
第1类结构	安全寿命 (疲劳寿命)	不可检、不可修、不可更换	天窗骨架	不小于4
			机身、机翼连接接头	
第2类结构	安全寿命 (限制寿命)	大修时可检、可更换(大修厂级)	起落架	不小于4倍 检查周期
			某些螺栓	
			可动结构	

续拓展表 4-3

类　型	设计概念	可检性、修理经济性与可检度	结构举例	分散系数
第 3 类结构	损伤容限（缓慢裂纹扩展）	大修时部分可检、不可经济修理（大修厂级）	整体件	3
			大的连接件	
			机身加强隔框	
			机翼大梁	
第 4 类结构	损伤容限（缓慢裂纹扩展、破损安全）	大修时可检、部分可经济修理（基地级、大修厂级）	机身长桁	2～3
			机翼长桁	
			机身客舱蒙皮	
第 5 类结构	损伤容限（破损安全）	不分解结构目视/放大镜可检、可经济修理（基地级）	机翼蒙皮	2
			尾翼蒙皮	

4. 试验任务书

试验任务书是试验设计和实施的依据，由试验委托方编制。试验委托书结构强度设计人员对每个部件的疲劳/耐久性和损伤容限特性进行分析后，选出多种典型载荷状态和结构危险部位，作为编制试验任务书的主要依据，结合整个试验进程、试验承担单位的实施能力编制，其主要内容有以下方面：

(1) 试验目的；

(2) 试验主要考核部位；

(3) 试验件本身状态和支持/约束方法；

(4) 试验载荷谱，要给出疲劳/耐久性和损伤容限试验的载荷谱，给出各种载荷情况下各载荷站位在每个载荷波段端点的载荷大小及方向；

(5) 试验程序，包括静强度试验测量、损伤检查、裂纹检测时机与要求；

(6) 试验数据采集要求，要给出应变、位移采集的部位图；

(7) 其他要求，如试验报告、录像、摄像要求等。

(二) 试验设计

1. 试验件悬空支持/约束

新研制飞机的全机试验通常在全机悬空支持下进行。全机悬空支持需要使飞机处于合适的高度，以便有空间使飞机自由变形和安装试验加载设备；全机悬空支持应有足够的强度和刚度，在试验设备安装、拆卸和试验件检查、修理期间能够支持试验件及加载设备，并保持飞机姿态平稳。特别地，飞机在试验停止时的停机状态应接近飞机在机场的停机状态，且加扣重载荷后处于过载 0 状态。

普遍用于全机试验的支持/约束方法是采用起落架支持/约束，该方法将飞机起落架吊在撬杠的一端，在撬杠的另一端用松紧螺套拉起，由此使起落架离开地面从而使飞机处于悬空状态，如拓展图 4-2(a)所示。该种支持方法和约束点设置的优点是飞机停机状态比较真实，与机场飞机停机状态基本一致，便于试验实施；缺点是地面载荷沿主起落架垂向为被动加载，误差较大，因此主起落架本身通常不在全机试验中考核；如果精心施工和扣重，主起落架垂向被动载荷误差可控制在 3%～5%，此时机翼主起落架与机翼的连接都可以得到较好的考核。

此外，通常在机头和后机身左右两侧顺(逆)航向与飞机对称面呈 35°布置 4 个软式约束，从而约束飞机向前后左右的位移，如拓展图 4-2(b)所示。

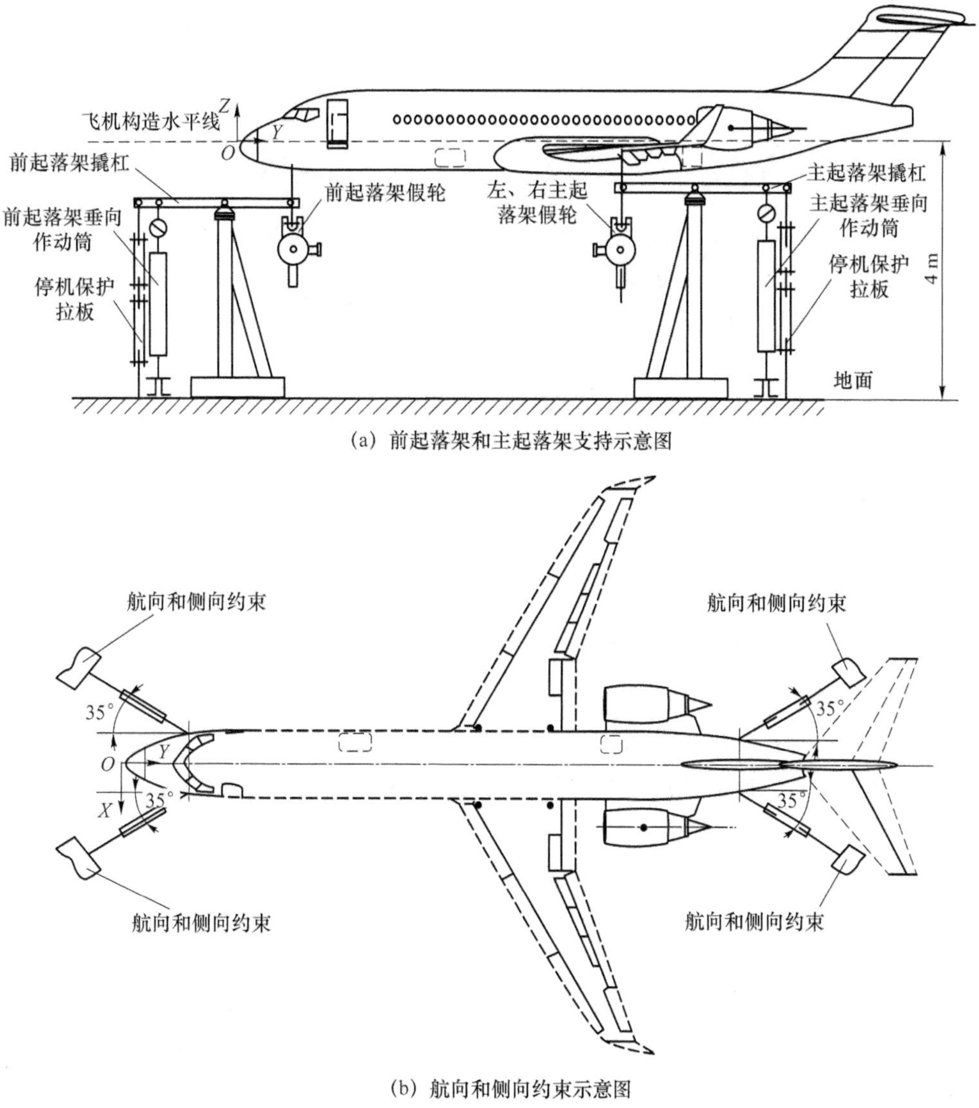

拓展图 4-2 ARJ 21-700 全机试验试验件悬空支持/约束的示意图

2. 试验载荷谱处理

现代飞机的使用情况复杂，载荷状态特别多，战斗机飞机载荷情况可能就有几百种。要想在全机试验中完全模拟这些载荷状态是不切实际的，通常在试验中只可能用一套加载装置完成整个试验过程。因此，这就需要一套用于载荷分区、确定典型载荷状态的载荷处理及优化等工作的方法。

3. 载荷施加方法

ARJ 21-700 飞机全机试验的加载点设置如拓展图 4-3 所示。全机试验中常用的载荷施加方法包括以下方面。

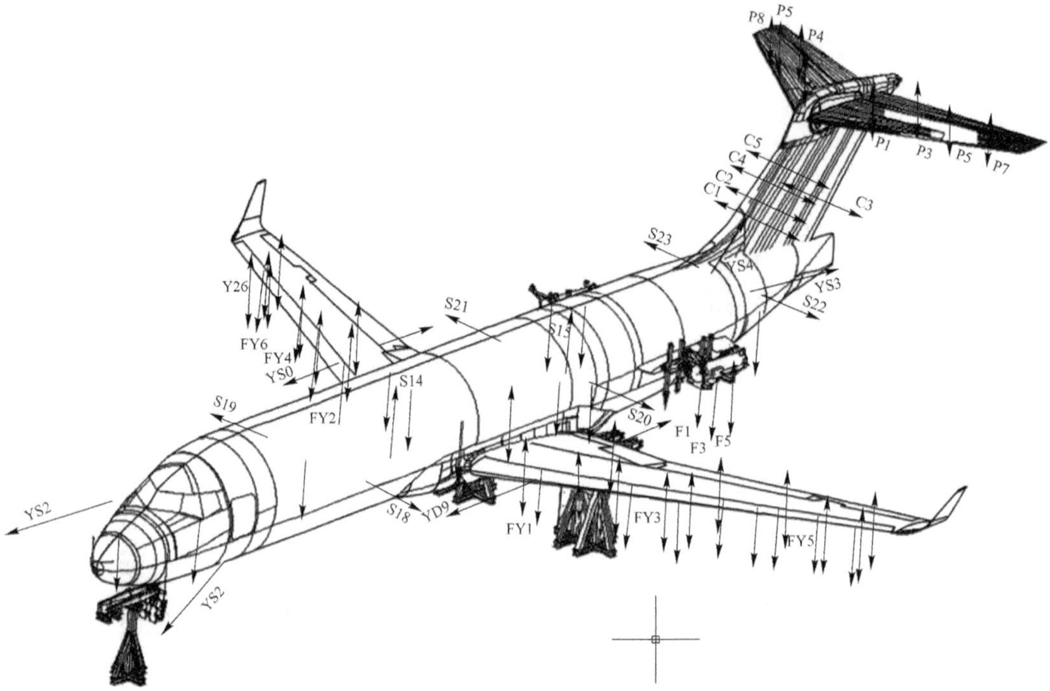

拓展图 4-3　ARJ 21-700 全机试验加载点设置示意图

(1) 胶布带-杠杆系统。

这种加载方法多用于施加气动分布载荷。胶布带应贴在有承力骨架的蒙皮上，并且应防止胶布带局部载荷过大或使蒙皮拉脱；使用中，应避免油、水浸蚀胶布带。

(2) 卡板加载。

这种加载方法多用于双梁式布局的翼面试验而不适用于多梁式布局的翼面试验，其优点是可以拉压双向加载，节省加载设备，缺点是重量较大，因此通常设计为等强度以减轻重量。

(3) 作动筒直接加载。

这种加载方法多用于施加发动机推力、惯性力、起落架载荷等(施加在假件上)，在安装作动筒立柱位置时应当预先考虑发动机、起落架及其支持结构在试验中的变形量。

(4) 杠杆直接加载。

这种加载方法多用于对货舱/座舱地板加载，一般需要采用专用杠杆从而减轻重量，且对通往气密舱外的拉杆需要采取耐久性好的密封措施。

(5) 拉压垫加载。

拉压垫是一面粘贴在钢结构表面的特制橡胶板，另一面则粘贴在飞机结构表面，从而使载荷通过钢结构-橡胶板传给飞机，其优点是可以拉压双向加载且重量轻。拉压垫加载方法的具体形式多样，在国外广泛使用，尤其适合用在不能装卡板且变形较小的结构部位。

(6) 气压加载。

这种加载方法多用于机身内部增压载荷、油箱增压载荷、进气道载荷等，被试结构需要安装进气管、出气管和测压管。控制压缩空气的充气台应具有较高的控制精度，还应具备快速放气功能从而缩短试验周期。

4. 扣重方法

与部件级试验相似，全机试验中也需要扣重，且扣重设计是全机试验的重要环节之一。应特别注意的是，扣重在试验过程中应与试验件变形同步协调运动，且扣重点一般相对于加载点。

5. 试验设计资料

通过消化试验任务书，进行全机试验设计，全机试验一般包括如下技术文件和图样：

(1) 支持夹具和专用设备设计图；

(2) 试验载荷处理报告；

(3) 试验测量方案；

(4) 位移测量点安装图；

(5) 胶布带图；

(6) 杠杆图；

(7) 加载点安装图；

(8) 扣重及平衡计算报告(试验安装完成后提供)；

(9) 设计报告(含载荷处理和专用设备强度校核)；

(10) 无损检测方案。

6. 试验大纲

试验大纲由试验承担单位根据试验任务书编制，对于试验承担单位来说是试验实施的操作性文件，通常包括以下内容：

(1) 任务来源和编写依据；

(2) 试验名称；

(3) 试验目的；

(4) 试验件及其支持/约束状态；

(5) 试验加载方法；

(6) 试验载荷谱的处理原则；

(7) 试验加载控制设备、测量设备、测量仪表说明及精度；

(8) 裂纹检查及测量方案；

(9) 测试项目、方法和数据处理方法；

(10) 试验程序；

(11) 试验安全保护措施；

(12) 试验现场重大问题的处理原则与预案等。

(三) 无损检测

无损检测是全机疲劳/耐久性和损伤容限试验过程中非常重要的环节，关乎试验的成败。在试验过程中，必须按照无损检测方案的规定对结构进行检测，以便及时发现损伤。

1. 无损检测方法

目前，在全机试验中常用的无损检测方法包括以下几种。

（1）光学-目视检查。

光学-目视检查是全机试验中最常用的裂纹检测手段，所有部件在进行无损探伤之前，凡是能够目视到的结构或结构部位都应经过目视检查。

飞机结构的目视检查一般是打开检查口盖、整流罩之后，检查飞机结构是否存在裂纹、腐蚀、螺丝松动、间隙等；检查油箱时，可以放泄燃油并进行清洗。一般的光学-目视检查是借助放大镜直接目视，根据环境条件、视线可达性、视力局限性及所要达到的检查目的，也可以借助手电筒、反光镜、内窥镜等工具。

光学-目视检查的优点是操作简便、直观、成本低、检查范围广，且能够检出表面裂纹、机械磨损、压伤、残余变形、保护层脱落、系统渗漏等多种损伤模式。光学-目视检查的缺点是人眼分辨率较低，只能发现较大的裂纹，且检查时需要良好的照明条件。

（2）着色渗透检查。

着色渗透检查是指将有色的渗透剂喷涂在零构件表面上，渗透剂在毛细作用下会渗入表面开口的裂纹/缺陷中；清除掉零构件表面上多余的渗透剂后，再在零构件表面喷涂上一层显像剂，缺陷中的渗透剂在毛细作用下重新被吸附到零构件表面上，借助放大镜在灯光下很容易观察到被显示的裂纹/缺陷。在检测的同时，在零构件上施加适当载荷使裂纹处于张开状态，这样可以提高检测灵敏度。

着色渗透检查可用于飞机结构各部位光滑表面的检查，基本不受结构形状、大小、复杂程度的影响，也不受材料限制；操作简单，裂纹/缺陷显示直观，检测灵敏度比较高，对于复杂零构件来说一次可检查出几个方向的裂纹/缺陷。然而，着色渗透检查的缺点是仅能检查露出表面的开口缺陷，无法检查内部的裂纹/缺陷。

（3）磁粉检查。

铁磁试验件被磁化时，裂纹/缺陷的存在会使试验件表面产生漏磁，磁粉检查就是通过检测漏磁来发现裂纹/缺陷的一种无损检测方法。该方法适用于飞机结构中铁磁性材料构件表面或近表面的裂纹/缺陷检查，主要用于检测锻钢件及焊件，如各种钢制材料的接头、安装座等。磁粉检查的优点是操作简便、灵敏度高、裂纹/缺陷显示直观，但其只能确定缺陷的位置和长度而不能确定缺陷的深度。

（4）超声波检查。

超声波检查可用于几乎所有飞机结构材料的检查，这种方法可以探测表面裂纹/缺陷和内部裂纹/缺陷，也可以测出裂纹/缺陷的位置，检测的灵敏度也比较高。但是，该方法要求检测人员具有丰富的经验，且构件的几何形状应比较简单。

（5）涡流检查。

涡流检查以电磁感应原理为基础，只能用来发现导电试验件表面或近表面的裂纹/缺陷；特别地，高频涡流一般用来检测导电试件表面的裂纹、凹痕、气孔、腐蚀等，而低频涡流一般用来检测导电试件近表面的裂纹和内侧表面的腐蚀。在全机试验检查和飞机结构维护检查中，涡流检查主要用于检查机翼大梁裂纹、框架连接部位裂纹、紧固件孔周边裂纹，还可用于检查蒙皮的腐蚀损伤；在起落架等部件的试验检查中，可采用该方法检查一些结构件上的疲劳裂纹和应力腐蚀裂纹。

（6）X射线检查。

X射线是一种波长很短的电磁波，能够穿透可见光无法穿透的物质并被感光胶片接收到；

X射线穿透金属或其他物质时，由于被检物体中缺陷或夹杂物和结构基体的穿透率不同，在感光胶片上形成的灰度有所区别，可以据此判断是否存在缺陷。X射线检查可用于检测飞机结构件的疲劳损伤和其他损伤，且不需要分解或拆毁结构即可发现结构中的隐蔽性损伤，非常适用于飞机上结构件的原位检查。

(7) 红外线检查。

红外线检查是通过检测物体的热量和热流来鉴定该物体质量的一种方法。当物体内部存在裂纹/缺陷时，物体的热传导性能将发生改变，使物体表面温度分布有所差别，通过检测装置显示出热辐射即可判别并检查出缺陷位置。红外线检查具有成本低、快速、方便、精确等优点，在飞机结构中可以广泛用于胶黏剂黏合的骨架蒙皮、整体壁板、多层夹芯结构等的检查。

2. 无损检测程序

疲劳/耐久性和损伤容限试验开始后，试验成败的关键之一就在于能否及时发现裂纹。试验委托方应提供无损检测任务书，主要内容包括检查等级、检查时间、检查部位、检测方法等；对试验件检查时若需要分解结构，则应由试验委托方进行。根据目前积累的经验，检查一般分为初始质量检查、日检查、周期检查、1倍寿命分解检查及最后的拆毁检查。

(1) 初始质量检查。

试验件交付时应当同时移交飞机质量合格证书及相应的超差处理文件，试验件在实验室交付后由试验承担单位对飞机初始质量进行外观目视检查，重点检查试验件的外观质量是否存在划伤、碰伤、漏铆、漏装等问题。

(2) 日检查。

日检查是指试验进行过程中每天进行的以目视为主的定期检查。若检查部位不易接近，则需要停止试验后再进行检查；一般来说，对机翼和机身的外观目视检查最好在不停止试验的条件下进行(但应保证安全)，这是因为裂纹在张开状态下比较容易被发现，而停止试验时裂纹因处于闭合状态而不易被发现。

(3) 周期检查。

周期检查是指在1倍寿命期内结合外场飞行的检查周期，将1倍寿命分成若干间隔并进行重点部位检查。周期检查除了要完成日检查的内容外，还要停止试验并打开部分口盖，以目视和特殊目视(借助放大镜、内窥镜等)为主进行检查，对重点部位还可用着色渗透、涡流、磁粉等检查方法进行检查。由于打开口盖、拆除螺钉时往往会造成口框周围的损伤，因此次数不宜过多。

(4) 1倍寿命分解检查。

完成1倍寿命及其整数倍时，需要对结构进行较为全面细致的分解检查，分解部位包括分离各个部件，打开全部口盖、取下可拆卸紧固件等，以便于接近和检查试验中不能检查的部位；除了常用的目视、特殊目视、着色渗透、涡流、磁粉等检查方法之外，还可采用X射线、超声波等检查方法进行检查。

(5) 拆毁检查。

剩余强度试验完成后需要对试验件进行拆毁检查，其目的是最大限度地发现结构疲劳损伤情况(特别是对于结构封闭区、试验进行过程中无法进行检查的结构、无法分解检查的紧固件孔等)，对检查出的裂纹类型、产生原因、扩展情况做出分析和判断，从而较精确地评价结构原始质量和裂纹初始分布状态、尺寸及扩展特性。拆毁检查应当尽可能保留疲劳裂纹原始状态，因此需要有经验的技术人员按照飞机结构组装的逆程序进行拆卸，例如，拆卸紧固件时不能让工具碰伤孔壁，切割结构时应保证不破坏疲劳裂纹以供金相分析。

(四) 试验过程控制及损伤处理

根据拓展表 4－3，研究设计人员希望按照安全寿命评定的结构，能经受 4 倍以上的疲劳寿命，且试验件不出现工程可检裂纹；按照损伤容限评定的结构，在 2 倍使用寿命期内试验件不出现服役中使用检查手段可检出的裂纹/缺陷，且在 2 倍使用寿命期之后出现的裂纹具有较长的裂纹扩展寿命。然而，鉴于结构疲劳问题的复杂性及对结构使用寿命的苛刻要求，全机试验通常不可能如研究设计人员所愿；一旦发生事与愿违的裂纹，研究设计人员首先要解决试验件应如何处理的问题，其次要解决正在使用飞行的飞机应如何处理的问题，最后还要解决正在/将要生产的飞机应怎样处理的问题。

考虑到本部分内容的重点，后两个问题本书不作介绍。为了解决第一个问题，就需要在保证军用飞机标准和民用飞机适航规章要求的前提下，制定一个结构发生裂纹后的试验件处理预案，使得试验能够进行下去并获得尽可能多的与结构使用寿命和结构疲劳薄弱部位相关的信息，以及尽可能多的裂纹扩展信息和结构检查修理方法的信息。根据目前累积的经验，研究设计人员可按照拓展表 4－2 中的结构分类方法采取不同的处理预案。

(1) 第 1 类结构(安全寿命)。

如果试验件在 4 倍使用寿命期内出现工程可检裂纹，应对出现裂纹的部位进行设计更改(如改进细节设计降低应力水平或应力集中，采用新材料、新工艺甚至新的结构形式等)，具体方法取决于裂纹发生的原因和剩余试验目标寿命的长短，且更改后的新结构需要通过试验验证。

(2) 第 2 类结构(限制安全寿命)。

如果试验中发生工程可检裂纹，应当及时更换试验件继续试验；若该结构的试验寿命除以分散系数后小于首检期(或后续检查周期)，则按照第 1 类结构的处理办法进行设计更改。

(3) 第 3 类结构(损伤容限：裂纹缓慢扩展；部分可检、不可经济修理)。

此类结构可按照下列办法处理。

① 若结构在 2 倍使用寿命期内出现工程可检裂纹，则按照第 1 类结构的处理办法进行设计更改。

② 若结构在 2 倍使用寿命期后出现工程可检裂纹，则进行裂纹扩展试验，完成裂纹扩展试验后进行修理并继续试验。

③ 若结构在 3 倍使用寿命期后没有出现工程可检裂纹，则人工预制裂纹并进行裂纹扩展试验。

(4) 第 4 类结构(损伤容限：裂纹缓慢扩展或破损安全；分解后可检也可经济修理)。

此类结构可按照下列办法处理。

① 若结构在 2 倍使用寿命期内出现工程可检裂纹，则按照第 1 类结构的处理办法进行设计更改；若结构在 3 倍使用寿命期后没有出现工程可检裂纹，则人工预制裂纹并进行裂纹扩展试验。

② 若结构在 2 倍使用寿命期后出现工程可检裂纹，则进行裂纹扩展试验，完成裂纹扩展试验后进行修理并继续试验。

③ 若结构在 2 倍使用寿命期后发现工程可检裂纹较长，则进行经济修理后继续试验，最

后根据断口分析获得前期的裂纹扩展数据。

（5）第 5 类结构（损伤容限：破损安全；不分解结构目视/放大镜可检、可经济修理）。

此类结构可按下列办法处理。

① 若结构在 2 倍使用寿命期内出现工程可检裂纹，则按照第 1 类结构的处理办法进行设计更改。

② 若结构在 2 倍使用寿命期后出现工程可检裂纹，可以进行裂纹扩展试验，并在完成裂纹扩展试验后进行修理并继续试验；也可以先进行经济修理，完成 3 倍使用寿命期后拆除修理并进行裂纹扩展试验。

③ 若结构在 3 倍使用寿命期后没有出现工程可检裂纹，则人工预制裂纹并进行裂纹扩展试验。

全部疲劳/耐久性和损伤容限试验完成后，应对结构进行分解检查并对所有裂纹进行分析，筛选出剩余强度试验所需要重点考核的含裂纹结构；为保证重点考核部位的剩余强度试验能够成功，部分结构的修理可不予拆除，对于一些非重点部位可能还要进行修理。

当然，实际试验中出现的问题往往要复杂得多，例如，由于试验件要完成 4 倍以上使用寿命期的试验，实际试验过程中结构可能会出现许多裂纹，有些是试验前难以估计到的，直到试验中发现和试验后分析之后才恍然大悟，因此这些裂纹只能按照当时的具体情况进行适当处理；此外，判断一个结构是安全寿命还是损伤容限寿命，不仅要考虑试验前的结构设计类型，也要考虑试验和实际使用过程中结构本身所反映出的特性。虽然在试验中发现的某些损伤在实际服役飞机结构上出现的概率很低，但只有依据试验中获得的各种信息开展分析，在满足军用飞机标准和民用飞机适航规章的要求下给出结构的检修期、检查部位、检查方法和修理方法，才能有效保证飞机结构的安全。

（五）试验件的修理

结构出现裂纹/损伤后将影响结构的正常功能或试验的正常进行，此时必须进行经济的修理，从而使结构恢复正常的承载能力和功能要求。结构修理是一项以工程实用为目标的重要工作，必须在结构设计、生产、维修经验的基础上，建立良好的、便于实施的且通过试验验证是可靠的维修方案。

试验件结构修理也是全机试验技术决策的难点之一。全机试验用于飞机检查修理的时间大约与试验时间一样长，试验过程中要依据裂纹出现的时间、裂纹尺寸、对结构安全的影响、修理的难易程度、对后续试验的影响等多方面因素综合考虑结构修理的时机和方法，以便考核修理的效果和经济性。对于服役使用中的飞机来说，一旦在其结构上发现了裂纹，就应按照试验中的修理方法进行修理，不能让飞机带着裂纹/损伤飞行。

原则上，试验中的修理包括非经济修理和经济修理两大类。非经济修理仅适用于试验件，以及军用飞机管理部门或民用飞机适航当局不允许对服役使用中飞机进行的修理，这种修理一般是主结构的关键部位，只能根据结构的实际损伤状况制定修理方案，被修部位必须进行较大的设计更改；非经济修理只是为了使整个试验能够继续下去从而对其他部位进行考核，因此非经济修理的修理方法在后续试验中不进行考核。经济修理是军用飞机管理部门或民用飞机适航当局允许服役使用中飞机在场站或大修厂进行的修理，因此在试验中需要对这种修理的有效性、可行性、经济性进行验证，修理的方法应当合适并且得到军用飞机管理部门或民用飞机适航当局的认可；修理后的结构应能够经受住后续的试验，其强度和刚度的变化不能对原结构传力路径造成影响。

特别地，经济修理常采用打止裂孔、修补等方法。从应力集中的角度来说，打止裂孔可有效降低裂尖位置的受力严重程度，从而阻止裂纹的扩展；止裂孔孔径不能太小（一般在 3～6 mm），止裂孔位置应能够去除裂尖，同时要保证止裂孔光滑、无划伤、无毛刺、不倾斜、不呈椭圆形。如果结构的裂纹已经比较长，此时打止裂孔无法解决问题，应采取修补的方法；特别地，对于腹板、蒙皮等结构多采用修补方法。补片应选取与待加强结构相同的材料或疲劳性能更好的材料，其形状和大小应根据待加强结构的形状来确定，形状特殊的补片应具有足够的圆角半径且四周切削成 45°倒角；补片的厚度应与构件的厚度相当或稍厚，因为补片过厚可能造成刚度变化过大而产生新的裂纹或改变了原有的传力路径；当补片厚且大时，可采用多层阶梯式逐渐变化的形式从而减小第一排紧固件处的应力；只要条件允许，应尽量在构件的两侧采用相同厚度的补片，以免产生附加偏心弯曲应力或变形。

（六）结构剩余强度试验

对完成寿命试验的损伤容限结构来说，只有经受住剩余强度载荷的考核，试验寿命才有效。对于民用飞机而言，剩余强度载荷是结构各使用工况中的最大限制载荷；对于军用飞机而言，剩余强度载荷是结构各使用工况中的最大限制载荷的 1.15 倍。

经过疲劳/耐久性和损伤容限试验后，同一个部件可能会出现多条裂纹（如机翼的根部和外翼部分可能都存在裂纹），而且这些裂纹部位的受载情况又不一样，这时在选取剩余强度试验载荷情况时，就要考虑以哪条裂纹（或广布损伤）为主，并根据裂纹位置的重要性、破坏后的相互影响等多方面因素选取一个价值最高的裂纹作为重点考核。

五、结　语

实践是检验真理的唯一标准，任何精妙的分析都不如一次可靠的试验有说服力。为了充分表明飞机结构寿命能够达到指标，就必须要对飞机结构开展疲劳试验。然而，直接对飞机全尺寸结构开展试验很不经济，试验失败与试验表明飞机结构设计制造缺陷的风险很大，也并不利于直观揭示飞机结构的具体不足。对此，将飞机结构拆分成各个层级，在每一个层级上开展试验并对相应问题开展分析验证，通过低层级的试验结论保障高层级试验的成功率，将是经济且可行的技术途径。这就是积木式试验的意义。

可以说，积木式试验为飞机结构服役安全性提供了坚实的证据，而全尺寸试验就是其中最具说服力的一环。然而，全尺寸疲劳试验的周期很长，特别是未来飞机服役条件越来越严苛，也就越来越难以在地面实验室中进行建设与施加，也对全尺寸试验的技术发展和内涵拓展提出了更高的要求。如何在积木式试验结论的基础上，通过或结合高保真度仿真、结构健康监控、结构数字孪生等新技术新理念来保障飞行器的天地一致性，是该领域正面临的重要挑战。

下　篇

未来飞机结构保安全策略的探索

第8章 飞机增材制造金属结构

为了追求更高的使用性能和更高的经济性，结构减重是飞机设计的永恒目标——飞机设计中有这样一句名言："为减轻每一克质量而奋斗"。在这一奋斗目标的指导下，研究人员不断开发新设计方法、新工艺、新材料，并在这个过程中充分认识到先进材料在结构减重方面的巨大潜力，一个典型例子就是20世纪70年代以来复合材料在飞机结构中的大量应用，并由此衍生出了"一代材料，一代飞机"的说法。然而与之相对的是，尽管新设计方法、新工艺、新材料等都在不断发展应用，但飞机机体结构主要还是以传统结构型式为主。

传统结构型式大多由单一均质材料构成，并通过机械连接进行装配组合，其功能主要是承力和传力，比较单一；在这种情况下，传统结构型式存在零件数量和分离面多、结构与功能系统冗余大、制造周期长、制造装配成本高等技术瓶颈。目前，先进战斗机的结构质量系数[①]为0.28～0.3，已经触及通过精益设计、新型材料、先进工艺等手段来挖掘结构潜力的"天花板"，甚至成为限制新型飞机设计研制的瓶颈问题；例如，无人作战飞机如果采用传统结构型式，就难以实现高过载和高隐身性能等设计要求。可以说，未来飞机要满足轻质高效、长使用寿命、多功能、低成本、快速响应等方面的综合要求，势必依赖于新型先进结构的发展和应用。

在过去的几十年间，尽管研究人员借助计算力学和结构优化能够给出结构减重的设计方案，但这些设计方案与传统结构型式差异很大，无法通过传统工艺技术进行加工制造，使得所谓"新型先进结构的发展和应用"只不过是纸上谈兵。然而，近年来迅猛发展的增材制造[②](Additive Manufacturing，AM)技术摆脱了传统制造工艺的束缚，可以实现任意几何构型结构的加工制造，为"新型先进结构的发展和应用"提供了实现途径，被航空、航天、医疗、汽车等多个领域视为革命性技术，也受到了世界各国的广泛重视。

从飞机金属结构减重的角度来说，增材制造技术是飞机结构研究人员的一柄利器，但结构减重和结构安全向来是一对矛盾，因此从飞机结构安全和结构使用寿命的角度来说，增材制造也给飞机结构研究人员带来了巨大的挑战。一方面，结构减重意味着以更少的材料或更低的结构冗余来承受相同的载荷，这本身就对结构安全提出了更高的要求；另一方面，从本书中篇的几章内容可以看出，当前飞机结构抗疲劳保安全策略和分析评定方法是针对传统飞机结构型式而建立的，而增材制造新型结构的设计理念、工艺特点、材料特点、结构特点、疲劳失效行为都与传统飞机结构存在巨大差异，势必要求建立新的分析评定方法，甚至要求建立新的结构保安全策略。

---

① 飞机的结构系数为飞机结构质量除以飞机正常起飞质量。

② 有时也将增材制造形象地称为3D打印。

在本书写作之时，增材制造金属材料和结构的研究正在如火如荼地开展，甚至已经应用到了飞机和发动机中的某些结构部件中，但要想应用到飞机的主承力结构上还有很长的路要走。对此，本章主要从飞机结构安全和结构使用寿命的角度，对增材制造金属结构的研究现状进行综述和讨论，以期能够为从事相关研究工作的读者提供启发和帮助。

8.1 金属增材制造工艺与材料

8.1.1 增材制造技术简介

按照材料在加工过程中的质量变化，当前的金属制造工艺可分为以下三类。

(1) 等材制造，即在加工过程中材料质量基本保持不变，典型工艺如铸、锻、焊等，距今已有三千多年的历史。

(2) 减材制造，即对材料毛坯进行切削以达到设计形状，因而成型件质量显著小于毛坯件，典型工艺如车、铣、刨、磨等，自工业革命以来已有三百多年的历史。

(3) 增材制造，即依据三维数字模型通过材料逐层叠加的方式来制造物体，工艺过程中材料质量不断增加、零件产品近净成形，距今仅有三十多年的历史。

增材制造融合了计算机辅助设计(Computer-Aided Design，CAD)与材料加工成型技术，采用“离散-堆积”原理，由零件三维数据模型驱动直接制造零件，其具体过程是：首先，对具有CAD构造的产品三维模型进行分层切片，从而得到各层界面的轮廓；其次，通过特定热源按照这些轮廓进行该层界面的加工，并在该层界面加工完成后进行下一层界面的加工；最后，通过一系列简单构型的二维制造叠加出复杂构型的三维制造。

相比于传统加工制造工艺，增材制造技术具有下列独特优势。

(1) 快：响应速度快，制造工艺简单，只需要一台设备就可以加工出复杂的零件，从概念模型到产品原型加工等整个流程的时间能够比传统加工方法缩短80%以上。

(2) 柔：加工柔性高，可以制造任意复杂形状或含有内在结构的三维实体，使设计不再受到工艺技术的约束，为设计带来前所未有的自由。

(3) 廉：不需要开模具，工艺流程短，材料成本低，产品加工成本仅为传统加工方法的20%～50%；

(4) 绿：其近净成型的特点意味着材料利用率接近100%，同时能耗较低、污染排放较少，是一种环境友好型先进绿色制造技术。

8.1.2 金属增材制造技术分类

按照所采用热源的不同，金属增材制造技术可分为激光增材制造、电子束增材制造和电弧增材制造。按照成型工艺的不同，金属增材制造技术主要可分为粉末床熔融(Powder Bed Fusion，PBF)和定向能量沉积(Directional Energy Deposition，DED)两种工艺。PBF工艺具体包括激光选区熔化(Selective Laser Melting,SLM)、电子束选区熔化(Electron Beam Selective Melting,EBSM)等,其中激光选区熔化以激光作为热源来烧结或熔化金属粉末,而电子束选区熔化以电子束为热源来熔化金属粉末;DED 工艺具体包括激光熔化沉积(Laser Melting Deposition,LMD)、电子束自由成形制造(Electron Beam Freeform Fabrication,EBF)、电弧增材制造(Wire and Arc Additive Manufacture,WAAM)等。

1. 激光选区熔化技术

激光选区熔化的技术原理是利用高能量的激光束,按照预定的扫描路径,扫描预先铺覆的金属粉末并使其完全熔化,再经过冷却、凝固后成型。其优势包括以下方面。

(1) 易成型结构复杂的零件或薄壁件。

(2) 成型件的表面质量好,尺寸精度高,致密度接近 100%。

(3) 微观组织均匀,晶粒细小,综合力学性能高于铸件并接近于锻件。

其不足或待解决的问题包括以下方面。

(1) 成型速度较慢。

(2) 受限于设备尺寸的限制,成型零件的尺寸较小。

(3) 成型件中的累积变形和残余应力较大。

(4) 部分支撑结构难以去除。

2. 电子束选区熔化技术

电子束选区熔化的技术原理是在真空环境中,利用高能量的电子束,按照预定的扫描路径,扫描预先铺覆的金属粉末并使其完全熔化,再经过冷却、凝固后成型。其优势包括以下方面。

(1) 成型效率高。

(2) 真空环境有利于避免空气中有害杂质在高温状态下混入成型件(尤其适合活性金属的加工),成型件内部质量较好,残余应力较小。

(3) 可加工材料范围广。

其不足或待解决的问题包括以下方面。

(1) 预热后的金属粉末处于轻微烧结状态,成型结束后的多余粉末需要采用喷砂等工艺才能去除,复杂造型内部的粉末可能难以去除。

(2) 需要额外的系统设备来制造真空工作环境,因此设备庞大。

(3) 成型件的表面粗糙度较大。

3. 激光熔化沉积技术

激光熔化沉积的技术原理是在惰性气体保护环境中,以高能量密度的激光作为热源,按照预定的扫描路径将同步送入的粉末逐层熔化堆积,并通过快速凝固和逐层沉积实现金属零件的直接制造与修复。其优势包括以下方面。

(1) 能够成型复杂构型的零件,且成型速度快。

(2) 成型件材料组织均匀,综合力学性能较高(可与锻件相当)。

(3) 可实现材料组织的定向制造,或同一构件上的多材料复合与梯度制造。

(4) 成型件尺寸基本不受限制,可实现大尺寸零件的成型制造。

其不足或待解决的问题包括以下方面。

(1) 球化现象比较严重。

(2) 成型速度与成型精度往往不可兼得。

(3) 残余应力较大,成型大型薄壁零件或壳体时的翘曲变形问题比较严重,有时甚至会直接导致零件开裂或断裂。

(4) 设备较为昂贵,能量利用率较低。

4. 电子束自由成形制造技术

电子束自由成形制造的技术原理是在真空环境中,电子束轰击金属表面形成熔池,金属丝材通过送丝装置送入熔池并熔化,同时熔池按照预定的路径运动,熔池金属逐层凝固堆叠,从而达到致密的冶金结合,并成型制造出金属毛坯件,最后进行表面精加工和热处理。电子束自由成形制造技术主要用于大型复杂结构件的生产制造,其优势包括以下方面。

(1) 材料利用率接近 100%,成型效率高、速度快。

(2) 真空环境有利于避免空气中有害杂质在高温状态下混入成型件(尤其适合活性金属的加工),成型件内部质量较好,残余应力较小。

(3) 采用金属丝材作为原材料,降低了原材料的制备难度。

其不足或待解决的问题包括以下方面。

(1) 需要额外的系统设备来制造真空工作环境,因此设备庞大。

(2) 成型件的表面粗糙度较大。

5. 电弧增材制造技术

电弧增材制造的技术原理是以电弧为载能束,采用逐层堆焊(又称微铸自由熔积成型)的方式制造金属实体零件。电弧增材制造技术主要用于大尺寸、形状较复杂构件的低成本快速成型,其优势包括以下方面。

(1) 材料利用率(几乎是 100%)和沉积效率较高,制造周期短、成本低。

(2) 成型零件致密度高(几乎是 100%)、气孔较少,塑性较好。

(3) 容易实现合金成分的剪裁。

(4) 设备投资少,运行成本低。

(5) 不会由于粉末引起安全和健康的问题。

其不足或待解决的问题包括以下方面。

(1) 成型稳定性较差,且材料种类存在一定局限性。

(2) 成型材料组织的方向性较为明显。

(3) 需要较多的后期精加工。

8.1.3 增材制造金属材料及其力学性能

常见的增材制造金属材料主要包括钛合金(如 Ti-6Al-4V)、铁基材料(如 316 不锈钢)、铝合金(如 AlSi10Mg)、镍基合金(如 Inconel 718)、铜基合金等,目前对其已经开展了许多材料特征和力学性能的研究。需要强调的是,增材制造金属材料的微细观组织结构特征和力学性能受到原材料、加工设备、加工技术、加工参数、热处理工艺等很多方面的影响，在此难以一一介绍，感兴趣的读者可阅读相关文献。特别地，在本书写作时，尽管国内外已经发布了一些标准与指南，但整个体系还远谈不上完善，相关研究还在继续深入发展中。

1. 材料特征

与传统锻造金属材料相比，增材制造金属材料具有两项突出的材料特征：材料内部含有细观尺度的冶金缺陷，以及微观结构呈现出不均匀性和各向异性。

（1）材料内部冶金缺陷。

传统锻造金属材料通常是致密的，内部一般不含有明显的冶金缺陷，而增材制造金属材料中往往含有气孔、未融合、微裂纹、球化缺陷、搭接不良、夹杂物等多种类型的冶金缺陷，其形貌如图 8－1 所示。

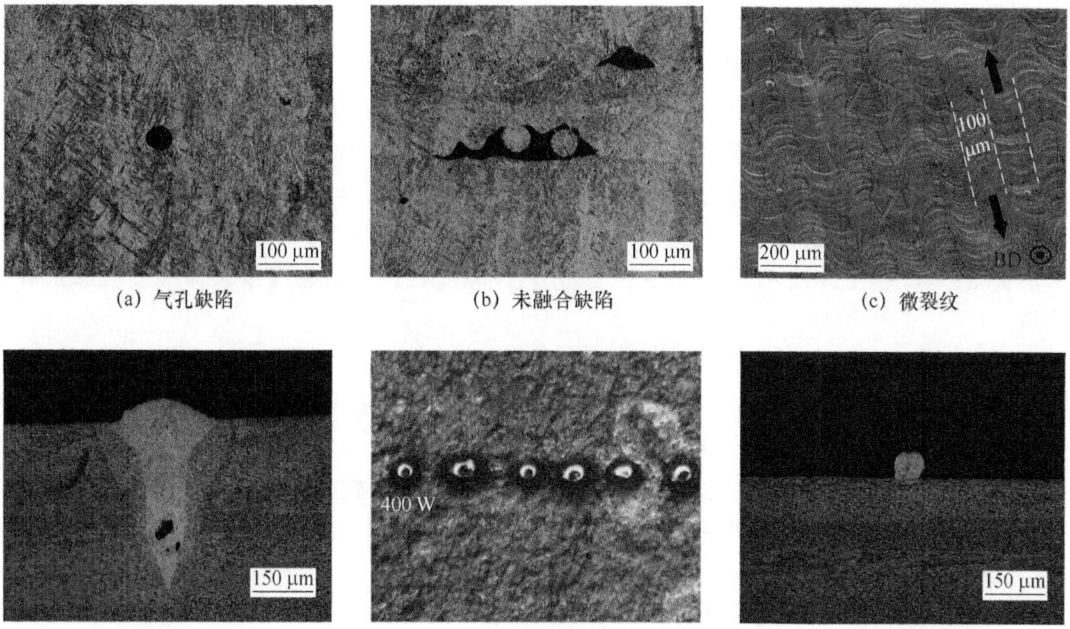

(a) 气孔缺陷　(b) 未融合缺陷　(c) 微裂纹

(d) 锁孔/匙孔缺陷　(e) 球化缺陷　(f) 珠化缺陷

图 8－1　增材制造金属材料中的典型冶金缺陷①

① 图片来源：(a)&(b) GALARRAGA H, LADOS D A, DEHOFF R R, et al. Effects of the Microstructure and Porosity on Properties of Ti-6Al-4V ELI Alloy Fabricated by Electron Beam Melting (EBM) [J]. Additive Manufacturing, 2016, 10: 47-57.

(c) WANG D, LI K, YU C, et al. Cracking Behavior in Additively Manufactured Pure Tungsten[J]. Acta Metallurgica Sinica, 2019, 32: 127-135.

(d)&(f) GONG H, GU H, ZENG K, et al. Melt Pool Characterization for Selective Laser Melting of Ti-6Al-4V Pre-alloyed Powder[C]. 25th Annual International Solid Freeform Fabrication Symposium, 2014.

(e) KUSUMA C. The Effect of Laser Power and Scan Speed on Melt Pool Characteristics of Pure Titanium and Ti-6Al-4V Alloy for Selective Characteristics of Pure Titanium and Ti-6Al-4V Alloy for Selective Laser Melting Laser Melting[D]. Wright State University, 2016.

气孔缺陷的形貌通常呈规则球状或类球状，直径约为 20～100 mm，在成型件内部的分布具有随机性。气孔缺陷主要取决于粉末原材料的特性，一般来源于粉末本身的气体元素、空心粉、粉末吸附或随粉末卷入熔池内的气体。在铺粉工艺中，粉末床较为松散，受颗粒形貌、粒度及分布、粉末表面孔隙等影响，粉末之间易存在部分气体；在铺粉过程中，若局部存在细颗粒粉末堆积，由于细颗粒粉末熔化吸收的能量与粗颗粒比相对较小，熔化细颗粒粉末聚集区时产生局部气化给熔池带来反冲力，也会使得熔池处产生凹陷或气孔。在送粉工艺中，成型过程中受送粉气体流速影响，保护气体容易卷入熔池，成为熔池内气体的来源；由于能量输入过多或工艺过程不稳定，气泡在熔池快速冷却、凝固的过程中来不及逸出，留在凝固组织内形成气孔缺陷。在电子束或电弧熔丝工艺中，金属丝材表面不清洁、送丝不稳定、能量源波动、路径变化等也可能会在成型件内部产生气孔缺陷。研究表明，严格控制原材料粉末或金属丝材的加工质量、优化成型工艺参数、在后处理中引入热等静压①(Hot Isostatic Pressing，HIP)工艺等措施，均能够有效减少气孔缺陷，但很难完全消除。

未熔合缺陷的形貌不规则，且尺寸大小不一，一般呈平面状或层状，最大尺寸方向通常与沉积方向垂直或近似垂直，倾向于分布在熔覆层间或道间。产生未熔合缺陷的主要原因是熔化能量过低，当成型过程中工艺参数控制不当、能量输入不足时，粉末材料往往未能完全熔化或熔覆层间/道间的熔融金属搭接不足，导致难以形成致密冶金，常表现为有些未熔合缺陷处包含较多的未熔化粉末颗粒。研究表明，深入理解成型过程中的传热行为，合理地控制能量源功率密度、光斑直径、扫描速度及间距等工艺参数，能够有效预防甚至很大程度上消除未熔合缺陷。

微裂纹是金属增材制造中最具破坏性的一种缺陷。微裂纹一般是凝固裂纹，且尺寸相对较小，主要是由于熔池凝固过程中冷却速率过快引起的较大温度梯度在熔覆层中产生局部残余应力超过材料屈服强度所导致，因此传热系数较低、热膨胀系数较高的金属材料在增材制造过程中更易出现裂纹，而塑性较好、屈服强度较高的材料一般较少产生裂纹。通过适当预热基板、提高成型舱环境温度，能够降低成型时熔池冷却速度和成型件内部温度梯度，可以有效减少微裂纹的发生。

(2) 材料微细观组织结构特征。

传统锻造金属材料的晶粒组织通常表现为各处较为均匀的等轴晶，而增材制造金属材料的晶粒组织往往呈现出“沿沉积方向生长、沿热影响区分布”的特征，也就导致了其微细观组织结构呈现出明显的不均匀性与各向异性，如图 8-2 所示。

增材制造金属材料的这种微细观组织结构特征是由其“反复熔凝，层层堆叠”的工艺过程特征所决定的，而这种材料微细观组织结构特征又将导致其力学性能呈现出不均匀性和各向异性。对此，研究人员提出了不同的对策：一些研究人员致力于优化增材制造工艺参数，从而使成型材料中的晶粒组织呈现出与传统工艺近似的等轴形貌，进而最大程度地消除力学性能的不均匀性和各向异性；另一些研究人员则认为，可以充分利用这种微细观组织结构的“可设计性”，从而实现结构局部位置力学性能的“定制”。当然，无论采用以上哪种对策，其前提都是要揭示增材制造工艺参数、熔池热力学历程、微细观组织结构特征之间的关系。

---

① 该工艺将制品放置到密闭的容器中，并向制品同时施加各向同等的压力和高温，制品在高温、高压的作用下得以烧结和致密化。

图 8－2　增材制造金属材料晶粒组织的典型特征①

当然，材料的微细观组织结构特征不仅只有晶粒组织结构，还包括晶粒取向、织构、相结构等，它们的特征同样主要取决于增材制造工艺过程的特征。总的来说，在本书写作时，相关技术水平已经能够较好地控制成熟工艺成熟材料的晶粒组织形貌，而对先进的辅助调控工艺、工程友好的调控技术、新型材料的调控方法、微纳观组织结构的调控机理等方面的研究则方兴未艾。

2. 力学性能

对于静力性能，当前研究已经比较丰富，认识也比较深入。总的来说，增材制造金属材料的屈服强度和抗拉强度已经能够达到甚至超越锻件的水平，但断裂延伸率往往要低于锻件；另外，由于增材制造金属材料的冶金缺陷和晶粒组织形貌存在明显的方向性，因此其静力性能一般也会表现出各向异性，这种各向异性在弹性模量、屈服强度、抗拉强度、加工硬化率、断裂延伸率等指标上均有体现，而在断裂延伸率甚至断口形貌特征上体现得尤为明显。通过工艺改进、参数优化及一些热处理工艺，材料微细观组织结构各向异性和力学性能各向异性的程度均能有效地降低，但很难完全地消除。

对于疲劳性能，当前研究还不够深入明确，不同研究团队在很多具体问题上都存在激烈的争论，甚至得到完全相反的结论；实际上，对疲劳失效行为认识不够清晰、缺乏可靠的疲劳分析评定方法，已成为现阶段金属增材制造技术暂时无法大规模可靠应用于飞机主承力结构的瓶颈问题。一个比较广泛认可的观点是增材制造金属材料的冶金缺陷是决定其疲劳性能的主要因素：一方面，冶金缺陷的局部应力集中效应促进了疲劳裂纹的萌生和扩展，导致增材制造金

① 图片来源：(a) SUN Z, TSAI S, KONIJNENBERG P, et al. A Large-volume 3D EBSD Study on Additively Manufactured 316L Stainless Steel [J]. Scripta Materialia, 2024, 238: 115723.

(b)&(c) CHENG M, WU Y, ZHAO Z, et al. Texture Tailored Through Combination of Molten Pool Morphology and Scanning Path in Laser Additive Manufacturing of Alloy 718 [J]. Materials Today Communications, 2024, 39: 108885.

属材料的疲劳寿命一般要低于相应的锻件水平；另一方面，形态特征各异的冶金缺陷诱发了多元疲劳失效模式及其竞争，导致增材制造金属材料的疲劳寿命具有很大的分散性。在本书写作时，通过工艺改进和参数优化，已经能够将冶金缺陷的尺寸和数量控制在较低的水平，从而使疲劳寿命的中值能够达到锻件水平，但疲劳寿命分散性较大的问题仍未解决。然而许多研究表明，并不是冶金缺陷的尺寸越小、数量越少，疲劳性能就一定会更好；这意味着，尽管冶金缺陷对疲劳寿命确实起到了主导作用，但微细观组织结构特征、材料塑性/延性/韧性等其他因素及它们之间交互作用的影响也不可忽视。

研究案例

课题组针对 DED Ti-6.5Al-2Zr-1Mo-1V(国内牌号为 TA15)钛合金开展了疲劳失效行为和疲劳寿命的研究。现进行简要介绍。

TA15 经热处理后，通过机械加工的方式，沿沉积方向取最小截面处直径为 5 mm 的标准圆棒试样，采用工业 CT 技术，对试样最小截面处±4 mm 的试样段进行缺陷检测，如图 8-3所示。结果显示，测试范围内共含有 14 个气孔缺陷、无未熔合缺陷，气孔体积的范围区间为 1 889.88～121 948 μm^3，等效直径范围区间为 20.9～71.6 μm，孔隙率为 0.000 33%；总共测试了 5 件，孔隙率的范围为 0.000 061 5%～0.001 41%，平均孔隙率为 0.000 48%，充分表明了加工制造的合格性和稳定性。此外，还测定了材料内部一些典型微细观组织结构特征的尺寸，如微柱状晶的直径为 62～93 μm、微柱状晶内的 α 相尺寸约为 20 μm。

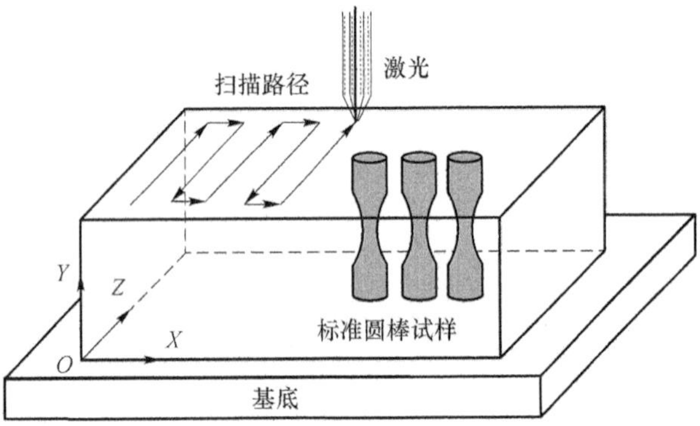

(a)

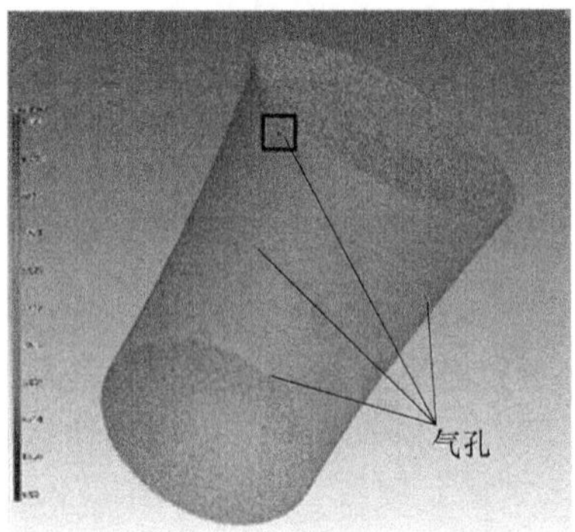

(b)

图 8-3 DED 成型 TA15 钛合金的冶金缺陷特征

采用圆棒试样开展 S_{max}=720，760，800 MPa 三个应力水平(应力比 R=0.06)下的疲劳试验，所得有效的疲劳寿命数据如图 8-4 所示。通过断口分析可知，这些试样大致呈现出“表面起裂”和“内部起裂”两种起裂模式，其中“表面起裂”类似于传统金属材料的起裂行为，但具体可能是从试样表面起裂，也可能是从靠近表面的气孔缺陷处起裂；“内部起裂”则是不同于传统金属材料试样起裂行为的新模式，且该模式下的所有试样都是从气孔缺陷处起裂。不同应力水平下起裂模式的倾向性也有所差异：在应力水平较低时，试样倾向于“表面起裂”；在应力水平较高时，试样倾向于“内部起裂”。

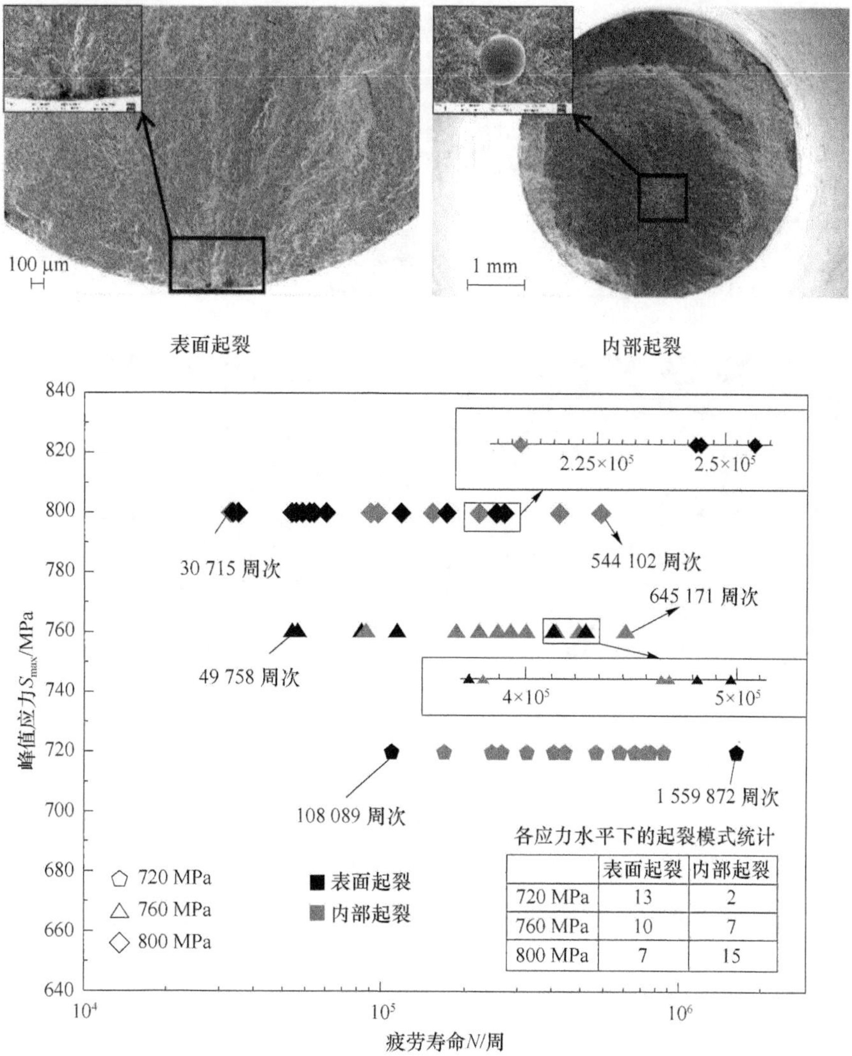

图 8-4　DED 成型 TA15 钛合金的疲劳寿命数据与两种起裂模式

根据杀手缺陷尺寸与材料微细观组织结构特征尺寸的关系，其疲劳失效模式可分为三种：① 小孔失效，即杀手缺陷的直径小于 α 相特征尺寸(20 μm)；② 中孔失效，即杀手缺陷的直径介于 α 相特征尺寸(20 μm)与微柱状晶特征尺寸(60 μm)之间；③ 大孔失效，即杀手缺陷的直径大于微柱状晶特征尺寸(60 μm)，其中又可根据孔边断口特征分为含主解理刻面与不含主解理刻面两种具体情况。从微观机理来看，裂纹在气孔缺陷处萌生后以解理的方式在微柱状晶中扩展，而上述三种疲劳失效模式中的具体解理行为存在一定差异；从对疲劳寿命的影响来看，若基于 Murakami 参量计算等效裂纹的等效应力强度因子变程 ΔK_{eq}，则疲劳寿命数据可较好地按上述三种疲劳失效模式进行划分，对于本研究中的数据，其区分准则大致为 2.5 MPa·$m^{0.5}$ 与 5 MPa·$m^{0.5}$，如图 8-5 所示。

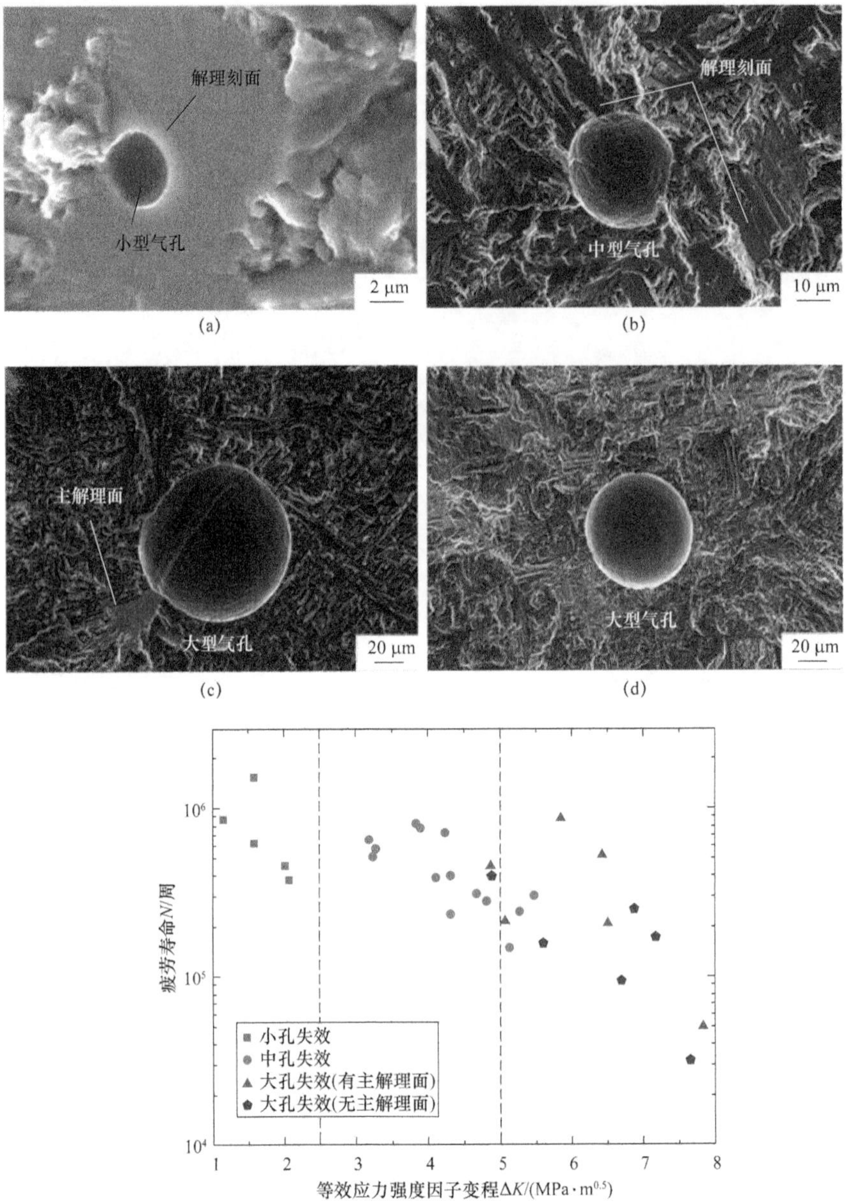

图 8-5　疲劳失效模式与基于等效应力强度因子变程的疲劳寿命数据划分

试验数据还表明，在每个应力水平中，最长疲劳寿命是最短疲劳寿命的大约 10 倍，疲劳寿命数据的分散性很大；对此，进一步研究 DED 成型 TA15 钛合金的疲劳寿命分布特征，如图 8-6 所示。可以看出，对于三个应力水平，DED 成型 TA15 钛合金的疲劳寿命数据均呈现出双峰分布特征，这与传统工艺金属材料疲劳寿命数据呈现出单峰分布特征存在显著差异，传统采用单峰对数正态分布的方式难以准确描述 DED 成型 TA15 钛合金的疲劳寿命数据；针对这一问题，提出采用双峰对数正态分布来描述 DED 成型 TA15 钛合金的疲劳寿命数据，可以看出，对概率密度和累积概率的描述效果得到了明显的提升。

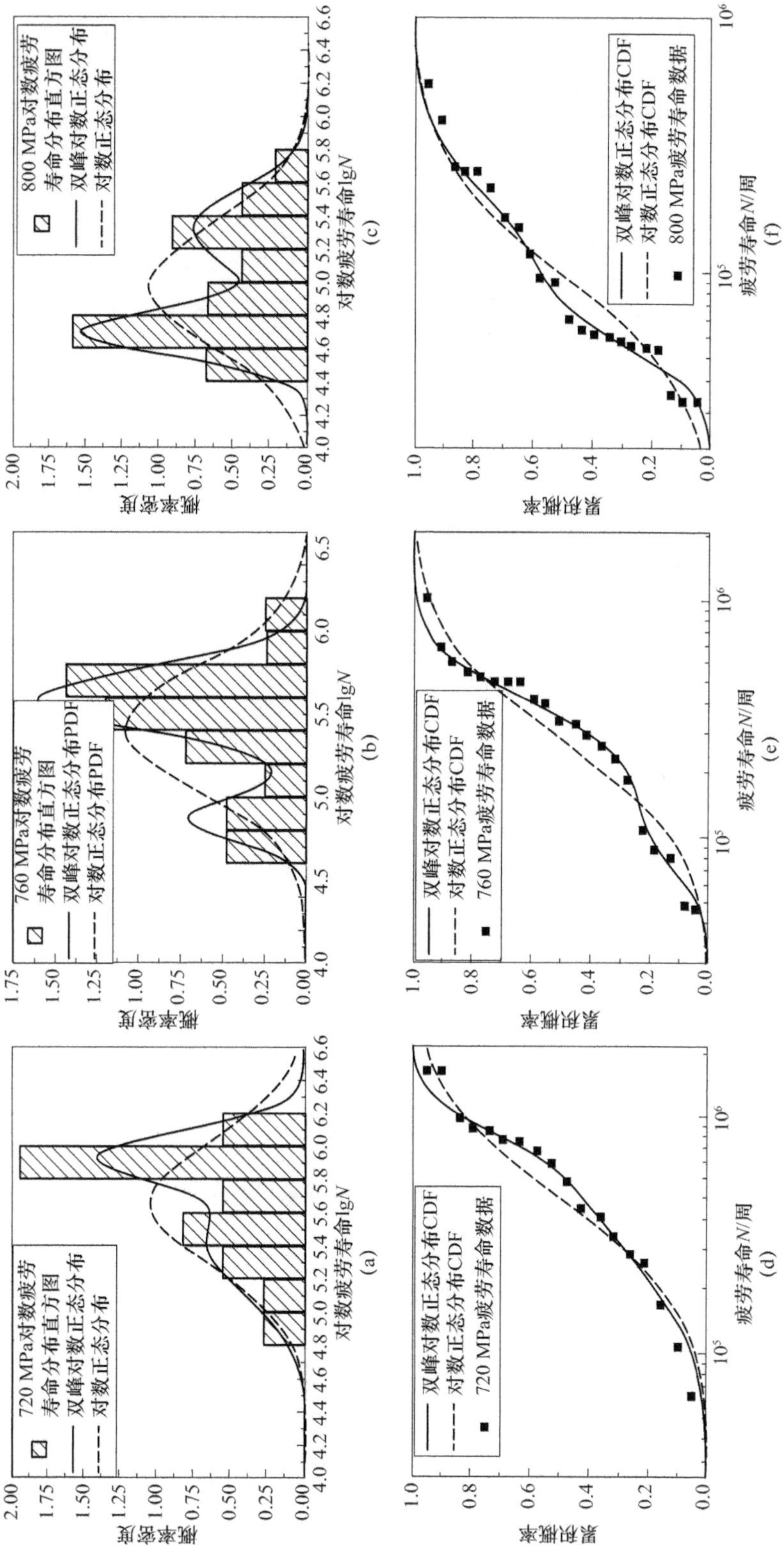

图 8-6　疲劳寿命数据的分布特征

采用双峰对数正态分布能够更好地描述 DED 成型 TA15 钛合金疲劳寿命数据，对给出指定存活率 p 下的可靠寿命具有很大好处。经计算，取常用的可靠度要求 $p=99.87\%$，三种应力水平下，双峰对数正态分布下的可靠寿命较单峰对数正态分布下的可靠寿命分别提高了约 14%，60%和 166%，对于可靠寿命的工程分析评估具有重要意义。图 8－7 给出了双峰对数正态分布和单峰对数正态分布 $p\in(0.13\%, 99.87\%)$ 的对数疲劳寿命分布区间（对应正态分布 $\pm3\sigma$ 区间）。可以看出，三个应力水平下，采用双峰对数正态分布描述疲劳寿命分布获得的 $p\in(0.13\%, 99.87\%)$ 对数寿命分布带宽度比采用单峰对数正态分布要窄得多，显著地降低了由于疲劳寿命分布模型不准确所引入的疲劳寿命分散性。

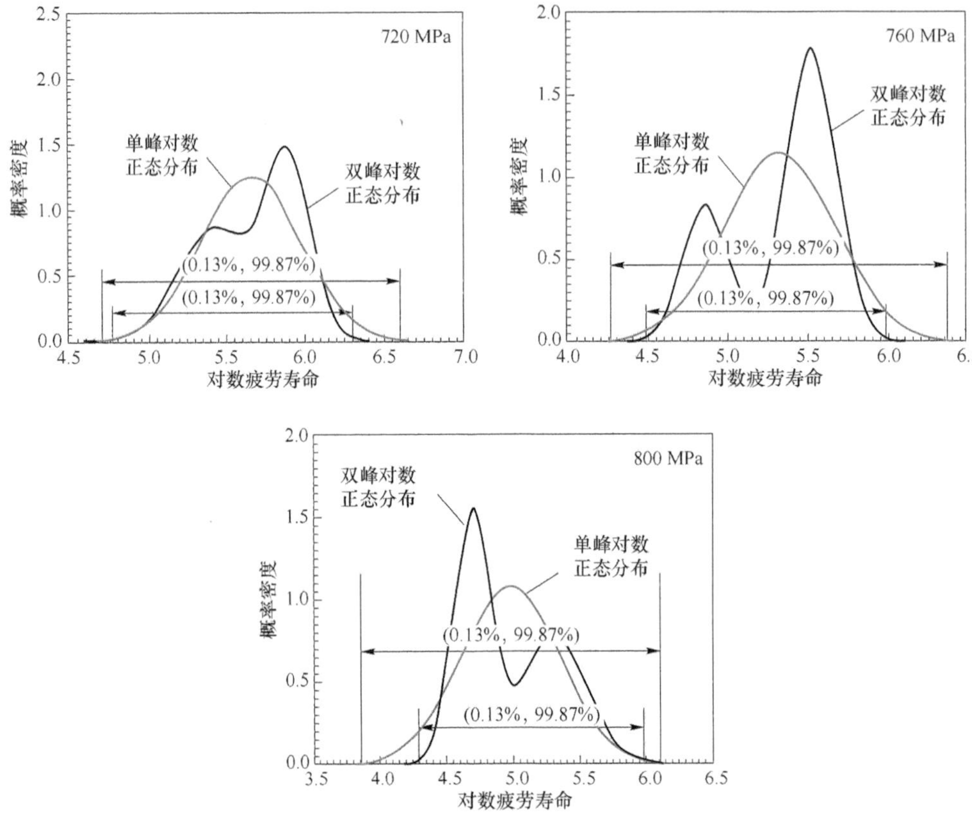

图 8－7　采用双峰对数正态分布与采用单峰对数正态分布的分散性比较

在此基础上，课题组还在"短裂纹扩展规律""基于工业 CT 信息的杀手缺陷预测准则""缺陷特征对疲劳寿命的影响规律""基于机器学习的寿命预测方法"等方面开展了更深入的研究，在此不再赘述，感兴趣的读者可自行查阅相关论文。

对于断裂性能，当前研究已具有一定程度的认识。当增材制造金属材料的材料组织表现出与传统锻件相近的宏观均匀各向同性特征时，其疲劳裂纹扩展行为模式也与传统锻件基本相同，仅是具体的速率大小有所不同，对于裂纹扩展寿命的影响不大，因此可沿用针对传统锻件所建立的分析方法。然而，当增材制造金属材料的材料组织在宏观尺度上表现出不均匀性和各向异性时，观察到其宏观疲劳裂纹扩展可能呈现出偏折、分叉、次生-连通等所谓"异常"行为模式，速率也相应地表现出较大幅度的波动，显著地影响裂纹扩展寿命，传统疲劳裂纹扩展分析方法的适用性大打折扣。研究表明，材料微细观组织结构特征（包括柱状晶形貌、晶粒取向、相结构等）的方向性越强，就越有可能诱发出上述这些疲劳裂纹扩展“异常”行为。在本书写作时，研究人员已经广泛观察到了这种现象，定性地认识到了疲劳裂纹扩展异常行为的“材料-载荷”联合诱发机理，但定量的认识与分析方法还需要更深入的研究。

研究案例

课题组针对 DED Ti-5Al-5Mo-5V-1Cr-1Fe（国内牌号为 TC18）钛合金开展了疲劳裂纹扩展行为的研究。现进行简要介绍。

经热处理后，DED 成型 TC18 钛合金在 *X*-*Y* 平面内呈现柱状晶和等轴晶交替排布的组织特征，如图 8－8(b)、图 8－8(c)所示。尽管图 8－8(c)显示材料中含有气孔缺陷，但气孔缺陷的数量较少、尺寸较小，同时对长裂纹扩展的影响也比较有限，因此在本研究中可不予考虑。图 8－8(e)、图 8－8(g)分别展示了柱状晶和等轴晶内的 α 相结构。可以看出，DED 成型 TC18 钛合金的 α 相呈片层状或针状，且柱状晶区域中的 α 相片层具有显著的方向性，而等轴晶区域中的 α 相片层在单个晶粒内部具有明显方向性，但各晶粒之间的排布取向有所差异。因此，可认为柱状晶整体区域中的 α 相片层具有强方向性，而等轴晶整体区域中的 α 相片层具有弱方向性。

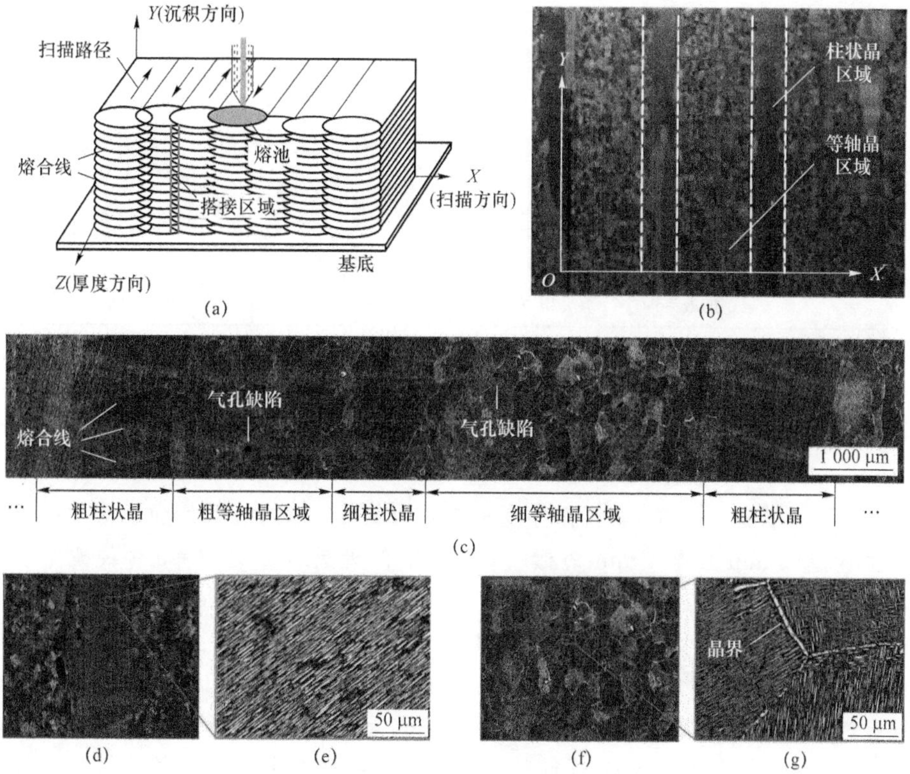

图 8－8　DED 成型 TC18 钛合金的微细观组织结构特征

在 X-Y 平面内，分别在外加载荷平行于沉积方向、外加载荷垂直于沉积方向，取 $W=50$ mm 且厚度为 4 mm 的标准 C(T)试样开展疲劳裂纹扩展试验，应力比 $R=0.1$，试验结果如图 8－9 所示。可以看到，当外加载荷垂直于沉积方向时，疲劳裂纹扩展路径在宏观尺度上比较平直，是典型的 I 型裂纹，疲劳裂纹扩展速率也比较符合 Paris 关系式的描述（$da/dN-\Delta K$ 数据在双对数坐标下近似呈线性关系）；然而，当外加载荷平行于沉积方向时，疲劳裂纹扩展路径在宏观上发生了明显的偏折，且这种偏折在柱状晶区域中更加明显，同时疲劳裂纹扩展速率存在明显的波动，且这种波动与柱状晶位置存在明显的对应关系。

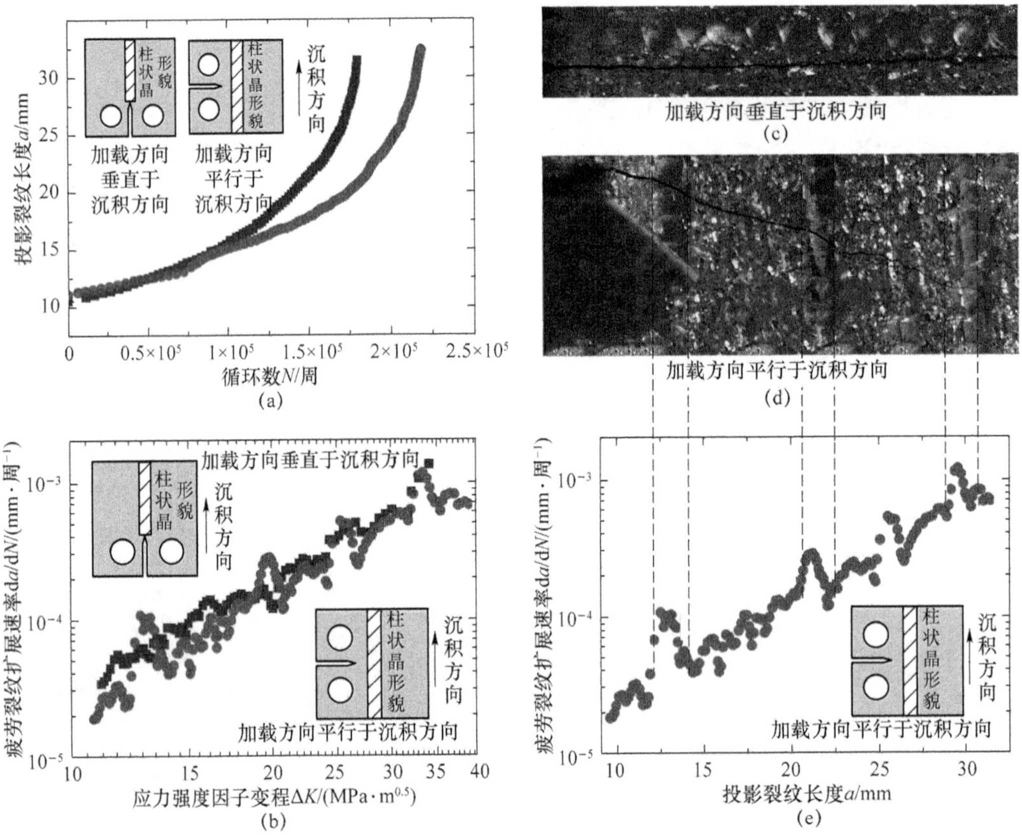

图 8－9　两方向的疲劳裂纹扩展路径与速率

为进一步确认这一现象，在不同厚度位置处的 X-Y 平面内，取外加载荷平行于沉积方向的 3 件 $W=50$ mm 且厚 4 mm 的标准 C(T)试样，开展应力比 $R=0.1$ 的疲劳裂纹扩展试验，试验结果如图 8－10 所示。可以看出，厚度位置靠外时柱状晶形貌并不明显，裂纹扩展路径偏折的角度也较小；而厚度位置越靠内，柱状晶形貌就越明显，裂纹扩展路径偏折的角度就越大；直到一定深度之后，柱状晶形貌达到稳定，裂纹扩展路径偏折角度亦达到稳定。这就进一步说明，当外加载荷平行于沉积方向时，柱状晶比等轴晶对裂纹扩展路径的偏折作用更强；由此可推断，很有可能是柱状晶中的某种细微观组织结构的特征或特性呈现出较为强烈的方向性，从而导致疲劳裂纹更容易沿着相对“弱”的方向扩展。

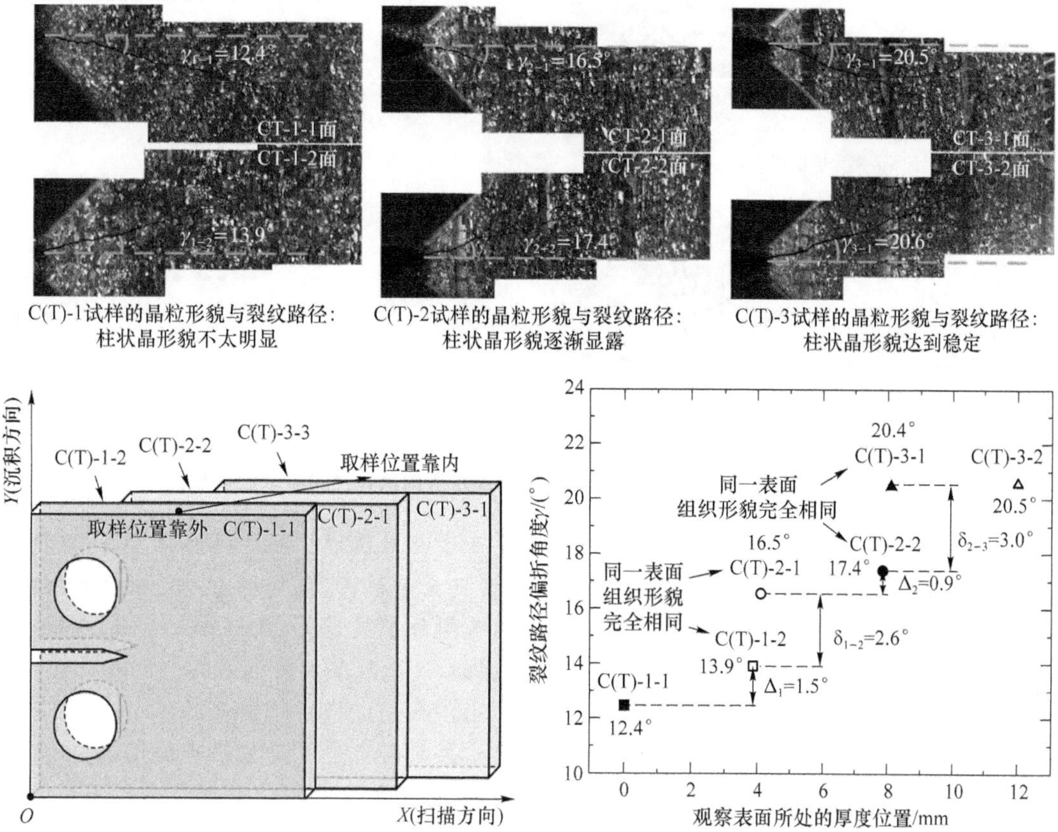

图 8-10　不同厚度位置的晶粒组织形貌与疲劳裂纹扩展路径(加载方向平行于沉积方向)

考虑到此前观察到柱状晶区域和等轴晶区域中的 α 相片层排布取向就具有不同程度的方向性，暂猜测疲劳裂纹扩展偏折可能受到 α 相片层排布取向的显著影响。在扫描电子显微镜(Scanning Electron Microscopy，SEM)下观察裂纹偏折与 α 相片层排布取向的关系，如图 8-11 所示。可以发现，材料表现出在片层界面处开裂的倾向，导致了疲劳裂纹存在"沿 α 相片层扩展"与"穿 α 相片层扩展"两种模式：当裂纹前进方向与 α 相片层取向相差较小时，疲劳裂纹倾向于"沿 α 相片层扩展"；当裂纹前进方向与 α 相片层取向相差较大时，疲劳裂纹倾向于"穿 α 相片层扩展"。综上所述，导致 DED 成型 TC18 钛合金疲劳裂纹扩展行为的机理可解释为：当裂纹扩展到柱状晶区域时，α 相片层取向一致性较强，且该取向角与裂纹前进方向的夹角处于合适的范围，疲劳裂纹倾向于"穿 α 相片层扩展"模式，导致了疲劳裂纹的宏观扩展路径偏折与相应的速率波动；当裂纹扩展到等轴晶区域时，α 相片层取向一致性较弱，疲劳裂纹扩展模式呈现"沿 α 相片层扩展"与"穿 α 相片层扩展"的混合模式，因此疲劳裂纹的宏观扩展路径偏折和速率波动不如在柱状晶中明显。

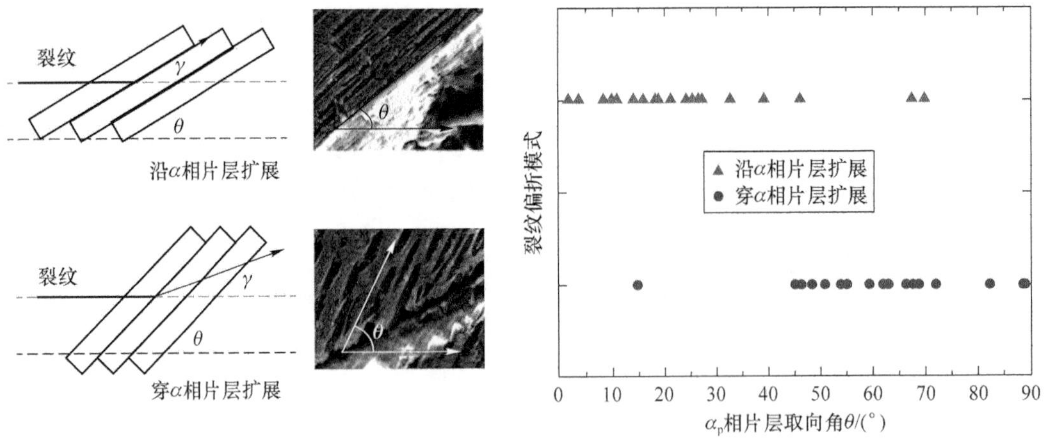

图 8-11　DED 成型 TC18 钛合金疲劳裂纹扩展的两种模式与试验观测统计

这表明，疲劳裂纹扩展的行为模式不仅取决于载荷对裂纹扩展的推动作用，还取决于材料对裂纹扩展的抵抗作用，传统上“以载荷因素定失效模式，以材料因素定拟合参数”的思路将不足以解释 DED 成型 TC18 钛合金的疲劳裂纹扩展现象，从而难以对该材料的疲劳裂纹扩展速率和寿命做出准确的分析预测。例如，通过数字图像相关法[①](Digital Image Correlation，DIC)观测裂尖位移场，可对裂纹扩展路径进行预测；特别地，对于图 8-12 中给出的近似对称的裂尖位移场，预测给出的裂纹扩展路径也应是近似平直的扩展，但实际裂纹扩展路径却呈现出近 40°的偏折。这是因为，DIC 图像只能给出外载荷作用下裂尖的位移情况(所谓“载荷对裂纹扩展的推动作用”)，而无法给出裂尖局部材料的开裂倾向(所谓“材料对裂纹扩展的抵抗作用”)。疲劳裂纹扩展行为应取决于“载荷促进-材料抵抗”共同作用。

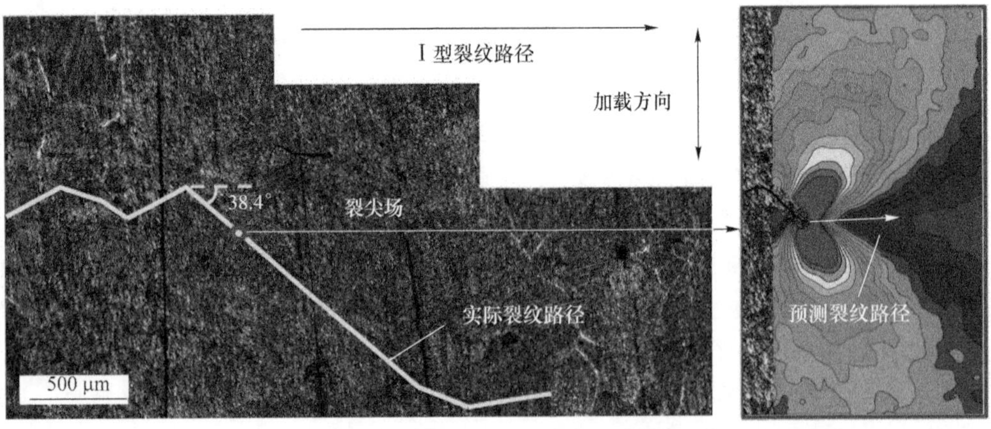

图 8-12　基于裂尖位移场 DIC 观测图像的 DED 成型 TC18 钛合金疲劳裂纹扩展路径预测

① 数字图像相关法又称数字散斑相关法。该方法的基本原理是针对试验件变形前后的两幅数字图像，通过相关计算获取目标区域的变形和应变信息，具有全场测量、抗干扰能力强、测量精度高等优点。

> 在此基础上，课题组还在“晶粒形貌、超载、高温对疲劳裂纹扩展行为的影响规律”及“疲劳裂纹扩展异常行为的近场动力学数值仿真方法”等方面开展了更深入的研究，在此不再赘述，感兴趣的读者可自行查阅相关论文。

总的来说，与传统工艺金属材料相比，增材制造金属材料的微细观组织结构在不同程度上体现出了非连续性、非均匀性、各向异性的特点，导致其疲劳失效与裂纹扩展表现出一些新的行为模式，而当前在研究相关问题时，主要采用的仍是传统疲劳分析“以载荷因素定失效模式，以材料因素定拟合参数”的思路及相应的理论、模型、方法，这可能就是导致分析结果精度低或不可靠的一个重要原因。

8.1.4　增材制造金属零件的缺陷检测

增材制造金属零件往往几何形状比较复杂，其缺陷类型、尺寸和分布均与传统制件存在较大差异，导致常规无损检测手段面临可达性差、检测盲区大、检测准确率低等问题。因此，不能简单沿用传统制件的检测方法，而应当在分析增材制造缺陷特征、零件几何形状、材料组织特征、成型工艺特殊性等的基础上，形成适用的缺陷检测方法和质量检测方法，建立专用于增材制造的质量检测与评价标准体系。总的来说，增材制造金属零件的产品质量包括外部质量与内部质量，主要表现为零件的尺寸精度、外观及表面质量、内部缺陷和材料组织性能、变形与残余应力等方面是否能够满足质量验收标准和使用性能要求，而增材制造金属零件的质量检测方法则可分为制造后的无损检测方法与制造中的过程在线监测方法。

所谓制造后的无损检测方法，指的是采用制造过程与检测过程相对独立的离线检测方式，对成型后增材制造金属零件的外观及表面质量、尺寸精度、内部冶金缺陷及材料组织性能等进行有效的检验测试，是实现增材制造金属零件产品质量检测评价与控制所必不可少的关键环节。目前，应用于增材制造金属零件的无损检测方法主要包括目视检测、渗透检测、射线检测、计算机层析扫描成像（工业 CT）检测、超声波检测、电磁涡流检测、光学几何测量、红外热成像检测等，这些检测方法各有其配套设备、适用场景与使用限制。

所谓制造中的过程在线监测方法，指的是在增材制造加工过程中实时监控平台与成型舱温度、保护室氧气浓度、惰性气体流速、激光功率、焦斑大小、扫描速度与间距、层厚均匀性等，及时发现异常并调整工艺参数，保证加工过程的稳定性，控制成型误差，减少废品率。目前，应用于增材制造过程的实时监测方法主要包括光学层析成像在线监测、红外热成像熔池监测、声学在线监测、电磁涡流在线监测、原位 X 射线在线监测等。

8.2　增材制造飞机金属结构

利用增材制造技术，飞机结构设计人员能够设计各种各样的新型先进结构来满足高减重、长使用寿命、多功能、低成本、快速响应等研制和使用的需求，为突破传统结构“天花板”提供了实现途径。目前来看，增材制造新型结构的发展主要呈现出大型整体化、构型拓扑化、梯度复合化、结构功能一体化等几种趋势，且一些研究团队已经能够制造出这些新型先进结构，甚至在飞机非主承力部件上已经得到了初步应用，但这些新型先进结构使用安全和使用寿命的分析、预测、验证等方面仍面临着巨大的挑战。

8.2.1 大型整体化结构

飞机传统结构多为紧固件连接的薄壁结构，这些紧固件不仅数量多、质量大，同时也是飞机传统结构的疲劳薄弱部位。对此，大型整体化结构充分发挥增材制造工艺的整体成型、跨尺度成型的优势，通过合理的优化设计，实现主承力框架、次承力件等多种承载环节结构构型布局的一体化，能够显著减少紧固件数量、减少疲劳薄弱环节、提高结构效率、改善结构动力学品质、缩短制造周期、降低制造成本等；例如，采用机翼和机身整体框梁有助于减小机翼根部参与区域，实现融合区域结构减重，如图 8-13 所示。据报道，某型先进战斗机中通过应用大型整体化结构，实现了融合区域结构减重 30%、动力学等效刚度提高 30%、零件数量减少 50%、疲劳薄弱部位减少 50%、储油增加数百千克、成本降低 50%等显著收益。

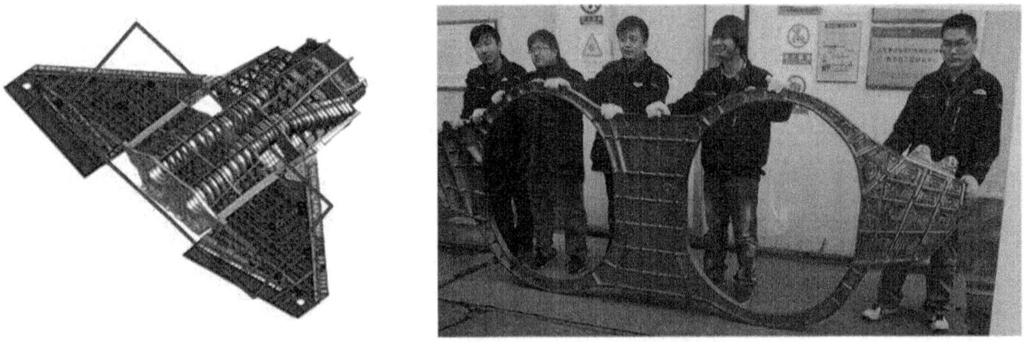

图 8-13 增材制造机翼和机身整体框梁①

从结构安全和结构使用寿命的角度来说，飞机大型整体化结构正面临以下几个问题。

(1) 应当如何保证结构加工质量（主要包括尺寸精度、表面粗糙度、材料组织、冶金缺陷、残余应力等）并使其达到规定的使用要求？如何考虑上述因素对大型整体化结构使用安全和使用寿命的影响？

(2) 工程实际不可能对大型整体化结构开展大量疲劳试验研究，那么应当如何通过小试样疲劳试验来分析评估大型整体化结构的疲劳性能？如何保证增材制造小试样与大型整体化结构之间的相似性和一致性？

(3) 大型整体化结构不存在或存在较少紧固件连接部位，那么大型整体化结构的疲劳薄弱部位是何处？对于大型整体化结构疲劳寿命有何影响？相关的分析预测方法应当如何考虑？相关的分析预测结论应当如何验证？

(4) 大型整体化结构在消除作为疲劳薄弱部位的机械连接时，也削弱了这些机械连接结构的止裂特性，应当如何保证大型整体化结构的损伤容限性能（包括多传力路径特性、缓慢裂纹扩展特性、止裂特性）？

① 图片来源：林鑫，黄卫东. 应用于航空领域的金属高性能增材制造技术[J]. 中国材料进展，2015，34(9)：684-688.

(5) 如果在使用过程中发现裂纹或损伤，直接更换新的大型整体化结构往往是昂贵耗时且不可接受的，某些部位在检查维修时可能是不可达的，那么应当如何进行快速修理或快速修复？如何对修理/修复后结构的疲劳/耐久性与损伤容限性能进行评估？

8.2.2 构型拓扑化结构

早在 19 世纪中期，麦克斯韦就曾研究过桁架式结构在不加任何形状约束条件下的最优布局问题，随后研究人员对不同约束条件下的结构拓扑优化问题开展了大量研究，目前研究人员已经能够借助有限元方法快速给出结构在给定约束条件下的拓扑优化设计。然而，这些构型拓扑化结构的几何形状往往非常复杂，是传统制造工艺难以甚至不可能实现的。对此，增材制造技术为结构拓扑优化提供了切实的实现途径，从而能够将尽可能多的材料都集中在结构的传力路径上，以此提升结构的传力效率、降低结构质量，如图 8－14 所示。据估计，构型拓扑化结构可实现减重约 60％、增加使用寿命约 60％、材料利用率提高约 60％等显著效益。

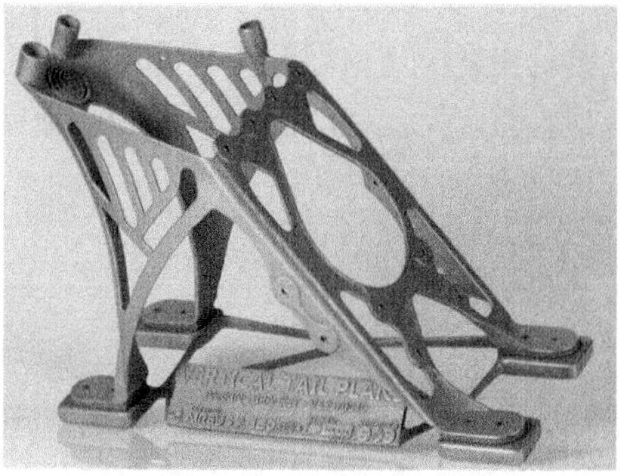

(a) 空客A350XWB垂尾前梁上的钢索支架

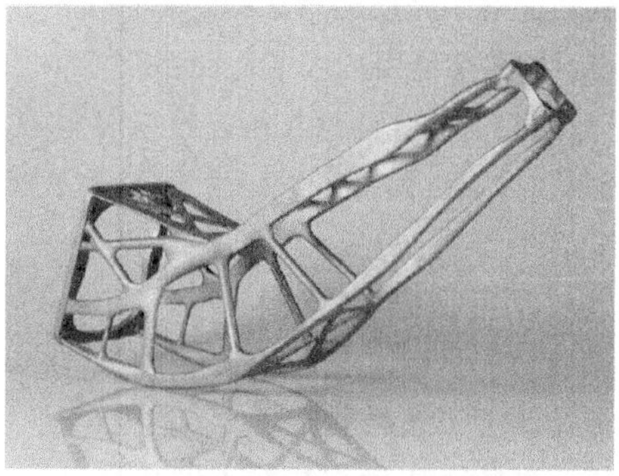

(b) 瑞士RUAG公司某卫星的天线支架

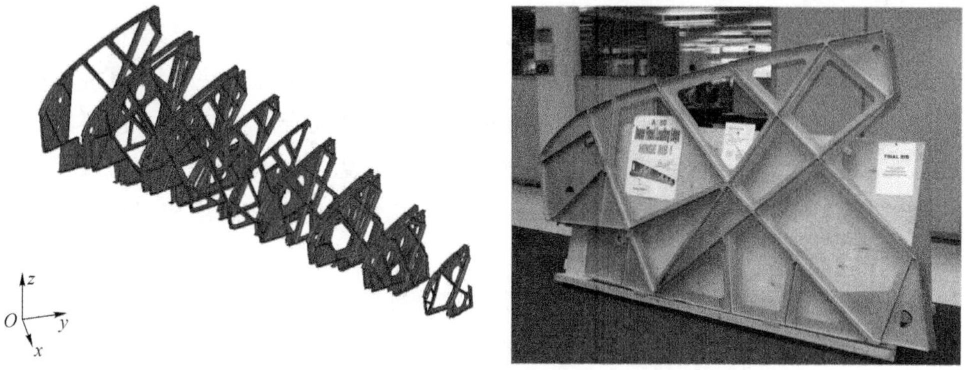

(c) 空客公司对A380肋前缘的拓扑优化设计及增材制造原型件

图 8－14 增材制造构型拓扑化结构的典型案例[①]

① 图片来源：(a)&(b)本书参考文献[70]。

(c)KROG L, TUCKER A, ROLLEMA G. Application of Topology, Sizing and Shape Optimization Methods to Optimal Design of Aircraft Components [C]. 3rd Altair UK Hyper Works Users Conf, Airbus UK Ltd., 2002.

从结构安全和结构使用寿命的角度来说，飞机构型拓扑化结构正面临以下几个问题。

(1) 应当如何保证结构加工质量(主要包括尺寸精度、表面粗糙度、材料组织、冶金缺陷、残余应力等)并使其达到规定的使用要求？如何考虑上述因素对于构型拓扑化结构使用安全和使用寿命的影响？

(2) 工程实际不可能对构型拓扑化结构开展大量疲劳试验研究，那么应当如何通过小试样疲劳试验来分析评估构型拓扑化结构的疲劳性能？如何保证增材制造小试样与构型拓扑化结构之间的相似性和一致性？

(3) 构型拓扑化结构呈现出典型的三维几何特征，且几何形状非常复杂，应当如何对其疲劳薄弱部位进行分析预测？当前的多轴疲劳与复合型疲劳裂纹扩展等分析方法是否能够满足其分析评定需求？相关的分析预测结论应当如何验证？

(4) 构型拓扑化结构将材料尽可能多地集中于传力路径上，一定程度上削弱了损伤容限特性(包括多传力路径特性、缓慢裂纹扩展特性、止裂特性)，应当如何保证构型拓扑化结构发生损伤后的剩余强度能够达到要求？

(5) 如果在使用过程中发现裂纹或损伤，直接更换新的构型拓扑化结构往往是昂贵耗时且不可接受的，某些部位在检查维修时可能是不可达的，那么应当如何进行快速修理或快速修复？如何对修理/修复后结构的疲劳/耐久性与损伤容限性能进行评估？

8.2.3 梯度复合化结构

传统制造工艺结构在各处、各方向上的材料性能基本上相近，但现代航空的发展时常要求同一结构的不同部位在不同环境下服役，为实现减重增效甚至要求同一零件的不同部位具有不同的强度。对此，研究人员提出将异质材料[①]通过增材制造技术制造成一个整体构件，并将相应性能的材料布置在对应性能需求的结构部位，实现“好钢用在刀刃上”，如图 8-15 所示；这一技术有些类似于异质材料的焊接，但焊接往往导致不同材料的连接区域存在材料成分和显微组织的明显突变，而异质材料梯度复合结构中不同材料连接区域的材料成分和显微组织是逐渐过渡变化的。据报道，梯度复合化增材制造结构能够实现减重效率 5%以上及疲劳寿命增益 10% 以上等显著效益，同时还可兼顾结构对耐热、抗蚀、耐磨等功能的要求。

从结构安全和结构使用寿命的角度来说，飞机梯度复合化结构正面临以下几个问题。

(1) 应当如何保证结构加工质量(特别是两种异质材料的过渡连接区域)并使其达到规定的使用要求？如何考虑异质材料过渡连接区域的组织特征和性能特征对于梯度复合化结构使用安全和使用寿命的影响？

(2) 应当如何考虑、获得并表征过渡连接区域材料组织的力学性能(包括静力性能、疲劳性能、断裂性能、疲劳裂纹扩展性能)？如何保证增材制造小试样与梯度复合化结构之间的相

① 异质材料可以是两种完全不同的材料，也可以是牌号不同的同种合金材料，或者是组织特征/性能显著不同的同种材料。

似性和一致性？

(3) 梯度复合化结构各处、各方向的力学性能具有显著差异，应当如何对疲劳薄弱部位进行分析预测？在复杂材料组织与复杂应力状态的共同作用下，当前主要基于均匀各向同性材料假设的分析方法是否能够满足其分析评定需求？

(4) 梯度复合化结构在过渡连接区域一般存在材料相容性较差、材料界面性能较弱、残余应力较大等问题，如何考虑并降低这些因素对于结构安全和结构使用寿命的不利影响？当前主要关注载荷参量的分析方法是否能够满足其分析评定需求？

(5) 有时也通过梯度复合化结构将原本分离的两个构件连接成一个整体结构(如图 8-15 所示的整体叶盘)，如果在使用过程中发现裂纹或损伤，那么应当如何进行快速修理或快速修复？如何对修理/修复后结构的疲劳/耐久性与损伤容限性能进行评估？

图 8-15　航空发动机增材制造梯度性能钛合金整体叶盘及其局部材料组织特征①

8.2.4　结构功能一体化结构

传统上，飞机的结构和功能是两个独立的系统，应分别进行制造和试验验证，并通过装配组合在一起，这样不仅导致了质量冗余，同时也存在可靠性低、周期长、成本高等问题；对此，研究人员提出通过增材制造技术来实现结构与功能的一体化，为飞机的结构在承力/传力的同时还能够具有吸波隐身、减振降噪、耐热抗蚀、自洁除冰、健康监控等功能提供了实现途径。其中，点阵结构是结构功能一体化的优良载体，其结构形式与宏观工程桁架结构比较相似，但桁架的尺寸要小得多；点阵结构具有高比强度和比刚度，可用于构件局部的刚度增强填充，并且可利用点阵结构的大孔隙率来实现结构承载、防热、隐身等功能的融合，如图 8-16 所示。

① 图片来源：王华明，张述泉，王韬，等. 激光增材制造高性能大型钛合金构件凝固晶粒形态及显微组织控制研究进展[J]. 西华大学学报：自然科学版，2018，37(4)：9-14.

(a) (b) (c)

图 8-16 飞机增材制造金属多功能点阵结构典型案例①

从结构安全和结构使用寿命的角度来说，飞机点阵结构正面临以下几个问题。

(1) 应当如何保证结构加工质量(主要包括尺寸精度、表面粗糙度、材料组织、冶金缺陷等)并使其达到规定的使用要求？点阵结构呈现出典型的多层级、多尺度特征，其复杂的空间几何形式又不便于进行表面处理，应当如何考虑低层级、小尺度的冶金缺陷、材料组织、表面粗糙度、尺寸误差等对于高层级、大尺度的结构变形失效行为的影响？

(2) 目前也将点阵结构称为点阵材料或超材料，表明其“材料”与“结构”的界定变得越来越模糊，当关注其变形响应时，多将其看作是一种材料，可采用代表性体积单元法计算其等效响应曲线；而关注其失效行为时，由于其失效过程表现为微桁架的依次失稳断裂，因此又可将其看作是一种结构。从目前水平来看，研究人员对于点阵结构的变形响应已经建立了一些分析预测方法，但对于点阵结构的失效规律认识得还不太清楚。

(3) 点阵结构的疲劳/耐久性与损伤容限呈现出怎样的行为特征？如何考虑点阵结构疲劳/耐久性与损伤容限性能的分散性？点阵结构的某根或某些微桁架发生损伤和断裂后对于剩余强度和结构功能将产生怎样的影响？应当如何建立适用于点阵结构的疲劳/耐久性与损伤容限性能分析评价方法？

(4) 从力学性能的角度来说，影响点阵结构失效和使用寿命的主要因素不一定是疲劳，还可能包括拉伸、压缩、弯曲、屈曲等；从结构功能一体化的角度来说，还应考虑点阵结构在多场耦合作用下的功能失效和功能寿命问题。在这种情况下，应当如何建立综合考虑力学性能失效和功能失效的结构失效准则和结构使用寿命分析方法？

(5) 如果在使用过程中发现点阵结构已经发生了损伤，直接更换整个点阵结构是不现实的，而发生损伤处很可能是不可达的，在这种情况下应当如何进行快速修理或快速修复？如何对修理/修复后结构的疲劳/耐久性与损伤容限性能进行评估？

① 图片来源：王向明，苏亚东，吴斌，等. 微桁架点阵结构在飞机结构/功能一体化中的应用[J]. 航空制造技术，2018，61(10)：16-25. 巩水利，锁红波，李怀学. 金属增材制造技术在航空领域的发展与应用[J]. 航空制造技术，2013(13)：66-71.

8.3 展　望

从疲劳失效的微观机理来说，增材制造金属结构与传统工艺金属结构并没有本质差异，都是金属的位错与滑移；然而，相比于传统工艺金属结构，增材制造金属结构表现出独特的细观缺陷特征与晶粒组织特征，诱发出更为丰富复杂的疲劳失效行为，导致了具有极大分散性的疲劳寿命数据，突破了针对传统工艺金属结构疲劳失效特点所建立的分析方法的使用前提与适用范围。

可以看出，增材制造金属结构疲劳失效问题的独特性，主要来源于其独特的材料特征所诱发的疲劳失效行为新模式。为了在保障安全性的前提下充分发挥金属增材制造技术的优势，就必须清晰表征增材制造金属的材料特征及其影响规律，深入揭示增材制造金属结构在服役条件下的失效行为模式，建立“工艺-材料-结构-性能-寿命”一体化分析评价技术。其中，充分认识增材制造金属结构在服役条件下的疲劳失效模式，是在增材制造金属材料特征与增材制造金属结构寿命之间架起桥梁的关键环节。

当建立起“工艺-材料-结构-性能-寿命”一体化分析评价技术后，既可以考虑在工艺控制的基础上通过控制增材制造金属结构的疲劳失效模式来确保疲劳分析评定方法的有效性，也可以考虑从长寿命的角度出发利用增材制造金属结构的疲劳失效模式对工艺进行指导，从而为金属增材制造技术在飞行器主承力结构上的大规模可靠应用提供指导。

第9章　单机寿命监控与结构健康管理

飞机结构使用寿命是一个客观的确定性结果，主要取决于结构本身的疲劳质量与结构在服役使用中的载荷/环境历程；而由于研究人员对于内外因素及其影响的认识不够充分，飞机结构使用寿命的分析评定不可避免地带有一定的主观性，因此必须考虑分散性和不确定性的影响，且这种考虑通常是偏于保守的。从这个角度来说，如果对各种因素及其影响的认识越充分，飞机结构使用寿命分析评定的不确定性就越小，飞机结构使用寿命的分析评定结果就越准确；这一方面有利于降低飞机结构冗余、提升飞机结构性能，另一方面也有利于用户对飞机的使用和管理。

传统上，飞机主要遵循“机群寿命管理”的理念，也就是将一种型号飞机的机群所包含的全部飞机作为一个整体，并且按照统一的准则和方法实施管理。机群寿命管理理念主要依据飞机基准使用载荷谱下的全尺寸结构疲劳试验结果和关键结构/部位的疲劳/耐久性和损伤容限分析评定结果，给出机群使用寿命（首翻期、修理间隔与总寿命）与维修大纲，而每架飞机的检修时间与总寿命都与机群的检修时间与总寿命保持一致。在机群寿命管理的理念之下，需要采用一个较大的分散系数来综合考虑飞机结构制造质量的分散性和使用中载荷历程的差异性，这样保障整个机群的检修时间与总寿命能够达到指定的可靠性要求。

从安全性和经济性的角度来看，机群寿命管理这种“一刀切”的理念无疑是比较粗糙的，因为每架飞机的实际结构质量和实际载荷/环境历程都是“个性化”的：对于实际结构质量劣于全尺寸试验结构质量或实际使用情况比规定使用方法载荷偏重的飞机，飞机结构的安全性上无法得到规定可靠性水平的保障；而对于实际结构质量优于全尺寸试验结构质量或实际使用情况比规定使用方法载荷偏轻的飞机，飞机结构的使用寿命潜力没有得到充分的挖掘。对此，研究人员提出了尊重飞机实际使用情况与个体差异的“单机寿命管理”理念。在目前的飞机结构完整性大纲中，L/ESS、IAT大纲、部队结构维修计划等内容就是这一理念的具体体现。

在单机寿命管理理念的指导下，研究人员提出了单机寿命监控技术，其技术途径主要是监测实际服役过程中的飞参和应变，进而反演出飞机结构的实际载荷历程，然后根据累积疲劳损伤模型计算当量损伤，并基于当量损伤和当量使用寿命消耗的计算结果，对飞机结构的使用方法、首翻期、修理间隔、总寿命等进行控制与管理。相比于“一刀切”的机群寿命管理，单机寿命监控能够更加真实地考虑每架飞机的实际载荷历程，因此能够考虑载荷历程分散性及其影响的潜力，但对于结构质量分散性及其影响的作用比较有限。

随着传感器、智能结构、机器学习、大数据、数字孪生等技术的发展，研究人员通过飞参与应变的实测数据不仅能够反演出结构的实际载荷，还能够直接或间接地反演出结构的实际状态；可实施监控的对象也不再限于飞参和应变，还包括了结构中的实际损伤和裂纹。因此，研究人员得以更加主动、准确、及时地掌握飞机结构的健康状态，从而做出相应的决策来阻止/延缓结构性能的退化/失效，并最终实现保障飞行安全和降低维护费用等目的。这种更加强调在线实时感知飞机结构实际状态从而作出管理决策的技术被称为飞机结构的故障预测与健康管理(Structure Prognostics and Health Management，SPHM)技术，有时简称为飞机结构健康管理技术。结构健康管理既关注了飞机结构的实际载荷历程，又关注了飞机结构的实际健康状态，因此既具备考虑载荷历程分散性及其影响的潜力，又具备考虑结构质量分散性及其影响的潜力。

在本书写作时，单机寿命监控技术已经发展了一段时间，国内外均将该技术积极地应用到了军用、民用飞机的实际监控使用当中，而结构健康管理技术的重点还在于传感器的研发、改进、组网，距离成熟的大规模装机应用还有很长的路要走。对此，本章简述单机寿命监控和结构健康管理的发展历程、研究现状和关键问题，以期能够为从事相关研究工作的读者提供启发和帮助，而更详细的内容见本书参考文献[78]～[81]。

9.1　单机寿命监控

9.1.1　主要目的与工作内容

简单来说，单机寿命监控的主要思路是通过监测设备测得飞参和应变，从而反演获得实际使用载荷谱，然后按照等损伤准则将真实飞行小时数折算为基准使用谱下的当量飞行小时数，从而评估飞机结构的当量消耗寿命或当量剩余寿命，并对后续使用方法和维修行动进行管控。因此，单机寿命监控的主要工作包括以下方面。

1. 获得飞机的基准使用载荷谱与基准使用寿命

编制飞机的基准使用载荷谱、获得飞机结构的基准使用寿命，是单机寿命监控的基础和前提条件。要想实施单机寿命监控，就必须执行 L/ESS，从而确定飞机结构关键部位的实际应力应变历程，进而编制反映飞机实际使用情况的基准使用载荷谱。对于新研飞机来说，可以在此基础上对设计使用寿命进行修正，从而获得基准使用寿命；对于现役飞机来说，可以通过基准使用载荷谱下全尺寸结构疲劳/耐久性和损伤容限试验与基准使用载荷谱下疲劳/耐久性和损伤容限分析，直接获得基准使用寿命。

2. 获取飞机使用的载荷(应变)历程

对每架飞机的使用数据进行采集和处理，实时获取飞机使用的载荷(应变)历程，是单机寿命监控的首要工作。对于每架投入使用的飞机，应通过安装在飞机上的监测设备对飞机使用过程中的实际数据(包括高度、速度、三向过载、角速度、角加速度、耗油量、发动机状态参数、各关键部位特征点的应变等)进行采集，且在采集到原始数据之后还必须进行数据处理(主要包括参数选取、伪码去除、滤波等工作)，从而得到能用于单机疲劳损伤计算的载荷数据和应变数据的有效峰谷历程。

3. 评估飞机结构及其关键部位的疲劳损伤状态

实时评估飞机结构及其关键部位的疲劳损伤状态、确定当量飞行小时数，是单机寿命监控的关键与核心。任何一架飞机及其结构都不可能完全按照基准使用载荷谱进行使用，因此评估飞机使用寿命和飞机结构使用寿命时，需要将实际使用过程所累积的真实飞行小时数按照等损伤准则折算为基准使用载荷谱下的当量飞行小时数。

确定当量飞行小时数的技术方法与所采用的单机寿命监控技术方法直接相关，而单机寿命监控技术方法的选取又取决于对飞机使用情况的分析和数据采集工作所具备的实际条件。综合国内外建立和采用的单机寿命监控技术方法，可大致归纳为两类：一是综合考虑整机结构的基于当量损伤的单机寿命监控技术方法，这是由国内相关研究设计单位在吸收国外有关技术的基础上，研制出的一种符合我国当时条件且简单易行的单机寿命监控技术方法，适用于使用中对称飞行占主导、各关键部位应力疲劳为主体的情况；二是基于关键部位的单机寿命监控技术方法，根据关键部位在使用载荷谱作用下局部应力水平的高低程度又可分为应力疲劳和应变疲劳两种方法，是国外航空发达国家进行单机寿命监控所采用的主要技术方法。

4. 评估飞机结构的(当量)消耗寿命和(当量)剩余寿命

实时评估飞机结构的(当量)消耗寿命和(当量)剩余寿命，是单机寿命监控的重要目标。以飞机结构及其关键部位的基准使用寿命结论为依据，由单机已飞历程真实飞行小时数对应的结构及关键部位的当量飞行小时数确定其消耗寿命指数(已消耗的寿命占总寿命的比例)，并依据后续使用的预期要求(预期使用方法所对应的载荷历程)，评估飞机结构及关键部位的剩余寿命。此外，为方便对飞机使用寿命进行适时控制，也应按照指定使用时间间隔(如逐年)计算单机实际使用情况所对应的损伤率或当量使用寿命消耗率。

5. 单机寿命管理

单机寿命监控的结果应落实到单机寿命管理。单机寿命管理主要工作包括单机使用安排(飞行科目和使用频次)的调整、各机队飞机的适当调换、单机维修计划(检修时间与方法)的调整等；在飞机结构维修计划调整时，还应注意与机载设备或附件的匹配使用问题。

9.1.2 监测设备与技术的发展

早期，研究人员基于飞行小时数和飞行起落数的记录，通过各种疲劳载荷计数方法来反映疲劳载荷历程对疲劳损伤(寿命)的贡献，并以此对飞机疲劳寿命进行“监控”与“管理”。这一时期，飞机上没有加装相关的监测设备，自然也没有考虑所需要监测的飞机部位。

第一代监控设备为机械式的疲劳计，主要是对整机进行监测。20 世纪 40 年代末期，澳大利亚采用滑针在烟熏过的玻璃片上记录运输机加速度和速度的变化轨迹，以得到疲劳设计中所需要的阵风载荷统计特性；20 世纪 50 年代初期，美国开始使用“速度-法向加速度-高度”三参数记录器；1954 年，英国皇家空军开始全面使用疲劳计来记录飞机在使用过程中重心法向过载穿越各级过载的次数，并以此对飞机的载荷历程实施监控；20 世纪 70 年代初期，澳大利亚率先研制出按变程对计数的记录器。此外，由于认识到飞机结构许多部件的载荷/应力与重心加速度并不呈线性相关关系，当时还发展出能记录某一部位应变变化情况的记录器，如应变计等，其主要是对少数关键部位进行监测。以疲劳计和应变计为代表的第一代监控设备目前仍在一些老型号飞机上使用。

第二代监控设备为电子式、多参数记录系统(简称飞参记录系统),主要是对整机和少数关键部位进行监测,是目前国内外正在使用的主流监测设备。飞参记录系统可以记录包括三向过载系数在内的多种飞参变化情况,这些飞参反映了飞机各系统的工作情况和飞机的各种飞行状态,可用于评定飞机的安全工作能力。此外,飞参还可以记录反映飞行员的操作和使用情况的信息,用于考察飞行员的飞行训练成绩,而记录并保存在磁带上的信息还可为设备故障或飞机失事原因提供依据。

第三代监测设备是在原有飞行参数记录系统的基础上,增加了对疲劳危险部位应变变化数据的记录,用以提高预测飞机疲劳关键结构发生破坏的准确性,确保飞机在给定寿命期内安全可靠地使用。这一代设备主要是对整机和关键部位进行监测,当前新设计飞机一般都会采用这种监测手段。

第四代监测设备由监测设备升级为监控系统,即飞机结构健康监控系统,是在原有载荷监测的基础上,进一步通过使用光纤、压电传感器、声发射、智能材料和涂层等先进技术,同时对疲劳关键部位的局部裂纹、腐蚀、磨损等损伤情况进行实时监测;根据监测结果,研究人员和使用方可对飞机的使用方法(如继续使用或修理加强等)作出决策。在20世纪末提出之后,飞机结构健康监控系统一直是国内外研究和实践的重点技术,目前正试图将推力系统(发动机)、液压系统、电子/航电系统等都纳入监控范围内,从而形成一个综合的PHM系统;一般认为,飞机结构健康监控系统的完善和推广将使得现行飞机的使用管理策略发生根本性改变,即由“根据使用时间确定维修时机”转变为“根据结构损伤状态确定维修时机”,具有大幅降低飞机的维修费用、增加飞机有效寿命、提高飞机使用安全性、提升机队/机群作战能力等巨大潜力。

相比于飞机结构健康监控系统直接监测的是结构的实际损伤,前三代监测设备的直接监测对象实际上都是载荷,而由载荷所造成的结构损伤(当量损伤或已消耗的当量使用寿命)则需要通过分析计算加以确定。飞机结构健康管理系统的相关内容在9.2节单独介绍,而前三代监测设备对载荷的监测方式主要可分为以下两类。

第一类是基于飞行参数的监测方式,具体又可分为两种方法。第一种是不针对具体部位,一般通过重心过载计算出飞机整体的当量损伤值;第二种是针对具体部位,需要通过全机有限元分析和全机疲劳试验,建立飞行参数与各危险部位应变之间的对应换算关系,并根据这些换算关系得到各部位上的应力变化历程,进而计算对应的疲劳损伤值。

第二类是基于应变的监测方式,可直接测量得到局部危险部位上的应变,因此所获得的数据要比基于飞行参数的监测方式更加准确可靠;另外,基于飞行参数的监测方式无法对某些特殊情况(如飞机垂尾的抖振载荷、起落架着陆载荷等)实施监测,这些情况下只能通过应变监测数据进行计算。当然,基于应变的监测方式也存在一定的困难和不足,例如,应变片粘贴部位难以确定,对应变片进行标定和焊线比较困难,应变片本身的漂移、易损坏、使用寿命短等。

目前,国外许多飞机一般都将上述两类监测方式进行综合使用,即以某一类监测方式为主,同时将另一类监测方式作为补充。

9.1.3　关键问题与发展方向

传统的安全寿命策略以基准使用载荷谱下的寿命结论对所有飞机的实际使用寿命作出管

控，也就是说，无论这些飞机实际使用情况比基准使用载荷谱偏重还是偏轻，只要它们的实际飞行小时数达到了基准使用载荷谱下的寿命结论，就应当进行首翻、大修、退役等相应行动。

相比之下，单机寿命监控通过对每一架飞机的实际使用方法进行监测，将每架飞机实际使用情况折算为对应于基准使用载荷谱的当量使用寿命，并以基准使用载荷谱下的寿命结论对所有飞机的当量使用寿命作出管控；也就是说，无论飞机实际使用情况是偏轻是偏重，实际飞行小时数是偏长是偏短，只有它们各自的当量飞行小时数达到了基准使用载荷谱下的寿命结论，才应进行首翻、大修、退役等相应行动。

从这个角度来说，单机寿命监控技术所想要和所能够实现的，实际上是一种以当量损伤(或当量使用寿命)为核心的“个性化的”安全寿命策略。围绕这个“个性化的”安全寿命策略，单机寿命监控技术存在以下几个方面的关键问题有待研究。

(1) 监测飞机或飞机结构的什么参数？

这个问题可分为两个方面，一方面，该问题与寿命分析方法有关，即计算当量损伤或当量使用寿命的方法要求监测飞机或飞机结构的什么参数；另一方面，该问题与监测手段可行性有关，即当前监测设备和监测技术能够监测飞机或飞机结构的什么参数。经过多年的研究与实践，大致来说就是要监测飞参和应变，但对更多参数的监测将有助于提升分析的可靠性，甚至建立新的、更准确的分析方法。

(2) 如何监测应变？

实际工作中之所以不可能在所有飞机结构的所有部位都粘贴应变片，这是因为飞机结构形式比较复杂、零件较多，有些需要监测的关键部位可能无法粘贴应变片，而在关键部位一定距离处粘贴应变片可能又难以可靠地反映出关键部位的应变历程。那么，在哪些飞机结构的哪些部位粘贴应变片才能够最经济地满足单机寿命监控的需求，就成为实际工作中的一个关键问题。目前，一般认为该问题的解决途径依赖于反演、组网、优化等技术的综合发展和应用。此外，除了应变片或应变计外还发展了一些新的应变监测方法，如数字图(DIC)，也同样需要解决与之类似的问题。

(3) 如何对监测设备进行标定？

一般做法是基于全尺寸静力试验的监测数据对实际使用飞机的监测设备进行标定。然而，并不是所有监测数据都能够用于标定，这是因为实际服役飞机结构与全尺寸试验飞机结构之间本身就是存在差别的，即便施加相同的载荷，二者对应部位(特别是紧固件或一些复杂装配附近的局部部位，往往也是疲劳危险部位)的应变也会有所不同。因此，这些监测数据实际上表征的是全尺寸试验结构的真实状态，其主要用途是对设计分析中所采用的飞机结构模型和相关分析结论进行修正。

(4) 如何处理和使用实测所得到的原始数据？

飞机实际使用环境非常复杂，实测所得到的原始数据无法直接用于当量损伤或当量使用寿命的计算分析，因此必须对原始数据进行数据处理。经过多年的研究与实践，目前已经对参数选取、伪码去除、滤波等数据处理工作积累了一定的经验和方法。

(5) 如何计算当量损伤或当量使用寿命？

从寿命分析预测的角度来说，单机寿命监控的核心问题是计算当量损伤或当量使用寿命，单机寿命监控是否能够充分达到预期目的很大程度上取决于当量准则是否合适。从疲劳基础研究的角度来说，所谓的当量准则实际上主要是累积疲劳损伤模型，也是金属结构疲劳研究中最核心的问题之一。当前绝大多数情况下，当量准则都采用 Miner 模型（或 Miner 模型的简单修正）；但必须强调，Miner 模型亦有其不足，只是在当前多方面考虑之下所能够使用的最优模型。

(6) 如何为实施单机寿命监控的飞机确定实际使用总寿命？

在机群寿命管理中，为了考虑结构分散性和载荷分散性，必须对全尺寸疲劳试验寿命结果取一个较大的分散系数（目前一般为 4）来得到安全寿命；如果保持这个分散系数不变，那么应该在当量使用寿命达到安全寿命时认为这架实施单机寿命监控的飞机到寿。在单机寿命管理中，单机寿命监控更清晰地认识了实际服役飞机的实际使用情况（即实际使用载荷谱），理应能够一定程度上降低载荷分散性所对应的分散系数，进而在定寿与延寿上取得相应的效益。

但是，这个较小的分散系数应取多少、应当如何验证？对于取多少的问题，其核心实际上仍是当量准则与累积疲劳损伤模型的问题；对于如何验证的问题则更为复杂，这是因为全尺寸疲劳试验可以一直做到完全失效，但实际服役飞机不可能一直使用到完全失效，且每一架飞机的具体实际情况可能都有所不同。目前认为，对每一架飞机的使用寿命都有一个寿命使用的初始许可包线，并基于每架飞机的实际使用情况不断对许可包线进行逐步拓展（就像本书“拓展阅读 1　F-35 战斗机的结构完整性设计”中介绍的飞行试验包线拓展那样），将是一个可供参考的潜在思路，但这种思路可能要求进行额外的检查和维修，或者要求在监测飞参和应变的同时监测结构的实际损伤。

(7) 实施单机寿命监控的飞机到达总寿命后，是否能够进行进一步的延寿？

实施单机寿命监控只是更清晰地认识了飞机的实际使用方法，而没有更清晰地认识飞机的实际结构状态，因此在达到降低载荷分散性之后的总寿命时，严格来说不能进一步延寿。若想要进一步延寿，就需要进行额外的研究工作来更清晰地认识飞机的实际结构状态，具体包括三种思路：第一种思路是对“到寿”飞机进行额外的检查，从而在认识实际结构特性的基础上，判断是否能够继续使用或是否能够在一定的维修行动后继续使用；第二种思路是发展能够基于飞参和应变反演出结构特性的技术方法，从而实现基于现有监测数据对飞机实际结构特性的认识；第三种思路是发展结构损伤的监测方法，将飞参/应变的监测数据与损伤/裂纹的监测数据结合起来，从而实现基于多源监测数据对飞机实际结构的认识。相比于被动认识结构特性的第一种思路，第二、第三种思路更加主动，也可延伸归纳到结构健康管理理念的范畴当中。

9.2　结构健康管理

在单机寿命监控的范畴内，飞机的使用还是“被动”的，直到结构到寿即停飞退役。然而，正如本书所反复强调的，飞机使用寿命不单是“设计”出来的，更是“使用”出来的。对此，研究人员希望能够将飞机结构使用寿命看作一种“可利用的资源”，通过对不同飞机的合理调配，使得机队飞机能够“主动”满足保持机队规模、维持飞行强度等要求；如此，便能够合理地调整飞机服役的地域、训练、飞行计划等，实现飞机结构使用寿命的主动控制，从而充分发挥飞机结构的寿命潜力。这就是结构健康管理的范畴。

9.2.1 主要目的与工作内容

随着飞机结构老龄化问题逐渐凸显,以复合材料为代表的新材料在机体结构上应用得越来越多,飞机结构复杂性不断增加,飞机结构完整性的持续监测和实时评估变得越来越重要。

然而,目前的飞机结构损伤检测和维修几乎完全依赖于地面人员进行周密安排的定期近距无损检测,其运营成本很高;另外,目前使用的无损检测技术往往要求对结构进行拆卸,并且对不易进入的部位很难进行监测。对此,研究人员提出可将先进传感器/驱动器网络集成到结构中,使原本主要用于承力和传力的传统结构成为具备感知和判断功能的智能结构,进而在线获取与结构状态相关的信息,并实时识别结构的安全状况,最终实现基于结构健康状态的决策与管理。

简单来说,结构健康管理技术旨在利用集成在结构中的先进传感器/驱动器网络,在线、实时、持续获取与结构健康状况相关的尽可能多的信息(如应力、应变、温度、损伤等),结合先进的信息处理方法和力学建模方法,提取结构特征参数,识别结构健康状态,为飞机使用管理人员提供结构损伤的性质、程度、分布和演变的信息,协助甚至自主地对结构的异常状态作出决策,从而更加精细准确地实现"视情维护"的管理策略。可以预见,结构健康管理技术将使研究人员更清晰深入地认识在役飞机结构的实际状态,有助于更加准确地分析预测结构的使用寿命,并更加充分地挖掘结构的寿命潜力,对及时阻止结构性能的退化和失效、提升飞行安全、降低维护费用具有重要意义,甚至将对飞机结构设计、制造、维护、保安全策略等方面引起显著变革。

结构健康管理系统大致可分为硬件和软件两个部分。

硬件部分包括传感器网络和相应的数据采集设备,用来记录和采集与结构状态相关的数据和信息,是整个结构健康管理系统的"神经"。早期的尝试是将光纤传感器埋入蒙皮中,使结构具有感知能力和判断损伤的能力;随着技术的发展,压电传感器、微机电系统(Micro-Electro Mechanical Systems,MEMS)传感器、无线传感器、碳纳米管传感器等各种新型传感器也逐渐在结构健康管理系统中得到尝试或应用。

软件部分主要包括信号处理、损伤识别、诊断决策的算法,是整个结构健康管理系统的"大脑"。根据结构健康管理系统所采用的算法,具体探测、识别损伤特性的能力可被分为以下几个层次。

(1)"发现",即定性表面结构中存在的损伤。

(2)"定位",即确定损伤发生的位置。

(3)"识别",即给出损伤的模式和程度。

(4)"预测",即分析获得结构的剩余寿命。

(5)"决策",即根据上述信息对飞机的使用、维护、管理等作出最优决策。

9.2.2 传感器设备与技术的发展

通过传感器设备实测数据来发现、定位、识别飞机结构的实际损伤是飞机结构健康管理技术的前提与基础,而飞机结构健康管理所采取的技术策略也取决于传感器技术的发展。没有一种传感器可以兼顾所有的飞机结构损伤类型，特定类型传感器只能感应相应类型的损伤，不同传感器有各自的优势和缺陷；按照感应损伤的方式，大体上可以将目前飞机结构健康管理的传感器技术分为应力应变法、直接监测法、间接监测法三类，一些常用的传感器类型及其特点见表9-1。

表9-1　传感器类型及其特点

传感器类型	可检测的损伤类型	检测区域	检测对象	检测模式
光纤/光栅	载荷、冲击、分层	局部	金属、复合材料	在线
声/超声	裂纹、分层	局部	金属、复合材料	离线
声发射	裂纹、分层、冲击	整体	金属、复合材料	在线
图像超声	超声可检测的所有损伤	局部	金属、复合材料	离线
柔性电涡流	裂纹、腐蚀	局部	金属	离线
相对真空度	裂纹、腐蚀、脱粘	局部	金属	离线
信息智能涂层	裂纹、腐蚀	整体	金属、复合材料	离线
环境退化监测	腐蚀	局部	金属、复合材料	在线
微波	水浸入	局部	复合材料夹层	离线

1. 应力应变法

当结构出现损伤(如裂纹)或损伤扩展时，损伤周围的应力应变场会发生变化，而应力应变法正是通过应变来监测表面和内部的缺陷与损伤。传统上通过应变计来监测损伤就是一个典型的应力应变法例子，但应变计只能测量静态应变或变化范围很小的动态应变，因此在结构健康管理技术中很少应用。

另一个典型例子是早期在航空航天飞行器结构健康管理中应用较多的疲劳计。在循环加载下，疲劳计的电阻值发生不可逆的变化；由于其具备电阻累积记忆特性，电阻变化值在卸载后保持不变，而最终的电阻变化量是各个循环加载下电阻累积变化量之和。然而，疲劳计的电阻变化门槛值比较高，在对工程结构进行疲劳监测时往往需要使用倍增器，若在飞机上使用则会带来质量方面的负担；此外，疲劳计本身的疲劳寿命比较短，一般不能与飞机结构的翻修间隔同寿，因而难以实现飞机结构的健康监测，目前更多地用于全尺寸疲劳试验。

光纤传感器是目前结构健康管理系统中广泛采用的一种先进传感器。当结构出现损伤时，周围的应力应变场会发生变化，使粘贴于结构表面的光线产生应力应变，从而使光纤中传输的光信号波长发生变化，进而可由光电装置检出并由计算机显示。光纤传感器集信息传感和运输为一体，可在同一根光纤上实现多点测量，具有细径、柔韧、轻质、易埋入、耐腐蚀、耐高温、抗电磁干扰等优点，但也存在成本较高、对温度较为敏感、数据处理难度大等不足。目前应用的光纤传感器主要有迈克尔逊光纤传感器、法布里-珀罗光纤传感器、光纤布拉格光栅传感器、长周期光纤光栅传感器等，其中光纤布拉格光栅传感器被认为是飞机结构健康管理领域最有应用前景的光纤传感器。

2. 直接监测法

当结构出现损伤/裂纹或损伤/裂纹扩展时，不仅应力应变场会发生变化，其他物理量(如声学或电学等物理量)也会发生变化。所谓直接监测法，就是通过监测这些物理量的变化来监测结构损伤，具体包括声发射技术、柔性电涡流技术、相对真空度技术、信息智能涂层技术等。

声发射技术的原理是根据结构内部损伤萌生和扩展时产生的瞬态应力波来判断结构内部损伤。当损伤/裂纹扩展时，应力场会发生突变，能量以应力波的形式在结构中传播，从而被安装在结构表面的高灵敏度传感器捕捉。声发射技术适用于大型复杂结构实时动态监控，可以实现非接触、远距离、在线实时监控，在飞机结构上已经得到一些应用。然而，声发射技术是动态的检测技术，只有在损伤扩展时才能检测到，当结构中存在裂纹但裂纹并未扩展时，声发射技术无法检测到裂纹；此外，声发射信号中还包括来自机体的摩擦、磨损和飞行载荷迅速变化的噪声，且裂纹缓慢扩展产生的信号数量要比结构中噪声信号少几个数量级；最后，声发射技术所用的仪器比较昂贵，监控费用较高。

电涡流传感器是一种基于电涡流效应的无损、非接触式的传感器，以优良的测试性能在结构无损检测领域得到广泛应用，其工作原理是检测激励线圈和感应涡流磁场之间的交互作用，通过涡流检测设备发现涡流场的变化进而发现裂纹。柔性电涡流技术不仅可以检测结构表面的裂纹，还可以安装于螺栓连接处或加筋结构处；在一些普通检测不可达的位置，可以在结构安装时就嵌入柔性电涡流传感器。此外，近来还研究出了远场电涡流传感器，能够产生更深的穿透来检测深部的隐蔽裂纹，特别适合对深部的损伤进行检测。

相对真空度技术的原理是裂纹扩展时将在传感器中形成一条从空气回廊到真空回廊的通道，空气由此通道进入一个对空气进入非常敏感的低真空度小空间，导致一个可测量的真空度水平变化，从而被相对真空度监测系统所捕捉。相对真空度传感器既可以监测外表面裂纹的形成和扩展及腐蚀损伤，又可以嵌入结构连接处或结构内部，为监测危险区域提供了一种简单、便捷的方法。

信息智能涂层由三部分组成，即与结构基体紧密结合的驱动层，信息感知的传感层及相应的保护层。其中，驱动层与传感层是构成裂纹损伤监测信息智能涂层的核心，当结构（基底材料）形成裂纹时，驱动层也形成裂纹并驱动传感层产生裂纹；当基体裂纹扩展时，驱动层裂纹也扩展并驱动传感层裂纹扩展。信息智能涂层技术能够对飞机整体结构和局部状况进行诊断性监测，及时发现飞机结构特别是内部封闭结构的裂纹损伤，并对裂纹部位进行探测和定位。

3. 间接监测法

在工程实际中，损伤出现的位置和出现时刻具有不确定性，因此采用直接监测法就如同"守株待兔"一般，不仅需要布置大量冗余的传感器，而且还可能面临监测位置不出现损伤、未监测位置出现损伤的尴尬问题。对此，研究人员提出了间接监测法，也就是对结构施加一个激励并监测结构响应，从而通过信号处理技术和损伤识别技术间接地推断结构中的损伤。目前研究发展的间接监测法包括振动分析技术和压电传感技术等。

振动分析技术的基本思想是结构的损伤必然引起结构物理参数（质量、刚度、阻尼等）的改变，而模态参数（固有频率、固有模态、模态阻尼等）是结构物理参数的函数，因此利用损伤发生前后的结构模态参数变化，就可以判别出损伤的发生、位置及程度。振动分析技术可进一步分为基于模型和无模型的振动分析技术，前者通常将实际测量的结构与有限元模拟结果对比判别损伤，导致技术的准确性和可靠性很大程度上取决于模型的精确度，因此难以用于复杂结构；后者直接从结构的振动响应信号中提取特征信息、建立损伤指标从而识别损伤，该技术的难点在于如何将提取的特征信息与损伤联系起来，以及如何减少损伤识别中的误判概率。

压电传感技术的工作原理是利用压电材料的压电效应，即在被施加电场时会产生伸缩变形，而在施加压力时会产生电压。压电材料具有良好的力电耦合性能、所需能量低，且频响和带宽大、重复性好，可同时作为驱动器和传感器，为飞机结构健康管理系统提供了一种比较理想的驱动/传感材料，非常适合埋置或粘贴在结构中作为嵌入式的传感网络。压电传感技术主要有机电阻抗方法和兰姆波方法，其中机电阻抗方法适用于离传感器较近的损伤，对远距离损伤不适用；兰姆波的传播距离较长、衰减相对较小，因此兰姆波方法监测面积较大，理论上可监测位于结构表面甚至内部的腐蚀、分层、裂纹等不同损伤类型，具有为飞机机翼、机身、压力容器等大面积结构提供健康监测的潜在应用价值。

9.2.3　关键问题与发展方向

如果 9.1 节介绍的单机寿命监控技术想要实现的是一种“个性化的”安全寿命策略，那么本节介绍的结构健康管理技术想要实现的则是一种“在线化的”经济寿命/损伤容限策略，从而对每一架飞机都能够实施快速响应且经济可靠的“最优使用”和“视情维护”。围绕这种“在线化的”经济寿命/损伤容限策略，还有很多需要进一步研究和发展的关键技术，如传感器技术、信号处理技术、损伤识别技术、系统集成技术等，这里仅从结构使用寿命的角度简单提出以下几个问题。

1. 传感器设备与技术

尽管目前已经发展了不少传感器设备和技术，但距离大规模装机应用仍然有很长的路要走。一方面，传感器本身的能力、质量、可靠性等还有待深入研究，随后才能够实现传感器性能和布置的优化、传感器本身寿命的延长、整个结构健康监测系统可靠性和有效性的提升；另一方面，目前相关研究往往是针对简单试样或在实验室简单环境下开展的，但飞机实际结构及实际服役条件要复杂得多，因此传感器设备和技术的发展和应用还要接受实践的检验。

2. 传感器与飞机结构的集成和一体化

智能材料结构将传感器内置于结构中，使结构在承力/传力的同时也具备状态感知的功能特性，实际上就是要求对材料和结构、对承力/传力特性和功能特性进行一体化设计，其中的问题包括但不限于：从传感器功能的角度来说，复杂的结构形式会不会影响传感器的预期功能；从结构设计的角度来说，传感器的安装和集成是否会在质量和维护等方面带来难以接受的负担；从结构安全的角度来说，传感器的安装与集成会不会影响结构的安全水平。总的来说，当前水平下还不存在一套成熟的通用方法能够用于指导结构健康管理系统的设计。

3. 确定需要进行监测的结构或部位

对于飞机这样的复杂结构，实现全机部位的监测是不经济、不实际的，因此必须筛选出可能出现损伤的关键结构和关键部位，在结构设计阶段针对性地设计结构健康管理系统。实际上，当前实践的一个尴尬之处就在于，确定出来的关键结构/部位可能不会出现损伤/裂纹或难以实施应变/损伤/裂纹的监测，而出现损伤或裂纹的新的关键结构/部位又往往没有布置传感器。因此，提升分析手段的准确性和可靠性也是结构健康管理技术的重要研究内容。

4. 损伤特征提取与损伤识别

获取结构实际特性是智能结构与先进传感器的工作目的，也是后续对结构使用进行分析决策的工作基础。对于飞机结构来说，一个高效可靠的结构健康管理系统不仅应该能够感知结构内部损伤的存在和位置，还应能准确、实时地识别出损伤的形式和程度，并且这种识别应具备足够的精度（能够识别足够小的缺陷或裂纹）。对于实际使用条件下的实际服役结构，目前的损伤特征提取与识别能力大多停留在判断有无的水平，在形式、程度、精度等方面还有待进一步发展，而数据驱动方法（如机器学习、人工智能等）则有望为此提供帮助。

5. 数据的处理与传输

毫无疑问，飞机在使用过程将产生大量的数据，这些数据的处理和传输是一项极其庞大的工作，但结构健康管理技术不仅要求实时在线地感知结构状态，还要求实时在线地对结构使用维护作出决策，当前数据处理与传输的技术和设备显然无法满足这种需求，而大数据、5G、超级计算机等的发展和应用则有望为此提供帮助。

6. 飞机结构健康状态的评估与决策

在获知飞机结构实际损伤之后，紧接着的两个关键问题就是如何评估飞机结构健康状态，以及如何根据飞机结构健康状态进行决策。不妨将结构健康管理策略与现行损伤容限策略做一个对比：当损伤容限检查发现了裂纹或损伤时，无论裂纹或损伤尺寸多大、位于何处，现行损伤容限策略要求必须进行修理，“不允许飞机带伤上天”；然而，当结构健康管理系统发现裂纹或损伤时（假设系统能够识别出足够微小的损伤及其扩展行为），不可能不计成本代价地决策立刻停飞实施修理，而应根据（全机或若干关键结构/部位的）实际裂纹/损伤进行决策，在能够保障结构安全与飞行安全的情况下给出最经济、最合适的修理时机。也就是说，飞机结构健康管理技术需要综合考虑传感器和损伤识别等技术水平、飞机结构的实际状态、安全性与可靠性的要求、修理的经济性、可用的维护条件等多方面因素，这就大大拓展了当前疲劳/耐久性与损伤容限策略的内涵。

7. 如何为实施结构健康管理的飞机确定实际使用总寿命

不同于单机寿命监控技术仍从当量使用寿命和分散性的角度来确定飞机结构总寿命，结构健康管理技术主要从飞机结构实际状态的角度来确定飞机结构总寿命。例如，可以简单认为，当实施结构健康管理的飞机不修理时会影响到使用安全，修理又不经济时，该飞机就达到了总寿命，而这正是经济寿命的内涵；除此之外，也可根据传感器和损伤识别等技术水平、飞机结构的实际状态、安全性与可靠性的要求、修理的经济性、可用的维护条件等多方面因素提出更加合适的到寿判据，而这就需要开展更加深入的研究与更加丰富的实践。

9.3 展望

无论是人们自身的健康、还是飞机结构的寿命，其监控管理技术势必朝着个性化与精细化的方向发展。从飞机结构载荷谱的角度来看，这种发展就是要准确获得每一架飞机的实际服役历程，使得评定的对象由机群转变为单机；从飞机结构力学特性的角度来看，这种发展就是要准确获得每一架飞机的实际损伤状态，使得评定的内涵由寿命预测转变为健康管理。简单来说，这一发展方向要求分析对象的个体性、分析时间的实时性与分析因素的全面性。

显然，这一发展方向是对飞机结构寿命之内涵的继续深入，不仅要求理论与模型的进步，也要求先进技术的开发应用，更要求在工程实践约束的条件下提出可行的实现途径。例如，各式传感器是实测飞机结构载荷谱必不可少的工具，但出于重量和成本的考虑，不可能在飞机上布置很多传感器，亦不可能在每一架飞机上都布置传感器，因此如何通过在少量甚至个别飞机上加装少量甚至个别传感器来实现相应目标，就成为了单机寿命监控与结构健康管理的巨大挑战。

当前预计，单机寿命监控与结构健康管理或将对飞机结构寿命分析评定的体系带来革新，甚至催生出新的飞机结构保安全策略。

第 10 章　飞机结构数字化分析与数字孪生

正如本书绪论中所介绍，当前的疲劳/耐久性和损伤容限分析评定方法严重依赖于试验手段，是在大量试验数据的基础上所建立的唯象方法；然而，将实验室试验数据应用于实际服役飞机结构分析评定需要满足相似性假设，即实验室试验条件与实际服役条件之间具备相似性。在试验手段和相似性假设的指导下，研究人员一方面发展出各种试验技术来尽可能缩小实验室试验条件与实际服役条件之间的差异，另一方面也采用分散系数或应用可靠性思想来控制由其他未知因素导致的不确定性。

未来，航空器、航天器、宇航器等先进装备都势必将以更轻的结构质量承受更大的服役载荷，并需要在更极端的服役条件下安全、可靠、经济地工作更长时间，这无疑给现阶段结构疲劳分析评定方法提出了严峻的挑战。一方面，影响结构使用寿命的因素越来越多、机制越来越复杂，严重依赖试验手段的唯象方法将难以清晰地揭示失效机理和影响规律，同时也将难以满足快速响应、实时决策的需求；另一方面，实验室试验越来越难以模拟出实际服役的极端环境条件，将实验室试验数据应用到实际服役结构的不确定性难以量化，基于分散系数的评定方法将难以兼顾安全性的保障与结构潜力的挖掘。

20 世纪中期，飞机结构的性能需求越来越高、设计分析越来越复杂，当时依靠经验数据和纸笔计算的做法将难以满足相关需求，而有限元方法的诞生、发展、应用则为迈过这一难关起到了极为关键的作用，并且在数十年间已经成为几乎所有工业领域都必不可少的核心手段，目前核心关键高端工业软件的发展已成为国家科技进步的战略问题。毫无疑问，飞机结构的数字化分析评定是学术研究和工程实践的必然趋势与解决以上诸多问题的潜在途径，飞机结构使用寿命分析评定方法必须主动融入数字化的大潮。

十多年来，随着高性能计算机、计算力学、大数据与人工智能、工业物联网等的发展，研究人员对于数字化手段在飞机结构全寿命周期内的充分运用进行了大胆设想，并提出了“飞机结构数字孪生”的概念。简单来说，飞机结构数字孪生可描述为在设计制造一架真实飞机的同时，在数字空间对该真实飞机建立对应的数字模型；在使用过程中，通过传感器实现真实飞机与数字模型的实时同步，将真实飞机结构的实际载荷/环境历程和实际健康状态映射到数字空间中，并通过数字空间中的数字模型来分析评估真实飞机结构能否承受下次的任务载荷/环境、是否需要维修、需要怎样的维修、剩余使用寿命等。美国《航空周报》预测“到 2035 年，当航空公司接收一架飞机的时候，都会伴随着一架高度详细的数字模型”。

在世界各国纷纷提出先进制造发展战略的背景下，数字孪生一经提出就被认为是实现制造业转型升级的关键技术。在国外，全球互联网研究与顾问咨询的权威 Gartner 公司将数字孪生列入十大战略科技发展趋势，洛克希德·马丁公司将数字孪生列为未来国防工业顶尖技术之首,美国国防部提出将数字孪生技术用于航空航天飞行器的健康维护与保障,NASA 提出将数字孪生运用到下一代战斗机和月球车的设计当中,美国空军将数字孪生称为“改变游戏规则的颠覆性机遇”;在国内,数字孪生是中国制造的重要方向,航空则是数字孪生技术的重点推进领域。当然,尽管数字孪生对工业模式的创新性和重要性已经得到了世界强国的承认和重视,但这种“颠覆游戏规则”的技术显然不可能一蹴而就,其发展和应用注定是“路漫漫其修远兮”,需要吾辈“上下而求索”。

本章主要从飞机结构安全与结构使用寿命分析评定数字化的角度,首先介绍当前商用软件及相关模块对疲劳/疲劳裂纹扩展的分析方法,其次介绍数字孪生的诞生及其在飞机结构中的潜在应用,最后介绍飞机结构数字孪生的技术框架与关键技术,以期能够为从事相关研究工作的读者提供启发和帮助。

10.1 结构分析软件的发展与现状

结构分析软件是最早诞生,同时也是目前工程实践中应用范围最广泛的计算机辅助工程(Computer Aided Engineering,CAE)软件,其通过数值计算等手段解决结构平台的强度和完整性问题,直接决定了结构平台的质量、安全性、使用寿命、舒适性等重要属性,为工业产品与装备实现功能提供重要保障。大型结构分析软件的研制需要同时涉及多项结构强度关键技术攻关和大型复杂软件系统开发,既是一项高难度的科学研究,也是一项大规模的工程实践;其对工业产品研发和科学技术创新都具有重要的战略支撑作用,是事关国家战略安全的关键核心工具。

10.1.1 美国结构分析软件的发展历程

美国对结构分析软件的发展一直非常重视:1983 年,美国在拉克斯报告中强调,“科学计算是关系到国家安全、经济发展和科技进步的关键环节”,是“事关国家命脉的大事”;2004 年,美国的总统信息技术咨询委员会报告指出,“对数学和计算科学算法的持续开发和改进是未来高端体系成功的关键”;2005 年,美国的总统信息技术咨询委员会指出,“为确保美国竞争力,计算科学已成为科学领导地位、经济竞争力和国家安全的关键”;2006 年,美国国家科学基金会指出,“计算机建模与仿真是工程和科学取得进步的关键因素”;2009 年,美国的《竞争力委员会白皮书》将建模、模拟和分析的高性能计算视为维系美国制造业竞争力战略的王牌。目前,美国是结构分析软件发展最为先进的国家,主流结构分析软件基本出自美国。

美国的结构分析软件诞生于 20 世纪 60 年代航空航天工程中复杂装备研制对结构性能仿真分析的需求。1956 年,美国波音公司 M. J. Turner 等专家,为飞机研制开发了一套内部有限元程序并用于翼面结构的强度计算,开创了结构分析软件的先河。研究人员发现利用这种方法来求解不同结构状态的基本控制微分方程时不需要复杂、独特的技巧,对求解各类力学问题表现出广泛的适用性;随着计算机和编程语言的普及,这种革命性的方法随即受到工程界广泛的关注。

1966 年,NASA 为满足阿波罗登月项目中对结构分析的迫切需要,建议美国政府组织开发了第一个工程实用的结构分析软件 NASTRAN,并将其应用于不具有试验可行性的飞行器结构；在登月计划完成后，美国政府将 NASTRAN 的源代码在美国公开，并将 MSC 软件公司指定为 NASTRAN 的维护商。

1969 年，美国 John Swanson 博士开发了 STASYS 软件，并将其用于计算核子反应火箭的结构应力和变形，后发展为商用结构分析软件 ANSYS。

1972 年，David Hibbitt 在美国布朗大学攻读博士学位期间，与导师一起开发了非线性有限元软件 MARC；随后，他预测未来工业界对结构分析软件存在很大需求（事实证明这个预测是非常正确的），于是成立公司并研发了另一套有限元软件 ABAQUS。

1976 年，美国劳伦斯利弗莫尔国家实验室 J. O. Hallquist 主持开发了 LS-DYNA 的研制，其主要目的是为核武器的弹头设计提供高速碰撞、爆炸等的分析工具。

随后，在数字化研发模式驱动下，多学科/多物理场耦合成为新的发展趋势，美国商业 CAE 公司利用资本手段进行大量的兼并与收购，完善其产品线和功能布局，将功能各异的分析软件整合成为“大系统”，在统一的软件架构上不断完善其产品功能性能。

MSC 公司于 1989 年通过兼并荷兰 PISCES 公司而进入高度非线性分析市场，并在 1998 年兼并运动学仿真软件的开发商 Knowledge Revolution 公司；1999 年，收购了第一个商业非线性有限元程序 MARC，并成为市场上唯一一家提供 NASTRAN 商业代码的供应商；2002 年，收购了世界著名虚拟样机仿真软件 MDI 公司，将大名鼎鼎的机械系统运动学和动力学仿真分析软件 ADAMS 收入囊中；2011 年和 2012 年，分别收购了比利时著名的声学软件公司 FFT 公司和高端材料仿真领域厂商 e-Xstream；2016 年，收购了焊接与成型仿真领军企业 Simufact。但在 2017 年，MSC 被与 CAE 领域关联度较低的瑞典著名测量设备制造企业 Hexagon 以 8.34 亿美元收购。

ANSYS 公司于 2000 年开始进行了一系列收购，包括 ICEM CFD Engineering、法国的 CADOE 等公司；2003 年，收购 AEA 公司的 CFX 软件业务；2006 年，收购计算流体力学分析软件 Fluent；同年，收购了 Century Dynamics 公司，将高速瞬态动力分析软件纳入到 ANSYS 的分析体系中；2019 年，收购了冲击分析软件 DYNA。

达索公司于 2005 年收购了 ABAQUS 软件并创建了 SIMULIA 品牌，建立了功能仿真的核心平台；2006 年，收购了瑞典的工程仿真环境开发商 Dynasim AB 并获得旗下的建模语言 Modelica；2008 年，收购 Engineous 公司，获得了集成设计和多学科优化软件 Isight，增强了其在仿真生命周期对数据、过程、工具和知识产权集成优化的能力；近年来又陆续收购塑料注塑仿真领域 Simpoe、多体仿真领域 SimPACK、高度动态流体场仿真领域 Next Limit Dynamics 等软件。

10.1.2 国产结构分析软件的发展和现状

目前，国内使用的绝大部分 CAE 软件都是从欧美国家进口，以我国国防和工业部门最常使用的结构分析软件为例，目前进口率超过 90%，受制于人的形势非常严峻。事实上，国产结构分析软件的发展经历过辉煌和苦难，有过丰富的工程实践，也有过艰难的生存挣扎，曾经与国际先进水平已无限接近，但最终却悄无声息。

20 世纪 70 年代中后期，由航空工业领导指示，并在著名计算力学专家冯钟越的带领下，我国成功开发了航空结构线性分析有限元程序系统 HAJIF-I。这是我国航空领域第一个大型结构静力分析系统，在求解大型复杂结构的规模和效率等方面达到了同期国外结构分析软件的水平；在开发完成后的两年内，HAJIF-Ⅱ系统应用到四种当时在研的飞机型号上，实现了飞机部件与整机结构的变形与应力分析。随后，中国飞机强度研究所又相继研发了 HAJIF-Ⅱ，YIDOYU，HAJIF-Ⅲ，VEP，COMPASS，HAJIF(X)等系列结构分析与优化软件，并六次获得国家科技进步奖。

1981 年，大连理工大学在钱令希院士、钟万勰院士的带领下成功研制了通用有限元分析与优化设计软件 JIGFEX，将有限元分析和优化设计综合起来，随后就应用到气垫船、重庆长江大桥等工程结构的分析与设计中。

1983 年，中国科学院数学所的梁国平教授开始研究有限元程序自动生成系统 FEPG，用户只需输入有限元方法所需的各种表达式和公式，即可由 FEPG 系统自动生成全部有限元计算的源程序。FEPG 系统具有良好的开放性和兼容性，可以广泛应用于多个工业领域。

1984 年，在美国结构分析软件 SAP 软件源码的基础上，北京大学力学系袁明武教授主持开发了 SAP84 软件；经过大量的自主创新和升级改造，SAP84 软件的功能已远远超过了当时的 SAP 软件，并应用到长江三峡大坝的初步设计、黄河小浪底枢纽工程抗震分析等重大工程中。

20 世纪 90 年代，国外商业 CAE 软件进入了稳定的商业化运作阶段，大批国外软件涌入国内，凭借良好的通用性和友善的用户体验，以及灵活的市场战略和免费盗版等推广策略，很快便占领国内 CAE 市场；同时，这一时期正值国产结构分析软件研发团队新老交替期，由于缺乏商业化运作，软件的维护后继乏人，软件版本的升级发展更是举步维艰。内忧外患导致了国产结构分析软件的发展逐渐被国外商业软件拉开了差距。为了“活下去”，国产软件只得转而以工程专用为主，融入国内研制规范和工程数据，为重大装备的研制提供技术支撑。

进入 21 世纪，国外商用 CAE 软件已经占领了国内绝大部分市场，涉及各个行业领域。这个阶段也正是国产结构分析软件的至暗时期，人才流失非常严重，很多软件研发团队缺乏经费支持，甚至不得不放弃自主研发。在这个阶段能够坚持进行系统级软件研发的团队屈指可数，仅有个别团队或借助国家课题研究，或通过提供技术服务在苦苦支撑。

在本书写作时，工业软件仍是我国工业建设的薄弱领域，而对核心关键高端工业软件的控制已经成为以美国为首的西方国家遏制我国发展的重要战略手段之一；例如，美国商务部在 2019 年 5 月将 ANSYS 软件列入禁售名单，2020 年对中国包括 13 所高等院校在内的多个单位禁用 MATLAB 软件。值得警醒的是，当今三大主流结构分析软件(NASTRAN，ANSYS，ABAQUS)的研发主体均位于美国本土。在此严峻背景下，发展国产结构分析软件已刻不容缓，国内科研院所和高校纷纷投身开发新的或升级原有的结构分析软件。

10.1.3　当前疲劳/疲劳裂纹扩展分析的主要软件

目前已经发展出了多个可用于疲劳分析或疲劳裂纹扩展分析的软件或软件模块，见表 10－1和表 10－2。从运行逻辑来说，这些软件和软件模块可以分为“电子手册”和“有限元＋后处理”两大类。所谓“电子手册”类，指的是这些软件或软件模块将纸质手册上典型结构的试验数据集成到软件中，以便研究人员需要时能够快速查阅或使用。所谓“有限元＋后处理”类，指的是这些软件采用有限元法(Finite Element Method，FEM)计算得到结构的位移场及应力应变场后，再通过内置疲劳性能模型/疲劳裂纹扩展速率模型计算得到结构的疲劳寿命或疲劳裂纹扩展行为。

表 10-1 疲劳分析的主要软件/软件模块

软 件	Ncode	MSC. Fatigue	FE-safe	DesignLife
接口	PATRAN / NASTRAN I-DEAS ANSYS PRO / MECHANICS ABAQUS	MSC NASTRAN ADAMS MARC ABAQUS ANSYS	ABAQUS ANSYS NASTRAN PRO / ENGINEER SDRC / I-DEAS	NASTRAN ABAQUS ANSYS I-DEAS MEDIA HYPERMESH LS-DYNA
功能模块	应力疲劳分析 局部应力应变疲劳分析 单/双/多轴疲劳分析 缝/点焊疲劳分析 热疲劳分析 频域疲劳分析 输入数据表 …	应力疲劳分析 局部应力应变疲劳分析 振动疲劳分析 点焊疲劳分析 多轴初始裂纹分析 频域疲劳分析 输入数据表 …	应力疲劳分析 局部应力应变疲劳分析 单/多轴疲劳分析 缝焊疲劳分析 热疲劳分析 频域疲劳分析 输入数据表 …	应力疲劳分析 局部应力应变疲劳分析 单/多轴疲劳分析 缝/点焊疲劳分析 频域疲劳分析 输入数据表 …

表 10-2 疲劳裂纹扩展分析的主要软件/软件模块

软 件	DARWIN	NASGRO	FRANC3D	ZenCrack
几何模型	内置超过 30 种裂纹几何模型	内置超过 60 种裂纹几何模型	内置超过 10 种裂纹几何模型,支持自建	内置 47 种裂纹几何模型,支持自建
多裂纹功能	有	有	有	有
速率模型	裂纹闭合模型 Wheeler 模型 Willenborg 模型 用户数据表输入 …	Walker 模型 NASGRO 模型 Wheeler 模型 用户数据表输入 …	Paris 模型 Walker 模型 NASGRO 模型 裂纹闭合模型 温度相关模型 用户数据表输入 …	Paris 模型 Walker 模型 Forman 模型 Hartman-Schijve 模型 时间相关模型 Wheeler 模型 Willenborg 模型 用户数据表输入 …
材料数据库	无	超 3 000 组疲劳裂纹扩展速率数据,超 6 000 组断裂韧度数据	集成了 NASGRO 的材料数据库	具备材料数据库功能,但无材料数据库
特点与功能	概率断裂力学/概率损伤容限 可靠性评估 热固耦合场裂纹扩展分析 …	NASMAT:材料数据库模块 NASFORM:疲劳裂纹萌生计算模块 NASSIF:应力强度因子计算模块 NASFLA:断裂力学方法核心模块 NASBEM:二维边界元分析模块 NASCCS:临界裂纹尺寸计算模块 NASGLS:持续载荷裂纹扩展计算模块 …	三维裂纹扩展分析 M 积分计算应力强度因子 自适应网格重新划分技术 断裂韧性各向异性材料的处理 单晶断裂 界面裂纹及跨材料界面裂纹 焊接结构及残余应力的处理 微动疲劳分析 高/低周联合加载 …	剩余裂纹扩展寿命的预计 临界裂纹尺寸/剩余强度 耐久性分析 延性-脆性破坏模式的交互 疲劳-蠕变的交互 …

不难看出，这些软件或软件模块的能力取决于内置案例数据和内置分析模型，因此这些软件或软件模块的核心实际上是内置数据库和模型库，这本质上是由当前疲劳分析/疲劳裂纹扩展分析的理论体系思路所决定的。换句话说，这些软件实现的是现阶段疲劳唯象方法的数字化，而非结构疲劳失效全过程的数字化，尽管对于工程快速计算分析具备较高的应用价值，但对于学术研究(特别是新材料、新结构的疲劳研究)的意义却非常有限。“电子手册”类软件内置的结构形式、受力形式等信息难以完全覆盖复杂的实际情况，而“有限元＋后处理”类软件的疲劳模块所采用的模型在材料组织影响、塑性影响、载荷交互作用等方面有待进一步改进完善。

对于工程应用来说，结构疲劳分析/疲劳裂纹扩展分析的软件或软件模块的未来发展方向包括：①紧跟飞机结构设计和材料研发的新趋势，开展大量的疲劳试验与疲劳裂纹扩展试验，并将试验数据补充到软件数据库中；②深入研究材料与结构的疲劳问题，建立分析精度更高、适用范围更广的模型，并将这些模型补充到软件模型库中。

对于学术研究来说，这些软件或软件模块的未来发展方向包括：①建立贴合实际损伤演化规律的累积疲劳损伤准则，这是一个与金属材料与结构的疲劳失效规律相关的问题，其目的是实现以多层级、多尺度、多物理场的方法对结构疲劳失效全过程进行数值模拟；②发展能够准确且方便地描述裂纹/缺陷行为的数值模拟方法，这是一个与计算力学相关的问题，内聚区单元法(Cohesive Zone Method，CZM)、扩展有限元法(eXtended Finite Element Method，XFEM)、相场方法、近场动力学方法等均是目前为解决这一问题所提出的潜在手段。

10.2　数字孪生及其在飞机结构中的应用

10.2.1　数字孪生概念的诞生

2002 年，密歇根大学 Michael Grieves 教授在面向工业界发表的演讲中提出了一个产品生命周期管理(Product Lifecycle Management，PLM)模型，演讲内容提到了现实空间、虚拟空间、从现实空间到虚拟空间的数据流、从虚拟空间到现实空间的信息流等。Michael Grieves 教授在 2003 年的 PLM 课程上将这种模型称为“镜像空间模型”，而在 2006 年发表的著作 *Product Lifecycle Management：Driving the Next Generation of Lean Thinking* 中将其称为“信息镜像模型”；在这一时期，Michael Grieves 教授提出该模型的主要目的是用来解释 PLM 的运行机理，并没有给出任何具体的实现技术。2011 年，Michael Grieves 教授在发表的著作 *Virtually Perfect：Driving Innovative and Lean Products through Product Lifecycle Management* 中首次引入了“数字孪生(Digital twin)”的术语，其他中文翻译还包括“数字双生”“数字胞机”“数字双胞胎”等。

从术语的发展可以看出，Michael Grieves 教授最开始提出这个概念时并没有考虑太多

“数字化”方面的内容，他自己曾解释说这是因为数字化手段在当时还不成熟；而在 2011 年发表的著作中，其实是 NASA 的研究员 John Vickers 建议他采用“数字孪生”的术语。因此，“数字化”本质上是实现“数字孪生模型”的手段，而非模型本身；当然，从目前来看，数字化可能是最有效的甚至是唯一有效的实现手段，从而使“数字化”融入模型中，成为“数字孪生模型”的一部分。

NASA 将“数字孪生”定义为“充分利用物理模型、传感器更新、运行历史等数据集成多学科、多物理量、多尺度、多概率的仿真过程，在虚拟空间中完成映射，从而反映相对应的实体装备的全生命周期过程”，而从目前来看，“数字孪生”的概念实际上还没有一个明确、严谨、公认的定义；但不论哪种定义，都会强调物理空间与信息空间的交互与融合，因此可认为数字孪生主要包括以下三个组成部分：

(1) 现实空间中的物理实体；

(2) 数字空间[①]中的虚拟产品，即数字孪生体；

(3) 将物理实体与虚拟产品沟通连接起来的数据和信息。

10.2.2 数字孪生的特点及其与仿真的区别

从数字孪生的定义中可以看出，数字孪生具有以下五个方面的特点。

(1) 互操作性：数字孪生中的物理实体与数字模型能够双向映射、动态交互和实时连接。

(2) 可拓展性：数字孪生具备集成、添加和替换数字模型的能力，能够针对多尺度、多物理、多层级的模型内容进行拓展。

(3) 实时性。

(4) 保真性：数字孪生要求物理实体与数字模型之间应高度接近，数字模型应当在几何、状态、相态、时态上高度仿真。

(5) 闭环性：数字孪生不仅要求数字空间模型对现实空间实体的模拟，也要求现实空间实体向数字空间模型的反馈。

基于上述数字孪生的特点，不难理解数字孪生与仿真之间的区别。

仿真技术是应用仿真硬件和仿真软件通过仿真实验，借助某些数值计算和问题求解方法，反映系统行为或过程的模型技术，是将包含了确定性规律和完整机理的模型转化成软件并以此来模拟物理世界的方法，目的是依靠正确的模型和完整的数据来反映物理世界的特性和参数。仿真技术仅仅能够以离线的方式模拟物理世界，不具备分析优化功能，因此不具备数字孪生的实时性和闭环性的特点。

数字孪生则是依靠包括仿真、实测、数据分析在内的手段对物理实体状态进行感知、诊断和预测，进而优化物理实体(或优化对物理实体的认识)，同时进化自身的数字模型。仿真技术作为创建和运行数字孪生的核心技术，是数字孪生实现数据交互与融合的基础；在此基础之上，数字孪生必须依托并集成传感器等其他技术，从而保证其保真性、实时性与闭环性。

---

① 数字空间又称信息空间、虚拟空间、赛博空间等。

10.2.3　数字孪生在飞机全寿命周期中的作用

数字孪生将“虚”与“实”融合为一个完整的闭环，是产品全生命周期管理领域的一项创举，对于飞机结构在设计、制造、使用、维修等全寿命周期内的管理和使用具有非常明显的启发意义；从另一个角度来看，飞机结构数字孪生通过数字空间的数字孪生体来实时地表达沟通真实世界的飞机结构，是全寿命周期管理和数字化手段相结合的重要发展方向。

在设计阶段，设计人员在数字空间中利用建模软件建立飞机的三维模型，该模型应包括整架飞机的全部设计参数、体现整架飞机的全部设计状态。这有些类似于现在提倡的“去图纸化设计”，而与现在的去图纸化设计的不同之处在于：设计人员能够在数字平台上进行简单的虚拟试验，并根据快速反馈的虚拟试验结果对数字化设计细节进行相应改进，从而一定程度地减少物理试验的工作量、极大地缩短设计迭代过程所需要的时间，实现飞机结构设计的快速反馈、迭代并节约成本。

在制造阶段，制造部门应当对材料从生料到成型的整个过程建立数字孪生模型，并且输入到设计阶段建立的数字孪生模型中，以便后续可能的优化工作，其中尤其重要的是疲劳断裂关键部位材料的成分、组织、性能等；此外，在零部件加工过程中的超差信息及装配过程中的公差、意外损伤等，也应反映在数字孪生模型中。当整架真实飞机装机完成时，其数字孪生体在虚拟空间上也应完成装机工作，并且能够在虚拟试验平台上进行“数字化的全机疲劳试验”，作为设计进一步修改的依据或设计符合规定的依据或数字孪生体使用阶段的起点。

在使用阶段，数字孪生体应当在虚拟平台上经历真实飞机的实际服役条件，同时由相应状态评估模块对数字孪生体的状态进行评估或预测，且评估或预测的结果需要实时与真实飞机上加装的传感器测得数据进行交互并修正；这里的“实时”在理想中可理解为使用时的每时每刻，而从实用角度考虑也理解为在可接受的范围内的一段时间，如一定的飞行小时间隔或一定的飞行起落间隔。使用阶段数字孪生应给出能够继续执行任务或需要修理的反馈及其依据，而数字孪生体在虚拟平台上的模拟飞行则应给出对真机执行任务时的建议。可以看出，使用过程的数字孪生流程自然地包括了单机寿命监控与结构健康管理等相关内容。实际上，目前美国空军所进行的数字孪生项目正是与“预测性和概率性的单机追踪(Prognostic and Probabilistic Individual Aircraft Tracking，P^2IAT)”结合起来开展的，其 2019 年的进展报告可参见本书参考文献[87]。

在维修阶段，应当将数字孪生体对真实飞机的预测作为维修行动的指导，同时将对真实飞机的维修行动输入到数字孪生体中，并重新给出维修后对结构状态的预测结果。在维修过程完成并通过认证后，新的数字孪生体可作为下一个使用阶段的起点；若无法通过认证，则应当对真实飞机执行退役行动，而其数字孪生体的相关数据和信息仍可保留下来作为其他飞机执行任务或设计新飞机的参考。

在更广泛意义上，飞机结构抗疲劳保安全策略、飞机疲劳/耐久性与损伤容限分析评定方法、新工艺/新材料/新结构、特殊服役条件、单机寿命监控与结构健康管理，以及一些其他受限于篇幅而没有提到的许多其他具体方面，都可以被纳入飞机数字孪生技术之中。可以认为，飞机数字孪生不仅仅是飞机结构完整性的发展方向，也是对整个现有飞机设计体系乃至航空工业体系的革新。

10.3 飞机结构数字孪生的关键技术

飞机结构数字孪生是飞机结构完整性发展的未来方向，也将是航空业长期的美好愿景。实现飞机结构数字孪生的美好愿景还需要物理机制、学科理论、仿真手段、计算软硬件等各方面的全面且突破性的发展，也需要相关方面大量经验的积累。这些全面且突破性的发展不可能单靠学术界或工程界来完成，只有依靠学术界与工程界的再次紧密结合才能推动体系的革新，而如何为这种紧密结合提供交流的平台和生长的土壤也是值得思考的问题。

从技术方面来看，NASA 认为飞机结构数字孪生应包含四个核心技术群，如图 10－1 所示，具体包括高保真建模仿真技术、真机实时状态感知技术、设计及认证技术、结构使用寿命预测与延寿技术。

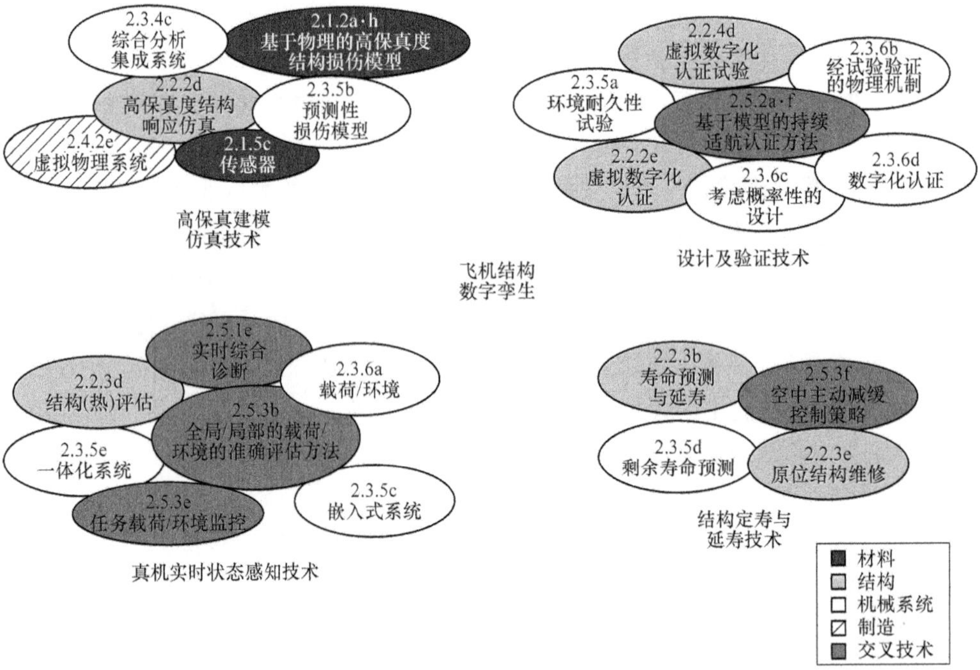

图 10－1 NASA 提出的飞机结构数字孪生核心技术群[①]

高保真建模仿真技术包括基于物理机制的高保真损伤演化模型、损伤预测模型、高保真响应仿真技术、一体化修正分析系统、虚拟现实技术、高性能计算设备等，其目的是使数字孪生体

① 图片来源：PIASCIK R，VICKERS J，LOWRY D，et al. Technology Area 12：Materials，structures，mechanical systems，and manufacturing roadmap[M]. USA：NASA Office of Chief Technologist，2010.

的预测结果与真机状态尽量一致。

真机实时状态感知技术包括整体和局部结构环境/载荷情况的准确感知、特定任务环境/载荷谱的预测和编制、实时综合诊断技术、与数字孪生体的交互更新、一体化综合分析系统的建立等，其目的是对真实飞机的飞行姿态、飞行参数、结构关键部位变形等进行实时监测。

设计及认证技术包括虚拟试验技术、数字化认证试验方法、数字化维修及其认证方法、可靠性评估方法等，其目的是形成数字孪生理念下的飞机适航性认证体系。

结构使用寿命预测和延寿技术包括结构使用寿命预测、延寿方法、原位修理、飞行策略自主调节等，其目的是根据上述虚拟/现实及认证技术的结果对飞机进行寿命管理和维护。

10.3.1 基于模型的系统工程

传统的系统工程用各种文本文档（包括纸质文档和电子文档）构建系统架构，其产出物是一系列基于自然语言的、以文本格式为主的文档，因此又称基于文本的系统工程（Text Based System Engineering，TBSE）。在基于文本的系统工程中，各方的沟通交流必须依赖于不断更新的术语表和词汇表等，否则就容易导致理解的不一致；当系统的规模越来越大、涉及的学科越来越多、参与的单位越来越多时，这一问题就更加突出，导致工作效率低下。

考虑到飞机结构数字孪生的互操作性、可拓展性、实时性、保真性、闭环性，TBSE 无法满足飞机结构数字孪生的发展需求，因此研究人员提出了基于模型的系统工程（Model Based System Engineering，MBSE）。2007 年，国际系统工程学会提出了对基于模型的系统工程的定义："基于模型的系统工程是建模方法的形式化应用，以使建模方法支持系统要求、设计、分析、验证和确认（Verification and Validation，V&V）等活动，这些活动从概念性设计阶段开始，持续贯穿到设计开发及后来的所有寿命周期阶段"。

相比基于文档的系统工程，基于模型的系统工程在以下方面存在优势。

（1）知识表示的同一性。正所谓"一千个读者眼里有一千个哈姆雷特"，文字的描述经常会因为个人理解的差异而产生不同的解释，团队成员针对文档而形成的认识不可能完全一致；而模型是一种高度图形化的表示方法，具有直观、无歧义、模块化、易修改等优点，有助于对系统的功能、规范、设计等形成统一理解，尤其是可以提高设计人员与研究人员之间对系统理解的一致性。

（2）沟通交流效率的提高。随着系统的规模越来越大、复杂度越来越高，高度图形化的模型显然要比厚厚的技术文档更加便利、直观，有助于提高系统内工作部门之间沟通、交流、协调、合作的效率。

（3）系统设计的一体化。系统模型的建立涵盖整个生命周期，可以提供一个完整的、一致的、可追溯的系统设计，从而保证系统设计的一体化，避免各组成部分之间的设计冲突并降低风险。

（4）增强知识的获取和再利用。模型具有模块化的特点，使得信息的获取、转换及再利用都更加方便有效。

（5）更好地支持 V&V。借助工具软件的优势，能够大幅提高测试与验证的效率、正确性、自动化水平，减少人工手动测试与验证的低级错误。

(6) 突破时间和空间对设计工作的限制，引发工作模式和设计流程等的变革。

显然，基于模型的系统工程需要以 CAD 软件为基础、以 CAE 软件为驱动，将各个学科的模型和方法结合起来从而服务于大型复杂系统的开发，同时更需要行政干预来改变原有的工作习惯和思维模式，对我国的研发水平提出了严峻的挑战。

10.3.2 多物理场建模分析技术

在当前飞机结构主要用于承力/传力的情况下，对飞机结构响应、失效、寿命等往往均以力学分析为主；然而，随着未来飞行器在极端环境中的使用以及飞机结构功能一体化的趋势，飞机结构的服役载荷/环境将具有显著的多物理场耦合特征，相关分析必须综合考虑力、热、声、光、电、磁、材料等多个学科。这意味着，不仅要从物理规律的角度在各个学科领域内开展深入研究，还要建立各个学科领域交叉的多物理场耦合分析模型和分析方法。对于发动机、热交换器、临近空间飞行器、高超声速飞行器等航空航天领域的典型问题，多物理场建模分析技术依赖于流体力学、固体力学、摩擦学、材料学、热力学等多个典型学科领域的交叉。

特别地，美国提出从材料与力学的交叉入手，由科学院、工程院、医学院、国家研究委员会共同牵头推动了“综合计算材料工程 (ICME)”，旨在通过模拟仿真的手段“重构 ”现有的材料科学体系，并为制造设计一体化进程奠定基础，其重要性甚至被提升到国家战略安全的高度。

对于失效机理复杂、影响因素众多的结构疲劳问题和结构使用寿命问题来说，当前分析模型和分析方法还是基于大量试验数据的唯象模型和唯象方法；与基于物理机理的多物理场耦合分析模型和分析方法相比，不仅在技术手段上存在巨大鸿沟，更在逻辑思路上存在本质区别，因此难以满足飞机结构数字孪生对于结构疲劳分析工作和结构使用寿命分析工作的需求。对此，一方面应继续深入研究并理解材料与结构在复杂服役条件下的疲劳失效规律，寻找材料/结构、载荷/环境、性能/使用寿命之间的逻辑因果，建立由物理规律驱动的多物理场模型；另一方面还应积极运用大数据、机器学习、人工智能等新技术，寻找材料/结构、载荷/环境、性能/使用寿命之间的数据关联，建立由数据规律驱动的多物理场模型。

10.3.3 多尺度建模和分析技术

飞机整机的几何尺寸可达 10^2 m 量级，大型部件(如机翼)的几何尺寸可能在 10^1 m 量级，子部件(如翼肋)的几何尺寸一般在 10^0 m 量级，传统结构疲劳问题所关心的结构细节(如铆钉、孔等)的几何尺寸大多在 10^{-2} m 量级，而冶金缺陷等对于结构使用寿命具有显著影响的材料特征则可精细到 10^{-6} m 量级。对于不同尺度，飞机结构分析所侧重的问题也各不相同，相应的分析模型和分析方法也不相同；要想在飞机结构数字孪生中将各个层级、各个尺度的结构行为统一起来，就必须发展多尺度建模和分析技术。

多尺度建模和分析技术考虑时间和空间的跨尺度与跨层次特征，并以一定的方式将相关尺度耦合起来从而提高模拟和计算效率，是求解各种复杂材料和工程问题的重要方法和技术。

多尺度建模的过程中，需要根据材料特征和目标问题，结合量子力学、分子力学、细观力学、宏观力学等多个不同尺度的基础理论进行建模；相应地，多尺度分析技术则是一类涉及多个尺度并在不同尺度之间进行协同分析的技术，能够充分利用宏观尺度分析的高效性和微细观尺度分析的精确性。

目前，多尺度建模和分析技术已经广泛应用于材料响应的学术研究，但材料失效的多尺度建模和分析技术还很不成熟，同时受限于分析计算规模，暂时还难以应用到结构上；特别地，飞机结构的疲劳失效是从疲劳裂纹萌生、疲劳裂纹扩展直至结构完全断裂的过程，具有典型的多尺度、多层级特征，但当前基于试验数据的唯象分析模型和分析方法并不符合多尺度建模分析的思路。对此，一方面应继续深入研究材料的疲劳机理，如位错与滑移、疲劳小裂纹扩展、材料组织与交变载荷(甚至复杂环境)对疲劳裂纹扩展行为的共同作用等，建立基于物理规律的机理模型，逐步摆脱对试验数据和唯象模型的依赖；另一方面还应发展针对含损伤演化材料与结构的多尺度建模和分析技术，特别是损伤演化的数值仿真技术及不同尺度间的信息传递策略。

10.3.4　损伤演化与失效的数值仿真技术

材料与结构的固体力学问题大致上可以分为两部分，一部分是变形与响应的问题(如材料本构与模态分析等)，另一部分则是损伤与失效的问题(如疲劳与断裂等)。飞机结构数字孪生要求在全寿命周期内实现虚实映射，意味着数字孪生体既要能够反映物理实体的变形与响应，又要能够反映物理实体的损伤与失效；但从目前水平来看，研究人员对变形/响应的认识程度与分析能力要远比对损伤/失效更加成熟，相关问题还有待力学模型与数值仿真技术两方面的研究与发展，这也导致损伤演化的数值仿真方法成为直接关系到飞机结构完整性数字孪生能否实现的关键技术之一。

一方面，不论是理论分析还是仿真分析，要想描述材料与结构中“损伤”的发生和发展，首要工作是对“损伤”进行定义和表征。累积疲劳损伤模型通过寿命消耗的概念，间接地描述结构损伤；损伤容限策略通过无损检测能力，从工程实践的角度来定义结构损伤；耐久性分析通过裂纹长度，从经济性的角度来定义结构损伤度；损伤力学通过定义损伤参量，以等效刚度下降或等效强度下降的模型当量地描述微细观缺陷(如位错、微裂纹、微孔洞等)；材料学与热力学认为损伤是一个与材料内部微观结构组织的改变相关联的、不可逆的耗散过程，是最符合“损伤”力学本质的定义，但又较难用于飞机多晶合金金属材料及结构。可以看出，不同分析方法从不同的角度出发定义或表征了“损伤”，但对于“损伤”仍缺乏一个公认的、直接的、明确的、通用的力学定义和力学表征；如果再考虑到多物理场、多尺度、多功能等方面，“损伤”的定义与表征将更加困难。

另一方面，要想在仿真分析中描述“损伤”的发生和发展，还需要开发能够有效描述损伤演化的数值算法、仿真技巧甚至力学理论；对于疲劳问题来说，则应能够描述出疲劳裂纹萌生、疲劳裂纹扩展、最终快速开裂等多个阶段。目前主要采用的有限元法以连续介质力学为基础，在处理裂纹萌生和扩展等不连续问题时比较困难；对此，研究人员从数值技术或仿真技巧的角度出发提出一些建模方法或人为地引入断裂判据，相关工作包括结点释放法(Nodal Release

Technique)、内聚区单元法、扩展有限元法(XFEM)等。另一些研究人员提出连续介质力学的基本方程是偏微分方程,而偏微分方程在不连续点处(如裂纹处)是不成立的,因此应建立一套数学形式能够在不连续点处成立的新力学理论,近年来引起广泛关注的近场动力学(PeriDynamics,PD)理论就是这一思路的典型成果。

10.3.5 不确定性量化、建模及控制技术

误差和不确定性的来源是多方面的。数字孪生体对于真实飞机的镜像描述可能存在误差,基于物理机制的模型给出的预测结果可能存在误差,真实飞机上加装的传感器测量数据可能存在误差,计算机的数值计算可能存在截断误差;飞机装配过程中存在不确定性,预测飞机剩余寿命时所假设的环境/载荷谱具有不确定性,飞行员或驾驶员的操作具有不确定性等。

在一些问题中,误差和不确定性的程度可由更精准的输入和计算来控制,但更精准的输入和计算将带来成本问题,因此不确定性程度应当对所需精度和计算成本进行权衡后决定;在另一些问题中,将误差和不确定性控制到较低水平可能是不可接受的。无论如何,误差和不确定性是不可避免的,只有对不确定性进行表征、量化、分析,才能够实现对不确定性的有效控制。

目前研究人员对不确定性的量化一般采用概率论为基础的方法,具体而言有蒙特卡罗模拟、随机有限元法、贝叶斯预测方法等,这些概率论方法主要用于对飞行任务的优化或是对结构损伤的诊断;此外,大数据与人工智能等先进的数据驱动技术,未来也必将在飞机结构完整性数字孪生中发挥重要作用。

10.3.6 大型共享数据库与高性能计算设备技术

据估算,一个完整的机身结构的数字孪生体将具有 10^{12} 级别的自由度;如果需要对某些部位的材料微结构进行多尺度建模,那么单个部位就需要 10^{7} 级别的自由度;相应地,一架飞机单次飞行仅可视化方面就将产生千 T 级别的数据,而且按照目前的处理速度还远远不能达到飞机结构数字孪生的要求。

毫无疑问,飞机结构数字孪生将产生并处理相当庞大的数据。这一方面对硬件设备提出了极高的要求,势必将依赖超级计算机甚至量子计算机等高性能计算设备;另一方面也对软件算法与大型共享数据库提出了极高的要求,不仅要求达到足够的计算精度和计算效率,还要求能够快速更新处理各种信息流从而实现对整个系统的实时更新。

10.4 展　望

谈到飞机结构寿命,一般很难避开结构失效模式,这就意味着我们所面对的是一个不可重复的破坏性的问题,是一个在物理空间中难复现且高成本的问题,而数值仿真为研究和解决该

问题提供了新的思路和手段。将物理空间中的实际飞机结构投射到数字空间，就能够对数字体的破坏性问题开展方便且低成本的分析；将数字空间中的分析结论投射到物理空间，就能够对物理实体的特性状态与使用方法提供精细化的指导。

毫无疑问，这一畅想在当前阶段还显得很“科幻”，实施落地更需要突破大量的理论瓶颈与技术瓶颈，例如：如何保障投射到数字空间中信息的真实性？如何建立足以驱动数字空间虚拟试验的多尺度多物理场高保真模型？如何保障数字空间虚拟试验的有效性与可靠性？如何控制数字空间中误差与不确定性的传播？如何实现数字空间与物理空间的海量数据高效实时传输？如何处理数字孪生实时结论与损伤容限检查结论的关系？如何利用多源异构数据/信息来综合指导飞机的后续使用方法？数字孪生究竟会成长为催生飞机结构保安全新策略的革新性技术，还是会定位于支撑飞机结构安全性分析评定的数字化手段？

期待读者们能够在实践中给出如何准确可靠经济地保障飞机结构服役安全性的答案！

参考文献

[1] 傅祥炯. 结构疲劳与断裂[M]. 西安:西北工业大学出版社，1995.

[2] 姚卫星. 结构疲劳寿命分析[M].北京:科学出版社，2019.

[3] 斯海维. 结构与材料的疲劳[M]. 吴学仁,译.北京:航空工业出版社，2014.

[4] 何宇廷. 飞机结构寿命控制原理与技术[M]. 北京:国防工业出版社，2017.

[5] 杜洪增. 飞机结构疲劳强度与断裂分析[M]. 北京:中国民航出版社，1996.

[6] FROST N E，MARSH K J，POOK L P，et al. Metal Fatigue[M]. Oxford：Oxford University Press，1974.

[7] SURESH S. Fatigue of Materials [M]. Cambridge：Cambridge University Press，1998.

[8] MILNE I，RITCHIE R O，KARIHALOO B. Comprehensive Structural Integrity[M]. Amsterdam：Elsevier，2007.

[9] 尚德广，王德俊. 多轴疲劳强度[M]. 北京:科学出版社，2007.

[10] 许金泉. 疲劳力学[M]. 北京:科学出版社，2017.

[11] SANDOR B. Fundamentals of Cyclic Stress and Strain[M]. Madison：University of Wisconsin Press，1972.

[12] SCHÜTZ W. A History of Fatigue[J]. Engineering Fracture Mechanics，1996，54(2)：263-300.

[13] SCHIJVE J. Fatigue of Structures and Materials in the 20th Century and the State of the Art [J]. Materials Science，2003，25(8)：679-702.

[14] SWIFT T. Fail-safe Design Requirements and Features，Regulatory Requirements [C] // AIAA International Air and Space Symposium and Exposition：The Next 100 Years，2003.

[15] LIN J. Durability and Damage Tolerance Analysis Methods for Lightweight Aircraft Structures：Review and Prospects [J]. International Journal of Lightweight Materials and Manufacture，2022，5：224-250.

[16] 崔德刚，鲍蕊，张睿，等. 飞机结构疲劳与结构完整性发展综述[J]. 航空学报，2021，42(5)：524394.

[17] 孙侠生，苏少普，孙汉斌，等. 国外航空疲劳研究现状及展望[J]. 航空学报，2021，42(5)：524791.

[18] 李玉海，王成波，陈亮，等. 先进战斗机寿命设计与延寿技术发展综述[J]. 航空学报，

2021，42(8)：43-69.

[19] 林建鸿，王彬文．飞机疲劳失效适航规章演变历程回顾[J]．航空科学技术，2022，33(3)：39-51.

[20] ASTM E1823-11. Standard Terminology Relating to Fatigue and Fracture Testing [S]. Conshohocken：ASTM International，2015.

[21] ASTM E466-15. Standard Practice for Conducting Force Controlled Constant Amplitude Axial Fatigue Tests of Metallic Materials [S]. Conshohocken：ASTM International，2015.

[22] ASTM E606/E606M-12. Standard Test Method for Strain-controlled Fatigue Testing [S]. Conshohocken：ASTM International，2012.

[23] 高镇同．疲劳应用统计学[M]．北京：国防工业出版社，1986.

[24] 谢济洲．低循环疲劳手册[M]．北京：北京航空材料研究所，1991.

[25] 航空工业部科学技术委员会．应力集中系数手册[M]．北京：高等教育出版社，1990.

[26] 中国航空研究院．应力强度因子手册-增订版[M]．北京：科学出版社，1993.

[27] 中国航空研究院．军用飞机疲劳·损伤容限·耐久性设计手册[Z]．北京：中国航空研究院，1994.

[28] 民机结构耐久性与损伤容限设计手册委员会．民机结构耐久性与损伤容限设计手册[M]．北京：航空工业出版社，2003.

[29] 赵少汴，王忠保．抗疲劳设计：方法与数据[M]．北京：机械工业出版社，1997.

[30] 郑晓玲．民用飞机金属结构耐久性与损伤容限设计[M]．上海：上海交通大学出版社，2013.

[31] 郦正能，张纪奎．飞机结构疲劳和损伤容限设计[M]．北京：北京航空航天大学出版社，2016.

[32] FATEMI A，YANG L. Cumulative Fatigue Damage and Life Prediction Theories：a Survey of the State of the Art for Homogeneous Materials [J]. International Journal of Fatigue，1998，20(1)：9-34.

[33] ZERBST U，MADIA M，Vormwald M，et al. Fatigue Strength and Fracture Mechanics - A General Perspective [J]. Engineering Fracture Mechanics，2018，198：201801.

[34] 洪友士，孙成奇，刘小龙．合金材料超高周疲劳的机理与模型综述[J]．力学进展，2018，48(1)：65.

[35] 刘文珽．军用飞机结构疲劳设计细节疲劳额定值方法指南[M]．北京：国防工业出版社，2012.

[36] JSSG-2006. Joint Service Specification Guide：Aircraft Structures[S]. Washington：Department of Defense，1998.

[37] MIL-STD-1530A. Aircraft Structural Integrity Program：Airplane Requirements [S]. Washington：Department of Defense，1975.

[38] MIL-STD-1530B. Aircraft Structural Integrity Program [S]. Washington：Department of Defense，2004.

[39] MIL-STD-1530C. Aircraft Structural Integrity Program [S]. Washington: Department of Defense, 2005.

[40] MIL-STD-1530D. Aircraft Structural Integrity Program [S]. Washington: Department of Defense, 2016.

[41] 军用飞机结构强度规范第 6 部分:重复载荷、耐久性和损伤容限:GJB 67.6A—2008 [S]. 北京:中国人民解放军总装备部, 2008.

[42] 军用飞机结构完整性大纲:GJB 775A—2012[S]. 北京:中国人民解放军总装备部, 2012.

[43] NEGAARD G. The History of the Aircraft Structural Integrity Program [R]. Dayton: Aerospace Structures Information and Analysis Center, 1980.

[44] AC 25. 571-1C. Advisory Circular-Damage Tolerance and Fatigue Evaluation of Structure[S]. Washington: Federal Aviation Administration, 1998.

[45] AC 25-96. Fatigue Evaluation of Structures [S]. Washington: Federal Aviation Administration, 1998.

[46] Federal Aviation Administration. Aging Aircraft Program: Widespread Fatigue Damage, Proposed rule [R]. Washington: Federal Register, 2006, 74 (71): 19927-19951.

[47] FAR 25-132. Aging Airplane Program: Widespread Fatigue Damage; Final rule [S]. Washington: Federal Aviation Administration, 2010.

[48] AC 25. 571-1D. Advisory Circular-damage Tolerance and Fatigue Evaluation of Structure [S]. Washington: Federal Aviation Administration, 2011.

[49] AC 120-104. Aging Circular: Establishing and Implementing Limit of Validity to Prevent Widespread Fatigue Damage [S]. Washington: Federal Aviation Administration, 2011.

[50] 中国民用航空规章:第 25 部运输类飞机适航标准:CCAR-25-R4[S]. 北京:中国民用航空局,2011.

[51] TAYLOR D. The Theory of Critical Distances: a New Perspective in Fracture Mechanics[M]. Oxford: Elsevier, 2007.

[52] ANDERSON T L. Fracture Mechanics: Fundamentals and Applications (Fourth Edition)[M]. Boca Raton: CRC Press, Taylor & Francis, 2017.

[53] 刘文珽, 郑旻仲, 费斌军. 概率断裂力学与概率损伤容限/耐久性[M]. 北京:北京航空航天大学出版社, 1999.

[54] HAMSTRA J W. The F-35 Lightning Ⅱ from Concept to Cockpit[M]. Reston: American Institute of Aeronautics and Astronautics (AIAA), 2019.

[55] MANNING S D, YANG J N. USAF Durability Design Handbook: Guidelines for the Analysis and Design of Durable Aircraft Structures [R]. AFWAL-TR-83-3027, Dayton: Air Force Wright Aeronautical Laboratories, 1984.

[56] MANNING S D, YANG J N. USAF Durability Design Handbook: Guidelines for the Analysis and Design of Durable Aircraft Structures [R]. AFWAL-TR-88-3119,

Dayton：Air Force Wright Aeronautical Laboratories，1989.

[57] 航空航天部系统工程办公室. 美国空军耐久性设计手册背景材料[M]. 航空航天部系统工程办公室，1998.

[58] 刘文斑，李玉海. 飞机结构日历寿命体系评定技术[M]. 北京：航空工业出版社，2004.

[59] 李玉海，刘文斑，杨旭. 军用飞机结构日历寿命体系评定应用范例[M]. 北京：航空工业出版社，2005.

[60] 闫楚良. 飞机载荷谱实测技术与编制原理[M]. 北京：航空工业出版社，2010.

[61] 蒋祖国，田丁栓，周占廷. 飞机结构载荷/环境谱[M]. 北京：电子工业出版社，2012.

[62] 强宝平. 飞机结构强度地面试验[M]. 北京：航空工业出版社，2014.

[63] 孙侠生. 飞机结构强度新技术[M]. 北京：中航出版传媒有限责任公司，2017.

[64] 魏青松. 增材制造技术原理及应用[M]. 北京：科学出版社，2017.

[65] 张嘉振. 增材制造与航空应用[M]. 北京：冶金工业出版社，2021.

[66] SANAEI N，FATEMI A. Defects in Additive Manufactured Metals and Their Effect on Fatigue Performance：a State-of-the-art Review [J]. Progress in Materials Science，2020，117：100724.

[67] ZERBST U，BRUNO G，BUFFIERE J Y，et al. Damage Tolerant Design of Additively Manufactured Metallic Components Subjected to Cyclic Loading：State of the Art and Challenges [J]. Progress in Materials Science，2021，121：100786.

[68] 王向明. 飞机新概念结构设计与工程应用[J]. 航空科学技术，2020，31(4)：1-7.

[69] 吴斌，崔灿，胡宗浩，等. 未来战斗机对结构创新设计/制造一体化技术的发展需求[J]. 飞机设计，2019，39(2)：1-9.

[70] ZHU J，ZHOU H，WANG C，et al. A Review of Topology Optimization for Additive Manufacturing：Status and Challenges[J]. Chinese Journal of Aeronautics，2021，34(1)：91-110.

[71] BENEDETTI M，PLESSIS A D，RITCHIE R O，et al. Architected Cellular Materials：a Review on Their Mechanical Properties Towards Fatigue-tolerant design and fabrication [J]. Materials Science and Engineering R：Reports，2021，144：100606.

[72] GORELIK M. Additive Manufacturing in the Context of Structural Integrity[J]. Int. J. Fatigue，2017，94：168-177.

[73] 刘斌超，王秋懿，杨蓉，等. 材料因素对金属疲劳裂纹扩展的影响[J]. 航空科学技术，2022，33(3)：77-85.

[74] 袁慎芳. 结构健康监控[M]. 北京：国防工业出版社，2007.

[75] 刘文斑，王智，隋福成. 单机寿命监控技术指南[M]. 北京：国防工业出版社. 2010.

[76] 孙侠生，肖迎春. 飞机结构健康监测技术的机遇与挑战[J]. 航空学报，2014，35(12)：3199-3212.

[77] 兑红娜，刘小冬，王勇军，等. SPHM 技术在新机研制中的实践与发展[J]. 航空科学技术，2020，31(7)：8.

[78] 王彬文，段世慧，聂小华，等. 航空结构分析 CAE 软件发展现状与未来挑战[J]. 航空学报，2022，43(6)：527272.

[79] TUEGEL E J，INGRAFFEA A R，EASON T G，et al. Reengineering Aircraft Structural Life Prediction Using a Digital Twin [J]. International Journal of Aerospace Engineering，2011：154798.

[80] GLAESSGEN E，STARGEL D. The Digital Twin Paradigm for Future NASA and US Air Force vehicles [C]//53rd AIAA/ASME/ASCE/AHS/ASC Structures，Structural Dynamics and Materials Conference 20th AIAA/ASME/AHS Adaptive Structures Conference 14th AIAA，Honolulu，Hawaii，USA，2012.

[81] TUEGEL E J. The Airframe Digital Twin Some Challenges to Realization[C]//53rd AIAA/ASME/ASCE/AHS/ASC Structures，Structural Dynamics and Materials Conference：Special Session on the Digital Twin，Honolulu，Hawaii，USA，2012.

[82] 董雷霆，周轩，赵福斌，等. 飞机结构数字孪生关键建模仿真技术[J]. 航空学报，2021，42(3)：023981.

[83] Air Force Research Laboratory. Airframe Digital Twin：Scalable，Accurate，Flexible，Efficient，Robust，Prognostic and Probabilistic Individual Aircraft Tracking (SAFER-P^2IAT) Full-scale Demonstration Experiment[R]. Dayton：AFRL-RQ-WP-TR-2019-0201，United States Air Force.

[84] 陈玉丽，马勇，潘飞，等. 多尺度复合材料力学研究进展[J]. 固体力学学报，2018，39(1)：1-68.

[85] 李鹏，潘凯，刘小川. 美国空军机体数字孪生计划的回顾与启示[J]. 航空科学技术，2020，31(9)：10.

[86] 张霖. 关于数字孪生的冷思考及其背后的建模和仿真技术[J]. 系统仿真学报，2020，32(4)：10.